職場
專用

Excel
公式+函數
超級辭典

新人、老鳥到大師級都需要的速查指引

王國勝 編著

【Office達人】2AC719X

公式+函數職場專用超級辭典【暢銷第二版】
新人、老鳥到大師級都需要的速查指引

作　　者	王國勝
統籌企劃	張智傑
責任編輯	張智傑
主　　編	張智傑
特約編輯	黃柏仁
封面設計	走路花工作室
特約美編	劉依婷、走路花工作室
行銷企劃	辛政遠
行銷專員	楊惠潔
總編輯	姚蜀芸
副社長	黃錫鉉
總經理	吳濱伶
發 行 人	何飛鵬
出　　版	電腦人文化
發　　行	城邦文化事業股份有限公司
	歡迎光臨城邦讀書花園
	網址：www.cite.com.tw

香港發行所　城邦（香港）出版集團有限公司
香港灣仔駱克道193號東超商業中心1樓
電話：(852) 25086231　傳真：(852) 25789337
E-mail：hkcite@biznetvigator.com

馬新發行所　城邦（馬新）出版集團 Cite(M)Sdn Bhd
41,jalan Radin Anum,
Bandar Baru Sri Petaling,
57000 Kuala Lumpur,Malaysia.
電話：(603) 90578822　傳真：(603) 90576622
E-mail:cite@cite.com.my

印　刷／凱林彩印股份有限公司
2021年(民110) 7月二版　2024年(民113) 5 月二版 9 刷
定價／540元　　Printed in Taiwan.

●如何與我們聯絡：
1.若您需要劃撥購書，請利用以下郵撥帳號：
　郵撥帳號：19863813　戶名：書虫股份有限公司
2.若書籍外觀有破損、缺頁、裝訂錯誤等不完整現象，想要換書、退書，或您有大量購書的需求服務，都請與客服中心聯繫。

客戶服務中心
地址：台北市民生東路二段141號B1
服務電話：(02) 2500-7718、(02) 2500-7719
服務時間：週一 ～ 週五上午9：30～18：00
　　　　　　　　國定假日及例假日除外
24小時傳真專線：(02) 2500-1990～3
E-mail：service@readingclub.com.tw

原書名：Excel 2016公式与函数辞典
中國青年出版社/北京中青雄獅數碼傳媒科技有限公司於2016年出版，並享有版權。
本書由中國青年出版社北京中青雄獅數碼傳媒科技有限公司授權城邦文化事業股份有限公司PCuSER獨家出版中文繁體字版。中文繁體版專有出版權屬城邦文化事業股份有限公司PCuSER所有，未經本書原出版者和本書出版者書面許可，任何單位和個人均不得以任何形式或任何手段複製、改編或傳播本書的部分或全部。

國家圖書館出版品預行編目資料

EXCEL公式+函數職場專用超級辭典【暢銷第二版】：新人、老鳥到大師級都需要的速查指引/ 王國勝.
著. -- 二版. -- 臺北市：電腦人文化出版
：城邦文化發行, 民110.07
　面；　　公分-- (Office達人)
ISBN 978-957-2049-17-4(平裝)
1.EXCEL(電腦程式)

312.49E9　　　　　　　　　　110008875

提到 Excel，相信很多人並不陌生，也知道基本功能可以用來畫表格、製作商業圖表、統計各種資料。它確實已經滲透到我們的日常工作和生活中，是一個具有代表性的軟體。但對於 Excel 軟體中的函數內容，大部分讀者卻知之甚少，或只是一知半解，更不會正確運用函數來處理實際問題。其實函數與公式是 Excel 中一項非常重要的功能，本書將向讀者呈現完整的函數知識，並利用函數實現 Excel 強大的資料處理和分析功能。

本書以「範例實作」的形式闡釋函數在實際問題中的應用，以「使用重點」的方式指出各函數使用中的注意事項及使用技巧，並以「錯誤分析」導正你對 Excel 函數功能的誤解。更獨家的是，本書還以「組合運用」的形式介紹了許多函數的使用技巧，將函數本身的功能進行了擴充，實現了單一函數無法完成的功能，使得各函數相得益彰，達到了「1+1>2」的效果。

本書共 11 個部分，按功能對 360 個函數進行了徹底講解，包括數學與三角函數、日期與時間函數、資料庫函數、財務函數、統計函數、邏輯函數、文字函數、資訊函數、工程函數、查找與引用函數等。書中並不是單純地講解知識，而是將函數知識與行政、工程、財務、統計等各個領域中的經典實例結合，使讀者不僅能學習到函數的操作方法，而且能利用函數提高資料處理、分析和管理的能力。

本書在不同功能函數的講解中，配以圖示，使讀者能循序漸進地推進學習，是初學者順利學習的保障。而對於經常使用函數的中高級讀者來說，像企業管理人員、數據分析人員、財務人員、統計人員和行銷人員等，本書收錄了幾乎所有函數，可以使其更全面地學習函數，並綜合運用函數。

編者

SECTION 07　文字函數 427

SECTION

01

函數的基礎知識

Excel 是 Microsoft Office 家族中的主要成員之一,而其中所提供的
函數其實是一些預定義的公式,利用它能夠在 Excel 中快速準確地進
行各種複雜的運算。簡單地說,使用函數時,只需指定相應的參數即
可得到正確結果,從而將繁瑣的運算簡單化。本部分內容將對函數的
基礎知識進行詳細的介紹。

→ 函數的基本事項

1. 基礎公式

Excel 中的函數可以說是一種特殊的公式。在使用函數前，需提前瞭解公式的基本參數。公式是進行數值計算的等式，由運算子號組合而成。

認識公式	公式的結構、運算子號的種類
輸入公式	公式輸入是以 "=" 開始的
複製公式	把儲存格中的公式複製到另一儲存格的方法
儲存格的參照	包括 "相對參照"、"絕對參照" 以及 "混合參照" 3 種方式

2. 函數基礎

瞭解函數的類型，熟悉函數的語法結構、參數設置，掌握其輸入方法。此外，還介紹了函數檢索的方法以及巢狀函數的技巧。

認識函數	函數的結構和分類
輸入函數	利用 "插入函數" 對話盒來輸入函數，或直接在儲存格內輸入
函數的修改	函數的修改和刪除
函數的套用	函數參數中進一步指定其他函數

3. 錯誤分析

介紹在指定函數的儲存格中修改顯示錯誤內容時的方法。同時，介紹對循環參照產生的錯誤的處理方法。

確認錯誤	顯示儲存格中的錯誤內容，以及在公式參照中發生錯誤的對應分析

4. 增益集的使用

在高等函數中，包含有 "增益集" 的外部程式。如果要使用此函數，Excel 必須載入該程式。

增益集	利用包含有增益集的函數的方法

5. 陣列的使用

作為函數使用的應用手冊，講解在函數中使用陣列的方法。

陣列	陣列常數和陣列公式的使用

 **基礎公式**

公式是對工作表中的值執行計算的等式。在 Excel 中，可以使用常數和計算運算子創建簡單公式。

1-1-1 認識公式

在 Excel 中，公式是以 "=" 開始的用於數值計算的等式。簡單的公式包含 +、－、×、÷四則運算，複雜的公式包含函數、參照、運算子、常數等。比如運用＞、＜之 類的比較運算子，比較儲存格內的資料。因此，Excel 公式不局限於公式的計算，還可運用於其他情況。公式中使用的運算子包括算術運算子、比較運算子、文字運算子、 參照運算子 4 種類型。

▼ 表 1：算術運算子

算術運算子	説明
+	加法
-	減法
*	乘法
/	除法
%	百分比
^	乘方

▼ 表 2：比較運算子

比較運算符	説明
=（等號）	左邊與右邊相等
＞（大於號）	左邊大於右邊
＜（小於號）	左邊小於右邊
>=（大於等於號）	左邊大於或等於右邊
<=（小於等於號）	左邊小於或等於右邊
<>（不等號）	左邊與右邊不相等

▼ 表 3：文本運算符

文字運算子	説明
&（結合）	將多個文字字串組合成一個文字顯示

▼ 表 4：參照運算子

參照運算子	説明
,（逗號）	參照不相鄰的多個儲存格區域
:（冒號）	參照相鄰的多個儲存格區域
（空格）	參照選定的多個儲存格的交叉區域

▼ 參照運算子示例

▲	A	B	C
1	2	3	13
2	4	5	15
3	6	7	17
4	8	9	19
5			
6	合計範圍	計算結果	
7	A1,A3	8	
8	B1:B4	24	
9	A1:B3 B1:C2	8	

=SUM(A1,A3)，求 A1 與 A3 儲存格數值之和

=SUM(B1:B4)，求 B1 到 B4 儲存格中所有數值之和

=SUM(A1:B3 B1:C2)，計算 A1:B3 儲存格區域與 B1:C2 儲存格區域中重合的數值之和

如果在公式中同時使用了多個運算子，那麼將按照表 5 所示優先順序進行計算。它和基本的數學運算優先順序基本相同，但是，括弧內的數值先計算。

▼ 表 5：運算子優先順序

優先順序	1	2	3	4	5	6
運算種類	%（百分號）	^	* 或 /	+ 或 −	&	= 、 < 、 > 、 <= 、 >= 、 <>

▼ 運算子優先順序示例

在瞭解公式的基本知識後，接下來學習如何輸入公式，以及使用公式進行相應計算。

1-1-2 輸入公式

在 Excel 中，可以利用公式進行各種運算。在此，首先學習輸入公式的流程。

①選中需顯示計算結果的儲存格；
②在儲存格內輸入等號 "="；
③輸入公式並按 Enter 鍵確認。

=46+12，直接輸入計算等式

=B5+C5，兩儲存格內數值相加

=B6&C6，連接兩儲存格內的文字

=B7>C7，如果符合所給的條件，則顯示邏輯值為 TRUE，否則傳回 FALSE

	A	B	C	D
1				
2	應用公式示例			
3				
4	數值的輸入			58
5	計算指定的儲存格	34	54	88
6	儲存格文字的連接	中文版	Excel2016	中文版Excel2016
7	數值的比較	108	110	FALSE
8				

用鍵盤直接輸入公式時，首先應選中需顯示計算結果的儲存格，並在其中輸入 "="。如果不輸入 "="，則不能顯示輸入的公式和文字，也不能得出計算結果。此外，在公式中也可以參照儲存格，如果參照包含有資料的儲存格，那麼在修改儲存格中的資料時，對公式的結構沒有影響，使用者無需再次修改公式。在公式中參照儲存格時，按一下相應的儲存格（選中儲存格區域）比直接輸入資料簡單，選定的儲存格將被原樣插入到公式中。待完成公式的輸入後，用戶可以隨時對其進行修改。如果不再需要公式，那麼可以選中儲存格，按〔Delete〕鍵將其刪除。

EXAMPLE 1　輸入公式

在 Excel 中，用戶可以直接在資料編輯列中輸入公式，也可以通過參照數值儲存格的方法輸入公式。

在資料編輯列中可直接輸入想輸入的內容

①選中要輸入內容的儲存格，然後輸入 =，再輸入 8+5

輸入的公式顯示在資料編輯列中

②按〔Enter〕鍵後，在儲存格中顯示出計算的結果

④按一下 A6，然後輸入 +，再按一下 B6 儲存格，待完成公式的輸入後按 Enter 鍵

③選中要輸入公式的儲存格，然後輸入 =

⑤查看計算結果，A6+B6 的結果為 13

NOTE ● 參照儲存格比直接輸入資料更方便

在公式中參照儲存格時，直接按一下儲存格，儲存格邊框四周呈閃爍狀態，如 EXAMPLE1 的步驟 4 所示。隨後還可以按一下重新選擇其他的儲存格。公式中參照儲存格比直接輸入資料簡便，這是因為即使儲存格中用於計算的數值發生改變，也沒必要修改公式。

EXAMPLE 2　修改公式

在 Excel 中，修改公式時，首先應選中公式所在儲存格，然後在資料編輯列中對原先輸入的公式進行編輯即可。

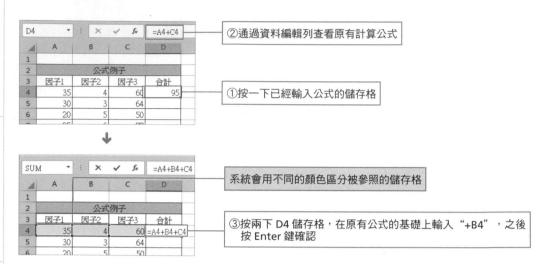

②通過資料編輯列查看原有計算公式

①按一下已經輸入公式的儲存格

系統會用不同的顏色區分被參照的儲存格

③按兩下 D4 儲存格，在原有公式的基礎上輸入 "+B4"，之後按 Enter 鍵確認

NOTE ● 使用〔F2〕鍵編輯公式

選中包含公式的儲存格，然後按〔F2〕鍵，公式即呈現編輯狀態，在儲存格內直接修改。此時儲存格內的游標閃爍，用戶可以按左方向鍵或右方向鍵將游標移至需修改的位置。

EXAMPLE 3　刪除公式

選中公式所在儲存格，按 Delete 鍵刪除。若要刪除多個儲存格中的公式，則可以先選中多個儲存格再執行刪除操作。

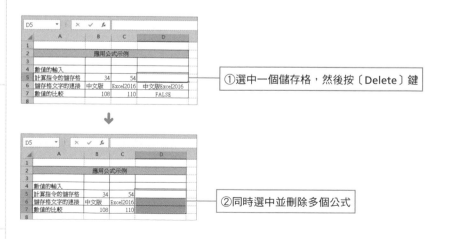

①選中一個儲存格，然後按〔Delete〕鍵

②同時選中並刪除多個公式

1-1-3 複製公式

當需要在多個儲存格中輸入相同的公式時，通過複製公式的方式會更快捷方便。複製公式時，需保持複製的儲存格數目一致，而公式中參照的儲存格會自動改變。在儲存格中複製公式，有使用自動填滿方式和複製命令兩種方法。把公式複製在相鄰的儲存格，使用自動填滿方式複製更快捷方便。

EXAMPLE 1 | 使用自動填滿方式複製

選擇公式所在儲存格，將滑鼠游標放在該儲存格的右下方，當游標變成一個小 + 號時，按住滑鼠左鍵往下拖動即可複製。

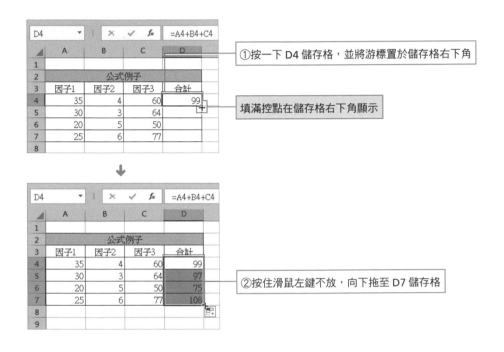

① 按一下 D4 儲存格，並將游標置於儲存格右下角

填滿控點在儲存格右下角顯示

② 按住滑鼠左鍵不放，向下拖至 D7 儲存格

✌ NOTE ● **自動填滿時的儲存格格式**

自動填滿時，儲存格格式也將被複製到儲存格中。若不想使用此格式，則可以按一下自動填滿後顯示出來的 "自動填滿選項" 按鈕，在跳出的下拉式功能表中選擇 "填滿但不填入格式"。

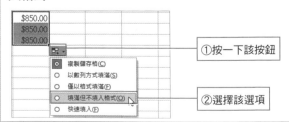

① 按一下該按鈕

② 選擇該選項

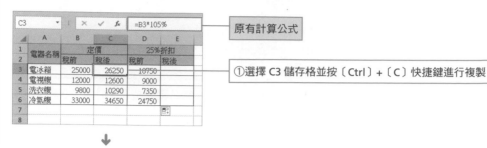
EXAMPLE 2　使用複製命令複製

在 Excel 中，按一下"複製"和"貼上"按鈕，即可把公式複製在不相鄰的儲存格內。也可按快速鍵〔Ctrl〕+〔C〕和〔Ctrl〕+〔V〕來複製。

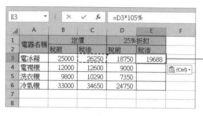

　　原有計算公式

　　①選擇 C3 儲存格並按〔Ctrl〕+〔C〕快捷鍵進行複製

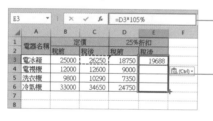

　　②按一下 E3 儲存格，按〔Ctrl〕+〔V〕快捷鍵進行貼上

　　複製得到的計算公式

　　③查看計算結果，並採用滑鼠拖動複製的方法計算其他儲存格的值

✌ NOTE ● **錯誤檢查選項**

複製公式後，會發現 D3 至 D5 儲存格的左上角出現了一個"錯誤檢查選項"圖示。這是因為輸入在 D3 到 D5 儲存格內的公式和貼上在右邊相鄰儲存格內的公式之間沒有關係造成的，並不是公式本身的錯誤。此時，按一下"錯誤檢查選項"圖示，從跳出功能表中選擇"忽略錯誤"選項即可。

▼忽略錯誤

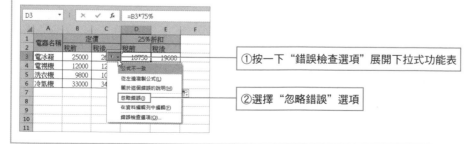

　　①按一下"錯誤檢查選項"展開下拉式功能表

　　②選擇"忽略錯誤"選項

1-1-4 儲存格的參照

儲存格參照是 Excel 中的術語，其作用是標示儲存格在表中的座標位置，常見的包括相對參照與絕對參照兩種。其中，相對儲存格參照（例如 A1）是基於包含公式和儲存格參照的儲存格的相對位置，如果公式所在儲存格的位置改變，參照也隨之改變。如果只複製公式，而不想改變參照的儲存格，此時，一般參照特定的儲存格，這種參照形式稱為 "絕對參照"。如果公式所在儲存格的位置改變，絕對參照的儲存格始終保持不變。如果多行或多列地複製公式，絕對參照將不作調整。絕對參照的儲存格如 "$A$7"，前面帶有 "$" 符號。另外，也可用絕對參照的方法參照單行或單列。

📖 EXAMPLE 1　相對參照

在儲存格 D2 中輸入 "價格 - 價格 * 折扣率" 公式。只要把 D2 儲存格中的公式複製到 D3:D6 儲存格區域，此時，公式內參照的儲存格相應地改變了。

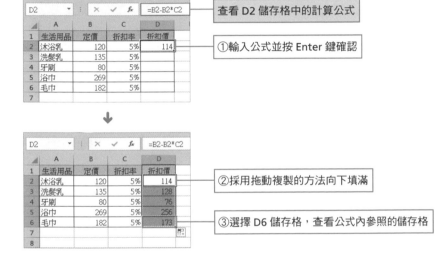

📖 EXAMPLE 2　絕對參照

在儲存格 C2 中輸入 "價格 - 價格 * 折扣率" 公式，然後把它複製到下面的儲存格。無論是哪種生活用品，其折扣率都是一樣的，因此公式中用絕對參照的方式來參照 C8 儲存格。這樣，公式即使被複製參照，其儲存格位址也不會發生改變。

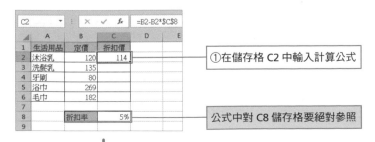

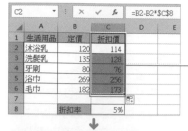

②向下複製公式，計算其他儲存格的值

通過公式資料編輯列，可以得知，對 C8 儲存格的絕對參照沒有變

③選擇 C5 儲存格，以查看其計算公式

📖 EXAMPLE 3 混合參照

除了使用上述介紹的兩種參照方式外，使用者還可以採用混合參照方式，即同時包含相對參照和絕對參照，如絕對欄和相對列，或是絕對列和相對欄。在輸入公式過程中，若選定儲存格 A1，反覆按 F4 鍵，儲存格參照地址就會按照 "A1" → "$A$1" → "A$1" → "$A2" 的狀態進行切換。

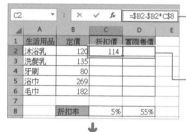

因為定價是相對參照，折扣率是絕對參照，所以要用混合參照

①按一下 C2 儲存格，在公式 "=B2-B2*C8" 中的 B2 位置按三次 F4 鍵，在下一個 B2 處也做相同的操作，然後把游標置於 C8 位置按兩次 F4 鍵，再按 Enter 鍵

②選中 C2 儲存格按住滑鼠左鍵向下拖動，C3 至 C6 儲存格就會自動顯示資料

因 B2 沒有絕對參照列，所以定價按複製前的儲存格移動，相反 C8 絕對參照列，所以折扣率不會變

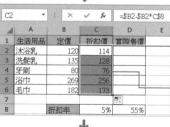

③將選中的 C2:C6 儲存格區域向右自動填滿至 D2:D6 儲存格區域內，求出正確的值

因為 C8 儲存格沒有絕對參照欄，被參照的折扣率向右移動，而且從 B2 ～ B6 沒有絕對參照欄，參照的價格沒有變

📖 **EXAMPLE 4** 儲存格名稱的使用

在 Excel 中，公式中固定參照某儲存格的另一種方法是：先為儲存格命名，然後在公式中參照該儲存格名稱。如果已為儲存格或儲存格區域命名，就能在公式中直接參照該名稱。由於用名稱指定的儲存格區域採用絕對參照處理，所以即使複製儲存格，參照的儲存格也是固定的。

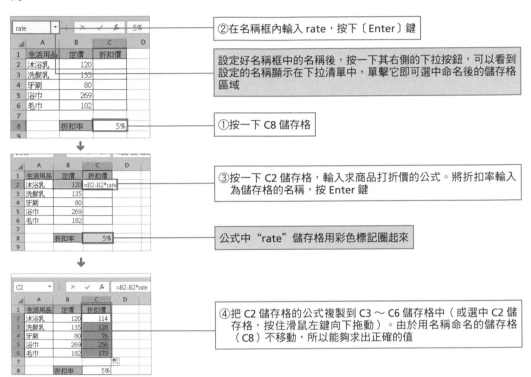

②在名稱框內輸入 rate，按下〔Enter〕鍵

設定好名稱框中的名稱後，按一下其右側的下拉按鈕，可以看到設定的名稱顯示在下拉清單中，單擊它即可選中命名後的儲存格區域

①按一下 C8 儲存格

③按一下 C2 儲存格，輸入求商品打折價的公式。將折扣率輸入為儲存格的名稱，按 Enter 鍵

公式中 "rate" 儲存格用彩色標記圈起來

④把 C2 儲存格的公式複製到 C3 ～ C6 儲存格中（或選中 C2 儲存格，按住滑鼠左鍵向下拖動）。由於用名稱命名的儲存格（C8）不移動，所以能夠求出正確的值

✌ NOTE ● **刪除名稱**

在 "名稱管理器" 對話盒（按一下 "公式" 活頁標籤中的 "名稱管理器" 按鈕即可打開該對話盒）中，選擇需刪除的名稱，按一下 "刪除" 按鈕即可。但是，已刪除名稱的公式可能還存在，因此必須注意儲存格內顯示的錯誤資訊。

▼刪除名稱

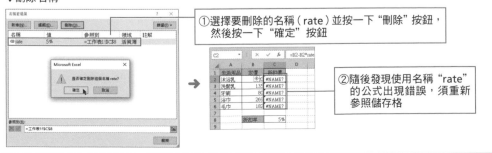

①選擇要刪除的名稱（rate）並按一下 "刪除" 按鈕，然後按一下 "確定" 按鈕

②隨後發現使用名稱 "rate" 的公式出現錯誤，須重新參照儲存格

1-2 函數基礎

Excel 中所提供的函數其實是一些預定義的公式，它們使用一些稱為參數的特定數值按特定的順序或結構進行計算。Excel 函數的種類很多，包括日期和時間函數、文字函數、工程函數、財務函數、資訊函數、邏輯函數、查找與參照函數、數學和三角函數、統計函數、資料庫函數以及使用者自訂函數。

1-2-1 認識函數

在 Excel 中，靈活使用函數可以使計算變得更加簡單。函數的輸入方法與公式的輸入方法類似，首先選中儲存格，之後輸入 "=" 號，接下來再輸入函數名，在函數名後加 () 號即可輸入函數參數。參數是計算和處理的必要條件，類型和內容因函數的不同而不同。各函數的詳細參數請參見後面章節的介紹。選中包含公式的儲存格，在資料編輯列內就會出現所應用的函數公式，如下圖中的公式 "=SUM(D2:D6)"，表示對儲存格區域 D2:D6 中的資料加總。

▼ 函數表示

	A	B	C	D
1	手機型號	銷售價格	銷售數量	銷售總價
2	aPhone 7	24,500	89	2,180,500
3	Exper ZX5	17,950	78	1,400,100
4	HTT V Ultra	23,900	53	1,266,700
5	Songfone 3	7,390	45	332,550
6	Sam edge S7	19,900	68	1,353,200
7	合計		333	6,533,050
8				

D7　＝SUM(D2:D6)

在資料編輯列中查看輸入函數的內容

在輸入函數的儲存格（D7）內顯示出計算結果

函數的一般結構如下，其按照 "="、"函數名"、"參數" 順序指定。指定參數元素如表 1 所示。

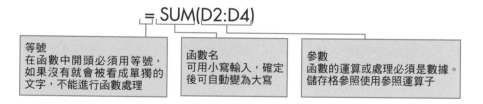

= SUM(D2:D4)

等號
在函數中開頭必須用等號，如果沒有就會被看成單獨的文字，不能進行函數處理

函數名
可用小寫輸入，確定後可自動變為大寫

參數
函數的運算或處理必須是數據。儲存格參照使用參照運算子

▼ 表 1：能指定參數的資料類型

儲存格參照	單獨的儲存格、儲存格區域、已命名的儲存格。例如：A4:A9、mark
常數	文字、數值、邏輯值、錯誤值、陣列常數。例如：首都北京、16、FALSE、#N/A、{ 柳丁 ,12, 香蕉 ,10}
函數	套用其他的函數。例如：=ROUND(AVERAGE)
邏輯值	使用比較運算子組合儲存格參照或常數公式。例如：A5>=1000
公式	全部使用算術運算子或文字運算子。例如：(A6+B6+C6)*2

Excel 2016 中包含上百種函數，若按涉及內容與利用方法，可分為如表 2 所示的 11 種類型。

▼ 表 2：函數分類

類型	涉及的內容	函數符號
數學與三角	包含使用頻率高的加總函數和數學計算函數。例如加總、乘方等四則運算，四捨五入、捨去數位等的零數處理及符號的變化等	SUM、ROUND、ROUNDUP、ROUNDDOWN、PRODUCT、INT、SIGN、ABS 等
統計	求數學統計的函數。除可求數值的平均值、中值、眾數外，還可求方差、標準差等	AVERAGE、RANK、MEDIAN、MODE、VAR、STDEV 等
日期和時間	計算日期和時間的函數	DATE、TIME、TODAY、NOW、EOMONTH、EDATE 等
邏輯	根據是否滿足條件，進行不同處理的 IF 函數，用於邏輯表述中的函數	IF、AND、OR、NOT、TRUE、FALSE 等
查找與參照	從表格或陣列中提取指定行或列的數值，推斷出包含目標值單元格的位置，從符合 COM 規格的程式中提取資料	VLOOKUP、HLOOKUP、INDIRECT、ADDRESS、COLUMN、ROW、RTD 等
文字	用大 / 小寫、全形 / 半形轉換字元，在指定位置提取某些字元等，用各種方法操作字串的函數分類	ASC、UPPER、lOWER、LEFT、RIGHT、MID、LEN 等
財務	計算貸款支付額或存款到期支付額等，或與財務相關的函數。也包含求利率或餘額遞減折舊費等函數	PMT、IPMT、PPMT、FV、PV、RATE、DB 等
資訊	檢測儲存格內包含的資料類型，求錯誤值種類的函數，求儲存格位置和格式等的資訊或收集操作環境資訊的函數	ISERROR、ISBLANK、ISTEXT、ISNUMBER、NA、CELL、INFO 等
資料庫	從資料清單或資料庫中提取符合給定條件資料的函數	DSUM、DAVERAGE、DMAX、DMIN、DSTDEV 等
工程	專門用於科學與工程計算的函數，複數的計算或將數值換算到 n 進制的函數，關於貝塞爾函數計算的函數	BIN2DEC、COMPLEX、IMREAL、IMAGINARY、BESSELJ、CONVERT 等
外部	為利用外部資料庫而設置的函數，也包含將數值換算成歐洲單位的函數	EUROCONVERT、SQL.REQUEST 等

1-2-2 輸入函數

輸入函數時，可在儲存格中直接輸入，也可以使用"插入函數"對話盒輸入。當直接在儲存格中輸入函數時，千萬注意不要拼錯函數名，或是漏掉半形逗號。當不清楚參數的順序和內容時，或不知道該使用哪一種函數時，就應該採用"插入函數"對話盒的方法輸入函數，此時，系統會自動輸入用於區分同一類型參數的","和加雙引號的文字。

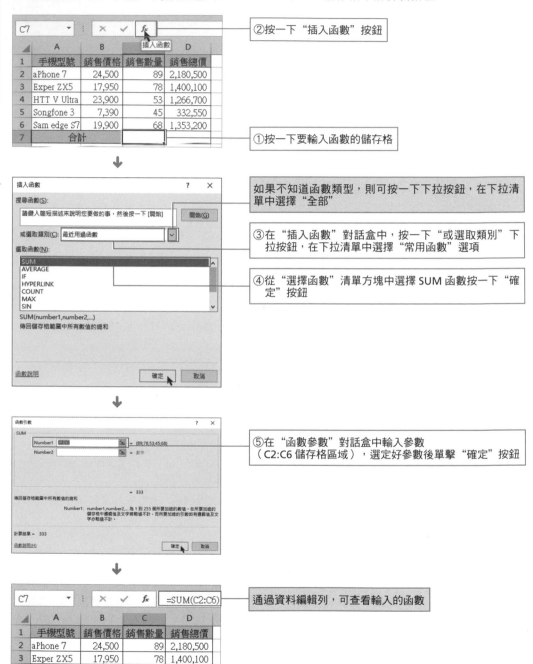

EXAMPLE 1　利用 "插入函數" 對話盒輸入函數

下面將使用 "插入函數" 對話盒輸入 SUM 函數，在 C7 儲存格中計算合計值。

②按一下 "插入函數" 按鈕

①按一下要輸入函數的儲存格

如果不知道函數類型，則可按一下下拉按鈕，在下拉清單中選擇 "全部"

③在 "插入函數" 對話盒中，按一下 "或選取類別" 下拉按鈕，在下拉清單中選擇 "常用函數" 選項

④從 "選擇函數" 清單方塊中選擇 SUM 函數按一下 "確定" 按鈕

⑤在 "函數參數" 對話盒中輸入參數（C2:C6 儲存格區域），選定好參數後單擊 "確定" 按鈕

通過資料編輯列，可查看輸入的函數

⑥隨後，C7 儲存格便顯示出計算結果

✌ NOTE ● 使用"自動加總"按鈕加總

按一下"公式"活頁標籤下"函式程式庫"中的"自動加總"下拉按鈕,就能簡單快捷地
求出所選儲存格的和值、平均值,以及統計出最大 / 小值等(參見表 3)。

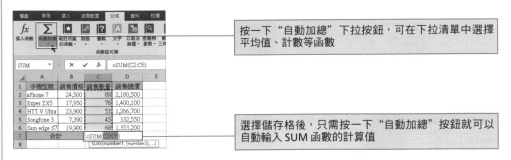

按一下"自動加總"下拉按鈕,可在下拉清單中選擇
平均值、計數等函數

選擇儲存格後,只需按一下"自動加總"按鈕就可以
自動輸入 SUM 函數的計算值

▼表 3:從"自動加總"下拉清單中選擇函數

函數類型	應用說明
加總、計數	輸入 SUM、COUNT 函數
平均值	輸入 AVERAGE 函數
最大、最小值	輸入 MAX、MIN 函數
其他函數	出現"插入函數"對話盒

✌ NOTE ● 搜索函數

在不知道使用什麼函數時,可以搜索函數。在"插入函數"對話盒中的"搜索函數"文字
方塊內輸入想要查詢的函數名稱或是函數名稱的一部分,然後進行搜索,相關函數就會依
次顯示出來。

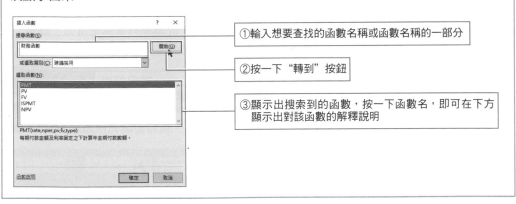

①輸入想要查找的函數名稱或函數名稱的一部分

②按一下"轉到"按鈕

③顯示出搜索到的函數,按一下函數名,即可在下方
顯示出對該函數的解釋說明

📖 EXAMPLE 2 直接輸入函數

下面將以在儲存格 D7 中直接輸入加總函數公式為例進行介紹。在儲存格中直接輸入公式時,
系統會給出相應的提示,比如輸入函數 SUM 後,系統會將 SUM 開頭的函數逐一列出供使
用者選擇,從而避免函數書書寫錯誤情況的發生。

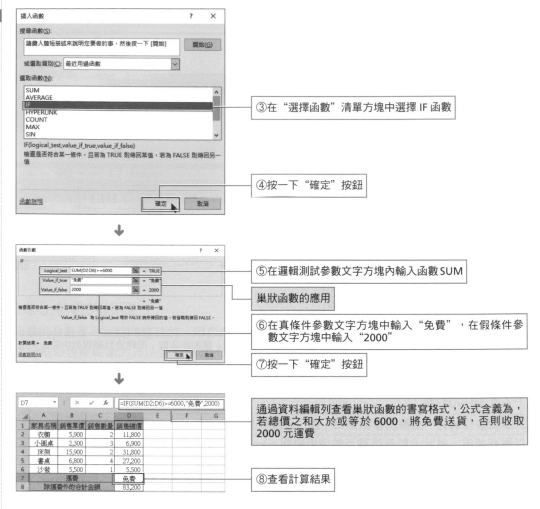

③在 "選擇函數" 清單方塊中選擇 IF 函數

④按一下 "確定" 按鈕

⑤在邏輯測試參數文字方塊內輸入函數 SUM

巢狀函數的應用

⑥在真條件參數文字方塊中輸入 "免費" ，在假條件參數文字方塊中輸入 "2000"

⑦按一下 "確定" 按鈕

通過資料編輯列查看巢狀函數的書寫格式，公式含義為，若總價之和大於或等於 6000，將免費送貨，否則收取 2000 元運費

⑧查看計算結果

✌ NOTE ● **直接輸入巢狀函數時，發生錯誤的提示**

從資料編輯列中直接輸入巢狀函數時，若輸入有誤，按〔Enter〕鍵時，則會出現錯誤資訊。因此，必須注意拼寫錯誤或多餘的符號。另外，Excel 可根據錯誤內容自動進行修改。

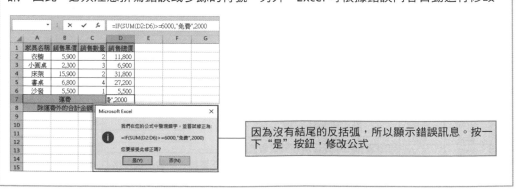

因為沒有結尾的反括弧，所以顯示錯誤訊息。按一下 "是" 按鈕，修改公式

(1-3) 錯誤分析

輸入函數後，有可能會出現 "#NAME?" 之類的文字，這些文字稱為錯誤值。根據不同的錯誤內容，將出現不同的錯誤數值型別，以此來說明使用者推測錯誤原因，如表 4 所示。在 Excel 中，當出現錯誤值時，儲存格左上角會出現綠色小三角，在 "錯誤檢查" 下拉清單中選擇 "錯誤檢查選項"，可以設置相應的處理方法。如果公式的參數中包含自己所在的儲存格，則稱為 "循環參照"。

▼ 表 4：錯誤值的種類

錯誤值	錯誤內容分析
#DIV/0!	除以 0 所得的值。除法公式中分母指定為空白儲存格
#NAME?	利用不能定義的名稱。名稱輸入錯誤或文字沒有加雙引號
#VALUE!	參數的資料格式錯誤。函數中使用的變數或參數類型錯誤
#REF!	公式中參照了一個無效儲存格
#N/A	參數中沒有輸入必需的數值。查找與參照函數中沒有匹配檢索值的資料
#NUM!	參數中指定的數值過大或過小，函數不能計算出正確的答案
#NULL!	根據參照運算子指定共用區域的兩個儲存格區域，但共用區域不存在

 EXAMPLE 1　使用 "錯誤檢查選項"

檢測 D7 儲存格中表示的錯誤值。

M14		⋮	× ✓ *fx*	
▲	A	B	C	D
1	手機型號	銷售價格	銷售數量	銷售總價
2	aPhone 7	24,500	89	2,180,500
3	Exper ZX5	17,950	78	1,400,100
4	HTT V Ultra	23,900	53	1,266,700
5	Songfone 3	7,390	45	332,550
6	Sam edge S7	19,900	68	1,353,200
7	合計		333	#NAME?

> 在 D7 儲存格內輸入公式後，顯示錯誤值 "#NAME?"

↓

D7		▼	⋮	× ✓ *fx*	=SaM(D2:D6)
▲	A	B	C	D	
1	手機型號	銷售價格	銷售數量	銷售總價	
2	aPhone 7	24,500	89	2,180,500	
3	Exper ZX5	17,950	78	1,400,100	
4	HTT V Ultra	23,900	53	1,266,700	
5	Songfone 3	7,390	45	332,550	
6	Sam edge S7	19,900	68	1,353,200	
7	合計		◆ ▾	#NAME?	

> ①按一下顯示錯誤值的儲存格，其左側將出現錯誤檢查按鈕

↓

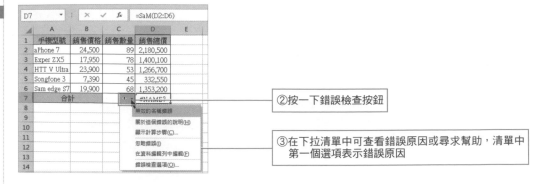

②按一下錯誤檢查按鈕

③在下拉清單中可查看錯誤原因或尋求幫助，清單中第一個選項表示錯誤原因

✌ NOTE ● **可以忽略的錯誤**

若沒有錯誤的儲存格也顯示錯誤檢查按鈕，則有可能是儲存格參照不一致，或者是沒有鎖定儲存格而顯示的錯誤警告。在下圖中，C7 儲存格的加總物件只是 C2:C4 儲存格區域，而系統預設應為 C2:C6 儲存格區域，所以提示錯誤。

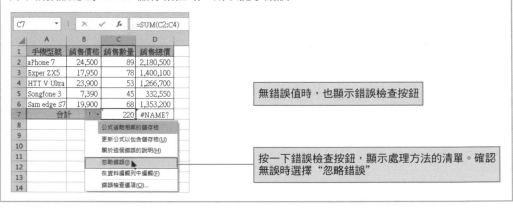

無錯誤值時，也顯示錯誤檢查按鈕

按一下錯誤檢查按鈕，顯示處理方法的清單。確認無誤時選擇 "忽略錯誤"

✌ NOTE ● **錯誤檢查規則的修訂**

在錯誤檢查清單中選擇 "錯誤檢查選項"，打開 "Excel 選項" 對話盒，此時如果有錯誤，可以在 "公式" 選項對話盒中更改錯誤檢查的規則。

如果取消勾選此核取方塊，則不能進行自動檢查

按一下此按鈕，不顯示錯誤檢查

如果取消勾選其中的檢查選項核取方塊，則不能識別相應錯誤

(1-4) 增益集的使用

增益集程式作為 Excel 的外掛程式，為 Excel 增加了各種各樣的命令或功能，但對於大多數普通用戶來講，這些功能的使用率並不高。在 Excel 中，高級功能部分包含有"載入巨集"的外部程式，它只能和 Excel 組合使用。在專業的函數中，也包含有"增益集"函數，此函數如果不屬於 Excel 函數，就不能使用。使用此函數的方法是打開"開發工具"活頁標籤，從中按一下"Excel 載入項"按鈕，然後在"載入項"對話盒中選擇可用的增益集。如果顯示必須安裝的資訊，根據提示，即可將自己需要使用的函數安裝在電腦中。

EXAMPLE 1 | 安裝增益集

增益集中包含的函數，最初沒有顯示在"插入函數"對話盒中。比如，EOMONTH 函數包含在增益集的分析工具庫中，如果沒有載入分析工具庫，則在"插入函數"對話框中就無法查找到該函數。下面首先舉例介紹安裝增益集的方法。

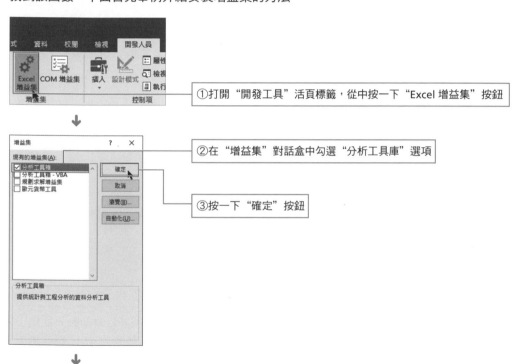

①打開"開發工具"活頁標籤，從中按一下"Excel 增益集"按鈕

②在"增益集"對話盒中勾選"分析工具庫"選項

③按一下"確定"按鈕

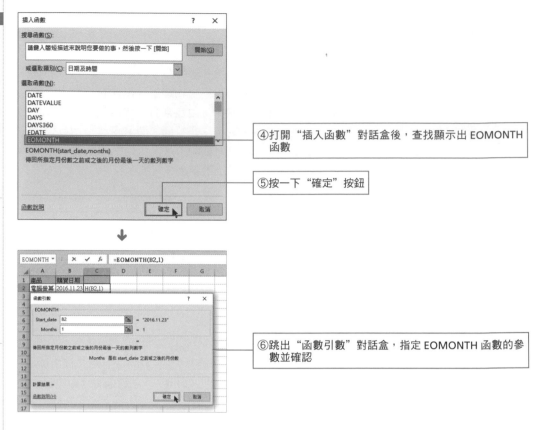

④打開 "插入函數" 對話盒後，查找顯示出 EOMONTH 函數

⑤按一下 "確定" 按鈕

⑥跳出 "函數引數" 對話盒，指定 EOMONTH 函數的參數並確認

✌ NOTE ● **沒有安裝增益集，直接輸入增益集中包含的函數**

在沒有安裝增益集的情況下，如果輸入增益集中包含的函數，由於函數本身沒有此功能，所以儲存格內會顯示錯誤值。此時，刪除輸入的函數，安裝 "增益集"，然後再重新輸入一次函數。

✌ NOTE ● **分析工具庫以外的增益集函數**

增益集包含的多個函數，被歸類在 "分析工具庫" 增益集中。分析工具庫以外的載入巨集，有包含 EUROCONVERT 函數的 "歐元工具"、包含 SQL.REQUEST 函數的 "ODBC 增益集" 等。另外， "ODBC 增益集" 必須從微軟公司的網頁中下載。

1-5 陣列的使用

所謂陣列，是由資料元素組成的集合，資料元素可以是數值、文字、日期、錯誤值、邏輯等。陣列分為"陣列常數"和"陣列公式"兩種。所謂陣列常數，就是用","表示列區間，用";"表示行區間，作為一組資料的確認。利用陣列常數，可以在參數中指定表格式的資料；所謂陣列公式，就是用一個公式來統一一行或一列中相等的多個儲存格區域，所以它能直接求總和。陣列常數和陣列公式全部要加大括弧 {} 表示。

 EXAMPLE 1 | 使用陣列常數

下面將通過介紹 VLOOKUP 函數的示例，講解陣列常數的使用。在 D2 儲存格內輸入函數 VLOOKUP，該函數的第 2 個參數中需指定陣列常數。首先我們採用參照儲存格區域的方法。

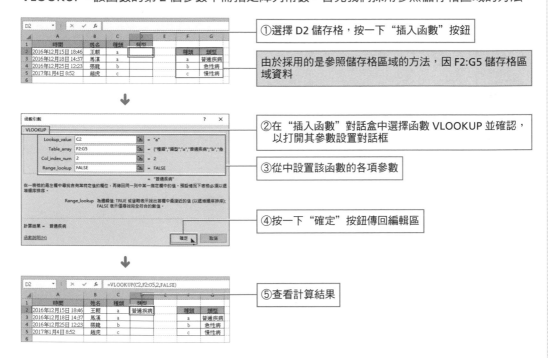

①選擇 D2 儲存格，按一下"插入函數"按鈕

由於採用的是參照儲存格區域的方法，因 F2:G5 儲存格區域資料

②在"插入函數"對話盒中選擇函數 VLOOKUP 並確認，以打開其參數設置對話框

③從中設置該函數的各項參數

④按一下"確定"按鈕傳回編輯區

⑤查看計算結果

如果沒有事先設計並製作陣列參數表，那麼可以在輸入函數時直接輸入，即用大括弧指定資料常數，具體如下。

在 D2 儲存格中顯示結果，在資料編輯列中，引用表的內容用大括弧指定

這種情況下，即可刪除不需要的參照表

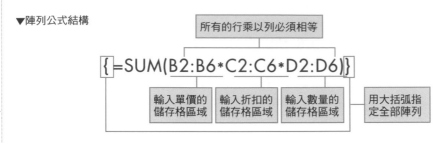 EXAMPLE 2 使用陣列公式

下面使用陣列公式直接在 D7 儲存格內求所有商品的金額。使用陣列公式,即使不計算每件商品的金額,也會計算出指定的每個元素,然後算出金額。

▼陣列公式結構

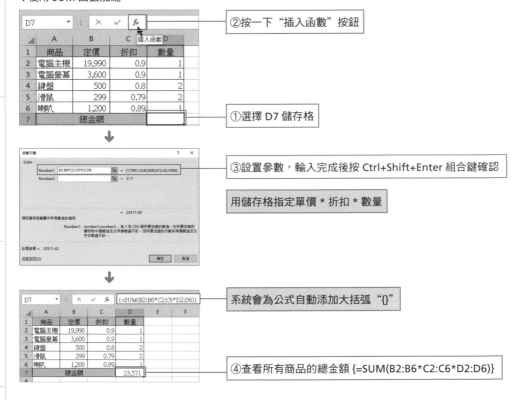

▼使用 SUM 函數加總

②按一下 "插入函數" 按鈕

①選擇 D7 儲存格

③設置參數,輸入完成後按 Ctrl+Shift+Enter 組合鍵確認

用儲存格指定單價 * 折扣 * 數量

系統會為公式自動添加大括弧 "{}"

④查看所有商品的總金額 {=SUM(B2:B6*C2:C6*D2:D6)}

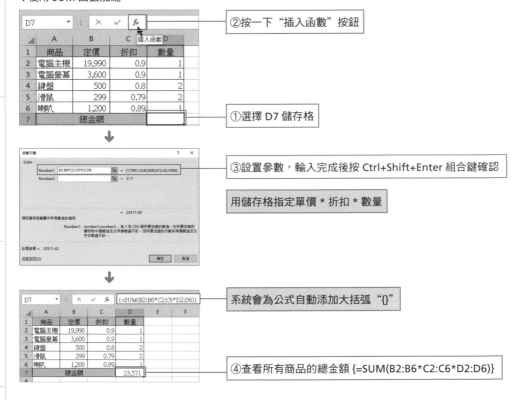

NOTE ● **修改或刪除陣列公式**

修改陣列公式時,必須全部選定輸入相同陣列公式的儲存格。或者,選中它們當中的一個儲存格,按 Ctrl+/ 快捷鍵,選中全部陣列公式。接著按〔F2〕鍵,公式呈可編輯狀態。如果完成修改,按〔Ctrl〕+〔Shift〕+〔Enter〕快捷鍵,儲存格中的公式即改變。如果要刪除陣列公式,也是用相同的方法,全部選中輸入相同陣列公式的儲存格後,按〔Delete〕鍵刪除

數學與三角函數

透過使用數學與三角函數，可以輕鬆處理諸如對數值取整，計算儲存格區域中的數值總和等複雜計算。在 Excel 中，根據對數值的計算，將數學和三角函數分為 58 種，有經常使用的加總函數，也有對數值四捨五入或向下捨入、向上捨入等的函數。下面我們將對數學與三角函數的分類、用途以及關鍵點進行介紹。

→ 函數分類

1. 計算
在進行數值的四則運算中使用。根據指定的加總方法，在一個函數中進行加總、最大值、最小值、公差、偏差等 11 種類型的計算。

SUM	計算儲存格區域中所有數值之和
SUMIF	對滿足條件的儲存格加總
PRODUCT	計算所有參數的乘積
SUMPRODUCT	計算相應陣列或儲存格區域乘積的和
SUMSQ	計算所有參數的平方和
SUMX2PY2	計算兩陣列中對應數值的平方和之和
SUMX2MY2	計算兩陣列中對應數值的平方差之和
SUMXMY2	傳回兩陣列中對應數值之差的平方和
SUBTOTAL	傳回資料清單或資料庫中的分類匯總
QUOTIENT	計算兩數相除商的整數部分
MOD	計算兩數相除的餘數
ABS	計算指定數值的絕對值
SIGN	計算數值的正負號
GCD	求最大公約數
LCM	求最小公倍數
SERIESSUM	用冪級數求近似值

2. 亂數
亂數產生時使用的函數。例如需要一些無關緊要的資料時可使用這些函數來產生亂數。

RAND	求大於等於 0 且小於 1 的均勻分佈亂數
RANDBETWEEN	在最小值和最大值之間整數的亂數

3. 零數處理
在四捨五入或捨去、捨入數值時使用。例如，金額的零數處理、勤務時間的零數處理。

INT	將數值向下捨入到最接近的整數
TRUNC	將數值的小數部分截去，傳回整數
ROUND	傳回某個數字按指定位元數取整後的數字
ROUNDUP	遠離零值，向上捨入數字
ROUNDDOWN	遠離零值，向下捨入數字
CEILING	將參數向上捨入為最接近指定基數的倍數
FLOOR	按給定基數進行向下捨入計算
MROUND	傳回乘積的捨入結果
EVEN	將正數向上捨入到最近的偶數，負數向下捨入到最近的偶數
ODD	將正（負）數向上（下）捨入到最接近的奇數

4. 圓周率與平方根

求圓周率的精確值或數值的平方根時使用。

PI	求圓周率的精確值
SQRT	求正數的平方根
SQRTPI	求某數值與 pi 的乘積的平方根

5. 三角函數

三角函數是以原點為中心，半徑為 1，圓周上的座標（x，y）中的 x 為餘弦，y 為正弦，y/x 為正切。以座標（1,0）為出發點，繞圓 1 周，弧長在 0 ～ 2π（π 約等於 3.141593）之間發生變化，中心角在 0°～ 360°之間發生變化。由於中心角和弧長的比例是 1:1 的關係，所以在三角函數中，把弧長作為角度處理，並把角度單位稱為弧長，得出弧度 2π=360°的結論。

RADIANS	將角度轉換為弧度
DEGREES	將弧度轉換為角度
SIN	用弧度求給定角度的正弦值
COS	用弧度求給定角度的餘弦值
TAN	用弧度求給定角度的正切值

▼ 求三角函數的反函數

ASIN	計算數值的反正弦值
ACOS	計算數值的反餘弦值
ATAN	計算數值的反正切值
ATAN2	計算給定的 x、y 座標值的反正切值

▼ 求雙曲線函數

SINH	用弧度求數值的雙曲正弦值
COSH	用弧度求數值的雙曲餘弦值
TANH	用弧度求數值的雙曲正切值

▼ 求雙曲線函數的反函數

ASINH	求數值的反雙曲正弦值
ACOSH	求數值的反雙曲餘弦值
ATANH	求數值的反雙曲正切值

6. 指數與對數函數

求指定數值的乘冪時，使用 POWER 函數。例如，求正方形的面積、立方體的體積等。另外，指數函數的反函數定義為對數函數。

POWER	計算指定數值的乘冪
EXP	計算自然對數 e 的乘冪

▼ 求對數函數

LOG	POWER 函數的反函數，按所指定的底數，求它的對數
LN	EXP 函數的反函數，求指定數值的自然對數
LOG10	求指定數值以 10 為底的對數

7. 組合

用於求數值的組合。

FACT	求某數的階乘
COMBIN	計算從給定數目的物件集合中提取若干物件的組合數（二項係數）
MULTINOMIAL	傳回參數和的階乘與各參數階乘乘積的比值

8. 矩陣行列式

求一個陣列的矩陣行列式的值時所使用的函數。

MDETERM	求一個陣列的矩陣行列式的值
MINVERSE	求陣列矩陣的逆矩陣
MMULT	求兩陣列的矩陣乘積

9. 字元變換

將阿拉伯數字轉換為羅馬數字。

ROMAN	將阿拉伯數字轉換為羅馬數字
ARABIC	將羅馬數字轉換為阿拉伯數字
BASE	將數值轉換為具備給定基數的文字表示

→ 請注意

數學與三角函數中的關鍵點包括數值、四捨五入、向上捨入、向下捨去、陣列常量、陣列公式、π（圓周長和直徑的比，即圓周率）、三角函數與弧度。 其中，數值即計算資料的物件。四捨五入是對數值進行零數處理取整數。向上捨入、向下捨去為無四捨五入的臨界值，根據位元數取整。三角函數是將單位圓周上的座標（x,y）的 x 定義為餘弦，y 定義為正弦，y/x 為正切函數。

計算

2-1-1　SUM
對儲存格區域中所有數值加總

格式 → SUM(number1,number2,...)

參數 → number1,number2 ...

　　　用於計算儲存格區域中所有數值的和。參數用 "," 分隔，最大能指定到 30 個參數。求相鄰儲存格內數值之和時，使用冒號指定儲存格區域，如 A1:A5。儲存格中的邏輯值和文字會被忽略。但當作為參數鍵入時，邏輯值和文字有效。參數若為數值以外的文字，則傳回錯誤值 "#VALUE!"。

SUM 函數用來求數值之和，它是 Excel 中經常使用的函數之一。可使用 "插入函數" 對話盒插入 SUM 函數加總，也可按一下 "公式" 活頁標籤中的 "自動加總" 按鈕加總，這是最方便快捷的方法。另外，SUM 函數是求實數的和。要求複數的和時，可參照工程函數中的 IMSUM 函數。

EXAMPLE 1　加總

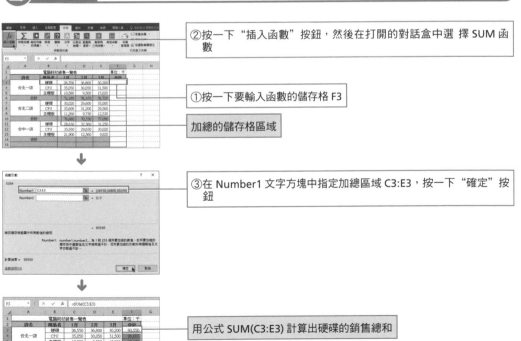

②按一下 "插入函數" 按鈕，然後在打開的對話盒中選 擇 SUM 函數

①按一下要輸入函數的儲存格 F3

加總的儲存格區域

③在 Number1 文字方塊中指定加總區域 C3:E3，按一下 "確定" 按鈕

用公式 SUM(C3:E3) 計算出硬碟的銷售總和

④按住 F3 儲存格右下角的填滿控點向下拖動，求出各加總值

在"插入函數"對話盒中,選擇"SUM"函數後,進入"函數參數"對話盒,此時在所需參數值的儲存格內,有可能會自動插入相鄰數值的儲存格。若加總範圍不同時,則需要按一下正確的儲存格或儲存格區域以重新指定。

EXAMPLE 2 使用"自動加總"按鈕

使用"自動加總"按鈕加總。當明細行和小計行同時存在於總和表中時,只計算加總行的和,然後匯總。

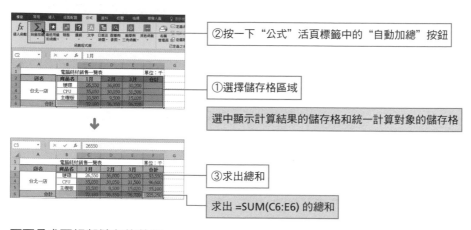

②按一下"公式"活頁標籤中的"自動加總"按鈕

①選擇儲存格區域

選中顯示計算結果的儲存格和統一計算對象的儲存格

③求出總和

求出 =SUM(C6:E6) 的總和

下面是求不相鄰儲存格的和。

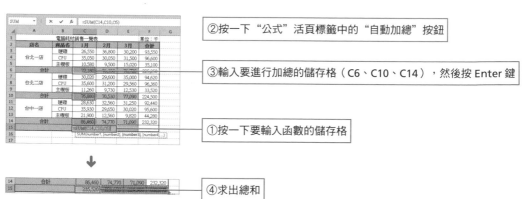

②按一下"公式"活頁標籤中的"自動加總"按鈕

③輸入要進行加總的儲存格(C6、C10、C14),然後按 Enter 鍵

①按一下要輸入函數的儲存格

④求出總和

✌ NOTE ● **使用"自動加總"按鈕計算加總行更方便**

使用"自動加總"按鈕輸入 SUM 函數,會自動識別加總行,如果明細行重複,則不能計算。相反,使用"函數參數"對話盒時,可自動識別相鄰數值的儲存格,而不只是識別加總行。如果只求加總行的和,則使用"自動加總"按鈕更方便。

EXAMPLE 3 | 求 3D 加總值

在 SUM 函數中，跨多個工作表也能加總，這樣的加總方式稱為 3D 加總法。下面我們將在 SUM-1 工作表中求 SUM-2 至 SUM-4 銷售額的總和。

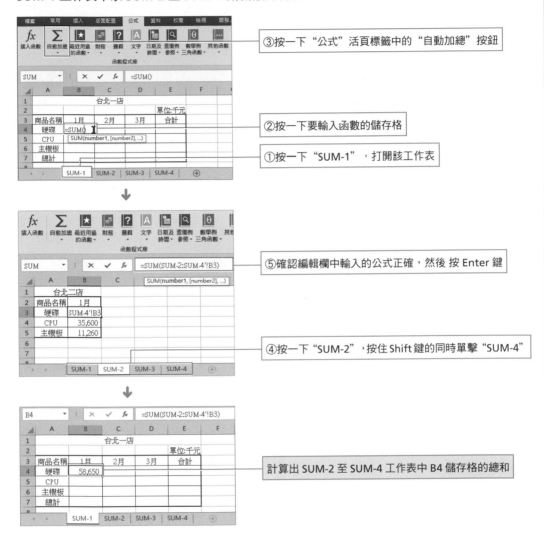

③按一下 "公式" 活頁標籤中的 "自動加總" 按鈕

②按一下要輸入函數的儲存格

①按一下 "SUM-1" ，打開該工作表

⑤確認編輯欄中輸入的公式正確，然後 按 Enter 鍵

④按一下 "SUM-2" ，按住 Shift 鍵的同時單擊 "SUM-4"

計算出 SUM-2 至 SUM-4 工作表中 B4 儲存格的總和

👆 NOTE ● **3D 加總加總方式中各工作表的資料位置必須一致**

進行 3D 加總時，作為計算物件的資料必須在各個工作表的同一位置。例如，在 SUM-2 的 B4 儲存格內輸入 "1 月硬碟銷售額" ，在 SUM-3 的 B5 儲存格內輸入 "2 月主機板銷售額" ，這種情況就不能得到正確的計算結果。另外，參數中被指定的 "SUM-4!B3" 稱為引用公式，它是用工作表名稱表示計算物件的儲存格。當引用公式在同一工作表時，如 "工作表名稱 !A1" ，用 "!" 分隔顯示。

2-1-2　SUMIF
根據指定條件對若干儲存格加總

格式 ➜ SUMIF(range,criteria,sum_range)

參數 ➜ range

對滿足條件的儲存格加總。

criteria

在指定範圍內搜尋符合條件的儲存格。其形式可以為數值、運算式或文字。輸入有數值、文字的儲存格內，指定使用比較運算子的公式。直接在儲存格或者編輯欄中指定搜尋條件時，應加雙引號將條件引起來。如果使用比較運算子時不加雙引號，則會顯示"輸入的公式不正確"之類的錯誤資訊。另外，對於搜尋條件中一些意義不明的字元，使用萬用字元表示。萬用字元的含義如下。

▼ 萬用字元

符號／讀法	含義
*（星號）	和符號相同的位置處有多個任意字元
？（問號）	在和符號相同的位置處有任意的 1 個字元
~（波浪號）	搜尋包含 * ? ~ 的文字時，在各符號前輸入 ~

sum_range

要進行計算的儲存格區域。忽略加總範圍中包含的空白儲存格、邏輯值、文字。求滿足搜尋條件的儲存格的和。

使用 SUMIF 函數，可以在選中範圍內根據指定條件求若干儲存格的和。例如指定"商品名稱"為搜尋條件，計算每件商品的銷售額總和，使用比較運算子，指定"~ 以上"或"~ 不滿"等的界定值為搜尋條件，計算日期以前的銷售額總和。SUMIF 函數 只能指定一個搜尋條件。如果需求兩個以上條件的和，可以先運用 IF 函數加入一個搜尋條件作為前提，再使用資料庫函數中的 DSUM 函數。

EXAMPLE 1　求銀行的支付總額

求各銀行的支付總額。在銀行名稱所在的儲存格內指定搜尋條件。

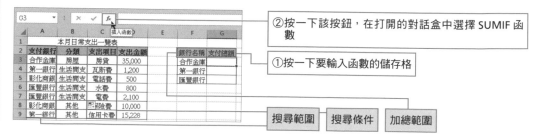

② 按一下該按鈕，在打開的對話盒中選擇 SUMIF 函數

① 按一下要輸入函數的儲存格

搜尋範圍　搜尋條件　加總範圍

③指定各參數，指定好儲存格區域，按F4鍵變為絕對引用，然後按一下"確定"按鈕

↓

④利用 =SUMIF($A$3:$A$9,F3,$D$3:$D$9) 計算出支付總和

02

數
學
與
三
角
函
數

✌ NOTE ● **在儲存格內直接指定搜尋條件時，搜尋條件加 ""**

當使用 "函數參數" 對話盒或儲存格引用搜尋條件時，可以不使用 ""。但是在儲存格或編輯欄內直接指定搜尋條件時，必須加 ""。不使用比較運算子的搜尋條件，條件中即使不加雙引號，也不會傳回錯誤值，但若沒有符合搜尋條件的儲存格，則傳回 0。

①將合作金庫直接輸入到編輯欄中

②因為在編輯欄中直接輸入的沒加雙引號

📖 EXAMPLE 2 　求到每月 15 日的總額和 16 日以後的總金額

使用比較運算子，求每月 15 日前的金額總和及每月 16 日後的金額總和。使用比較運算子時，搜尋條件必須加 ""。

用 =SUMIF($C$3:$C$9,"<=15",$D$3:$D$9)，求到 15 日所支付金額的總和

用 =SUMIF($C$3:$C$9,">15",$D$3:$D$9)，求 16 日後所支付金額的總和

✌ NOTE ● **在 SUMIF 函數中使用比較運算子**

在 SUMIF 函數中，比較運算子是作為界定值使用的。例如 "16 日以後" 是指比 15 大，所以將其表示為 " > 15"。

EXAMPLE 3 在條件中使用萬用字元加總

萬用字元是代替文字而使用的字元,在萬用字元中,用 "*" 表示任意文字字串。用 "?" 表示任意一個字元。

用 =SUMIF($A$3:$A$9, " 合作金庫 ",$D$3:$D$9) 求合庫的支付總額

用 =SUMIF($A$3:$A$9,"?? 銀 行 ",$D$3:$D$9) 求名稱中有「銀行」的金融機構的支付總額

✌ NOTE ● 萬用字元 "?"

當不明確搜尋字元的位置或字元數時,可用 "?" 表示任意一個字元,也可使用 "*" 進行任意字元的搜尋。例如,在搜尋條件中輸入 "?? 銀行" 時,只能搜尋到名稱中有「銀行」的銀行,例如「合作金庫」、「彰化商銀」就搜尋不到。

😊😊 組合技巧┃求滿足多個條件的和(SUMIF+IF)

SUMIF 函數只能指定一個搜尋條件,使用多個 IF 函數判定時,需提前加入滿足多個條件的儲存格。如果在 SUMIF 函數中指定此搜尋的結果,結果是求滿足多個條件的儲存格的總和。如下例,求匯豐銀行支付的 "生活開支費"。另外,設定多個條件 時,在 IF 函數中需套用 AND 函數和 OR 函數。

輸入 =IF(AND(B3=" 生活開支 ",C3=" 匯豐銀行 "),"",1),符合 "匯豐銀行" 和 "生活開支" 時傳回 1

用 =SUMIF(F3:F9,"1",D3: D9) 求符合搜尋條件為 1 的儲存格的總金額

相關函數

IF	執行真假值判斷,根據邏輯測試的真假值傳回不同結果
DSUM	傳回清單或資料庫中的列中滿足指定條件的數值之和
AND	判定指定的多個條件是否全部成立
OR	在其參數組中,任何一個參數邏輯值為 TRUE,即傳回 TRUE

2-1-3 PRODUCT
計算所有參數的乘積

格式 → PRODUCT(number1,number2…)

參數 → number1,number2…

指定求積的數值或者輸入有數值的儲存格。最多能指定 30 個數值,並用逗號 ","
分隔每一個指定數值,或指定儲存格範圍。當指定為數值以外的文字時,傳回錯
誤值 "#VALUE!"。但是,如果參數為陣列或引用,則只有其中的數字將被計算。
陣列或引用中的空白儲存格、邏輯值、文字或錯誤值將被忽略。指定 30 個以上
的參數時,就會出現 "此函數輸入參數過多" 之類的錯誤資訊。

使用 PRODUCT 函數可求陣列數值的乘積。例如,根據 "定價"、"數量"、"消費稅" 和 "折
扣率" 求商品的金額時,使用 PRODUCT 函數比較方便。也可使用算術運算子 "*" 求乘積,
但在求多數值的乘積時,使用 PRODUCT 函數運算更簡單。

EXAMPLE 1 用單價 × 數量 × 折扣率求商品金額

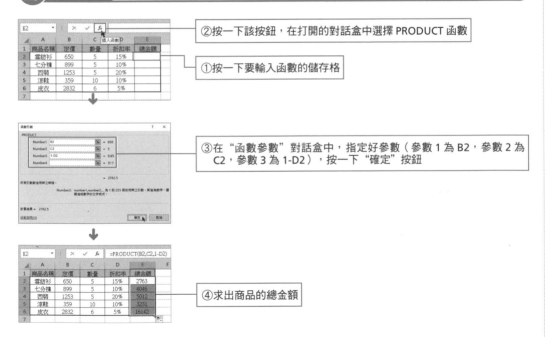

②按一下該按鈕,在打開的對話盒中選擇 PRODUCT 函數

①按一下要輸入函數的儲存格

③在 "函數參數" 對話盒中,指定好參數(參數 1 為 B2,參數 2 為
C2,參數 3 為 1-D2),按一下 "確定" 按鈕

④求出商品的總金額

📝 NOTE ● **百分比值 10% 作為數值 0.1 處理**

折扣率的百分比作為數值處理時,10% 作為 0.1 計算。另外,在 PRODUCT 函數中,將
參數直接指定為文字和用儲存格引用指定文字,會得到不同的計算結果。

2-1-4 SUMPRODUCT
將陣列間對應的元素相乘，並傳回乘積之和

格式 ➜ SUMPRODUCT(array1,array2,array3,…)

參數 ➜ array1,array2,array3,…

在給定的幾組陣列中，將陣列間對應的元素相乘，並傳回乘積之和。指定的陣列範圍在 2 ～ 30 個之間。陣列參數必須具有相同的維數，否則函數 SUMPRODUCT 將傳回錯誤值 "#VALUE!"。如果指定超過 30 個參數，則會出現 "此函數輸入參數過多" 的錯誤資訊。函數 SUMPRODUCT 將非數值型的陣列元素作為 0 處理。

使用 SUMPRODUCT 函數可以在給定的幾個陣列中將陣列間對應的元素相乘，並傳回乘積之和。通常，在計算多種商品的總金額時，是先根據商品的單價與數量計算出單個商品的總值（小計），之後再對其加總，此函數的重點是在參數中指定陣列，或使用陣列常量來指定參數。所有陣列常量加 "{}" 指定所有陣列，用 "," 隔開欄，用 ";" 隔開列。

📖 **EXAMPLE 1** 用單價、數量、折扣率求商品的加總金額

使用每件商品的單價、數量、折扣率，求商品的總金額。通過公式 "單價" × "數量" × "1-折扣率" 即可求出需要的加總金額。

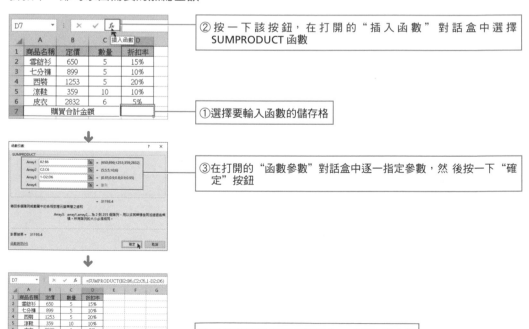

② 按一下該按鈕，在打開的 "插入函數" 對話盒中選擇 SUMPRODUCT 函數

① 選擇要輸入函數的儲存格

③ 在打開的 "函數參數" 對話盒中逐一指定參數，然後按一下 "確定" 按鈕

計算各陣列相同元素乘積的和，求得加總金額

2-1-5	**SUMSQ**
	求參數的平方和

格式 ➜ SUMSQ(number1,number2,…)

參數 ➜ number1,number2,…

> 指定求平方和的數值或者數值所在的儲存格。最多可指定 30 個參數，每個參數用逗號 "，" 分隔，當指定數值以外的文字時，將傳回錯誤值 "#VALUE!"。但是，引用數值時，空白儲存格或不能轉化為數值的文本、邏輯值可全部忽略。指定 30 個以上的參數時，會顯示出 "此函數輸入參數過多" 的錯誤提示資訊。

使用 SUMSQ 函數可求指定參數的平方和。例如，求偏差平方和即是求多個資料和該資料平均值偏差的平方和，用數值除以偏差平方和，推測數值的偏差情況。SUMSQ 函數用以下公式計算。

$$SUMSQ(x_1, x_2, \cdots, x_{30}) = x_1^2 + x_2^2 + \cdots + x_{30}^2$$

 EXAMPLE 1 求體力測試結果的偏差平方和

求各資料和資料平均值的差，在 SUMSQ 函數的參數中指定各個差值，求它的偏差平方和。

②按一下該按鈕，在打開的 "插入函數" 對話盒中選 SUMSQ 函數

①選擇要輸入函數的儲存格

用公式 =C3-$G$2 得到平均記錄之差

③逐一指定函數參數，然後按一下 "確定" 按鈕

利用公式 =AVERAGE(C3: C12) 求出 平均記錄值

利用函數公式 =SUMSQ(D3:D12) 求出平均記錄之差的平方和

✌ NOTE ● **沒必要求各個資料的平方**

使用 SUMSQ 函數求數值的平方和時，不必求每個資料的平方。另外，可使用統計函數中的 DEVSQ 函數代替 SUMSQ 函數求偏差平方和。

😊😊 組合技巧❙ 求二次方、三次方座標的最大向量（SUMSQ+SQRT）

結合 SUMSQ 函數和求數值平方根的 SQRT 函數，能夠求得二次方的（x,y）座標及三次方座標（x,y,z）的最大向量。

座標（1,0,0）在 X 軸上

利用 =SQRT(SUMSQ(A4:C4)) 求得 座標向量大小

座標（1,1,0）和二次方（x,y）座標相同

相關函數

DEVSQ	傳回資料點與各自樣本平均值偏差的平方和
SQRT	傳回正平方根

2-1-6	**SUMX2PY2**
	傳回兩陣列中對應數值

格式 ➜ SUMX2PY2(array_x, array_y)

參數 ➜ array_x, array_y

array_x 為第一個陣列或數值區域，array_y 為第二個陣列或數值區域。array_x 和 array_y 中的元素數目必須相等，否則將傳回錯誤值 "#N/A"。另外，如果陣列或傳址參數包括文字、邏輯值或空白儲存格，則這些值將被忽略。

傳回兩數值中對應數值的平方和之和，平方和之和在統計計算中經常使用（如下圖）。此函數的重點是在參數中指定陣列，參數可是數值，也可是包含數值的名稱、陣列或引用。陣列常量是用 "{}" 指定所有陣列，用 "," 分隔欄，用 ";" 分隔列。

$$SUMX2PY2(A_{nm}, B_{nm}) = \sum_{n,m} (A_{nm}^2 + B_{nm}^2)$$

其中，$\begin{aligned} A_{nm} &= \{a_{11} \cdots a_{1m}, a_{21} \cdots a_{2m}, a_{31} \cdots a_{3m}, \cdots, a_{n1} \cdots a_{nm}\} \\ B_{nm} &= \{b_{11} \cdots b_{1m}, b_{21} \cdots b_{2m}, b_{31} \cdots b_{3m}, \cdots, b_{n1} \cdots b_{nm}\} \end{aligned}$ 表示陣列。

EXAMPLE 1 求兩陣列中對應數值的平方和之和

求兩陣列中對應數值的平方和之和。為了確認，也能求每個對應值的平方和。

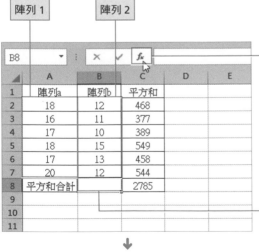

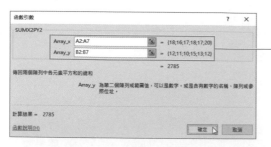

③在打開的"函數參數"對話盒中 逐一指定參數，然後按一下"確定"按鈕

求出陣列 1 和陣列 2 的平方和的加總

✌ NOTE ● **沒必要求每個資料的平方之和**

使用 SUMX2PY2 函數求陣列平方和之和時，沒必要求每個陣列對應數值的平方和之和。但是，陣列 1 和陣列 2 的構成必須是相同的。另外，求數值的平方和時，可參照 SUMSQ 函數。

😕 錯誤示範

	A	B	C	D	E	F
			fx	=SUMX2PY2(A2:A7,B2:B6)		
1	陣列a	陣列b	平方和			
2	18	12	468			
3	16	11	377			
4	17	10	389			
5	18	15	549			
6	17	13	458			
7	20	12	544			
8	平方和	#N/A	2785			

因為陣列 1 和陣列 2 結構不同，傳回錯誤值 "#N/A"

相關函數

SUMSQ	求數值的平方和
SUMX2MY2	傳回兩陣列中對應數值的平方差之和
SUMXMY2	傳回兩陣列中對應數值差的平方和

2-1-7　SUMX2MY2
傳回兩陣列中對應數值的平方差之和

格式 ➜ SUMX2MY2(array_x, array_y)

參數 ➜ array_x, array_y

array_x 為第一個陣列或數值區域。array_y 為第二個陣列或數值區域。array_x 和 array_y 中的元素數目必須相等，否則將傳回錯誤值 "#N/A"。另外，如果陣列或傳址參數包括文字、邏輯值或空白儲存格，則這些值將被忽略。

使用 SUMX2MY2 時，傳回兩陣列中對應數值的平方差之和。此函數的重點是在參數中指定陣列，參數可以是數值，也可以是包含數值的名稱、陣列或引用。陣列常量加 "{}" 指定所有陣列，用 "," 分隔列，用 ";" 分隔行。

$$SUMX2MY2(A_{nm}, B_{nm}) = \sum_{n,m} (A_{nm}^2 - B_{nm}^2)$$

其中，
$A_{nm} = \{a_{11} \cdots a_{1m}, a_{21} \cdots a_{2m}, a_{31} \cdots a_{3m}, \cdots, a_{n1} \cdots a_{nm}\}$
$B_{nm} = \{b_{11} \cdots b_{1m}, b_{21} \cdots b_{2m}, b_{31} \cdots b_{3m}, \cdots, b_{n1} \cdots b_{nm}\}$
表示陣列。

EXAMPLE 1　求兩陣列元素的平方差之和

下面我們用 SUMX2MY2 函數求兩陣列的平方差之和。為了確認，也能求每個元素的平方差之和。

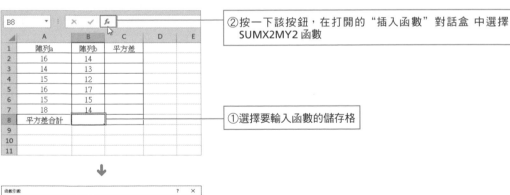

②按一下該按鈕，在打開的 "插入函數" 對話盒 中選擇 SUMX2MY2 函數

①選擇要輸入函數的儲存格

③逐一指定函數參數，然後按一下 "確定" 按鈕

| B8 | ▼ | : | × | ✓ | fx | =SUMX2MY2(A2:A7,B2:B7) |

◢	A	B	C	D	E
1	陣列a	陣列b	平方差		
2	16	14	60		
3	14	13	27		
4	15	12	81		
5	16	17	-33		
6	15	15	0		
7	18	14	128		
8	平方差合計	263	263		
9					
10					
11					
12					

用公式 =POWER(A2,2)-POWER(B2,2) 求陣列的平方，
如果中間是減號，則求平方差

用公式 =SUM(C2:C7) 求陣列平方差的和，在此可以
看出與使用 SUMX2MY2 函數的計算結果一致

④求出陣列 a 和陣列 b 的平方差的加總

✌ NOTE ● **沒有必要計算每個資料的平方差之和**

使用 SUMX2MY2 函數求的是陣列的平方差之和，所以沒必要求每個陣列元素的平方差
之和。另外，求數值的乘冪時，可參照 POWER 函數。

😟 錯誤示範

| B8 | ▼ | : | × | ✓ | fx | =SUMX2MY2(A2:A6,B2:B7) |

◢	A	B	C	D	E
1	陣列a	陣列b	平方差		
2	16	14	60		
3	14	13	27		
4	15	12	81		
5	16	17	-33		
6	15	15	0		
7	18	14	128		
8	平方差合 ⊕	#N/A	263		
9					
10					
11					

因為陣列 1 和陣列 2 結構不同，所以傳回錯誤值 "#N/
A"

相關函數

POWER	求數字的乘冪
SUMX2PY2	求兩陣列對應數值的平方和之和
SUMXMY2	求兩組對應數值差的平方和

2-1-8　SUMXMY2
求兩陣列中對應數值差的平方和

格式 ➜ SUMXMY2(array_x, array_y)
參數 ➜ array_x, array_y
　　　array_x 為第一個陣列或數值區域，array_y 為第二個陣列或數值區域。array_x 和 array_y 中的元素數目必須相等，否則將傳回錯誤值 "#N/A"。另外，如果陣列或傳址參數包括文字、邏輯值或空白儲存格，則這些值將被忽略。

使用 SUMXMY2 時，求兩陣列中對應數值之差的平方和。此函數的重點是在參數中指 定陣列，參數可以是數值，也可以是包含數值的名稱、陣列或引用。陣列常量加 "{}" 指定所有陣列，用 "," 分隔列，用 ";" 分隔行。

$$SUMXMY2(A_{nm}, B_{nm}) = \sum_{n,m} (A_{nm} - B_{nm})^2$$

其中，　$A_{nm} = \{a_{11} \cdots a_{1m}, a_{21} \cdots a_{2m}, a_{31} \cdots a_{3m}, \cdots, a_{n1} \cdots a_{nm}\}$ 表示陣列。
　　　　$B_{nm} = \{b_{11} \cdots b_{1m}, b_{21} \cdots b_{2m}, b_{31} \cdots b_{3m}, \cdots, b_{n1} \cdots b_{nm}\}$

📖 **EXAMPLE 1**　求兩陣列中對應數值差的平方和

下面我們將利用 SUMXMY2 函數來求兩陣列中對應數值差的平方和。

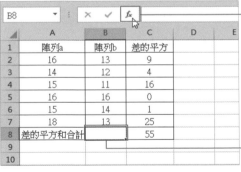

②按一下該按鈕，在打開的 "插入函數" 對話盒中選擇 SUMXMY2 函數

①選擇要輸入函數的儲存格

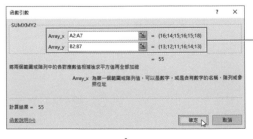

③逐一指定函數參數，然後按一下 "確定" 按鈕

| B8 | : | × ✓ | *fx* | =SUMXMY2(A2:A7,B2:B7) |

▲	A	B	C	D	E
1	陣列a	陣列b	差的平方		
2	16	13	9		
3	14	12	4		
4	15	11	16		
5	16	16	0		
6	15	14	1		
7	18	13	25		
8	差的平方和合計	55	55		
9					
10					
11					

用公式 =POWER(B2-A2,2) 求出 陣列 1 和陣列 2 的差的平方

用公式 =SUM(C2:C7) 求出陣列差的平方和，由此可以看出，其計算結果與使用函數 SUMXMY2 的值一致

④求出陣列 a 和陣列 b 的平方差的 加總

👋 NOTE ● **沒有必要計算每個資料差的平方**

使用 SUMXMY2 函數求的是兩陣列對應數值差的平方和，所以沒必要求每個陣列元素差的平方。另外，要求數字的乘冪時，可參照 POWER 函數。

😵 錯誤示範

| B8 | : | × ✓ | *fx* | =SUMXMY2(A2:A6,B2:B7) |

▲	A	B	C	D	E
1	陣列a	陣列b	差的平方		
2	16	13	9		
3	14	12	4		
4	15	11	16		
5	16	16	0		
6	15	14	1		
7	18	13	25		
8	差的平方和計	#N/A	55		
9					
10					
11					

利用公式 =SUMXMY2(A2:A6, B2:B7) 公式進行計算，由於陣列 1 和陣列 2 結構不同，所以傳回錯誤值 "#N/A"

相關函數

POWER	求數字的乘冪
SUMX2PY2	求兩陣列對應數值的平方和之和
SUMX2MY2	傳回兩陣列中對應數值的平方差之和

	SUBTOTAL
2-1-9	傳回資料清單或資料庫中的分類匯總

格式 ➡ SUBTOTAL(function_num,ref1,ref2,…)

參數 ➡ function_num

用 1 ～ 11 的數字或者用輸入有 1 ～ 11 數值的儲存格指定加總資料的方法。各數值相對應的加總方法參照下表。如果參數指定為 1 ～ 11 以外的數值或者數值以外的文字時，將傳回錯誤值 "#VALUE!"。

▼ SUBTOTAL 函數的加總方法

數值	加總方法	有相同功能的函數
1	求數據的平均值	AVERAGE
2	求資料的數值個數	COUNT
3	求數據非空值的儲存格個數	COUNTA
4	求資料的最大值	MAX
5	求資料的最小值	MIN
6	求數據的乘積	PRODUCT
7	求樣本的標準差	STDEV
8	求樣本總體的標準差	STDEVP
9	求數據的和	SUM
10	求樣本總體的方差	DVAR
11	計算總體樣本的方差	DVARP

ref1, ref2,…

用 1 ～ 29 個區域指定加總的資料範圍。當其他加總值被插入到指定的資料範圍內時，為了避免重複計算，加總它的小計。如果超出 29 個資料，則會出現 "此函數輸入參數過多" 之類的錯誤資訊。

使用 SUBTOTAL 函數，按照指定的加總方法，可以求選中範圍內的加總值、平均值、最大值、最小值等。這是統計學中具有代表性的處理資料方法。通常情況下，通過單擊 "資料" 活頁標籤下的 "分類匯總" 按鈕對清單類的表格或資料庫進行匯總加總時，SUBTOTAL 函數用於求表格中的和。但作為加總物件的資料可以不是清單形式，對於不構成清單形式的資料，也要按照加總方法求總和。

✌ NOTE ● **SUBTOTAL 函數使用說明**

在 Office 2003、2007 中，function_num 參數可以用 101 ～ 111 之間的數值代替。如果在 ref1, ref2,…中有其他的分類匯總（套用分類匯總），那麼將忽略這些套用分類匯總，以避免重複計算。換句話說，若在資料區域中有 SUBTOTAL 獲得的結果則將被忽略。

EXAMPLE 1　求 11 種類型的加總值

根據各種加總方法，對樣本資料進行 11 種類型的運算。如果不在加總物件的資料範圍內，
則請使用絕對引用。

②按一下該按鈕，在打開的 "插入函數" 對話盒中選
　擇 SUBTOTAL 函數

①選中要輸入函數的儲存格

③輸入指定參數後，按一下 "確定" 按鈕

指定儲存格後，按 F4 鍵將變為絕對引用

利用公式 =SUBTOTAL(E2,$B$2:$B$12) 計算出資料範
圍的平均值

根據各匯總方法求出的值

✌ NOTE ● 定義儲存格區域名稱

EXAMPLE 1 使用絕對引用，把加總物件的資料範圍複製到其他儲存格內，其實，指定有
區域名稱的加總範圍可以代替絕對引用。因為有區域名稱，所以可以把擁有強大訊息的資
料庫作為加總物件，以防資料範圍的指定出現錯誤。選中資料範圍，在欄位裡輸入名稱，
然後再按一下滑鼠右鍵，選擇 "定義名稱" 命令，用 "新名稱" 對話盒定義區域名稱即可。

▼定義儲存格區域名稱

①輸入名稱

②指定與名稱對應的資料範圍

↓

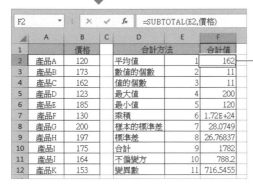

利用公式 =SUBTOTAL(E2, 價格)，指定與名稱對應的加總值

	A	B	C	D	E	F
1		價格		合計方法		合計值
2	產品A	120		平均值	1	162
3	產品B	173		數值的個數	2	11
4	產品C	162		值的個數	3	11
5	產品D	123		最大值	4	200
6	產品E	185		最小值	5	120
7	產品F	130		乘積	6	1.72E+24
8	產品G	200		樣本的標準差	7	28.0749
9	產品H	197		標準差	8	26.76837
10	產品I	175		合計	9	1782
11	產品J	164		不偏變方	10	788.2
12	產品K	153		變異數	11	716.5455

F2 : =SUBTOTAL(E2,價格)

📦 EXAMPLE 2 | 只求小計

使用 SUBTOTAL 函數，可以只求店鋪營業額的總和。

C14 : =SUBTOTAL(9,C2:C13)

參數 9 指定加總方法是求資料和的 SUM 函數

使用 SUBTOTAL 函數求各店營業額的總和

	A	B	C	D	E
1	店名	商品名	1月		
2		硬碟	26,550		
3	台北一店	CPU	35,050		
4		主機板	10,580		
5	小計		72,180		
6		硬碟	30,020		
7	台北二店	CPU	35,600		
8		主機板	11,260		
9	小計		76,880		
10		硬碟	28,630		
11	台中一店	CPU	35,930		
12		主機板	21,900		
13	小計		86,460		
14	總計		235,520		

選擇包含明細在內的各個店的總營業額的儲存格區域，用公式 =SUBTOTAL(9,C2:C13) 求各店營業額的總和

✌ NOTE ● **加總物件包含小計**

如果使用 SUBTOTAL 函數先求小計，當再用該函數來求總和時，即使加總物件的資料範圍中包含小計儲存格，SUBTOTAL 函數也可以自動忽略這些儲存格，以避免重複計算數據。雖然 SUM 函數也可以用來求小計的總和，但這樣在求加總值時，則會重複計算數據。

EXAMPLE 3 按照加總功能插入 SUBTOTAL 函數

使用 Excel 的資料加總功能,在加總的行中插入 SUBTOTAL 函數。此時,就可求得各部門工資的平均值。

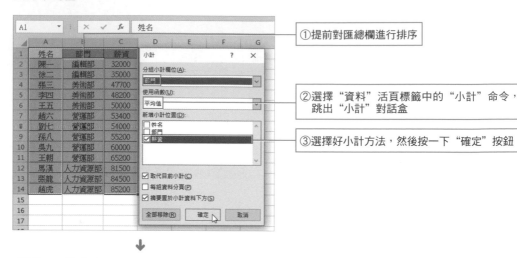

①提前對匯總欄進行排序

②選擇 "資料" 活頁標籤中的 "小計" 命令,跳出 "小計" 對話盒

③選擇好小計方法,然後按一下 "確定" 按鈕

用公式 =SUBTOTAL(1,C2:C3) 求各部門工資收入的平均金額

使用 Excel 中的加總功能,插入 SUBTOTAL 函數時,在視窗左側出現樹狀圖來顯示每一級的目錄

將各部門的和作為計算對象,用公式 =SUBTOTAL(1,C2:C17) 求所有和的平均值

✌ NOTE ● **修改加總的數值**

SUBTOTAL 函數被插入後,可在儲存格或者編輯欄中修改加總的數值,以改變它的各種加總值。

2-1-10 QUOTIENT
計算兩數相除商的整數部分

格式 ➔ QUOTIENT(numerator,denominator)

參數 ➔ numeator

被除數。如果參數為非數值型,則會傳回錯誤值"#VALUE!"。

denominator

除數。如果參數為非數值型,將傳回錯誤值"#VALUE!"。另外,指定為"0"時,也會傳回錯誤值"#DIV/0!"。

使用 QUOTIENT 函數可以求出用分子除以分母的整除數。例如,分子為 10,分母為 3,則公式為 10/3,用 10 除以 3 得商為 3,餘數為 1,QUOTIENT 函數得到商數 3。在實際運用中可用該函數求預算內可購買的商品數等。

EXAMPLE 1 求在預算內能買多少商品

使用 QUOTIENT 函數即可求出預算內能買多少商品。

	A	B	C	D	E	F
				=QUOTIENT(C2,B2)		
1	品名	單價	預算	預計購買	金額	
2	洋蔥	15	50	3		
3	蓮藕	52	100	1		
4	馬鈴薯	45	80	1		
5	山藥	80	200	2		
6	蕃茄	12	60	5		
7	茄子	34	80	2		
8	高麗菜	40	100	2		
9	豆腐	12	50	4		
10	大蒜	10	100	10		
11	生菜	75	160	2		
12	冬瓜	0	200	#DIV/0!		
13						

利用 QUOTIENT 函數求預算除以單價的整數商,求得購入的 商品數量

分母如果指定為 0 時,預計購買數則傳回錯誤值"#DIV/0!"

🖐 NOTE ● **TRUNC 函數也能求整數商**

QUOTIENT 函數可以求除法的整數商。另外,也可使用 TRUNC 函數將數值取整,它和 QUOTIENT 函數一樣,都能求除法的整除數。

相關函數

TRUNC	將數值的小數部分截去,傳回整數

2-1-11　MOD
求兩數相除的餘數

格式 ➜ MOD(number, divisor)

參數 ➜ number

被除數。當指定數值以外的文字時，則會傳回錯誤值"#VALUE!"。

divisor

除數。當指定數值以外的文字時，則會傳回錯誤值"#VALUE!"，如果指定為"0"，則會傳回錯誤值"#DIV/0!"。

使用 MOD 函數可以求兩數相除時的餘數。例如，分子為 10，分母為 3，公式為 10/3，用 10 除以 3 得整除數 3，餘數 1，MOD 函數傳回餘數 1。因此，在求平均分配定量的餘數，或在預算範圍內求購入商品後的餘額時，可使用 MOD 函數。

EXAMPLE 1　在預算範圍內求購買商品後的餘額

用 MOD 函數求兩數相除後的餘數，即可求出預算範圍內買入商品後的餘額。

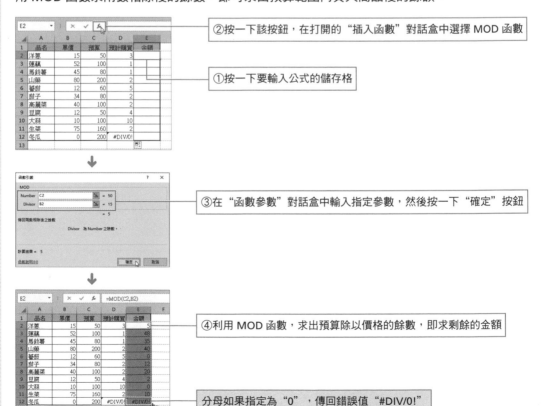

②按一下該按鈕，在打開的"插入函數"對話盒中選擇 MOD 函數

①按一下要輸入公式的儲存格

③在"函數參數"對話盒中輸入指定參數，然後按一下"確定"按鈕

④利用 MOD 函數，求出預算除以價格的餘數，即求剩餘的金額

分母如果指定為"0"，傳回錯誤值"#DIV/0!"

2-1-12 ABS
求數值的絕對值

格式 ➡ ABS(number)

參數 ➡ number

需要計算絕對值的實數。如果指定的是數值以外的文字,則會傳回錯誤值 "#VALUE!"。

使用 ABS 函數可以求數值的絕對值。絕對值不用考慮正負問題,例如收入 "+10000",支出 "-10000"。若使用 ABS 函數,則收入和支出都用 "10000" 來表示。另外,ABS 函數注重實數的大小,不能取負值。求多個元素的絕對值時,請參照 IMABS 函數。

EXAMPLE 1 求數值的絕對值

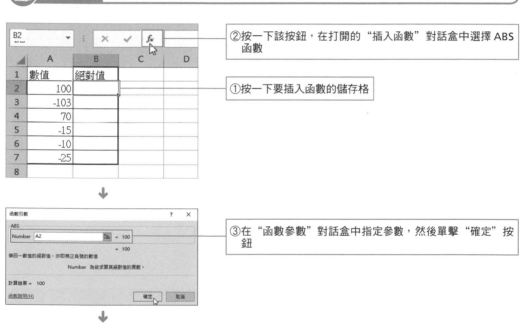

②按一下該按鈕,在打開的 "插入函數" 對話盒中選擇 ABS 函數

①按一下要插入函數的儲存格

③在 "函數參數" 對話盒中指定參數,然後單擊 "確定" 按鈕

④利用 ABS 函數,求出了 A2 儲存格內數值的絕對值

⑤選中 B2 儲存格,按住滑鼠左鍵向下拖動,即可得到儲存格 B3 ~ B7 的絕對值

2-1-13　SIGN

求數值的正負號

格式 ➜ SIGN(number)

參數 ➜ number

　　　可以為任意實數。參數不能是一個儲存格區域。如果參數指定為數值以外的文字，則會傳回錯誤值 "#VALUE!"。

使用 SIGN 函數，可以求數值的正負號。當數字為正數時傳回 1，為零時傳回 0，為負數時傳回 -1。由於 SIGN 函數的傳回值為 "±1" 或者 "0"，因此可以把銷售金額是否完成作為條件，判斷是否完成了銷售目標。

EXAMPLE 1　檢查銷售金額是否完成

計算銷售目標和實際業績的差值，傳回計算結果的符號。

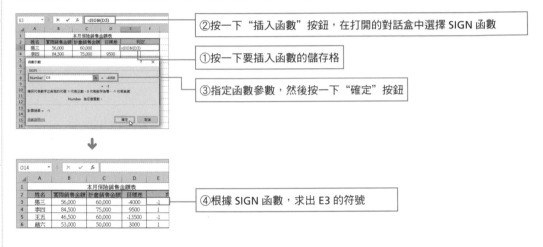

②按一下 "插入函數" 按鈕，在打開的對話盒中選擇 SIGN 函數

①按一下要插入函數的儲存格

③指定函數參數，然後按一下 "確定" 按鈕

④根據 SIGN 函數，求出 E3 的符號

組合技巧｜顯示目標達成情況的判定結果（SIGN+IF+COUNTIF）

把 SIGN 函數的結果作為 IF 函數的判定條件，得到文字式的顯示結果。如果把 SIGN 函數的結果作為 COUNTIF 函數的搜尋條件，能夠計算大於等於 0 的數和等於 -1 的數，並檢查達到目標的件數和未達到目標的件數。

以 SIGN 函數的結果作為搜尋條件，並用文字表示判定結果，公式為 =IF(E3>=0," 目標達成 "," 目標未達成 ")

2-1-14　GCD
求最大公約數

格式 ➔ GCD(number1, number2, ...)
參數 ➔ number1, number2, ...
　　　要計算最大公約數的 2 ～ 29 個數值。如果數值為非整數,則截尾取整。如果參數小於零,則會傳回錯誤值"#NUM!"。如果參數為非數值型,則傳回錯誤值"#VALUE!"。

使用 GCD 函數,可以求兩個以上的正整數的最大公約數。最大公約數是兩個或兩個以上的正整數的共同約數的最大值,即各因數相互分解時,各整數的相同因數的乘積。相反,兩個以上正整數的相同倍數的最小值稱為最小公倍數,可參照 LCM 函數求最小公倍數。

例 220 和 286 的最大公約數為它們的相同因數 2 和 11 的乘積 22。

$$220 = 2 \times 2 \times 5 \times 11$$
$$286 = 2 \times 11 \times 13$$
$$最大公約數 = 2 \times 11$$

📖 EXAMPLE 1　求最大公約數

指定正整數數值。如果數值是相鄰儲存格的多個數值時,也可按照 A2:C2 的格式指定為儲存格區域。

②按一下"插入函數"按鈕,在打開的對話盒中選擇 GCD 函數,設置好參數

①按一下要插入函數的儲存格

利用公式 =GCD(A2:C2),求得 D2 的最大公約數

當參數為負數時,傳回錯誤值"#NUM"

✌ NOTE ● 元素相互間的關係

最大公約數為 1 時,各元素間沒有相同的因數。

2-1-15　LCM
求最小公倍數

格式 ➔ LCM(number1, number2, ...)

參數 ➔ number1, number2, ...

　　要計算最小公倍數的 2 ～ 29 個參數。如果參數為非數值型，則會傳回錯誤值 "#VALUE!"。如果有任何參數小於 0，則會傳回錯誤值 "#NUM!"。

使用 LCM 函數可以求兩個以上正整數的最小公倍數。如下所示，最小公倍數為兩個或兩個以上的正整數中相同倍數的最小值，即分解各因數時所有因數的乘積，相反，兩個以上正整數中相同因數的最大值稱為最大公約數。可參照 GCD 函數求最大公約數。

例 220 和 286 的最大公約數為它們的相同因數 2 和 11 的乘積 22。

$$220=2\times2\times5\times11$$
$$286=2\times11\times13$$
$$最小公倍數 =2\times2\times5\times11\times13$$

EXAMPLE 1　求最小公倍數

指定正整數數值。數值參數如果是相鄰儲存格的多個數值時，也可按照 A2:C2 的格式指定為儲存格區域。

①利用公式 =LCM(A2:C2) 求出 A2:C2 儲存格區域內數值的最小公倍數

最大公約數則根據函數公式 =GCD(A2:C2) 求出結果

②利用公式 =MOD(D2,E2) 求最小公倍數除以最大公約數的餘數

參數為負數時，傳回錯誤值 "#NUM!"

🖐 NOTE ● **最小公倍數是最大公約數的整數倍**

MOD 函數是用來求兩數相除後餘數的一種函數。從 F 列的 MOD 函數結果中可以看到，用最小公倍數除以最大公約數後餘數為 0，即最小公倍數是最大公約數的整數倍。

2-1-16	**SERIESSUM**
	用冪級數求近似值

格式 → SERIESSUM(x, n, m, coefficients)

參數 → x

指定為冪級數的輸入值。如果指定為儲存格區域或者數值以外的文字，則會傳回錯誤值 "#VALUE!"。

n

指定為 x 的首項乘冪。如果指定為儲存格區域或者數值以外的文字，則會傳回錯誤值 "#VALUE!"。

m

指定為級數中每一項的乘冪 n 的步長增加值。如果指定為儲存格區域或者數值以外的文字，則會傳回錯誤值 "#VALUE!"。

coefficients

指定為一系列與 x 各級乘冪相乘的係數。係數指定越多，近似值越準確。如果指定為數值以外的文字，則會傳回錯誤值 "#VALUE!"。

用 SERIESSUM 函數可以求冪級數的近似值，用下列公式表示。在閉區間 [a,b] 上，它可以是微積分函數，例如，正弦、餘弦和指數函數等都可使用 SERIESSUM 函數求近似值。SERIESSUM 函數在區間 [0,b] 即在靠近原點處的展開公式如下。同樣地，正弦、餘弦和指數函數也可用下列展開公式求近似值。

$$SERIESSUM(x,n,m,a_1:a_i)=a_1x^n+a_2x^{n+m}+a_3x^{n+2m}+\cdots+a_ix^{n+(i-1)m}$$

$$\sin x = x - \frac{x^3}{3!} + \frac{x^5}{5!} - \frac{x^7}{7!} + \cdots = SERIESSUM(x,1,2,\{1,-\frac{1}{3!},\frac{1}{5!},-\frac{1}{7!},\cdots\})$$

$$\cos x = 1 - \frac{x^2}{2!} + \frac{x^4}{4!} - \frac{x^6}{6!} + \cdots = SERIESSUM(x,0,2,\{0,-\frac{1}{2!},\frac{1}{4!},-\frac{1}{6!},\cdots\})$$

$$e^x = 1 + x + \frac{x^2}{2!} + \frac{x^3}{3!} + \frac{x^4}{4!} + \cdots = SERIESSUM(x,0,1,\{0,1,\frac{1}{2!},\frac{1}{3!},\frac{1}{4!},\cdots\})$$

EXAMPLE 1 用冪級數求自然對數的底 E 的近似值

將自然對數的底 E 代入展開的公式中，求它的近似值。E 相當於指數函數 ex 中的 x=1。 按照公式，冪級數的輸入值 x=1，首項乘冪 n=0，步長值 m=1 時，係數為 {0,1,1/2!,1/3!,…,1/n!}。此處的係數是指定到第 14 項的儲存格。

②按一下該按鈕，在打開的"插入函數"對話盒中選擇 SERIESSUM 函數

①按一下要插入函數的儲存格

③在"函數參數"對話盒中逐一指定參數，然後按一下"確定"按鈕

用公式 =EXP(1) 求 E 的近似值

根據公式 =SERIESSUM(A3,B3,C3,B6: B19)，求出展開到第 14 項的 E 的近似值

用公式 =1/FACT(A6) 求各次數的係數

✌ NOTE ● **使用 SERIESSUM 函數的注意事項**

使用 SERIESSUM 函數時，要提前求出各項係數。EXAMPLE 1 中的 EXP 函數，是用指數函數求以 E 為底的乘冪。而 FACT 函數是求階乘的函數。

相關函數

EXP	求自然對數的乘冪
FACT	求數值的階乘

2-2 亂數

2-2-1　RAND
傳回大於等於 0 及小於 1 的均勻分佈亂數

格式 → RAND()

參數 → 不指定任何參數。在儲存格或編輯欄內直接輸入函數 =RAND() 即可。如果參數指定文字或數值,則會出現 "輸入的公式中包含錯誤" 的資訊。

使用 RAND 函數可在大於等於 0 及小於 1 的範圍內產生亂數。此處所說的亂數如 "0.523416" 是無規則的數值。

RAND 函數在下列情況產生新的亂數:

1. 打開文字的時候。

2. 儲存格內的內容發生變化時。

3. 按 F9 鍵或者 Shift+F9 複合鍵時。

4. 執行功能表列上的〔公式〕活頁標籤,點擊 "立即重算" 或 "計算工作表" 按鈕時。

在 RAND 函數中,由於打開文檔時亂數會被更新,所以無論修改多少次,在關閉文件時,都會出現 "是否保存對檔案名 .xls 的更改?" 的對話盒。

📖 **EXAMPLE 1** 在指定範圍內產生亂數

在通常情況下使用 RAND 函數,都會在大於等於 0 及小於 1 的範圍內產生亂數,如果公式是 "=RAND()*(b-a)+a" ,則會在大於等於 a 且小於 b 的範圍內產生亂數。

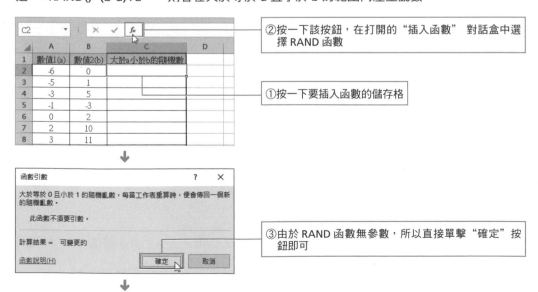

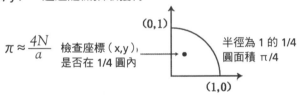

④在編輯欄中直接輸入 =RAND()* (B2- A2)+A2，得出 C2 的結果

	A	B	C	D
1	數值1(a)	數值2(b)	大於a小於b的隨機數	
2	-6	0	-2.657075205	
3	-5	1	-1.330717028	
4	-3	5	-0.302746962	
5	-1	-3	-1.288500779	
6	0	2	0.098674405	
7	2	10	6.331853272	
8	3	11	5.871832631	
9	4	-7	-3.000713314	
10	5	8	5.102498775	
11	6	6	6	

選中 C2 儲存格，向下拖動滑鼠進行複製，求出實數亂數

✌ NOTE ● **使用 RAND 函數使實數產生亂數**

RAND 函數可使實數在任意範圍內產生亂數。如果要在任意範圍內使整數發生亂數，可參照 RANDBETWEEN 函數。

📖 EXAMPLE 2　求圓周率 π 的近似值

使用 RAND 函數，求圓周率 π 的近似值。在半徑為 1 的 1/4 圓周上隨意畫點，判斷畫點有幾個在 1/4 圓周內。當點為 n 的時候，圓周率 π 的值近似于如下方程式。此例中表示任意點的座標（x, y），通過隨機抽取獲得。

$$\pi \approx \frac{4N}{a}$$ 檢查座標（x,y）是否在 1/4 圓內

(0,1)

半徑為 1 的 1/4 圓面積 π/4

(1,0)

用公式 =RAND() 求 x 座標的亂數

	A	B	C	D	E	F	G
1	數值	X座標	Y座標	X²+Y²<1		樣本數	75
2	0	0.194397	0.827874	1		X²+Y²<1	60
3	1	0.93671	0.820466	1		π的近似值	3.2
4	2	0.379535	0.752206	1			
5	3	0.28285	0.155351	1			
6	4	0.675748	0.541375	1			
7	5	0.815104	0.495057	1			
8	6	0.137134	0.528983	1			
9	7	0.765622	0.19925	1			
10	8	0.079494	0.898259	1			
11	9	0.079323	0.598565	1			

從輸入的樣本數和 1/4 圓的圈數中求 π 的近似值

判定座標（x,y）是否在 1/4 圓內

用公式 =RAND() 求 y 座標的亂數

✌ NOTE ● **蒙特卡羅法**

使用亂數求近似解的計算方法，稱為蒙特卡羅法。EXAMPLE 2 中的樣本數是 100 個，使用亂數，進一步得出相近的樣本資料，計算更接近圓周率的近似值。

2-2-2　RANDBETWEEN
產生整數的亂數

格式 ➜ RANDBETWEEN(bottom,top)
參數 ➜ bottom

bottom 是將傳回的最小整數。top 是將傳回的最大整數。如果 bottom 數值比 top 值大，則會傳回錯誤值 "#NUM!"；如果參數為數值以外的文字，或者是儲存格區域，則會傳回錯誤值 "# VALUE！"。如果 top 數值比 bottom 值小，則會傳回錯誤值 "#NUM!"；如果參數為數值以外的文字，或者是儲存格區域，則會傳回錯誤值 "#VALUE!"。如果兩者的參數都為小數，則截尾取整。

用 RANDBETWEEN 函數可在任意範圍內產生整數的亂數。亂數指無規則的數值。RANDBETWEEN 函數在下列情況會產生新的亂數。

1. 打開文字的時候。
2. 儲存格內的內容發生變化時。
3. 按 F9 鍵或者 Shift+F9 複合鍵時。
4. 執行功能表列上的〔公式〕活頁標籤，點擊 "立即重算" 或 "計算工作表" 按鈕時。

在 RANDBETWEEN 函數中，由於打開文字時會更新新的亂數，因此無論更改多少次，在關閉文件時，總會出現 "是否保存檔案名 .xls 的更改" 的對話盒。

 EXAMPLE 1　根據產生的亂數決定當選者

在指定的範圍內產生亂數，決定當選者。

② 按一下 "插入函數" 按鈕，在打開的對話盒中選擇 RANDBETWEEN 函數

① 按一下要插入函數的儲存格

③ 逐一指定函數參數，然後按一下 "確定" 按鈕

用公式 =RANDBETWEEN(1,9) 求 1 ～ 9 之間產生的亂數

用公式 =VLOOKUP(E2,$A$3:$B$11,2,FALSE) 按照亂數求出當選者

2-3 零數處理

2-3-1 | INT
數值向下取整

格式 → INT(number)

參數 → number

指定需要進行向下捨入取整的實數。參數不能是一個儲存格區域。如果指定數值以外的文字，則會傳回錯誤值"#VALUE!"。

使用 INT 函數可以將數值向下捨入到最接近的整數。數值為正數時，捨去小數點部分傳回整數。數值為負數時，由於捨去小數點後所取得的整數大於原數值，所以傳回不能超過該數值的最大整數，求捨去小數點部分後的整數時，請參照 TRUNC 函數。

EXAMPLE 1 | 求捨去小數部分的整數

INT 函數和 TRUNC 函數都可以求捨去小數部分的整數，但需確認兩者之間的區別。當數值為正數時，INT 函數和 TRUNC 函數求得的結果相同。但是，當數值為負數時，INT 函數和 TRUNC 函數卻會產生不同的結果：TRUNC 函數傳回捨去小數部分的整數，而 INT 函數則傳回不大於該數值的最大整數。

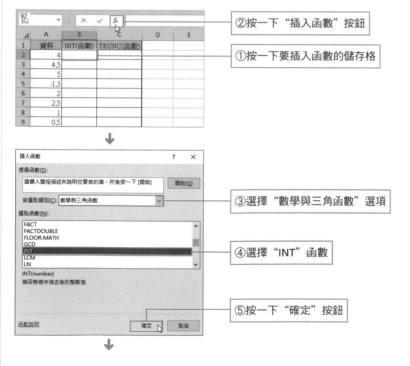

②按一下"插入函數"按鈕

①按一下要插入函數的儲存格

③選擇"數學與三角函數"選項

④選擇"INT"函數

⑤按一下"確定"按鈕

⑥指定參數，然後按一下"確定"按鈕

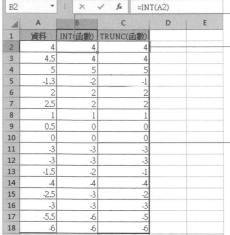

⑦根據函數公式 =INT(A2)，求出不大於 A2 儲存格內數值的最大整數

根據函數公式 =TRUNC(A2)，求出向下捨入 A2 儲存格內數值小數點後的正數

⑧向下複製公式，計算出其他儲存格中的值

📱 EXAMPLE 2 對數值進行零數處理

INT 函數是捨去數值小數點後的位元數取整數，下面將舉例講解求整數三捨四入、四捨五入、五捨六入的數值的方法。

指定儲存格後，按 F4 鍵，分別絕對引用列和欄

利用公式 =INT($A4+$B$3) 計算 A4 儲存格內三捨四入後的值

三捨四入，2.4 變為 3

五捨六入，4.6 變為 5

✌️ NOTE ● 使用 ROUND 函數對數值四捨五入更加簡便

EXAMPLE 2 中介紹了 3 個小數點後的零數處理實例，另外，還能運用 INT 函數進行六捨七入等的計算。將整數值 N 小數點後的 n-1 位捨 n 位入的話，就輸入"=INT[(N+ (1-n)]"。然而，使用 ROUND 函數對數值四捨五入更加簡便，具體可參照 ROUND 函數部分的介紹。

2-3-2 TRUNC
將數值的小數部分截去，傳回整數

格式 ➡ TRUNC(number, num_digits)

參數 ➡ number

需要截尾取整的數值或者數值所在的儲存格，參數不能是一個儲存格區域。如果參數為數值以外的文字，則會傳回錯誤值 "#VALUE!"。

num_digits

用數值或者輸入數值的儲存格指定捨去後的位數。如果指定數值以外的文字，則會傳回錯誤值 "#VALUE!"。

▼ 位數和捨去的位置

位數	捨去的位置
正數 n	捨去小數點後的 n+1 位
0，省略	捨去小數點後的第 1 位
負數 -n	捨去整數第 n 位元

使用 TRUNC 函數求捨去指定位元數的數值的值。例如，可用其處理消費稅等金額的零數。通常情況下的四捨五入，是捨去4以下的數字，入5以上的數值，而 TRUNC 函數進行捨入時，與數值的大小無關。ROUNDDOWN 函數與 TRUNC 函數的功能相近。TRUNC 函數用於求捨去小數點後得到的整數，位數能夠省略，而 ROUNDDOWN 函數不能省略參數的位數。

EXAMPLE 1 捨去數值

可以用 TRUNC 函數捨去 321.123 的各種位數。當位數為負數時，如果捨去正數部分，它和數值的誤差就變得很大。

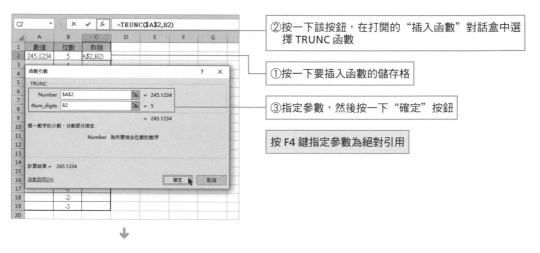

②按一下該按鈕，在打開的 "插入函數" 對話盒中選擇 TRUNC 函數

①按一下要插入函數的儲存格

③指定參數，然後按一下 "確定" 按鈕

按 F4 鍵指定參數為絕對引用

	A	B	C	D	E
1	數值	位數	取捨		
2	245.1234	5	245.1234		
3		4	245.1234		
4		3	245.123		
5		-2	200		
6		1	245.1		
7		0	245		
8		-1	240		
9		-2	200		
10		-3	0		
11	-245.123	5	245.1234		
12		4	245.1234		
13		3	245.123		
14		2	245.12		
15		1	245.1		
16		0	245		
17		-1	240		
18		-2	200		
19		-3	0		

根據函數公式 =TRUNC($A$2,B2) 得出 C2 儲存格取捨的值

④按一下 C2 儲存格,向下拖動填滿控點,即可得到 C3 至 C19 儲存格的值

👆 NOTE ● **為符合小數位數而補充 0**

TRUNC 函數必須用最小的位元數表示,如 "1234.5670" 就在小數點後補充 0。為了保持與小數位數一致而補充 0 時,可按一下 "常用" 活頁標籤中的 "格式" 按鈕,選擇 "儲存格格式" 選項,在跳出的 "儲存格格式" 對話盒中 "類別" 選單內的 "數值" 中對小數位數進行設定,或者也可以按一下 "類別" 選單中的 "貨幣" 選項,對小數位數進行設定。

指定小數位數

📖 EXAMPLE 2 　捨去 10000 以下的數值,並以 10000 元為單位顯示

運用 TRUNC 函數捨去 10000 以下的數值,並且銷售概算以 10000 元為單位進行顯示。

	A	B	C	D	E	F	G	H	I
1	日期	營業員	負責區域	產品名稱	銷售數量	產品單價	銷售金額	銷售概算	
2	4月1日	陳一	台東市	電磁爐	47	108	5,076	0.5076	
3	4月1日	徐二	台東市	電冰箱	32	2,460	78,720	7.872	
4	4月1日	張三	新北市	電視機	27	5,600	151,200	15.12	
5	4月3日	李四	新北市	豆漿機	44	360	15,840	1.584	
6	4月3日	王五	台中縣	飲水機	190	200	38,000	3.8	
7	4月6日	趙六	台南市	電磁爐	54	108	5,832	0.5832	
8	4月6日	劉七	台南市	電冰箱	14	3,400	47,600	4.76	
9	4月6日	孫八	高雄市	電冰箱	20	6,800	136,000	13.6	
10	4月7日	錢九	高雄市	飲水機	52	550	28,600	2.86	

H2 =TRUNC(G2,3)/10000

在 "插入函數" 對話盒中選擇 TRUNC 函數後,在編輯欄中輸入 (G2,3)/10000,然後單擊 "確定" 按鈕

根據函數公式 =TRUNC(G2,3)/10000 求出銷售概算

2-3-3 ROUND
按指定位數對數值四捨五入

格式 ➜ ROUND(number, num_digits)

參數 ➜ number

指定需要進行四捨五入的數值。參數不能是一個儲存格區域。如果參數為數值以外的文字,則傳回錯誤值 "#VALUE!"。

num_digits

指定數值的位數,按此位數進行四捨五入。例如,如果位數為 2,則對小數點後第 3 位數進行四捨五入。如果參數為數值以外的文字,則會傳回錯誤值 "#VALUE!"。

▼ 位數和四捨五入的位置

位數	捨去的位置
正數 n	對小數點後第 n+1 位進行四捨五入
0	對小數點後第 1 位四捨五入
負數 -n	對整數第 n 位元四捨五入

使用 ROUND 函數可求按指定位元數對數值四捨五入後的值,常用於對消費稅或額外消費等金額的零數處理中。即使將輸入數值的儲存格設定為 "數值" 格式,也能對數值進行四捨五入,格式的設定不會改變,作為計算物件的數值也不會發生變化。計算四捨五入後的數值時,由於沒有格式的設定,可以使用 ROUND 函數來計算。另外,請參照 ROUNDUP 函數、ROUNDDOWN 函數對數值進行向上和向下捨入。

📄 EXAMPLE 1 四捨五入數值

按照各種位數對數值 "246.1230" 進行四捨五入。當位數為負數時,由於四捨五入整數部分,所以它和數值的誤差變得很大。

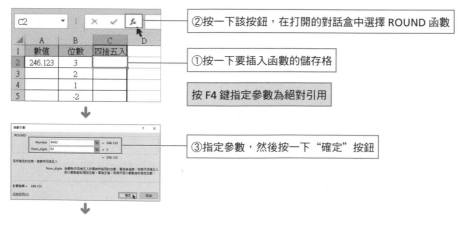

②按一下該按鈕,在打開的對話盒中選擇 ROUND 函數

①按一下要插入函數的儲存格

按 F4 鍵指定參數為絕對引用

③指定參數,然後按一下 "確定" 按鈕

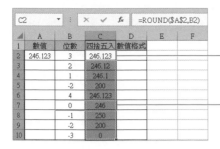

根據公式 =ROUND($A$2,B2) 求出 C2 儲存格內四捨五入的值

位數為 0 時，四捨五入到小數點後第 1 位

 NOTE ● **必須用最小位數表示 ROUND 函數的結果**

必須用最小位數表示 ROUND 函數的結果，如 "1234.5670" 小數點後不能補充 0。如果僅數值的格式發生變化，則要在小數點後補充 0 增加位數。由於四捨五入後的數值不同，所以顯示在工作表中的結果也不相同。

選中儲存格，按一下滑鼠右鍵，在跳出的選單中選擇"儲存格格式"指令，在跳出的對話盒中設置小數位數

 EXAMPLE 2　四捨五入不到 1 元的消費稅

運用 ROUND 函數四捨五入不到 1 元的消費稅。

根據公式 =ROUND(D7*5%,0)，從 D7 小計儲存格中求消費稅

小計的 5% 即為消費稅

 NOTE ● **參數中也能設定公式**

由 EXAMPLE 2 可知，在函數參數中也能指定公式。5% 是用百分比表示的數值，作為 0.05 進行計算。

相關函數

ROUNDUP	按指定的位元數向上捨入數字
ROUNDDOWN	按指定的位元數向下捨入數字

ROUNDUP
按指定的位數向上捨入數值

格式 → ROUNDUP(number, num_digits)

參數 → number

可以是需要四捨五入的任意實數。參數不能是一個儲存格區域。如果參數為數值以外的文字，則傳回錯誤值 "#VALUE!"。

num_digits

四捨五入後數字的位元數。例如，如果位數為 2，則對小數點後第 3 位數進行四捨五入。如果參數為數值以外的文字，則傳回錯誤值 "#VALUE!"。

▼位數和捨入的位置

位數	捨去的位置
正數 n	在小數點後第 n+1 位進行向上捨入
0	在小數點後第 1 位捨入
負數 -n	在整數第 n 位元捨入

使用 ROUNDUP 函數可求按指定位元數對數值向上捨入後的值，如對保險費的計算或對額外消費等金額的零數處理等。通常情況下，對數值四捨五入時，是捨去 4 以下的數值，捨入 5 以上的數值。但 ROUNDUP 函數進行捨入時，與數值的大小無關。

📖 EXAMPLE 1 │ 向上捨入數值

按照各種位數對數值 "246.123" 進行向上捨入。位元數為負數時，由於向上捨入整數部分，所以求得的值和原數值誤差很大。

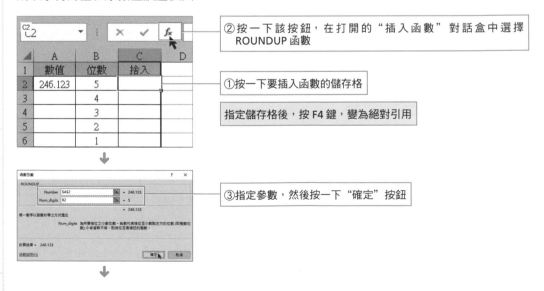

②按一下該按鈕，在打開的 "插入函數" 對話盒中選擇 ROUNDUP 函數

①按一下要插入函數的儲存格

指定儲存格後，按 F4 鍵，變為絕對引用

③指定參數，然後按一下 "確定" 按鈕

根據 ROUNDUP 函數，得到 A2 中的捨入值

位數指定為 0，向上捨入小數點後第 1 位取整

✌ NOTE ● **在小數點後添加 0 以保持與指定位數一致**

最小位元數表示 ROUNDUP 函數的結果，所以 "1234.5670" 的小數點後的 0 不能添加。
根據指定位元數添加 0 時，可以按一下 "常用" 活頁標籤中的 "格式" 按鈕，選擇 "儲
存格格式" 選項，跳出 "儲存格格式" 對話盒，在 "類別" 清單方塊中的 "數值" 或者 "貨
幣" 中指定小數位數。

📖 EXAMPLE 2　**求向上捨入 1 元單位的準確金額**

運用 ROUNDUP 函數計算向上捨入 1 元的精確金額。此例中，用正數表示已支付額，用負
數表示預支額。

	A	B	C	D	E	F
E4	fx	=ROUNDUP(D4	$D$9	,-1)		

指定儲存格後，按 F4 鍵，變為絕對引用

	A	B	C	D	E	F
1						
2		某健身中心會員卡儲值記錄				
3	姓名	儲值日期	儲值金額	剩餘金額	核算金額	
4	張三	2017.4.2	2,000	1,500	300	
5	李四	2017.4.5	5,000	1,100	-100	
6	王五	2017.3.29	3,000	1,400	200	
7	趙六	2017.4.3	6,000	700	-500	
8	孫七	2017.4.2	2,000	1,200	0	
9	每人每月需支付金額		1,200			

根據 ROUNDUP 函數公式，計算出剩餘金額和每人每
月支付金額的差值，並向上捨入 1 元的精確金額

✌ NOTE ● **儲存格格式為 "貨幣"**

EXAMPLE 2 中金額的 "儲存格格式" 設定為 "貨幣"。使用者可以從 "常用" 活頁標籤
中按一下 "格式" 按鈕，選擇 "儲存格格式" 選項，跳出 "儲存格格式" 對話盒，在 "類
型" 選單中選擇 "貨幣"，即可完成設定。

相關函數

ROUND	按照指定的位數對數值四捨五入
ROUNDDOWN	按指定的位數向下捨入數值

2-3-5 ROUNDDOWN
按照指定的位數向下捨入數值

格式 → ROUNDDOWN(number, num_digits)

參數 → number

指定要向下捨入的任意實數。參數不能是一個儲存格區域。如果參數為數值以外的文字，則傳回錯誤值 "#VALUE!"。

num_digits

指定四捨五入後的數字的位元數。例如若位數為 2，則對小數點後第 3 位數進行四捨五入。若參數為數值以外的文字，則傳回錯誤值 "#VALUE!"。

▼ 位數和捨入的位置

位數	捨入的位置
正數 n	在小數點後第 n+1 位向下捨入
0	在小數點後第 1 位向下捨入
負數 -n	在整數第 n 位元向下捨入

使用 ROUNDDOWN 函數可求出按指定位數對數值向下捨入後的值。通常情況下，對數值四捨五入是捨去 4 以下的數值，向上捨入 5 以上的數值，ROUNDDOWN 函數是向下捨入數值，它進行捨入時與數值的大小無關。有關四捨五入或者向上捨入數值的內容，請參照 ROUND 函數和 ROUNDUP 函數。

EXAMPLE 1 | 向下捨入數值

按照各種位數對數值 "246.123" 進行捨入。位元數為負數時，由於是在整數第 n 位元向下捨入，所以求得的值和原數值的誤差很大。

② 按一下該按鈕，在打開的 "插入函數" 對話盒中選擇 ROUNDDOWN 函數

①按一下要插入函數的儲存格

指定儲存格後，按 F4 鍵，變為絕對引用

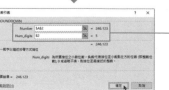

③指定參數，然後按一下 "確定" 按鈕

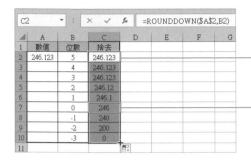

④根據 ROUNDDOWN 函數,求出 C2 儲存格內向下捨入的數值,並複製到其他儲存格進行絕對引用

位數為 0 時,在小數點後第 1 位向下捨入取整

 NOTE ● **添加 0 以保持與指定位數一致**

因為 ROUNDDOWN 函數用最小位元數表示,所以如 "321.1230" 後的 0 不能添加。如果需要添加 0 以保持與指定位數一致,可以按一下 "常用" 活頁標籤中的 "格式" 按鈕,選擇 "儲存格格式" 選項,跳出 "儲存格格式" 對話盒,在 "類型" 選單中的 "數值" 或者 "貨幣" 中指定 "小數位數"。

EXAMPLE 2 計算集點對象金額

下面,我們利用 ROUNDDOWN 函數來計算可兌換點數的商品金額,每 100 元可獲得 1 點,稅金不計入兌換。

向下捨入到小數點左側兩位

=ROUNDDOWN(D7,-2),將小計向下捨入到小數點左側兩位,求最接近 100 倍數的值

=B8/100,求獲得的點數

 NOTE ● **使用 FLOOR 函數也能求最接近指定倍數的值**

EXAMPLE 2 中是用 ROUNDDOWN 函數求可換算點數金額向下捨入到最接近 100 倍數的值,也可使用 FLOOR 函數求向下捨入到最接近指定倍數的數值。而且,EXAMPLE 2 中的金額也設定為 "貨幣" 格式。

相關函數

ROUND	按照指定的位數對數值四捨五入
ROUNDUP	按照指定的位元數向上捨入數值

2-3-6 CEILING
將參數向上捨入為最接近的基數的倍數

格式 → CEILING(number, significance)

參數 → number

指定要四捨五入的數值。參數不能是一個儲存格區域。如果參數為數值以外的文字，函數會傳回錯誤值 "#VALUE!"。

significance

指定需要四捨五入的乘數。如果指定數值以外的文字，則傳回錯誤值 "#VALUE!"。而且 number 和 significance 的符號不同時，函數將傳回錯誤值 "#NUM!"。

使用 CEILING 函數可求出向上捨入到最接近的基數倍數的值。CEILING 函數引用基數除以參數後得出的餘數值，然後成為加基數的值。由於 CEILING 函數是求準確數量的值，所以有可能有剩餘的數量。

EXAMPLE 1 計算訂貨單位所訂商品的箱數

把參數向上捨入到最接近指定基數的倍數，計算訂貨單位需要多少箱商品。此例中以必要的預訂貨量為參數 number，以一箱內的貨品數量作為 significance。

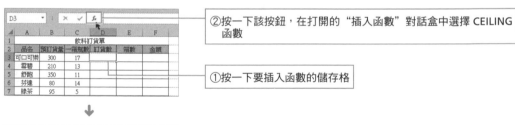

②按一下該按鈕，在打開的 "插入函數" 對話盒中選擇 CEILING 函數

①按一下要插入函數的儲存格

③指定參數，然後按一下 "確定" 按鈕

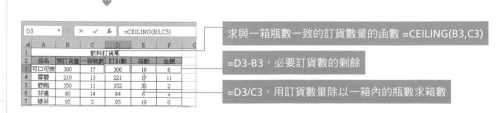

求與一箱瓶數一致的訂貨數量的函數 =CEILING(B3,C3)

=D3-B3，必要訂貨數的剩餘

=D3/C3，用訂貨數量除以一箱內的瓶數求箱數

FLOOR
將參數向下捨位到最接近的基數倍數

格式 ➜ FLOOR(number, significance)

參數 ➜ number

指定所要四捨五入的數值。參數不能是一個儲存格區域。如果參數為數值以外的文字，則會傳回錯誤值「#VALUE!」。

significance

指定基數。如果 significance 為 2，則向下捨位到最接近 2 的倍數；如果指定數值以外的文字，則傳回錯誤值「# VALUE !」。如果 number 和 significance 的正負符號不同，則函數將傳回錯誤值「#NUM!」。如果 significance 為 0 時，則傳回錯誤值「#DIV/0」。

使用 FLOOR 函數可求出數值向下捨位最接近基數倍數的值。FLOOR 函數是引用基數除以參數後的餘數值。與FLOOR函數相反，求number向上捨位到最接近的significance的倍數時，請參照 CEILING 函數。

 EXAMPLE 1 訂貨數量必須保持一致

把參數向下捨位到指定的倍數，與訂貨數量保持一致，可以計算需要訂多少箱貨。此例中，以預訂貨量為 number，訂貨單位作為 significance。

②按一下該按鈕，在打開的【插入函數】對話盒中選擇 FLOOR 函數

①按一下要插入函數的儲存格

↓

③設定參數，然後按一下〔確定〕按鈕

↓

求訂貨單位所要求的訂貨數量 =FLOOR(B3,C3)

FLOOR 函數在不同情況下都便於求剩餘數量

2-3-8 MROUND
按照指定基數的倍數對參數四捨五入

格式 ➜ MROUND(number, multiple)

參數 ➜ number

指定要四捨五入的數值。參數不能是一個儲存格區域。如果參數為數值以外的文字，則傳回錯誤值「#VALUE!」。

multiple

指定對數值 number 進行四捨五入的基數。如果參數為數值以外的文字，則會傳回錯誤值「#VALUE!」。如果 number 和 multiple 的正負符號不同，則函數將傳回錯誤值「#NUM!」。

數值	倍數	數值 / 倍數的餘數	倍數和餘數的關係	傳回值
8	5	3	餘數大於倍數的一半	10
12	5	2	餘數小於倍數的一半	10

使用 MROUND 函數可按照基數的倍數對數值進行四捨五入。如果數值除以基數得出的餘數小於倍數的一半，將傳回和 FLOOR 函數相同的結果；如果餘數大於倍數的一半，則傳回和 CEILING 函數相同的結果。

📔 **EXAMPLE 1** 供銷雙方貨物訂單平衡值的計算

下面我們將用 MROUND 函數計算出保證供銷雙方貨物訂單平衡的值。

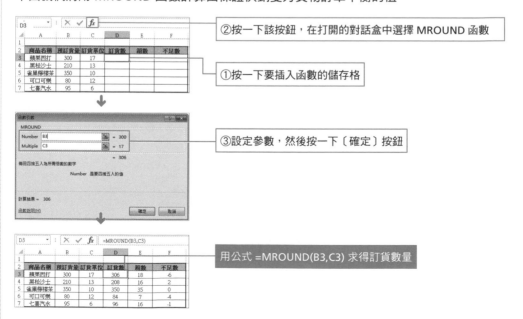

②按一下該按鈕，在打開的對話盒中選擇 MROUND 函數

①按一下要插入函數的儲存格

③設定參數，然後按一下〔確定〕按鈕

用公式 =MROUND(B3,C3) 求得訂貨數量

2-3-9　EVEN
將數值向上捨入到最接近的偶數

格式 → EVEN(number)

參數 → number

指定要進行四捨五入的數值。參數不能是一個儲存格區域。如果參數為數值以外的文字，則回傳錯誤值「#VALUE!」。

使用 EVEN 函數可傳回沿絕對值增大方向取整後最接近的偶數。不論數值是正數還是負數，回傳的偶數值的絕對值比原來數值的絕對值大。如果要將指定的數值進位到最接近的奇數值，請參照 ODD 函數。

EXAMPLE 1　將數值向上捨入到最接近的偶數值

由於將數值的絕對值向上捨入到最接近的偶整數，所以小數能夠向上捨入到最接近的偶整數。當數值為負數時，傳回值為向下捨位到最近的偶數值。

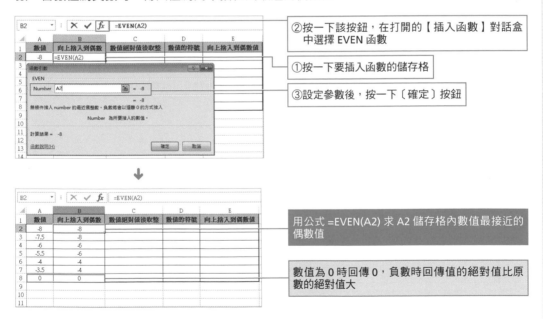

②按一下該按鈕，在打開的【插入函數】對話盒中選擇 EVEN 函數

①按一下要插入函數的儲存格

③設定參數後，按一下〔確定〕按鈕

用公式 =EVEN(A2) 求 A2 儲存格內數值最接近的偶數值

數值為 0 時回傳 0，負數時回傳值的絕對值比原數的絕對值大

NOTE ● 使用 EVEN 函數將參數向上捨入到最接近的偶數值更簡便

在 EVEN 函數中，將數值的絕對值，如果整數是奇數，則向上捨入到偶數，並按原來的正負號傳回。使用其他函數也可以對數值進行捨入，但將參數向上捨入到最接近的偶數值的方法更加簡單。

▼ EVEN 函數

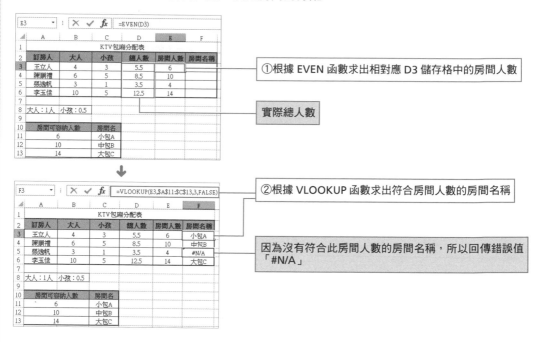

根據 EVEN 函數公式，求得與 A2 儲存格內數值最接近的偶數值

用公式 =IF(ISEVEN(C2),C2*D2,(C2+1)*D2) 檢測向上捨入的整數是否是偶數

得出相同的結果，但使用 EVEN 函數更簡單

✌ NOTE ● **不使用 EVEN 函數，將數值向上捨入到偶數值**

不使用 EVEN 函數，用其他函數將數值向上捨入到偶數值時，必須有取數值絕對值的 ABS 函數、將數值向上捨入到整數的 ROUNDUP 函數、傳回數值記號的 SIGN 函數、判斷數值是否為偶數的 ISEVEN 函數以及 IF 條件函數。

📖 **EXAMPLE 2** 求最接近偶數的房間人數

應用 EVEN 函數，根據參加的人數計算房間人數。參加人數和房間人數不一致時，把參加人數向上捨入到最接近偶數的房間人數，決定房間的分配。

①根據 EVEN 函數求出相對應 D3 儲存格中的房間人數

實際總人數

②根據 VLOOKUP 函數求出符合房間人數的房間名稱

因為沒有符合此房間人數的房間名稱，所以回傳錯誤值「#N/A」

✌ NOTE ● **從表格中尋找合適的資料**

EXAMPLE 2 中的 VLOOKUP 函數，用於在表格中尋找前行中所指定的資料，並由此傳回該資料，屬於查閱與參照函數。

2-3-10 ODD
將數值向上捨入到最接近的奇數

格式 → **ODD**(number)

參數 → number

指定四捨五入的數值。參數不能是一個儲存格區域。如果參數為數值以外的文字，則會回傳錯誤值「#VALUE!」。

使用 ODD 函數可以將指定的數值向上捨入到最接近的奇數值。不論數值是正數還是負數，回傳的奇數值的絕對值比原來的數值的絕對值大。如果要將指定數值向上捨入到最接近的偶數值，可參照 EVEN 函數。

📖 **EXAMPLE 1** 將數值向上捨入到最接近的奇數值

由於將數值的絕對值向上捨入到最接近的奇數數值，所以小數能夠向上捨入到最接近的奇整數。當數值為負數時，回傳值是向下捨位到最接近的奇數。

②按一下該按鈕，在打開的【插入函數】對話盒中選擇 ODD 函數

①按一下要插入函數的儲存格

③在跳出的【函數參數】對話盒中指定參數，然後按一下〔確定〕按鈕

④根據 ODD 函數求出與 A2 儲存格中數值最接近的奇數值，並且負數回傳值的絕對值比原數的絕對值大

數值為 0 時回傳 1

▼ ODD 函數向上捨入到奇數值

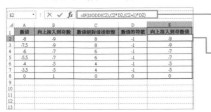

根據 IF 函數檢測向上取整的數值是否為奇數

根據 ODD 函數得出與 A2 儲存格內數值最接近的奇數值

2-4 圓周率與平方根

2-4-1 PI 求圓周率的近似值

格式 ➜ PI()

參數 ➜ 不指定任何參數。在儲存格內或者編輯欄內直接輸入函數「=PI()」。如果參數為文字或者數值，則會出現「輸入的公式中包含錯誤」的資訊。

使用 PI 函數可求圓周率的近似值。圓周率 π 是用圓的直徑除以圓周長所得的無理數。π=3.14159265358979323846，可無限延伸，PI 函數精確到小數點後第 15 位。在 Excel 中，使用圓周率進行計算可能會產生誤差。PI 函數不指定參數。

EXAMPLE 1 求圓周率的近似值

下面我們來求圓周率的近似值。

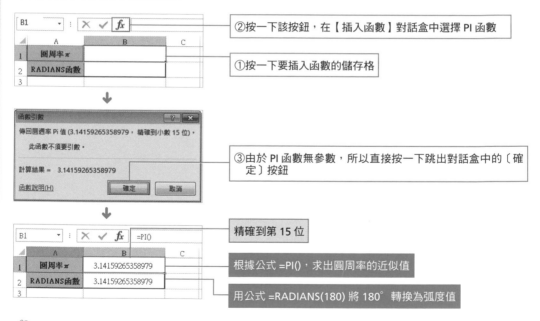

②按一下該按鈕，在【插入函數】對話盒中選擇 PI 函數

①按一下要插入函數的儲存格

③由於 PI 函數無參數，所以直接按一下跳出對話盒中的〔確定〕按鈕

精確到第 15 位

根據公式 =PI()，求出圓周率的近似值

用公式 =RADIANS(180) 將 180° 轉換為弧度值

NOTE ● 周率近似值精確到小數點後第 15 位

圓周率的近似值可精確到小數點後第 15 位，滑鼠指到該儲存格按一下右鍵，跳出的對話盒中選取【儲存格格式】，在【類別】清單方塊中選擇【數值】，然後將【小數位數】設定為 14 即可。另外，也可以使用 RADIANS 函數求圓周率的近似值，但使用 PI 函數求圓周率的近似值更簡單。

2-4-2 SQRT
求正數的平方根

格式 ➜ SQRT(number)

參數 ➜ number

需要計算平方根的數。如果參數為負數,則函數會回傳錯誤值「#NUM!」。如果參數為數值以外的文字,則會傳回錯誤值「#VALUE!」。

使用 SQRT 函數可求正數的正平方根。數值的平方根有正負兩個。SQRT 函數求的是正平方根。可使用算術運算子 ^ 代替函數 SQRT 來求平方根,如「=x^0.5」,也可使用 POWER 函數求平方根。另外,求複數的平方根用 IMSQRT 函數。

$$SQRT(x) = \sqrt{x} = POWER(x, 0.5) = x^0.5 \quad \text{其中,} x \geq 0,\ \sqrt{x} \geq 0$$

EXAMPLE 1 求數值的平方根

下面我們用 SQRT 函數求各數值的正平方根。

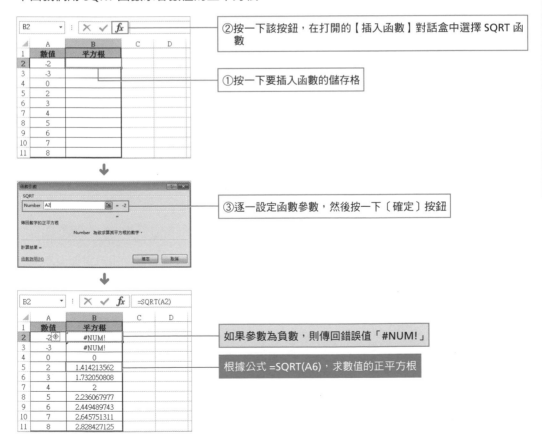

②按一下該按鈕,在打開的【插入函數】對話盒中選擇 SQRT 函數

①按一下要插入函數的儲存格

③逐一設定函數參數,然後按一下〔確定〕按鈕

如果參數為負數,則傳回錯誤值「#NUM!」

根據公式 =SQRT(A6),求數值的正平方根

2-4-3 SQRTPI 求圓周率 π 的倍數的平方根

格式 → SQRTPI(number)

參數 → number

指用來與 π 相乘的數。如果該數為負,則會傳回錯誤值「#NUM!」;如果參數為數值以外的文字,則會傳回錯誤值「#VALUE!」。

使用 SQRTPI 函數,可按照下列公式求圓周率 π 的倍數的正平方根。通常情況下,平方根有正負兩個值,但 SQRTPI 函數求的是正平方根。在求正平方根的 SQRT 函數的參數中,使用求圓周率 π 近似值的 PI 函數的結果和 SQRTPI 函數相同。

$$SQRTPI(x) = \sqrt{x \times \pi} = SQRT(x \times PI())$$

📑 **EXAMPLE 1** 求圓周率 π 的倍數的平方根

下面我們用 SQRTPI 函數求圓周率 π 的倍數的平方根。

用公式 =SQRTPI(B2) 求出 √x 的值

如果參數為負數,則傳回錯誤值「#NUM!」

✌ NOTE ● **使用 SQRTPI 函數求圓周率 π 的倍數的平方根更簡便**

組合使用 SQRT 函數和 PI 函數得到的結果與 SQRTPI 函數的結果相同,但在計算圓周率 π 的倍數的平方根時,使用 SQRTPI 函數更簡便。

😊 **組合技巧** 求連接原點和座標(x,y)指向的向量大小

組合使用 SQRT 函數和 SUMSQ 函數,可以求直角三角形的斜邊長度,也可求連接原點和座標(x,y)指向的向量大小。

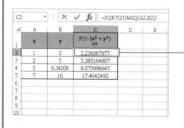

利用公式 =SQRT(SUMSQ(A2,B2)) 求數值的平方和的正平方根

2-5 三角函數

2-5-1 RADIANS
將角度轉換為弧度

格式 → RADIANS(angle)

參數 → angle

需要轉換為弧度的角度，參數是角度單位。如果參數為數值以外的文字，則會傳回錯誤值「#VALUE!」。

使用 RADIANS 函數，可將 0°～ 360° 的角度單位轉換為 0～2π 的弧度單位。在以原點為中心、半徑為 1 的單位圓中，從座標（1,0）開始逆時針旋轉一周，圓的中心角 θ 在 0°～ 360° 之間發生變化，弧長 L 在 0～2π 之間發生變化。因為中心角 θ 和弧長 L 為 1:1 的關係，所以在三角函數中，把弧長變化作為角度來處理，此時，中心角 θ 的單位元為弧長單位，中心角 θ 為 1 時，弧長為 1 弧度（約 57.3°）。

$$2 \cdot \pi = 360° \qquad 1 \text{ 弧度 } = \frac{180°}{\pi}$$

其中，π 表示圓周率，近似值大約為 3.141593。

📖 **EXAMPLE 1** 將角度轉換為弧度

在圓周上的 ±n 周和角度在 ±2nπ 弧度間發生變化。

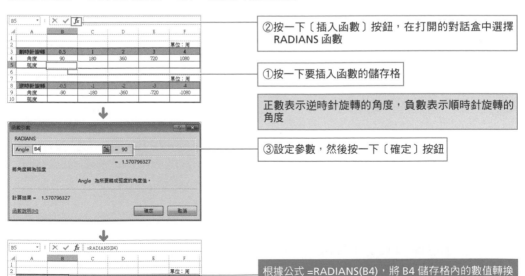

②按一下〔插入函數〕按鈕，在打開的對話盒中選擇 RADIANS 函數

①按一下要插入函數的儲存格

正數表示逆時針旋轉的角度，負數表示順時針旋轉的角度

③設定參數，然後按一下〔確定〕按鈕

根據公式 =RADIANS(B4)，將 B4 儲存格內的數值轉換為弧度

±1/2 周為 ±π 弧度，如 B5、B10

2-5-2 DEGREES
將弧度轉換為角度

格式 ➜ DEGREES(angle)

參數 ➜ angle

待轉換的弧度角，如果參數為數值以外的文字，則傳回錯誤值「#VALUE!」。

使用 DEGREES 函數，可以將 0 ～ 2π 間的弧度單位轉換為 0°～ 360°的角度單位。在以原點為中心、半徑為 1 的圓周上，從座標（1, 0）開始沿圓周逆時針旋轉 1 周，弧長在 0 ～ 2π 間發生變化，圓中心角 θ 在 0°～ 360°間發生變化。弧長 L 和中心角 θ 的比例為 1:1，所以 1°相當於 π/180 弧度。要將角度單位轉換為弧度單位時，可參照 RADIANS 函數。

$$2 \cdot \pi = 360° \qquad 1° = \frac{\pi}{180}$$

📖 EXAMPLE 1 | 將弧度單位轉換為角度單位

在圓周上的 ±n 周和角度在（360×n）°間變化。其中，符號「+」表示逆時針方向旋轉的角度，符號「-」表示順時針方向旋轉的角度。

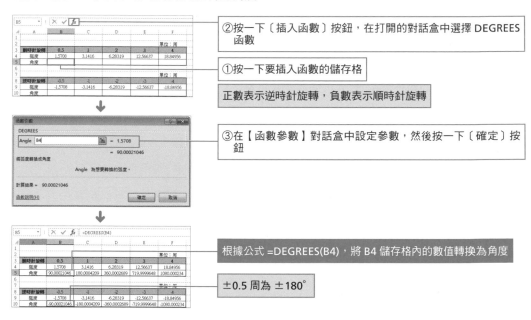

②按一下〔插入函數〕按鈕，在打開的對話盒中選擇 DEGREES 函數

①按一下要插入函數的儲存格

正數表示逆時針旋轉，負數表示順時針旋轉

③在【函數參數】對話盒中設定參數，然後按一下〔確定〕按鈕

根據公式 =DEGREES(B4)，將 B4 儲存格內的數值轉換為角度

±0.5 周為 ±180°

✌ NOTE ● **使用 DEGREES 函數轉換角度單位比較方便**

將弧度單位轉換為角度單位時，也可以使用求圓周率的近似值的 PI 函數，用弧度乘以「180/PI()」即可。但使用 DEGREES 函數更方便，而且意義明確。

2-5-3	**SIN**
	求給定角度的正弦值

格式 ➜ SIN(number)

參數 ➜ number

指定需要求正弦的角度，以弧度表示，如果參數為數值以外的文字，則會傳回錯誤值「#VALUE!」。

使用 SIN 函數，可用弧度求正弦值，即在以原點 O 為中心、半徑為 1 的圓周上，用圓周上的點 A（x,y）中的 y 座標來定義，相當於 OA 向量的垂直向量。相反，水平位置上的 x 座標為餘弦，可用 COS 函數求角度的餘弦值。半徑為 r 的正弦用下列公式表示。

$$SIN(\theta)= \frac{y}{r}$$ 其中，θ 為圓的中心角，表示 OA 向量和 X 軸的夾角。

 EXAMPLE 1 求數值的正弦值

用 y/r 求正弦值，正弦值的取值範圍為 -1 ～ 1。

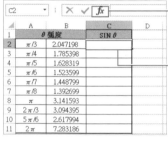

②按一下〔插入函數〕按鈕，在打開的對話盒中選擇 SIN 函數

①按一下要插入函數的儲存格

③在【函數參數】對話盒中設定參數，然後按一下〔確定〕按鈕

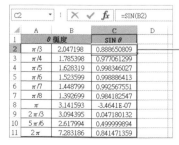

根據公式 =SIN(B2) 求出 B2 儲存格內數值的正弦值

正弦 / 餘弦值計算圖例

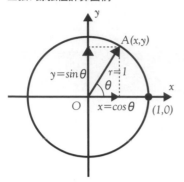

正切值計算圖例

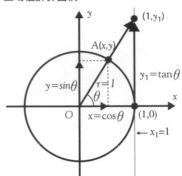

反正弦值計算圖例

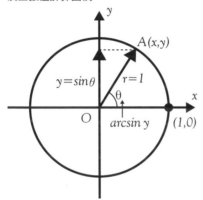

反正切值計算圖例

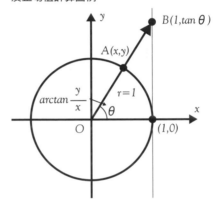

反餘弦值計算圖例

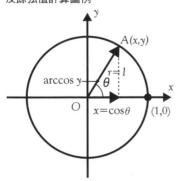

座標的反正切值

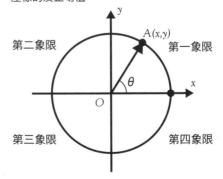

2-5-4 COS
求給定角度的餘弦值

格式 ➜ COS(number)
參數 ➜ number

需要求餘弦的角度，以弧度表示。如果參數為數值以外的文字，則會傳回錯誤值「#VALUE!」。

使用 COS 函數可用弧度求餘弦值，即在以原點為中心、半徑為 1 的圓周上，用圓周上的點 A(x,y) 的 x 座標來定義餘弦，相當於 OA 向量的水平向量。相反，垂直的 y 座標作為正弦，可用 SIN 函數求數值的正弦值。另外，求半徑為 r 的餘弦用下列公式定義。

$$COS(\theta) = \frac{x}{r}$$ 　其中，θ 為圓的中心角，表示 OA 向量和 X 軸的夾角。

EXAMPLE 1　求數值的餘弦值

用 x/r 求餘弦值，即使圓旋轉無數周，它還在 X 軸上，並在 -1 ～ 1 範圍內週期性地重複。

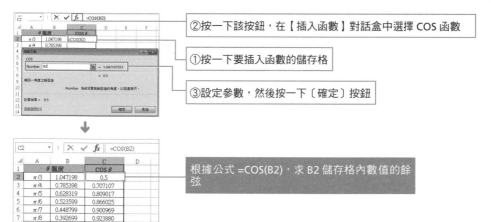

②按一下該按鈕，在【插入函數】對話盒中選擇 COS 函數

①按一下要插入函數的儲存格

③設定參數，然後按一下〔確定〕按鈕

根據公式 =COS(B2)，求 B2 儲存格內數值的餘弦

😊😊 組合技巧 | COS 函數的參數使用角度單位（COS+RADIANS）

組合使用 COS 函數和 RADIANS 函數，可以用角度單位表示 COS 函數的參數。

用公式 =COS(RADIANS(A2)) 將角度轉換成弧度，並求它的餘弦值

2-5-5 TAN
求給定角度的正切值

格式 ➜ TAN(number)
參數 ➜ number
　　要求正切的角度，以弧度表示。如果參數為數值以外的文字，則傳回錯誤值
　　「#VALUE!」。

使用 TAN 函數可用弧度單位求正切值。它是以原點為中心，半徑為 1 的圓周上的點 A(x,y)
的 x 座標和 y 座標的比值來定義正切。由於 x 座標為餘弦，y 座標為正弦，所以正切用下列
公式表示。關於正弦和餘弦的計算方法，可參照 SIN 函數和 COS 函數。
根據正切公式，水準向量 X1 為 1 時，正切變為垂直向量 Y1。

$$TAN(\theta) = \frac{y}{x} = \frac{sin\theta}{cos\theta}$$　　　其中，θ 為圓的中心角，表示 OA 向量和 X 軸的夾角。

EXAMPLE 1 用弧度單位求正切

根據公式，圓周上的座標在 Y 軸上時，即當它的數值為 ±π/2 弧度時，分母為 0，正切值在
[- ∞] ～ [+ ∞] 範圍內變化。符號「+」表示逆時針方向旋轉的角度。符號「-」表示順時針
方向的旋轉角度。

②按一下〔插入函數〕按鈕，在打開的對話盒中選擇 TAN 函數

①按一下要插入函數的儲存格

③設定參數，然後按一下〔確定〕按鈕

根據公式 =TAN(B2)，求出 B2 儲存格內數值的正切值

選中 C2 儲存格，向下拖曳填滿控點並複製

	A	B	C	D
1		θ 弧度	TAN θ	
2	π/3	1.047198	1.732052603	
3	π/4	0.785398	0.999999673	
4	π/5	0.628319	0.726543245	
5	π/6	0.523599	0.577350568	
6	π/7	0.448799	0.48157468	
7	π/8	0.392699	0.414213467	
8	π	3.141593	3.4641E-07	
9	2π/3	2.094395	-1.732051217	
10	5π/6	2.617994	-0.577350107	
11	2π	6.283186	6.9282E-07	
12	π/9	4.298996	2.279612185	
13	π/10	4.754028	-24.002054	
14	π/11	5.209060	-1.84505992	
15	π/12	5.664092	-0.712541088	
16	π/13	6.119125	-0.165548266	
17	π/14	6.574157	0.299471316	

2-5-6   ASIN
求數值的反正弦值

格式 ➜ ASIN(number)

參數 ➜ number

角度的正弦值,必須介於 -1 ～ 1 間,即從 SIN 函數的最小值到它的最大值。如果參數為超過此範圍的數值,則傳回錯誤值「#NUM!」;如果參數為數值以外的文字,則會傳回錯誤值「#VALUE!」。

使用 ASIN 函數可用弧度單位求數值的反正弦值。反正弦是 SIN 函數的反函數。正弦函數用半徑為 1 的圓周上的點 A(x,y)和原點 O 組合而成的 OA 向量的垂直向量(y 座標)來表示,而反正弦函數用 OA 向量與 Y 軸形成的夾角表示。另外,半徑為 r 的反正弦用下列公式表示。

$$ASIN(\frac{y}{r}) = \theta \quad 其中, \quad SIN(\theta) = \frac{y}{r} \quad -1 \le \frac{y}{r} \le 1$$

EXAMPLE 1   求數值的反正弦值

在 Y 軸上,正弦值在 -1 ～ 1 範圍內發生變化,反正弦值在 - π/2 ～ π/2 弧度範圍內發生變化。傳回值為正數時,表示逆時針旋轉的角度,為負數則表示順時針旋轉角度。

②按一下〔插入函數〕按鈕,在打開的對話盒中選擇 ASIN 函數

①按一下要插入函數的儲存格

③設定參數,然後按一下〔確定〕按鈕

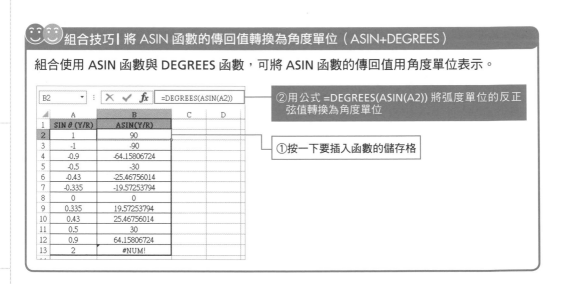

用公式 =ASIN(A2)，求出 A2 儲存格內數值的反正弦

選取 B2 儲存格，拖曳填滿控點向下進行複製。如果參數超過 -1 到 1 的範圍，則傳回錯誤值 #NUM!，如 B13

✌ NOTE ● **ASIN 函數的傳回值**

例如，「sin θ =0.707(1/√2̅)」對應的 θ 角為「π/(4+2n)」和「3π/(4±2n)」（n 為整數），那麼其對應的反正弦值則有多個，但在 ASIN 函數中，參數的傳回值只能對應一個值。ASIN 函數的傳回值範圍為 -π/2 ～ π/2。如果將傳回值轉換為角度單位時，需乘以「180/PI()」，或者使用 DEGREES 函數轉換。

😊😊 **組合技巧|** 將 ASIN 函數的傳回值轉換為角度單位（ASIN+DEGREES）

組合使用 ASIN 函數與 DEGREES 函數，可將 ASIN 函數的傳回值用角度單位表示。

②用公式 =DEGREES(ASIN(A2)) 將弧度單位的反正弦值轉換為角度單位

①按一下要插入函數的儲存格

相關函數

DEGREES	將弧度轉換為角度
SIN	求給定角度的正弦值
ACOS	傳回數字的反餘弦值
ATAN	傳回數字的反正切值
ATAN2	傳回給定的 x 及 y 座標的反正切值

2-5-7	**ACOS** 求數值的反餘弦值

格式 → ACOS(number)

參數 → number

角度的餘弦值，必須介於 -1 ～ 1 之間，即從 COS 函數的最小值到最大值。如果參數為超過此範圍的數值，則傳回錯誤值「#NUM!」；如果參數為數值以外的文字，則會傳回錯誤值「#VALUE!」。

使用 ACOS 函數可用弧度單位求數值的反餘弦值。反餘弦是 COS 函數的反函數。餘弦函數是用半徑為 1 的圓周上的點 A（x,y）和原點 O 結合的 OA 向量的水平向量（x 座標）來表示，而反餘弦函數用 OA 向量和 X 軸形成的夾角 θ 表示。另外，半徑為 r 的反餘弦用下列公式表示。

$$ACOS(\frac{x}{r})=\theta \quad 其中，COS(\theta)=\frac{x}{r} \quad -1 \le \frac{x}{r} \le 1。$$

EXAMPLE 1 求數值的反餘弦值

餘弦在 X 軸上，並在 -1 ～ 1 範圍內發生變化，反餘弦在 π ～ 0 弧度範圍內發生變化。

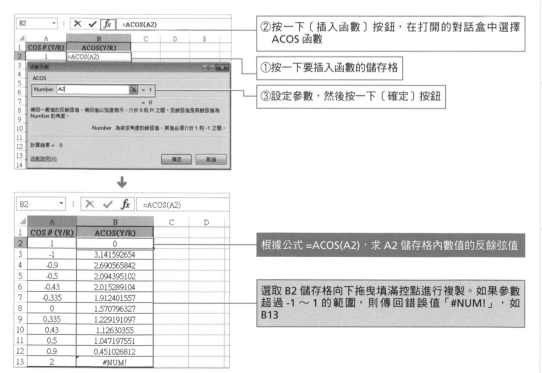

②按一下〔插入函數〕按鈕，在打開的對話盒中選擇 ACOS 函數

①按一下要插入函數的儲存格

③設定參數，然後按一下〔確定〕按鈕

根據公式 =ACOS(A2)，求 A2 儲存格內數值的反餘弦值

選取 B2 儲存格向下拖曳填滿控點進行複製。如果參數超過 -1 ～ 1 的範圍，則傳回錯誤值「#NUM!」，如 B13

2-5-8 ATAN
求數值的反正切值

格式 ➔ ATAN(number)

參數 ➔ number

　　角度的正切值。若參數為數值以外的文字，則會傳回錯誤值「#VALUE!」。

使用 ATAN 函數可用弧度單位求數值的反正切值。反正切是 TAN 函數的反函數。正切是求以原點為中心的圓周上的點 A（x,y）的 x 座標和 y 座標的比值，反正切是求 OA 向量和 X 軸所形成的角。反正切用如下公式表示。

$$ATAN(\frac{y}{x})=\theta \qquad 其中，TAN(\theta)=\frac{y}{x} 。$$

EXAMPLE 1 求數值的反正切值

正切值在 [-∞] ～ [∞] 範圍內發生變化，反正切值在 -π/2 ～ π/2 範圍內發生變化。傳回值為正數時，表示逆時針旋轉的角度，為負數則表示順時針旋轉的角度。

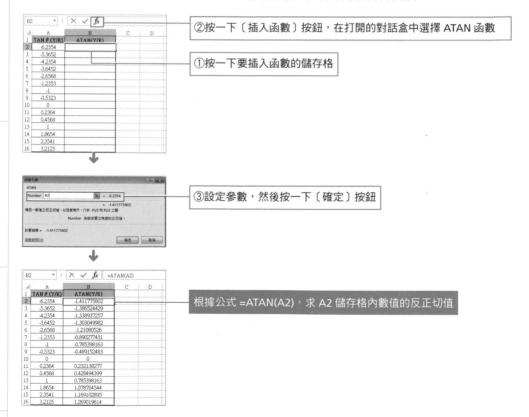

②按一下〔插入函數〕按鈕，在打開的對話盒中選擇 ATAN 函數

①按一下要插入函數的儲存格

③設定參數，然後按一下〔確定〕按鈕

根據公式 =ATAN(A2)，求 A2 儲存格內數值的反正切值

2-5-9	**ATAN2** 求座標的反正切值

格式 → ATAN2(x_num, y_num)
參數 → x_num
　　　　點的 x 座標。如果參數為數值以外的文字，則會傳回錯誤值「#VALUE!」。
　　　　y_num
　　　　點的 y 座標。如果參數為數值以外的文字，則會傳回錯誤值「#VALUE!」。

使用 ATAN2 函數可求指定點 A（x,y）的反正切值。同樣可以求反正切值的函數還有 ATAN 函數。ATAN2 函數和 ATAN 函數的關係可用下列公式表達。兩者之間的不同之處在於：ATAN 函數傳回 y/x 值，即反正切值，而 ATAN2 函數是求給定的 x 及 y 座標值的反正切值。而且，ATAN 函數的傳回值在 -π/2 ～ π/2 範圍內，而 ATAN2 函數則是根據指定的座標，求從第一象限到第四象限間的反正切值。

$$ATAN2(x,y) = ATAN(\frac{y}{x}) = \theta \quad 其中，TAN(\theta) = \frac{y}{x} 。$$

 EXAMPLE 1 求座標的反正切值

如果 x 座標和 y 座標都為 0，則 ATAN2 會傳回錯誤值「#DIV/0」。傳回值為正數時，表示逆時針旋轉的角度，為負數時，表示順時針旋轉的角度。

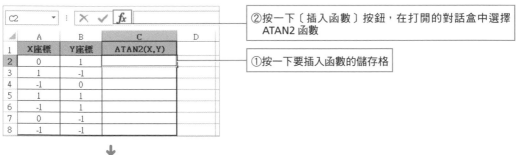

②按一下〔插入函數〕按鈕，在打開的對話盒中選擇 ATAN2 函數

①按一下要插入函數的儲存格

③設定參數，然後按一下〔確定〕按鈕

	C2	▾	:	✕	✓	fx	=ATAN2(A2,B2)

◢	A	B	C	D
1	X座標	Y座標	ATAN2(X,Y)	
2	0	1	1.570796327	
3	1	-1	-0.785398163	
4	-1	0	3.141592654	
5	1	1	0.785398163	
6	-1	1	2.35619449	
7	0	-1	-1.570796327	
8	-1	-1	-2.35619449	
9				
10				
11				

根據公式 =ATAN2(A2,B2)，求座標的反正切值

選取 C2 儲存格，向下拖曳填滿控點進行複製，求第一象限至第四象限的反正切值

👋 NOTE ● **ATAN2 函數的傳回值**

指定座標（x,y）的反正切傳回值在 -π ～ π 範圍內，但不包括 -π。因為座標（-x, 0）（x 為正數）對應的反正切值為「±π」，所以座標傳回值必須控制在一個範圍內。如果要將傳回值從弧度轉換到角度，需乘以「180/PI()」，或者使用 DEGREES 函數轉換。

😊😊 組合技巧| 將 ATAN2 函數的傳回值轉換為角度單位（ATAN2+DEGREES）

組合使用 ATAN2 函數和 DEGREES 函數，能夠將 ATAN2 函數的傳回值轉換為角度單位。

	C2	▾	:	✕	✓	fx	=DEGREES(ATAN2(A2,B2))

◢	A	B	C	D	E
1	X座標	Y座標	ATAN2(X,Y)		
2	0	1	90		
3	1	-1	-45		
4	-1	0	180		
5	1	1	45		
6	-1	1	135		
7	0	-1	-90		
8	-1	-1	-135		
9					
10					
11					
12					

用公式 =DEGREES(ATAN2(A2,B2)) 將弧度單位的反正切值轉換到角度單位

相關函數

DEGREES	將弧度轉換為角度
TAN	求給定角度的正切值
ATAN	傳回數字的反正切值
ASIN	傳回數字的反正弦值
ACOS	傳回數字的反餘弦值

2-5-10	**SINH**
	求數值的雙曲正弦值

格式 ➜ SINH(number)

參數 ➜ number

　　需要求雙曲正弦的任意實數，用弧度單位來表示。如果參數為數值以外的文字，則會傳回錯誤值「#VALUE!」。

使用 SINH 函數可用弧度單位求數值的雙曲正弦值。雙曲正弦的公式如下。

$$SINH(x) = \sinh(x) = \frac{e^{x} - e^{-x}}{2}$$

在對複數應用雙曲線函數和三角函數的情況下，複數的虛部用雙曲正弦表示。IMSIN 函數可以用來求複數的正弦值，具體內容見本書的工程函數部分。

EXAMPLE 1 　求數值的雙曲正弦值

根據公式，SINH 函數的圖像相對原點對稱。

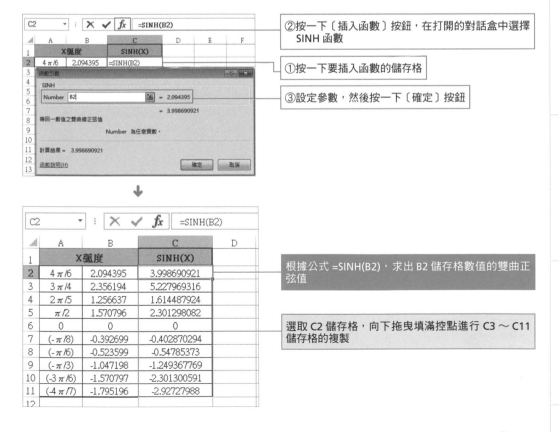

②按一下〔插入函數〕按鈕，在打開的對話盒中選擇 SINH 函數

①按一下要插入函數的儲存格

③設定參數，然後按一下〔確定〕按鈕

根據公式 =SINH(B2)，求出 B2 儲存格數值的雙曲正弦值

選取 C2 儲存格，向下拖曳滿控點進行 C3 ～ C11 儲存格的複製

2-5-11 COSH
求數值的雙曲餘弦值

格式 ➜ COSH(number)

參數 ➜ number

需要求雙曲餘弦的任意實數，用弧度單位來表示。如果參數為數值以外的文字，則會傳回錯誤值「#VALUE!」。

使用 COSH 函數可用弧度單位求數值的雙曲餘弦值。雙曲餘弦用下列公式定義。

$$COSH(x)=\cosh(x)=\frac{e^x+e^{-x}}{2}$$

在對複數應用雙曲線函數和三角函數的情況下，複數的虛部用雙曲餘弦表示。IMCOS 函數可以用來求複數的餘弦值，具體內容見本書的工程函數部分。

📖 EXAMPLE 1　求數值的雙曲餘弦值

根據公式，COSH 函數通過座標（0,1），以 Y 軸對稱。

②按一下〔插入函數〕按鈕，在打開的對話盒中選擇 COSH 函數

①按一下要插入函數的儲存格

③設定參數，然後按一下〔確定〕按鈕

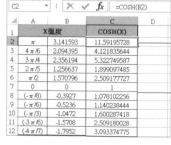

根據公式 =COSH(B2)，求出 B2 儲存格內數值的雙曲餘弦值

選中 C2 儲存格，按住填滿控點向下拖曳進行複製

2-5-12 TANH
求數值的雙曲正切值

格式 ➜ TANH(number)

參數 ➜ number

需要求雙曲正切值的任意實數，用弧度單位來表示。如果參數為數值以外的文字，則會傳回錯誤值「#VALUE!」。

使用 TANH 函數可用弧度單位求數值的雙曲正切值。雙曲正切用下列公式定義。

$$TANH(x)=\tanh(x)=\frac{\sinh(x)}{\cosh(x)}=\frac{SINH(x)}{COSH(x)}=\frac{e^{x}-e^{-x}}{e^{x}+e^{-x}}$$

三角函數的正切用正弦和餘弦的比值 sin(x)/cos(x) 表示，雙曲正切也一樣可以用 sin(x)/cos(x) 表示。

EXAMPLE 1 求數值的雙曲正切值

數字在正方向變大時，忽略分母分子的第 2 項，傳回值接近 1。同樣地，數字在負方向變大時，忽略分母分子的第 1 項，傳回值接近 -1。

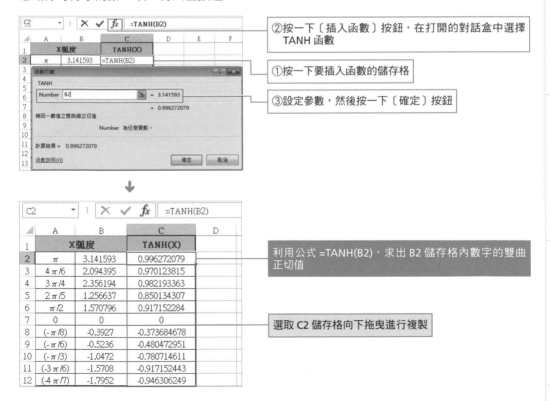

②按一下〔插入函數〕按鈕，在打開的對話盒中選擇 TANH 函數

①按一下要插入函數的儲存格

③設定參數，然後按一下〔確定〕按鈕

利用公式 =TANH(B2)，求出 B2 儲存格內數字的雙曲正切值

選取 C2 儲存格向下拖曳進行複製

	X弧度	TANH(X)
2	π	3.141593	0.996272079
3	4π/6	2.094395	0.970123815
4	3π/4	2.356194	0.982193363
5	2π/5	1.256637	0.850134307
6	π/2	1.570796	0.917152284
7	0	0	0
8	(-π/8)	-0.3927	-0.373684678
9	(-π/6)	-0.5236	-0.480472951
10	(-π/3)	-1.0472	-0.780714611
11	(-3π/6)	-1.5708	-0.917152443
12	(-4π/7)	-1.7952	-0.946306249

2-5-13 ASINH
求數值的反雙曲正弦值

格式 ➜ ASINH(number)

參數 ➜ number

　　需要求反雙曲正弦值的任意實數。如果參數為數值以外的文字，則會傳回錯誤值「#VALUE!」。

使用 ASINH 函數可用弧度單位求數值的反雙曲正弦值。反雙曲正弦作為 SINH 函數的反函數，用下列公式定義。

$$ASINH(x)=\arcsin h(x)=\log(x+\sqrt{x^2+1})$$

EXAMPLE 1　求數值的反雙曲正弦值

根據公式，ASINH 函數的圖像關於原點對稱。

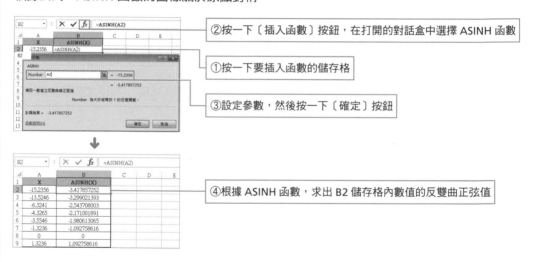

②按一下〔插入函數〕按鈕，在打開的對話盒中選擇 ASINH 函數

①按一下要插入函數的儲存格

③設定參數，然後按一下〔確定〕按鈕

④根據 ASINH 函數，求出 B2 儲存格內數值的反雙曲正弦值

組合技巧┃將 ASINH 函數的傳回值轉換成角度單位（ASINH+DEGREES）

組合使用 ASINH 函數和 DEGREES 函數，能夠將 ASINH 函數的傳回值轉換成角度單位。

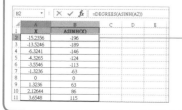

利用公式 =DEGREES(ASINH(A2)) 將傳回值的弧度單位轉換成角度單位

2-5-14 ACOSH
求數值的反雙曲餘弦值

格式 → ACOSH(number)

參數 → number

為大於等於 1 的實數。如果參數為小於 1 的數值，則會傳回錯誤值「#NUM!」；如果參數為數值以外的文字，則會傳回錯誤值「#VALUE!」。

使用 ACOSH 函數可用弧度單位求數值的反雙曲餘弦值。反雙曲餘弦作為 COSH 函數的反函數，用下列公式定義。

$$ACOSH(x)=\arccos h(x)=\log(x+\sqrt{x^2-1}) \qquad 其中，x \geq 1。$$

> **EXAMPLE 1** 求反雙曲餘弦值

根據公式，ACOSH 函數通過座標（1,0）。因為數值大於等於 1，所以它被顯示在右側。

②按一下〔插入函數〕按鈕，在打開的對話盒中選擇 ACOSH 函數

①按一下要插入函數的儲存格

③設定參數，然後按一下〔確定〕按鈕

根據公式 =ACOSH(A2)，求出 A2 儲存格內數字的反雙曲餘弦值

選中 B2 儲存格，向下拖曳填滿控點進行複製

<table>
<tr><td>2-5-15</td><td>**ATANH**
求數值的反雙曲正切值</td></tr>
</table>

格式 ➜ ATANH(number)

參數 ➜ number

為 -1 ～ 1 之間的任意實數。如果參數不在這個範圍內,則會傳回錯誤值「#NUM!」;如果參數為數值以外的文字,則會傳回錯誤值「#VALUE!」。

使用 ATANH 函數可用弧度單位求反雙曲正切值。反雙曲正切作為 TANH 函數的反函數,用下列公式定義。

$$ATANH(x) = \arctan h(x) = \frac{1}{2} \log(\frac{1+x}{1-x})$$

EXAMPLE 1 求反雙曲正切值

根據公式,ATANH 函數的圖像相對原點對稱。

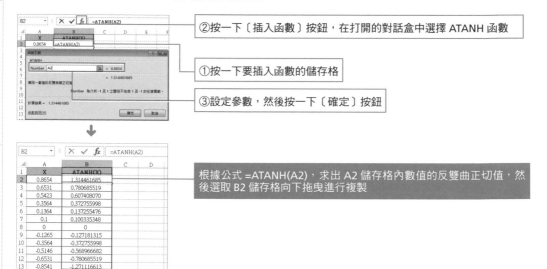

②按一下〔插入函數〕按鈕,在打開的對話盒中選擇 ATANH 函數

①按一下要插入函數的儲存格

③設定參數,然後按一下〔確定〕按鈕

根據公式 =ATANH(A2),求出 A2 儲存格內數值的反雙曲正切值,然後選取 B2 儲存格向下拖曳進行複製

組合技巧| 將 ATANH 函數的傳回值轉換成角度單位(ATANH+DEGREES)

組合使用 ATANH 函數和 DEGREES 函數,能夠將 ATANH 函數的傳回值轉換成角度單位。

利用 =DEGREES(ATANH(A2)),將弧度單位轉換成角度單位

2-6 指數與對數函數

2-6-1 POWER
求數字的乘冪

格式 ➡ POWER(number, power)

參數 ➡ number

底數,可以為任意實數。如果忽略底數,則被指定為 0。如果參數為數值以外的文字,則會傳回錯誤值「#VALUE!」。當指數為「1/n」的分數時,如果底數為負數,則根號中的數為負數,函數傳回錯誤值「#NUM!」。

power

指數,底數按該指數次冪乘方。如果參數為數值以外的文字,則傳回錯誤值「#VALUE!」。

使用 POWER 函數可求給定數值的乘冪。指數為分數時,求出的是底數的 n 次方根。POWER 函數的底數為實數,如果底數為複數,則請用 IMPOWER 函數。而且可以用「^」運算子代替 POWER 函數。

$$POWER(a,x)=a^x$$

指數為分數時 $POWER(a, \frac{1}{n})=a^{\frac{1}{n}}=\sqrt[n]{a}$,

其中, $a \geq 0$, $\sqrt[n]{a} \geq 0$;

指數為負數時 $POWER(a,-x)=a^{-x}=\frac{1}{a^x}$ 。

EXAMPLE 1 指數一定,底數發生變化

指數 x 固定為 2,底數 a 發生變化,求 2 次函數「y=a²」。或者指數 x 固定為「1/2」,使底數 a 變化,求正的平方根「y= $\sqrt{2a}$ 」。

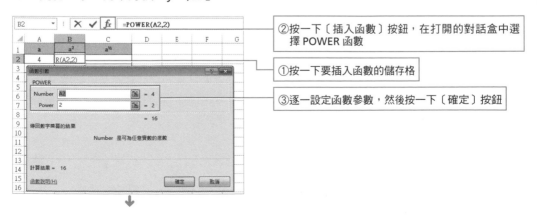

②按一下〔插入函數〕按鈕,在打開的對話盒中選擇 POWER 函數

①按一下要插入函數的儲存格

③逐一設定函數參數,然後按一下〔確定〕按鈕

C2　　　｜　：　✕　✓　fx　　=POWER(A2,1/2)

	A	B	C	D
1	a	a²	a½	
2	4	16	2	
3	6	36	2.449489743	
4	8	64	2.828427125	
5	1	1	1	
6	2	4	1.414213562	
7	0	0	0	
8	-1	1	#NUM!	
9	-2	4	#NUM!	
10	-4	16	#NUM!	
11	-6	36	#NUM!	
12	-8	64	#NUM!	

用公式 =POWER(A2,1/2)，求出 A2 儲存格格內數值的平方根

用公式 =POWER(A4,1/2) 求 A4 儲存格內數值的平方根

指數為分數、底數為負數時，傳回錯誤值「#NUM!」

👆 NOTE ● n 次方和正的 n 次方根

在 POWER 函數中，指數為 n 時，求底數的 n 次方；相反地，指數為 1/n 時，則求的是底數正的 n 次方根。n 次方和 n 次方根互為反函數的關係。

📖 EXAMPLE 2　底數一定，指數發生變化

如果底數固定為 2，當指數發生變化，求以 2 為底的乘冪「$y=2^x$」。

B2　　　｜　：　✕　✓　fx　　=POWER(2,A2)

	A	B	C	D
1	X	2ˣ	LOG₂ X	
2	4	16	2	
3	6	64	2.5849625	
4	8	256	3	
5	1	2	0	
6	2	4	1	
7	0	1	#NUM!	
8	-1	0.5	#NUM!	
9	-2	0.25	#NUM!	
10	-4	0.0625	#NUM!	
11	-6	0.015625	#NUM!	
12	-8	0.003906	#NUM!	

用公式 =POWER(2,A2) 求 2 的乘冪

用公式 =LOG(A6,2) 求以 2 為底數的對數

當指數為分數、底數為負數時，傳回錯誤值「#NUM!」

👆 NOTE ● 以底數為底的對數

在 POWER 函數中，指數發生變化，而底數一定時，求底數的乘冪「$y=a^x$」。因此，乘冪的反函數為「$x=a^y$」，稱為以底數 a 為底的對數。底數的乘冪和以底數為底的對數互為反函數關係。對數函數請參見 LOG 函數。

👆 NOTE ● POWER 函數的解釋

POWER 函數，即是傳回給定數字的乘冪。
可以用「＾」運算子代替函數 POWER 來表示對底數乘方的冪次，例如 5^2。

2-6-2　EXP

求指數函數

格式 ➔ EXP(number)

參數 ➔ number

為底數 e 的指數。若參數為數值以外的文字，則會傳回錯誤值「#VALUE!」。

EXP 函數為指數函數，它是求以自然對數 e 為底的乘冪。自然對數的底 e 約為 2.71828，是一個連續無理數。如果指數為分數，它和 SQRT 函數相同；如果指數為負數，則是求 e 的乘冪的倒數。EXP 函數的指數是實數。如果指數為複數，則可參照 IMEXP 函數。

$$\mathrm{EXP}(x) = e^x$$

指數為分數時　$\mathrm{EXP}(\dfrac{1}{n}) = e^{\frac{1}{n}} = \sqrt[n]{e}$　其中，$\sqrt[n]{e} \geq 0$。

指數為負數時　$\mathrm{EXP}(-x) = e^{-x} = \dfrac{1}{e^x}$

📖 **EXAMPLE 1**　求自然對數的底數 e 的乘冪

指數數值在負方向變大時，分母無限變大，則傳回值接近 0。相反，指數數值在正方向變大時，則傳回值為無限大。

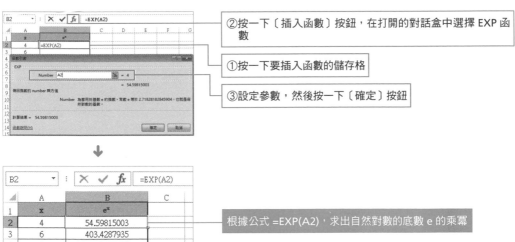

②按一下〔插入函數〕按鈕，在打開的對話盒中選擇 EXP 函數

①按一下要插入函數的儲存格

③設定參數，然後按一下〔確定〕按鈕

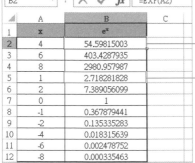

根據公式 =EXP(A2)，求出自然對數的底數 e 的乘冪

自然對數的底數 e 的近似值

	A	B	C
1	x	eˣ	
2	4	54.59815003	
3	6	403.4287935	
4	8	2980.957987	
5	1	2.718281828	
6	2	7.389056099	
7	0	1	
8	-1	0.367879441	
9	-2	0.135335283	
10	-4	0.018315639	
11	-6	0.002478752	
12	-8	0.000335463	

2-6-3　LOG
求以指定參數為底的對數

格式 ➡ **LOG**(number, base)

參數 ➡ number

　　　用於計算對數的正實數。如果參數為「0」或負數，則會傳回錯誤值「#NUM!」。
　　　如果參數為數值以外的文字，則會傳回錯誤值「#VALUE!」。

　　　base

　　　對數的底數。如果省略，則假定其值為 10，即求常用對數。如果為 0 或者負數，
　　　則傳回錯誤值「#NUM!」。如果為 1，則傳回錯誤值「#DIV/0!」。如果參數為
　　　數值以外的文字，則傳回錯誤值「#VALUE!」。

使用 LOG 函數可求指定底數的對數。LOG 函數是 POWER 函數的反函數。使用 LN 函數求
以自然對數的底數 e 為底數的對數，LOG10 函數求以 10 為底的對數。

求數值的乘冪公式　　　　　　　$y=a^x=POWER(a,x)$

求數值的乘冪的反函數公式　　$x=a^y \rightarrow y=log_a x=LOG(x,a)$

📋 EXAMPLE 1　求指定底數的對數

根據公式，LOG 函數的圖像通過座標（1,0），x 越接近 0，y 值越向負方向發散。

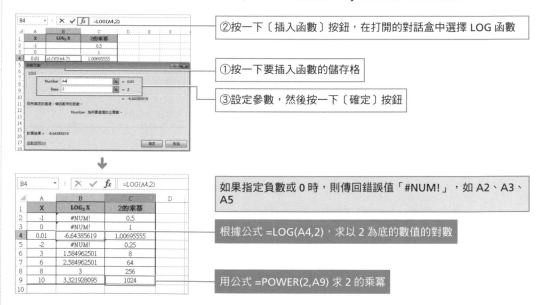

②按一下〔插入函數〕按鈕，在打開的對話盒中選擇 LOG 函數

①按一下要插入函數的儲存格

③設定參數，然後按一下〔確定〕按鈕

如果指定負數或 0 時，則傳回錯誤值「#NUM!」，如 A2、A3、A5

根據公式 =LOG(A4,2)，求以 2 為底的數值的對數

用公式 =POWER(2,A9) 求 2 的乘冪

✌ NOTE ● **LOG 函數和 POWER 函數互為反函數關係**

LOG 函數和 POWER 函數互為反函數關係。數值 x 在 0～1 區間時，會對其產生顯著影響。

2-6-4 LN
求自然對數

格式 → LN(number)

參數 → number

是用於計算其自然對數的正實數。若參數為 0 或者負數，則會傳回錯誤值「#NUM!」；如果參數為數值以外的文字，則會傳回錯誤值「#VALUE!」。

使用 LN 函數可求指定數值的自然對數。自然對數以 e 為底，它是一個約為 2.71828 的連續無理數。LN 函數是 EXP 函數的反函數。另外，LOG 函數是按指定的底數，傳回一個數的對數，像 LOG10 函數就是求以 10 為底的對數。

指數函數的公式 $\qquad y=e^x=EXP(x)$

指數函數反函數的公式 $\quad x=e^y \rightarrow y=\log_e x=LN(x)$

EXAMPLE 1 求數值的自然對數

根據公式，在座標為（x, y）的圖中，LN 函數通過座標（1, 0），且 x 越接近 0，y 值越向負方向發散。

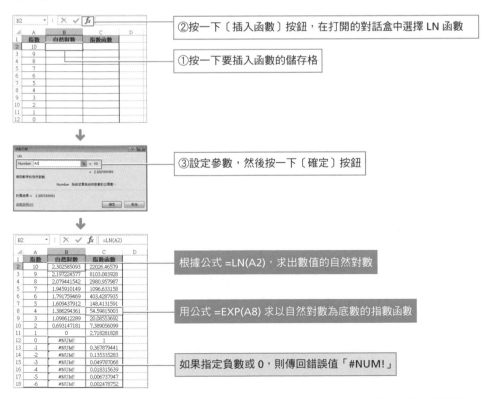

②按一下〔插入函數〕按鈕，在打開的對話盒中選擇 LN 函數

①按一下要插入函數的儲存格

③設定參數，然後按一下〔確定〕按鈕

根據公式 =LN(A2)，求出數值的自然對數

用公式 =EXP(A8) 求以自然對數為底數的指數函數

如果指定負數或 0，則傳回錯誤值「#NUM!」

2-6-5　LOG10
求數值的常用對數

格式 → LOG10(number)

參數 → number

　　用於計算常用對數的正實數。如果參數為 0 或負數，則會傳回錯誤值「#NUM!」，如果參數為數值以外的文字，則會傳回錯誤值「#VALUE!」。

使用 LOG10 函數求以 10 為底的對數。LOG10 函數是 POWER 函數中 10 的乘冪的反函數。求以 e 為底的對數請參照 LN 函數，而 LOG 函數求指定數值作為底數的對數。

10 的乘冪的公式　　　　　　$y=10^x=POWER(10,x)$

10 的乘冪的反函數公式　　$x=10^y \longrightarrow y=log_{10}x=LOG10(x)$

📖 EXAMPLE 1　求數值的常用對數

根據公式，在座標為（x, y）的圖中，LOG10 函數通過座標（1, 0），且 x 越接近 0，y 值越向負方向發散。

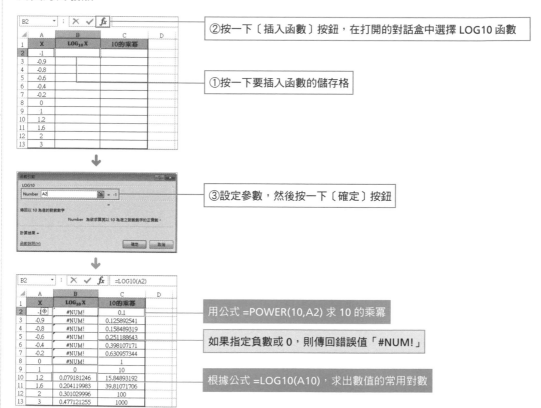

②按一下〔插入函數〕按鈕，在打開的對話盒中選擇 LOG10 函數

①按一下要插入函數的儲存格

③設定參數，然後按一下〔確定〕按鈕

用公式 =POWER(10,A2) 求 10 的乘冪

如果指定負數或 0，則傳回錯誤值「#NUM!」

根據公式 =LOG10(A10)，求出數值的常用對數

2-7 組合

2-7-1 FACT
求數值的階乘

格式 → FACT(number)

參數 → number

要計算其階乘的非負數。如果參數不是整數，則需要截尾取整。如果參數為負數，則會傳回錯誤值「#NUM!」；如果參數為數值以外的文字，則會傳回錯誤值「#VALUE!」。

使用 FACT 函數可求數值的階乘。所謂階乘，即依順序從指定的整數到 1 相乘，如 [5 ！]，在整數後面加！符號。階乘是按順序組合並進行準確的計算。求整數 n 的階乘公式如下。

$$FACT(n)=n!=n×(n-1)×(n-2)×\cdots×2×1$$

其中，n 為正整數，且 0!=1。

EXAMPLE 1 求數值的階乘

下面我們用 FACT 函數求數值的階乘。

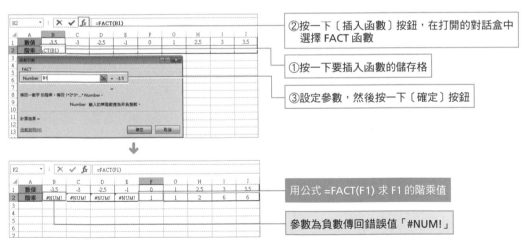

②按一下〔插入函數〕按鈕，在打開的對話盒中選擇 FACT 函數

①按一下要插入函數的儲存格

③設定參數，然後按一下〔確定〕按鈕

用公式 =FACT(F1) 求 F1 的階乘值

參數為負數傳回錯誤值「#NUM!」

EXAMPLE 2 使用數值的階乘求排列

從 5 個號碼中選出 3 個號碼時，雖然取出的數值會一樣，但是取出的順序會不同，這就是排列。在數學中，通常用如下公式表示。

$$nPr = \frac{n!}{(n-r!)} = \frac{FACT(n)}{FACT(n-r)}$$

其中，n 為數量，r 為抽取數量。

| B5 | | ▼ | : | ✕ | ✓ | fx | =FACT(A3) |

▲	A	B	C	D
1	從5個中獎號碼中選出3個號碼，按排序排列		數	
2	中獎號碼序號	取出號碼	排序	
3	5	3	60	
4	排列計算			
5	分子	120		
6	分母	2		

用公式 =B5/B6，求排列的方法

用公式 =FACT(A3) 求排列公式的分子

用公式 =FACT(A3-B3) 求排列公式的分母

2-7-2　COMBIN
求組合數

格式 ➡ COMBIN(number, number_chosen)

參數 ➡ number

物件的總數量。如果參數為小數，則會取至整數。如果 numbe r<0 或 number<number_chosen，則會傳回錯誤值「#NUM!」。如果參數為數值以外的文字，則會傳回錯誤值「#VALUE!」。

number_chosen

為每一組合中物件的數量。如果參數為小數，則會取至整數。如果 number_chosen<0 或 number_chosen>number，則會傳回錯誤值「#NUM!」。如果參數為數值以外的文字，則會傳回錯誤值「#VALUE!」。

使用 COMBIN 函數可求資料組合數。例如，從 10 人中選取 3 人，在不考慮順序的情況下，求所有可能的組合數。不需考慮抽取順序時，使用組合；而需考慮順序時，使用排列。求排列時，可參照統計函數中的 PERMUT 函數。

$$COMBIN(n,k) = {}_nC_k = \frac{n!}{k!\,(n-k)!}$$

其中，n 為總數，k 為抽取數量。

$$(a+b)^n = \sum_{k=0}^{n} C^k \cdot a^{n-k}b^n = {}_nC_0 a^n + {}_nC_1 a^{n-1}b + \cdots + {}_nC_{n-1} \cdot ab^{n-1} + {}_nC_n \cdot b^n$$

$$= COMBIN(n,0)a^n + COMBIN(n,1)a^{n-1}b + \cdots + COMBIN(n,n-1)ab^{n-1} + COMBIN(n,n)b^n$$

📄 EXAMPLE 1　從 65 個號碼中抽取 5 個號碼的組合數

求從 65 個號碼中抽取 5 個號碼的組合數。

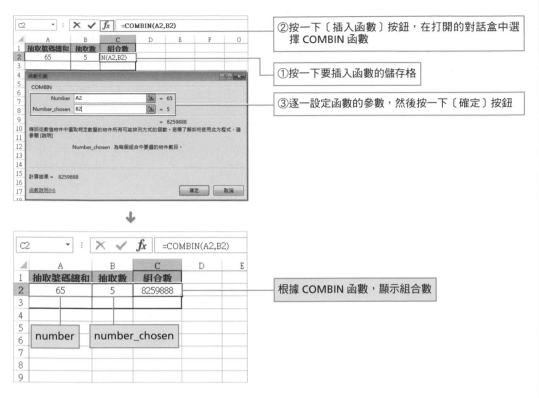

②按一下〔插入函數〕按鈕,在打開的對話盒中選擇 COMBIN 函數

①按一下要插入函數的儲存格

③逐一設定函數的參數,然後按一下〔確定〕按鈕

根據 COMBIN 函數,顯示組合數

EXAMPLE 2 求二項係數

(a+b) 是含有 a 和 b 三次二項式的方程,用 COMBIN 函數可以求展開它的各項係數。展開式如下,各項次數變為 3 個 a 和 b 的 4 個組合數。

$$(a+b)^3 = {}_3C_0a^3 + {}_3C_1a^2b + {}_3C_2ab^2 + {}_3C_3b^3$$

①用公式 =COMBIN($E$1,B4) 求出 a^3 的係數

②按住 C4 儲存格右下角的填滿控點向下拖曳至 C7 儲存格進行複製,求出各項係數

👆 NOTE ● **使用 FACT 函數也能求組合數**

COMBIN 函數使用階乘表示組合,所以求數值的階乘的 FACT 函數也能求組合數。

2-7-3 MULTINOMIAL
求參數和的階乘與各參數階乘乘積的比值

格式 ➡ MULTINOMIAL(number1, number2, ...)

參數 ➡ number1, number2, ...

用於進行函數運算的 1 到 29 個數值參數。如果參數為小數，則會取至整數；如果參數為負數，則會傳回錯誤值「#NUM!」；如果參數為數值以外的文字，則會傳回錯誤值「#VALUE!」。

使用 MULTINOMIAL 函數，求展開 n 次多項式的各項係數。數值參數為展開式的各項次數。各項次數總和為 n 次。展開 n 次多項式的公式如下，MULTINOMIAL 函數相當於各項係數部分。另外，按照 n 次二項式的展開公式求各項係數，可參照 COMBIN 函數。

$$(a_1+a_2+\cdots+a_{k-1}+a_k)^n = \sum \frac{(n_1+n_2+\cdots+n_{k-1}+n_k)!}{n_1!n_2!\cdots+n_{k-1}!n_k!} a_1^{n_1} a_2^{n_2}\cdots a_{k-1}^{n_{k-1}} a_k^{n_k}$$

$$MULTINOMIAL(n_1, n_2, \cdots n_{29}) = \frac{(n_1+n_2+\cdots+n_{k-1}+n_k)!}{n_1!n_2!\cdots n_{k-1}!n_k!}$$

其中，$n_1+n_2+\cdots+n_{k-1}+n_k = n$。

EXAMPLE 1 求多項係數

下面，我們使用 MULTINOMIAL 函數求展開二次四項式 $(a_1+a_2+a_3)^2$ 的各項係數。

	D3	▼ :	✕ ✓	*fx*	=MULTINOMIAL(A3,B3,C3)	
▲	A	B	C	D	E	F
1	$(a_1+a_2+a_3)^2$ 的各項係數					
2	a^1	a^2	a^3	係數		
3	0	0	0	1		
4	0	2	3	10		
5	4	2	0	15		
6	5	3	4	27720		
7	2	2	0	6		
8	2	0	3	10		
9	3	2	0	10		
10						
11						

用公式 =MULTINOMIAL(A3,B3,C3) 求 a 項的係數

求各項係數。此外，使用求數值階乘的 FACT 函數也能求各項係數

2-8 矩陣行列式

2-8-1 MDETERM
求陣列的矩陣行列式的值

格式 ➡ MDETERM(array)

參數 ➡ array

行數和列數相等的數值陣列。如果陣列的行列數不相等，或者 array 儲存格是空白或包含文字，則函數會傳回錯誤值「#VALUE!」。

使用 MDETERM 函數，求行數和列數相等的矩陣行列式的值。矩陣的行列式值是由陣列中的各元素計算而來的，其行列式的值用下列公式定義。矩陣的行列式值常被用來求解多元聯立方程式。此函數的重點是在參數中指定陣列，可以指定表示陣列的儲存格區域或陣列常量。所有的陣列加大括弧 {}，列用逗號「,」，行用分號「;」分隔。

▼ 2 次矩陣行列式的值

$$MDETERM(\{a_1,b_1;a_2,b_2\})=\begin{vmatrix} a_1 & b_1 \\ a_2 & b_2 \end{vmatrix}=a_1 \cdot b_2 - a_2 \cdot b_1$$

將聯立方程式按如下方式定義，方程式的解可以用矩陣求得。

$$\begin{cases} a_1 \cdot x + b_1 \cdot y = c_1 \\ a_2 \cdot x + b_2 \cdot y = c_2 \end{cases} \longrightarrow \begin{aligned} (a_1b_2 - a_2b_1)x = c_1b_2 - c_2b_1 \\ (a_1b_2 - a_2b_1)x = a_1c_2 - a_2c_1 \end{aligned}$$

$$x = \frac{\begin{vmatrix} c_1 & b_1 \\ c_2 & b_2 \end{vmatrix}}{\begin{vmatrix} a_1 & b_1 \\ a_2 & b_2 \end{vmatrix}}, \quad y = \frac{\begin{vmatrix} a_1 & c_1 \\ a_2 & c_2 \end{vmatrix}}{\begin{vmatrix} a_1 & b_1 \\ a_2 & b_2 \end{vmatrix}}$$

其中，$\begin{vmatrix} a_1 & b_1 \\ a_2 & b_2 \end{vmatrix} \neq 0$ 。

EXAMPLE 1 求陣列的矩陣行列式值

根據公式,使用矩陣行列式值求二元一次聯立方程式的解。聯立方程式作為向量方程式考慮,也可以使用反矩陣和矩陣乘積求解。

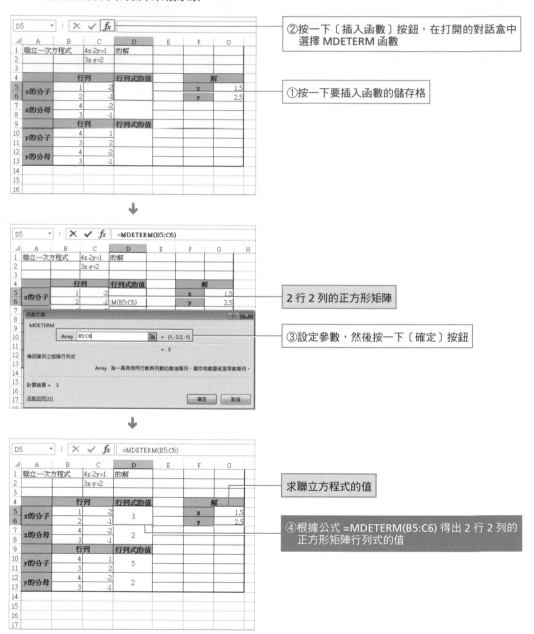

②按一下〔插入函數〕按鈕,在打開的對話盒中選擇 MDETERM 函數

①按一下要插入函數的儲存格

2 行 2 列的正方形矩陣

③設定參數,然後按一下〔確定〕按鈕

求聯立方程式的值

④根據公式 =MDETERM(B5:C6) 得出 2 行 2 列的正方形矩陣行列式的值

02

數
學
與
三
角
函
數

2-8-2 MINVERSE
求陣列矩陣的反矩陣

格式 ➡ MINVERSE(array)

參數 ➡ array

具有相等行數和列數的數值陣列。如果行列數目不相等，或者 array 中儲存格是空白儲存格或包含文字，則會傳回錯誤值「#VALUM!」。

使用 MINVERSE 函數可求行數和列數相等的陣列矩陣的反矩陣。例如一個 2 行 2 列的陣列矩陣，其反矩陣用下列公式定義。求解矩陣的反矩陣常被用於求解多元聯立方程組。此函數的重點是在參數中指定陣列，可以指定表示陣列的儲存格區域或陣列常量。所有的陣列加大括弧 {}，列用逗號「,」，行用分號分隔「;」。

▼ 2 階反矩陣定義

$$MINVERSE(\{a_1,b_1;a_2,b_2\})=A^{-1}=\dfrac{\begin{bmatrix} b_2 & -b_1 \\ -a_2 & a_1 \end{bmatrix}}{\begin{vmatrix} a_1 & b_1 \\ a_2 & b_2 \end{vmatrix}}$$

其中，$\begin{vmatrix} a_1 & b_1 \\ a_2 & b_2 \end{vmatrix} \neq 0$, $A=\begin{bmatrix} a_1 & b_1 \\ a_2 & b_2 \end{bmatrix}$。

將聯立方程式按如下方式定義，求方程式的解。

$$\begin{cases} a_1 \cdot x + b_1 \cdot y = c_1 \\ a_2 \cdot x + b_2 \cdot y = c_2 \end{cases} \longrightarrow A=\begin{bmatrix} a_1 & b_1 \\ a_2 & b_2 \end{bmatrix}, X=\begin{bmatrix} x \\ y \end{bmatrix}, C=\begin{bmatrix} c_1 \\ c_2 \end{bmatrix}$$

向量方程式變為 $A \cdot X = C$，用下列公式求聯立方程式的解 $X=\begin{bmatrix} x \\ y \end{bmatrix}, C=\begin{bmatrix} c_1 \\ c_2 \end{bmatrix}$

$$X=A^{-1} \cdot C=\dfrac{\begin{bmatrix} b_2 & -b_1 \\ -a_2 & a_1 \end{bmatrix}}{\begin{vmatrix} a_1 & b_1 \\ a_2 & b_2 \end{vmatrix}}\begin{bmatrix} c_1 \\ c_2 \end{bmatrix}$$

其中，$\begin{vmatrix} a_1 & b_1 \\ a_2 & b_2 \end{vmatrix} \neq 0$。

EXAMPLE 1　求陣列矩陣的反矩陣

求二元一次方程式解的反矩陣值。如果陣列為 2 行 2 列，反矩陣也是 2 行 2 列。而且，需提前選擇求反矩陣的儲存格區域，然後作為陣列公式輸入到儲存格內。在【函數參數】對話盒中，按複合鍵 **Ctrl+Shift** 的同時，按一下〔確定〕按鈕，另外，作為陣列公式輸入的儲存格不能單獨編輯，需要先選擇陣列公式所在的儲存格區域，然後再編輯公式。

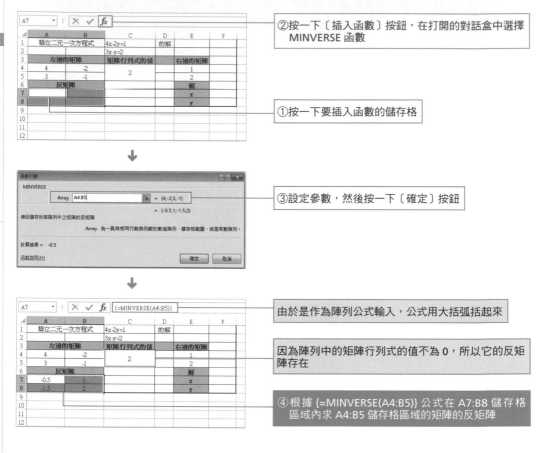

②按一下〔插入函數〕按鈕，在打開的對話盒中選擇 MINVERSE 函數

①按一下要插入函數的儲存格

③設定參數，然後按一下〔確定〕按鈕

由於是作為陣列公式輸入，公式用大括弧括起來

因為陣列中的矩陣行列式的值不為 0，所以它的反矩陣存在

④根據 {=MINVERSE(A4:B5)} 公式在 A7:B8 儲存格區域內求 A4:B5 儲存格區域的矩陣的反矩陣

✌ NOTE ● **聯立方程還可以利用行列式來求解**

聯立方程式除作為向量方程式考慮外，如果陣列的行列式不為 0 時，用行列式也可求出聯立方程式的值。請參照 MDETERM 函數求陣列的行列式值。另外，MINVERSE 函數計算能精確到小數點後 16 位，如原本應該為 0，由於產生極小的誤差，卻顯示出 0 的近似值。

2-8-3 MMULT
求陣列的矩陣乘積

使用 MMULT 函數可求兩陣列的矩陣乘積。例如，2 行 2 列的矩陣和 2 行 1 列的矩陣的乘積用下列公式定義，矩陣積用於聯立方程式求解。此函數的要點是，參數指定為陣列，把陣列公式輸入到顯示結果的儲存格中。矩陣積的陣列中行數為陣列 1，列數為陣列 2。可以指定表示陣列的儲存格區域，或者使用陣列常量。所有的陣列需加大括弧 {}，列用逗號「,」，行用分號「;」分隔。

▼ 矩陣乘積定義

$$\text{MMULT}(\{a_1,b_1;a_2,b_2\},\{c_1;c_2\}) = \begin{bmatrix} a_1 & b_1 \\ a_2 & b_2 \end{bmatrix} \cdot \begin{bmatrix} c_1 \\ c_2 \end{bmatrix} = \begin{bmatrix} a_1c_1+b_1c_2 \\ a_2c_1+b_2c_2 \end{bmatrix}$$

用下列公式來定義聯立方程式，用反矩陣和矩陣乘積求方程式的解。

$$\begin{cases} a_1 \cdot x + b_1 \cdot y = c_1 \\ a_2 \cdot x + b_2 \cdot y = c_2 \end{cases} \longrightarrow A = \begin{bmatrix} a_1 & b_1 \\ a_2 & b_2 \end{bmatrix}, X = \begin{bmatrix} x \\ y \end{bmatrix}, C = \begin{bmatrix} c_1 \\ c_2 \end{bmatrix}$$

向量方程式變為 A•X=C ，用下列公式求聯立方程式的解 $X = \begin{bmatrix} x \\ y \end{bmatrix}$

$$X = A^{-1} \cdot C = \frac{\begin{bmatrix} b_2 & -b_1 \\ -a_2 & a_1 \end{bmatrix}}{\begin{vmatrix} a_1 & b_1 \\ a_2 & b_2 \end{vmatrix}} \begin{bmatrix} c_1 \\ c_2 \end{bmatrix} = \frac{1}{\begin{vmatrix} a_1 & b_1 \\ a_2 & b_2 \end{vmatrix}} \cdot \begin{bmatrix} b_2c_1 - b_1c_2 \\ -a_2c_1 + a_1c_2 \end{bmatrix}$$

其中，$\begin{vmatrix} a_1 & b_1 \\ a_2 & b_2 \end{vmatrix} \neq 0$ 。

EXAMPLE 1　求陣列的矩陣乘積

求二元一次方程式解的矩陣乘積。用參數指定陣列 1 的行數和陣列 2 的列數並傳回矩陣乘積。
在【函數參數】對話盒中，按複合鍵 Ctrl+Shift 的同時，按一下〔確定〕按鈕。另外，作為
陣列公式輸入的儲存格不能單獨編輯。

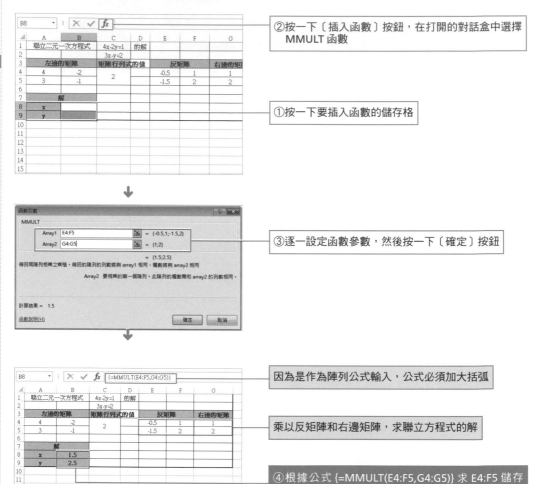

②按一下〔插入函數〕按鈕，在打開的對話盒中選擇 MMULT 函數

①按一下要插入函數的儲存格

③逐一設定函數參數，然後按一下〔確定〕按鈕

因為是作為陣列公式輸入，公式必須加大括弧

乘以反矩陣和右邊矩陣，求聯立方程式的解

④根據公式 {=MMULT(E4:F5,G4:G5)} 求 E4:F5 儲存格區域矩陣和 G4:G5 儲存格區域矩陣的乘積

✌ NOTE ● **用反矩陣和矩陣行列式值求聯立方程式**

聯立方程式作為向量方程式考慮時，使用反矩陣和矩陣行列式值求解。使用 MINVERSE
函數可以求陣列的反矩陣。除此之外，如果陣列的矩陣行列式值不為 0 時，可用
MDETERM 函數求陣列的矩陣行列式值。

2-9 字元變換

2-9-1 ROMAN
將阿拉伯數字轉換為羅馬數字

格式 ➡ ROMAN(number, form)

參數 ➡ number

需要轉換的阿拉伯數字,在 1 ~ 3999 範圍內。如果參數為小數,則會取至整數。如果參數為數值以外的文字,或者數值大於 3999,則會傳回錯誤值「#VALUE!」。

form

數字,指定所需的羅馬數字類型,表示方法參照下表。羅馬數字中的 1、5、10、50、100、500、1000 是基本的數值,例如,數值 6 按照組合 5 和 1 的 VI 來表示。

▼ 羅馬數字的表示格式

form	表示形式	999 的表示	計算方法		
0、TRUE、省略	正式形式	CMXCIX	1000-100=900	100-10=90	10-1=9
			CM	XC	IX
1	簡化形式	LMVLIV	1000-50=950	50-5=45	5-1=4
			LM	VL	IV
2	比 1 簡化的格式	XMIX	1000-10=990		5-1=4
			XM		IV
3	比 2 簡化的格式	VMIV	1000-5=995		5-1=4
			VM		IV
4	省略形式		1000-1=999		
			IM		

▼ 阿拉伯數字的羅馬字母表

阿拉伯數字	1	5	10	50	100	500	1000
羅馬數字	I	V	X	L	C	D	M

使用 ROMAN 函數可將阿拉伯數字轉換成羅馬數字。阿拉伯數字即日常使用的 0、1、2 等的算術數字。羅馬數字用 I、II、III 等表示,經常用於時鐘的文字盤。ROMAN 函數雖然用於文字操作,但它屬於數學與三角函數。

📖 **EXAMPLE 1** 將阿拉伯數字轉換為羅馬數字

5 ~ 90 的正式形式和省略形式相同。

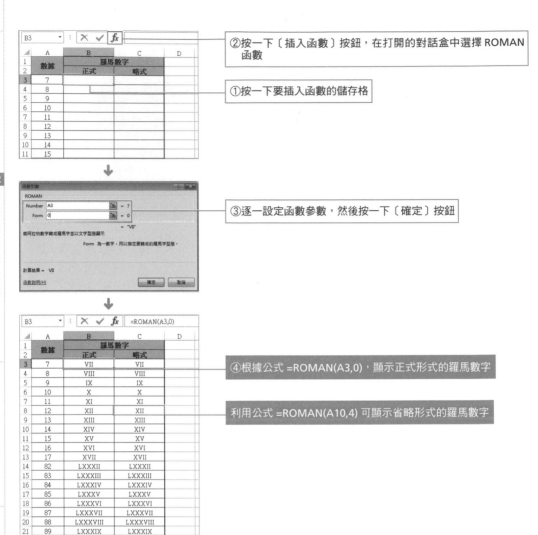

②按一下〔插入函數〕按鈕，在打開的對話盒中選擇 ROMAN 函數

①按一下要插入函數的儲存格

③逐一設定函數參數，然後按一下〔確定〕按鈕

④根據公式 =ROMAN(A3,0)，顯示正式形式的羅馬數字

利用公式 =ROMAN(A10,4) 可顯示省略形式的羅馬數字

📝 NOTE ● **正規形式和省略形式**

如把 999 的每一位數分開，則表示為 900、90 和 9，此表示方法為正式形式。相反，省略形式是把 999 看成 1000-1，用表示 1000 的 M 和表示 1 的 1 表示成 M1。另外，在 ROMAN 函數中，由於轉換的羅馬數字作為文字處理，所以不用於計算。

📝 NOTE ● **輸入函數時，鎖定相關儲存格**

在大部分儲存格內可隨時輸入資料，但是，有的儲存格中的內容不能修改。這時可以保護工作表，並鎖定儲存格。在 Excel 中，有鎖定儲存格和保護工作表的功能。通常情況下，因為儲存格被鎖定，工作表被保護，工作表上的所有儲存格中的內容不能更改。但是特定的儲存格鎖定除外，雖然保護了工作表，但是解除鎖定後，這些儲存格仍可以進行編輯。因此，只需鎖定輸入函數的儲存格即可。

<table>
<tr><td>2-9-2</td><td>**ARABIC**
將羅馬數字轉換為阿拉伯數字</td></tr>
</table>

格式 ➔ ARABIC(text)

參數 ➔ text

指定用引號括起來的字串、空字串或對包含文字的儲存格的引用。

在使用 ARABIC 函數時，若 text 為無效值（包括不是有效羅馬數字的數值、日期和文字），則 ARABIC 傳回錯誤值「#VALUE!」。若將空字串（""）用作輸入值，則傳回 0。此外，雖然負羅馬數字為非標準數字，但可支援負羅馬數字的計算。在羅馬文字前插入負號，例如「-MMXI」。

 EXAMPLE 1 | 將羅馬數字轉換為阿拉伯數字

ARABIC 函數執行與 ROMAN 函數相反的運算。

①打開【函數參數】對話盒，從中設定參數選項，最後按一下〔確定〕按鈕

查看計算公式

②查看計算結果。隨後向下複製公式，計算其他儲存格的值

	A	B
1	羅馬數字	阿拉伯數字
2	I	1
3	III	3
4	VI	6
5	XII	12
6	XIV	14
7	XVIII	18
8	XX	20
9	XXIV	24
10	LXXXI	81
11	CMXCIX	999
12	M	1000
13	MDCLXVI	1666
14	MDCLXVI	1666
15	MMMCMXCIX	3999

該函數將忽略文字參數的大小寫格式，如 MDCLXVI 和 mdclxvi 計算結果相同，均為 1666

2-9-3 BASE
將數值轉換為具備給定基數的文字表示

格式 → BASE(number, radix [min_length])

參數 → number

要轉換的數值。必須為大於或等於 0 並小於 2^{53} 的整數。

radix

要將數值轉換成的基本基數。必須為大於或等於 2 且小於或等於 36 的整數。

min_length

該參數為可選項。用於指定傳回字串的最小長度，必須為大於或等於 0 的整數，且最大值為 255。

使用 BASE 函數時，如果 number、radix 或 min_length 超出最小值或最大值的限制範圍，則傳回錯誤值「#NUM!」。如果 number 是非數值，則函數傳回錯誤值「#VALUE!」。作為參數輸入的任何非整數數值將會取至整數。

📖 EXAMPLE 1 按要求將各整數轉換為不同進制的數值

在計算時，當指定了 min_length 參數後，若結果短於指定的最小長度，則會產生前置字元為零的結果。例如，BASE(16,2) 傳回 10000，但 BASE(16,2,8) 傳回 00010000。

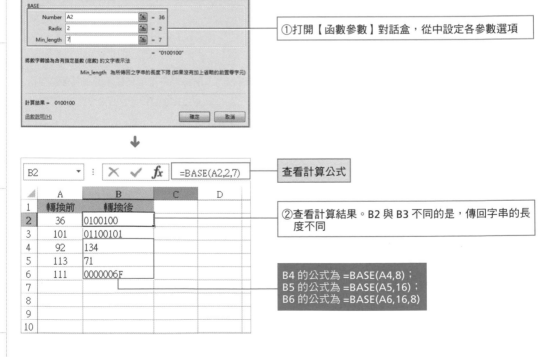

①打開【函數參數】對話盒，從中設定各參數選項

查看計算公式

②查看計算結果。B2 與 B3 不同的是，傳回字串的長度不同

B4 的公式為 =BASE(A4,8)；
B5 的公式為 =BASE(A5,16)；
B6 的公式為 =BASE(A6,16,8)

日期及時間函數

日期及時間函數表示目前的時間和日期，經常被用於時間的處理，如
「幾個月後最後一天的計算」或「計算兩段時間的時間差」。Excel
中的日期是使用序列值的數字進行管理的。序列值被分為整數部分和
小數部分。整數部分代表日期，小數部分代表時間。下面將對日期及
時間函數的分類、用途及關鍵字進行介紹。

→ 函數分類

1. 目前日期

表示電腦的目前日期和時間函數。此函數不使用參數。

TODAY	傳回目前日期
NOW	傳回目前日期與時間

2. 週數

按照指定的序列值，傳回第幾週的日期。

WEEKNUM	傳回日期序列值代表的一年中的第幾週

3. 期間差

用於求兩個日期的期間差。把 1 年看作 360 天計算。

NETWORKDAYS	計算起始日和結束日間的天數（除星期六、星期天和節假日）
DAYS360	把 1 年當作 360 天來計算，傳回兩日期間相差的天數
DAYS	計算兩個日期之間的天數
YEARFRAC	計算從開始日到結束日之間天數占全年天數的比例
DATEDIF	用指定的單位計算兩個日期之間的天數

4. 用序列值表示日期

用指定序列值表示「年」或「月」的數字。此函數用於統計每月的銷售款資料或總計每個時間段等。

YEAR	傳回日期序列值對應的年份數
MONTH	傳回日期序列值對應的月份數
DAY	傳回日期序列值對應的月份中的日序數
HOUR	傳回日期序列值對應的小時數
MINUTE	傳回日期序列值對應的分鐘數
SECOND	傳回日期序列值對應的秒數
WEEKDAY	傳回日期序列值對應的所在週的第幾天

5. 計算時間的序列值

此類函數用於最後一天或不包含休息日的工作日的計算，但單純的序列值不能用於計算日期。

EDATE	求指定月數之前或之後的日期
EOMONTH	求指定月最後一天的序列值
WORKDAY	求指定工作日後的日期序列值

6. 特定日期的序列值

使用此類函數，可把輸入到各個儲存格內的年、月、日匯總成一個日期，或把文字轉換成序列值。

DATE	求以年、月、日表示的日期的序列值
TIME	傳回特定時間的序列值
DATEVALUE	把表示日期的文字轉換成序列值
TIMEVALUE	把表示時間的文字轉換成序列值

→ 請注意

日期及時間函數中經常使用的關鍵點如下。

1. 序列值

在 Excel 中，使用日期或時間進行計算時，包含有序列值的計算。序列值分為整數部分和小數部分。序列值表示整數部分，例如：1900 年 1 月 1 日看作 1，1900 年 1 月 2 日看作 2，把每一天的每一個數字一直分配到 9999 年 12 月 31 日中。例如，序列值是 30000，從 1900 年 1 月 1 日開始數到第 30000 天，日期則變成 1982 年 2 月 18 日。序列值表示小數部分，從上午 0 點 0 分 0 秒開始到下午 11 點 59 分 59 秒的 24 小時分配到 0 到 0.99999999 的數字中。例如，0.5 可以表示為中午 12 點 0 分 0 秒。Excel 是把整數和小數部分組合成一個表示日期和時間的數字。

因為序列值作為數值處理，所以可以進行通常的加、減運算。例如，想知道某日期 90 天後的日期，只需把此序列值加上 90 就可以。相反，想知道 90 天前的日期，則用此序列值減去 90 天。

把儲存格的「儲存格格式」轉換為「日期」和「時間」以外的格式時，可以改變日期的序列值的格式。

2. 日期系統

序列值的起始日期在 Windows 版中是 1900 年 1 月 1 日,在 Macintosh 版中是 1904 年 1 月 1 日。因此,使用 Windows 的 Macintosh 版編制的工作表時,會有 4 年的誤差。使用 Macintosh 日期系統時,可以透過【檔案】功能表開啟【Excel 選項】對話盒,從中選擇「使用 1904 年日期系統」即可(如下圖所示),然後進行計算。

3. 日期的儲存格格式

按照序列值的定義,序列值分為整數部分和小數部分。整數部分表示日期,小數部分表示時間。但是,只有序列值時,使用者想知道日期或時間表示的數值時,需先設定儲存格格式。在儲存格內設定日期和時間的格式,即使刪除儲存格中輸入的日期,輸入其他數值也表示日期。這是因為儲存格還是表示日期的儲存格格式。透過功能區或者是右鍵功能表均可開啟【儲存格格式】對話盒,如下圖所示。

從中開啟〔數值〕活頁標籤，選擇【日期】或【時間】。沒有設定好需使用的儲存格格式時，必須在【自訂】中設定使用者需用的格式。

▼ 表 1：日期的表示格式（如 2013 年 8 月 15 日）

類型	代碼	表示
年（西曆顯示 4 位數）	yyyy	2013
年（西曆顯示 2 位數）	yy	13
月	m	8
月（顯示 2 位元）	mm	08
月（顯示 3 個英文字母）mmm	mmm	Aug
月（英文表示）	mmmm	August
月（顯示一個英文字母）	mmmmm	A
日	d	15
日（顯示 2 位元）	dd	15
星期（顯示 3 個英文字母）	ddd	Thu
星期（英文顯示）	dddd	Thursday

▼ 表 2：時間的表示格式（如 9 時 25 分 9 秒）

類型	代碼	表示
時間	h	9
時間（顯示 2 位）	hh	09
分	m	25
分（顯示 2 位）	mm	25
秒	s	9
秒（顯示 2 位）	ss	09

3-1 目前日期

3-1-1	**TODAY**
	傳回目前日期

格式 ➜ TODAY()

參數 ➜ 此函數沒有參數，但必須有 ()。請注意括弧中輸入任何參數，都會傳回錯誤值。

使用 TODAY 函數，可以傳回電腦系統內部時鐘目前日期的序列值。

📋 **EXAMPLE 1** 顯示目前日期

選擇需顯示日期的儲存格，然後輸入 TODAY 函數，目前日期被顯示。輸入函數的儲存格格式為「通用格式」時，則自動顯示設定好的「2010-10-1」形式的日期。如果想設定所需的時間格式，則需更改儲存格格式。

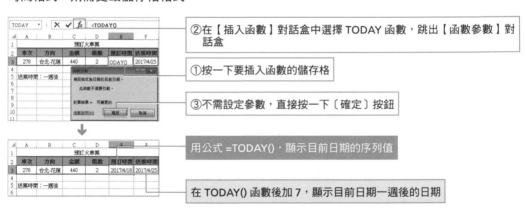

②在【插入函數】對話盒中選擇 TODAY 函數，跳出【函數參數】對話盒

①按一下要插入函數的儲存格

③不需設定參數，直接按一下〔確定〕按鈕

用公式 =TODAY()，顯示目前日期的序列值

在 TODAY() 函數後加 7，顯示目前日期一週後的日期

😊😊 **組合技巧** 表示時間以外的年月日（TODAY+ 時間函數）

TODAY 函數和 YEAR 函數組合使用，能夠顯示目前年數，和 MONTH 函數組合使用，則可顯示目前月數。

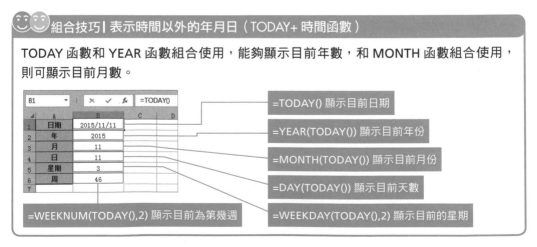

=TODAY() 顯示目前日期

=YEAR(TODAY()) 顯示目前年份

=MONTH(TODAY()) 顯示目前月份

=DAY(TODAY()) 顯示目前天數

=WEEKNUM(TODAY(),2) 顯示目前為第幾週

=WEEKDAY(TODAY(),2) 顯示目前的星期

NOW
傳回目前日期與時間

格式 ➡ NOW()

參數 ➡ 此函數沒有參數，但必須有 ()。請注意，如果括弧中輸入參數，則會傳回錯誤值。

使用 NOW 函數，傳回電腦目前日期與時間對應的序列值。TODAY 函數是表示日期的函數，
而 NOW 函數是表示日期與時間的函數。

EXAMPLE 1　表示目前日期與時間

輸入 NOW 函數，目前日期與時間被顯示出來。函數所在的儲存格格式為「通用格式」時，
則自定設為如「2010-10-15 7:35」的日期格式。根據需要，使用者可重新設定儲存格格式。

②按一下該按鈕，開啟【插入函數】對話盒，從中選擇 NOW 函數

①按一下要輸入函數的儲存格

③不用設定參數，直接按一下〔確定〕按鈕

④查看使用公式 =NOW() 的計算結果

3-2 週數

3-2-1 WEEKNUM
傳回序列值對應的一年中的週數

格式 ➜ WEEKNUM(serial_number, return_type)

參數 ➜ serial_number

為一個日期值，還可以指定加雙引號的表示日期的文字，例如，"2010 年 1 月 15 日 "。如果參數為日期以外的文字（如「7 月 15 日的生日」），則傳回錯誤值「#VALUE!」；如果輸入負數，則傳回錯誤值「#NUM!」。

return_type

為一個數字，用於確定星期計算從哪一天開始。如果指定為 1，則從星期日開始進行計算；如果指定為 2，則從星期一開始進行計算。

使用 WEEKNUM 函數，可以從日期值或表示日期的文字中顯示一年中的第幾週。

EXAMPLE 1 計算剩餘週數

WEEKNUM 函數用於計算某年的第幾週。此處是計算「預定日期」和「目前日期」在這一年的第幾週，引用各種週的號碼，求剩餘的週數。

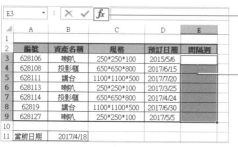

②按一下〔插入函數〕按鈕，選取函數 WEEKNUM，跳出【函數參數】對話盒，設定好參數

①按一下要輸入函數的儲存格

↓

用 公 式 =WEEKNUM(D3,1)-WEEKNUM($B$11,1) 求出間隔週

絕對引用目前日期，即儲存格 D3

✌ NOTE ● 注意跨年度的計算

2009 年 1 月 1 日、2010 年 1 月 1 日和 2011 年 1 月 1 日全是這一年的第一週，所以為 1。

3-3 期間差

3-3-1	**NETWORKDAYS**
	計算起始日和結束日間的天數（除星期六、日和節假日）

格式 → NETWORKDAYS(start_date, end_date, holidays)

參數 → start_date

為一個代表開始日期的日期，還可以指定加雙引號的表示日期的文字，例如，
"2010 年 1 月 15 日 "。如果參數為日期以外的文字（如「7 月 15 日的生日」），
則傳回錯誤值「#VALUE!」。

end_date

與 start_date 參數相同，可以是表示日期的序列值或文字，也可以是儲存格引用
日期。

holidays

表示需要從工作日曆中排除的日期值，如州假日和聯邦假日以及彈性假日。參數
可以是包含日期的儲存格區域，也可以是由代表日期的序列值所構成的陣列常
數。也可以省略此參數，省略時，用除去星期六和星期天的天數計算。

使用 NETWORKDAYS 函數，求兩日期間的工作日天數，或計算出不包含星期六、星期天和
節假日的工作日天數。

📄 **EXAMPLE 1** 從開始日和結束日中求除去假期的工作日

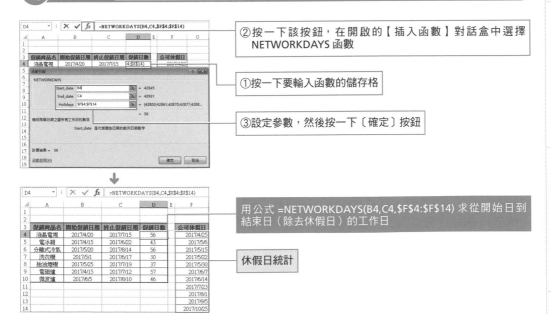

②按一下該按鈕，在開啟的【插入函數】對話盒中選擇
NETWORKDAYS 函數

①按一下要輸入函數的儲存格

③設定參數，然後按一下〔確定〕按鈕

用公式 =NETWORKDAYS(B4,C4,$F$4:$F$14) 求從開始日到
結束日（除去休假日）的工作日

休假日統計

3-3-2　DAYS360
按照一年 360 天的演算法，傳回兩日期間相差的天數

格式 ➡ DAYS360(start_date, end_date, method)

參數 ➡ start_date

為一個代表開始日期的日期，還可以指定加雙引號的表示日期的文字，例如，"2010 年 1 月 15 日 "。如果參數為日期以外的文字（如「7 月 15 日的生日」），則傳回錯誤值「#VALUE!」。

end_date

與 start_date 參數相同，可以是表示日期的序列值或文字，也可以是儲存格引用日期。

method

用 TRUE 或 1、FALSE 或 0 指定計算方式。若省略，則作為 FALSE 來計算。

TRUE	用歐制方法進行計算
FALSE	用美制 (NASD) 方法進行計算

在證券交易所或會計事務所，一年不是 365 天，而是按照一個月 30 天，12 個月 360 天來計算。如果使用 DAYS360 函數，則按照一年 360 天來計算兩日期間的天數。

📋 EXAMPLE 1　用 NASD 方式求從開始日到結束日的天數

用 NASD 函數求儲存格內指定的開始日到結束日之間的天數。

②按一下該按鈕，在開啟的【插入函數】對話盒中選擇 DAYS360 函數

①按一下要輸入函數的儲存格

③開啟【函數參數】對話盒，從中設定參數，然後按一下〔確定〕按鈕

	A	B	C	D
1				
2	訂貨商品	訂貨日期	預計付款日期	付款時間（天）
3	無人機	2017/5/6	2017/7/20	74
4	兒童超跑	2017/8/1	2017/11/10	99
5	自拍棒	2017/9/5	2017/9/20	15
6	空拍機	2017/10/5	2017/12/10	65
7	藍牙音箱	2017/10/10	2017/10/30	20
8	行動電源	2017/11/2	2017/12/10	38
9				

透過公式 =DAYS360(B3,C3,FALSE)，用 NASD 方式計算從開始日到結束日之間的天數

④按住 D3 儲存格右下角的填滿控點向下拖曳至 D8 儲存格進行複製

3-3-3　DAYS
計算兩個日期之間的天數

格式 ➜ **DAYS**(end_date, start_date)
參數 ➜ end_date
　　　用於指定計算期間天數的終止日期。
　　　start_date
　　　用於指定計算期間天數的起始日期。

Excel 可將日期存儲為序列值,以便可以在計算中使用它們。 預設情況下,1900 年 1 月 1 日的序列值是 1,而 2008 年 1 月 1 日的序列值是 39448,這是因為它距 1900 年 1 月 1 日有 39447 天。

在使用 DAYS 函數時,若兩個日期參數為數字,則使用 end_date – start_date 計算兩個日期之間的天數。

若任何一個日期參數為文字,則該參數將被視為 DATEVALUE(date_text) 並傳回整型日期,而不是時間元件。

若日期參數是超出有效日期範圍的數值,則 DAYS 函數傳回「#NUM!」錯誤值。

若日期參數是無法解析為字串的有效日期,則 DAYS 函數傳回「#VALUE!」錯誤值。

📖 **EXAMPLE 1**　計算兩個日期之間的間隔

該函數克服了函數 DAYS360 以 360 天計算的缺陷,完全依據實際的日期進行計算,因此更具準確性。

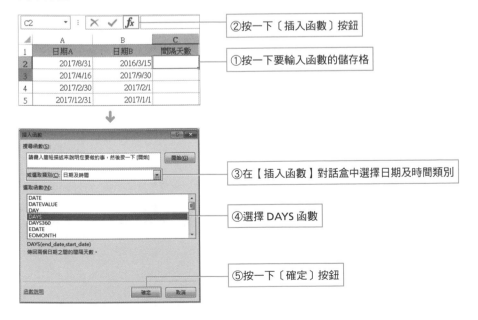

②按一下〔插入函數〕按鈕

①按一下要輸入函數的儲存格

③在【插入函數】對話盒中選擇日期及時間類別

④選擇 DAYS 函數

⑤按一下〔確定〕按鈕

⑥在【函數參數】對話盒中設定參數，然後按一下〔確定〕按鈕

⑦查看計算結果。隨後向下複製公式，計算其他日期差

由於 A4 儲存格的日期存在錯誤，所以傳回錯誤值「#VALUE!」

準確計算出了一年首尾兩個日期的間隔

✌ NOTE ● **相似函數比較**

序 號	函 數	說 明	備 註
1	DAY	用於將系列數轉換為月份中的日	
2	DAYS	用於傳回兩個日期之間的天數	真實性比較高，差值計算更準確
3	DAYS360	用於按一年 360 天的演算法（每月 30 天，一年 12 個月）傳回兩日期間相差的天數	常在一些會計計算中使用。若會計系統是基於一年 12 個月，每月 30 天，則可以使用此函數計算支付款項

3-3-4 YEARFRAC
從開始日到結束日間所經過天數占全年天數的比例

格式 ➜ YEARFRAC(start_date, end_date, basis)

參數 ➜ start_date

為一個代表開始日期的日期，還可以指定加雙引號的表示日期的文字，例如，"2010 年 1 月 15 日 "。如果參數為日期以外的文字（如「7 月 15 日的生日」），則傳回錯誤值「#VALUE!」。

end_date

與 start_date 參數相同，可以是日期的序列值或文字，也可以是儲存格引用日期。

basis

用數字指定日期的計算方法。可以省略，省略時作為 0 計算。數字的意義如下表所示。

0（或省略）	1 年作為 360 天，用 NASD 方式計算
1	用一年的天數（365 或 366）除以經過的天數
2	用 360 除以經過的天數
3	用 365 除以經過的天數
4	1 年作為 360 天，用歐洲方式計算

函數 YEARFRAC 用於計算從開始日到結束日之間的天數占全年天數的百分比，傳回值是比例數位。

📖 EXAMPLE 1 | 計算所經過天數的比例

②在【插入函數】對話盒中選擇 YEARFRAC 函數，跳出【函數參數】對話盒

①按一下要輸入函數的儲存格

③設定參數，然後按一下〔確定〕按鈕

用公式 =YEARFRAC($G$4,D4,1) 計算出從開始日到結束日所經過天數占總天數的比例

儲存格格式轉換為百分比

3-3-5　DATEDIF
用指定的單位計算起始日和結束日之間的天數

格式 ➜ DATEDIF(start_date, end_date, unit)

參數 ➜ start_date

為一個代表開始日期的日期，還可以指定加雙引號的表示日期的文字，例如，
"2010 年 1 月 15 日 "。如果參數為日期以外的文字（如「7 月 15 日的生日」），
則傳回錯誤值「#VALUE!」。

end_date

為時間段內的最後一個日期或結束日期，可以是表示日期的序列值或文字，也可
以是儲存格引用日期。

unit

用加雙引號的字元指定日期的計算方法。字元的意義如下表所示。

"Y"	計算期間內的整年數
"M"	計算期間內的整月數
"D"	計算期間內的整日數
"YM"	計算不到一年的月數
"YD"	計算不到一年的日數
"MD"	計算不到一個月的日數

用函數 DATEDIF 可以指定單位計算起始日和結束日間的天數。DATEDIF 函數不能從【插入
函數】對話盒輸入。使用此函數時，必須在計算日期的儲存格內直接輸入函數。

📖 **EXAMPLE 1**　用年和月求起始日和結束日之間的天數

從輸入的儲存格開始，使用 DATEDIF 函數求購買商品的使用期限。

①按一下要輸入函數的儲存格

②在儲存格中輸入 =DATEDIF(C3,$G$3,"Y") 函數公式，就
能計算從起始日到結束日的年數

在儲存格中直接輸入 =DATEDIF(C3,$G$3,"YM") 計算從起始
日到結束日間不到一年的月數，表示此用品在何年何月使用

3-4 用序列值表示日期

3-4-1	**YEAR**
	傳回某日期對應的年份

格式 ➜ YEAR(serial_number)

參數 ➜ serial_number

為一個日期值。還可以指定加雙引號的表示日期的文字,如 "2010 年 1 月 15 日 "。
如果參數為日期以外的文字,則傳回錯誤值「#VALUE!」。

使用 YEAR 函數,只顯示日期值或表示日期的文字的年份部分。傳回值為 1900 ~ 9999 間的整數。

EXAMPLE 1 擷取年份

使用 YEAR 函數,在輸入日期的儲存格中顯示年份。

②按一下〔插入函數〕按鈕,開啟相應的對話盒,選擇 YEAR 函數

①按一下要輸入函數的儲存格

③設定參數,然後按一下〔確定〕按鈕

用公式 =YEAR(C3),顯示 C3 儲存格內日期所對應的年份

03
日
期
及
時
間
函
數

NOTE ● YEAR 函數只擷取年份資訊

由於序列值具有日期的所有資訊(月、日、時間),如果只想得到年份數值時,使用 YEAR 函數即可。

組合技巧 | 計算每年畢業工作的人數(YEAR+COUNTIF)

YEAR 函數的傳回值也可用於求和,如下例計算每年工作的人數。

用公式 =COUNTIF($D$3:$D$8,F3),根據畢業時間顯示工作人數

3-4-2 MONTH

傳回序列值對應的日期中的月份

格式 → MONTH(serial_number)

參數 → serial_number

為一個日期值，還可以指定加雙引號的表示日期的文字，如 "2010 年 1 月 15 日 "。如果參數為日期以外的文字（如「7 月 15 日的生日」），則傳回錯誤值「#VALUE!」。

使用 MONTH 函數，可以只顯示日期值或表示日期的文字的月份部分。傳回值是 1 ～ 12 間的整數。

EXAMPLE 1 擷取月份

使用 MONTH 函數，顯示輸入在儲存格內的日期的月份。

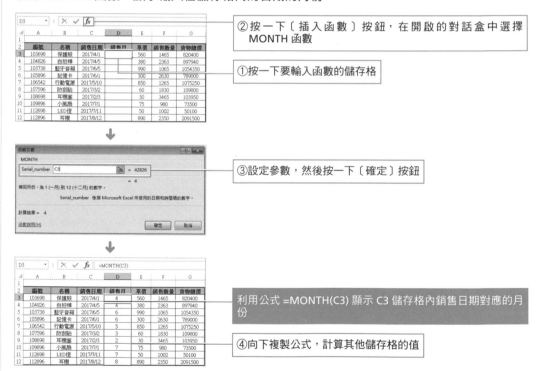

②按一下〔插入函數〕按鈕，在開啟的對話盒中選擇 MONTH 函數

①按一下要輸入函數的儲存格

③設定參數，然後按一下〔確定〕按鈕

利用公式 =MONTH(C3) 顯示 C3 儲存格內銷售日期對應的月份

④向下複製公式，計算其他儲存格的值

✌ NOTE ● **MONTH 函數只擷取月份資訊**

由於序列值具有日期的所有資訊（月、日、時間），如果只想得到月份數值時，使用 MONTH 函數即可。

3-4-3 DAY
傳回序列值對應的月份中的天數

格式 ➜ DAY(serial_number)

參數 ➜ serial_number

為一個日期值，還可以指定加雙引號的表示日期的文字，如 "2010 年 1 月 15 日 "。如果參數為日期以外的文字（如「7 月 15 日的生日」），則傳回錯誤值「#VALUE!」。

使用 DAY 函數，可以只顯示日期值或表示日期的文字的天數部分。傳回值為 1 ～ 31 間的整數。

EXAMPLE 1 擷取「某一天」

利用 DAY 函數，可以顯示輸入在儲存格內的日期中的某一天。

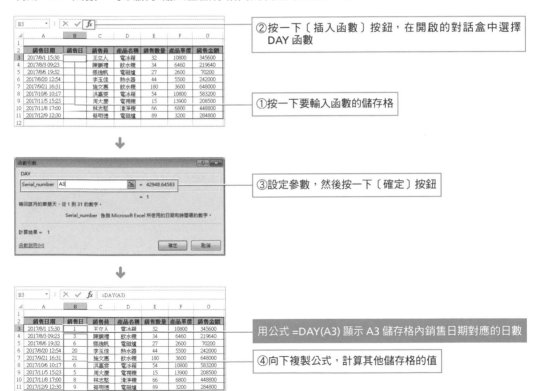

②按一下〔插入函數〕按鈕，在開啟的對話盒中選擇 DAY 函數

①按一下要輸入函數的儲存格

③設定參數，然後按一下〔確定〕按鈕

用公式 =DAY(A3) 顯示 A3 儲存格內銷售日期對應的日數

④向下複製公式，計算其他儲存格的值

3-4-4 HOUR
傳回序列值對應的小時數

格式 → HOUR(serial_number)

參數 → serial_number

　　為一個日期值，還可指定加雙引號的表示日期的文字，如 "21:19:08" 或 "2010-7-9 19:30"。如果參數為日期以外的文字（例如「集合時間是 8:30」），則傳回錯誤值「#VALUE!」。

📖 EXAMPLE 1　擷取小時數

使用 HOUR 函數，可顯示日期值或表示日期的文字的小時數。傳回值是 0 ～ 23 間的整數。

②按一下〔插入函數〕按鈕，在開啟的對話盒中選擇 HOUR 函數

①按一下要輸入函數的儲存格

③設定參數，然後按一下〔確定〕按鈕

利用公式 =HOUR(A3) 顯示參數序列值對應的小時數

與 YEAR 函數相同，HOUR 函數的傳回值同樣能進行求和操作。HOUR 函數只擷取小時數

3-4-5 MINUTE
傳回序列值對應的分鐘數

格式 ➜ MINUTE(serial_number)
參數 ➜ serial_number
為一個日期值，還可以指定加雙引號的表示日期的文字，如 "21:19:08" 或 "2003-7-9 19:30"。如果參數為日期以外的文字（例如「集合時間是 8:30」），則傳回錯誤值「#VALUE!」。

使用 MINUTE 函數，可以從時間值或表示時間的文字中只擷取分鐘數。傳回值為 0 ～ 59 間的整數。

EXAMPLE 1 擷取分鐘數

利用 MINUTE 函數，在輸入日期的儲存格內顯示分鐘數。

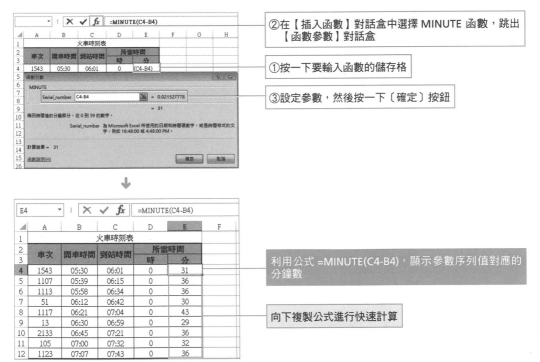

②在【插入函數】對話盒中選擇 MINUTE 函數，跳出【函數參數】對話盒

①按一下要輸入函數的儲存格

③設定參數，然後按一下〔確定〕按鈕

利用公式 =MINUTE(C4-B4)，顯示參數序列值對應的分鐘數

向下複製公式進行快速計算

NOTE ● MINUTE 函數只擷取分鐘數

序列值具有所有日期的資訊（年、月、時間），如果只想得到分鐘數，則使用 MINUTE 函數即可。

3-4-6 SECOND
傳回序列值對應的秒數

格式 ➜ SECOND(serial_number)
參數 ➜ serial_number

為一個日期值，還可以指定加雙引號的表示日期的文字，如 "21:19:08" 或 "2003-7-9 19:30"。如果參數為日期以外的文字（例如「剩餘時間是 1:58:30」），則傳回錯誤值「#VALUE!」。

利用 SECOND 函數，可以從時間值或表示時間的文字中只擷取秒數。傳回值為 0 ～ 59 間的整數。

📖 **EXAMPLE 1** 擷取秒數

利用 SECOND 函數，在輸入時間的儲存格內顯示秒數。

②按一下〔插入函數〕按鈕，在開啟的對話盒中選擇 SECOND 函數

①按一下要輸入函數的儲存格

③設定參數，然後按一下〔確定〕按鈕

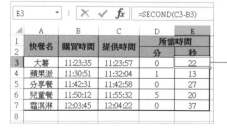

利用公式 =SECOND(C3-B3)，顯示時間差對應的秒數

WEEKDAY
傳回序列值對應的星期幾

格式 ➡ WEEKDAY(serial_number, return_type)

參數 ➡ serial_number

為一個日期值，還可以指定加雙引號的表示日期的文字。如果輸入日期以外的文字，則傳回錯誤值「#VALUE!」；如果輸入負數，則傳回錯誤值「#NUM!」。

return_type

為確定傳回數值型別的數字。

▼ 參數種類的說明

return_type	傳回結果
1 或省略	把星期日作為一週的開始，從星期日到星期六的 1～7 的數字作為傳回值（星期日：1 星期一：2 星期二：3 星期三：4 星期四：5 星期五：6 星期六：7）
2	把星期一作為一週的開始，從星期一到星期日的 1～7 的數字作為傳回值（星期一：1 星期二：2 星期三：3 星期四：4 星期五：5 星期六：6 星期日：7）
3	把星期日作為一週的開始，從星期日到星期六的 0～6 的數字作為傳回值（星期日：0 星期一：1 星期二：2 星期三：3 星期四：4 星期五：5 星期六：6）

▼ 種類和傳回值與顯示星期的關係

種類 1		種類 2		種類 3	
傳回值	星期	傳回值	星期	傳回值	星期
1	星期日	7	星期日	6	星期六
2	星期一	1	星期一	0	星期日
3	星期二	2	星期二	1	星期一
4	星期三	3	星期三	2	星期二
5	星期四	4	星期四	3	星期三
6	星期五	5	星期五	4	星期四
7	星期六	6	星期六	5	星期五

使用 WEEKDAY 函數可以從日期值或表示日期的文字中擷取出星期數，傳回值是 1～7 的整數。

EXAMPLE 1　擷取星期數

下面我們將用 WEEKDAY 函數來擷取序列值對應的星期數。

用公式 =WEEKDAY(DATE($A$3,$A$4,A6),2) 顯示序列值對應的星期數。使用 DATE 函數先計算出日期的序列值

☺☺ 組合技巧 ▎使用日期表示格式中星期數的名稱

WEEKDAY 函數同樣可用于求和。而且,它和 CHOOSE 函數組合,可顯示日期中的星期數。

用公式 =CHOOSE(WEEKDAY(DATE($A$1,$C$1,A3),1)," 星期日 "," 星期一 "," 星期二 "," 星期三 "," 星期四 "," 星期五 "," 星期六 ") 計算出星期數

☺☺ 組合技巧 ▎表示目前的年月日(NOW + 日期函數)

NOW 函數和 YEAR 函數組合可以顯示目前的年份;和 MONTH 函數組合,可顯示當前的月份。而且,NOW 函數也可以顯示時間,它和 HOUR 函數組合,可顯示目前的時間;和 MINUTE 函數組合,可顯示目前時間的分鐘數;和 SECOND 函數組合,可顯示目前時間的秒數。

B1		=NOW()		
	A	B	C	
1	日期/時間	2017/4/19 10:25		=NOW() 顯示目前日期和時間
2	年	2017		=YEAR(NOW()) 顯示目前年份
3	月	4		=MONTH(NOW()) 顯示目前月份
4	日	19		=DAY(NOW()) 顯示目前天數
5	時	10		=HOUR(NOW()) 顯示目前時間
6	分	25		=MINUTE(NOW()) 顯示目前分鐘數
7	秒	0		=SECOND(NOW()) 顯示目前秒數
8				

(3-5) 計算時間的序列值

3-5-1 EDATE
計算出指定月數之前或之後的日期

格式 ➜ EDATE(start_date, months)

參數 ➜ start_date

為一個代表開始日期的日期，還可以指定加雙引號的表示日期的文字，如 "2010
年 1 月 15 日 "。如果參數為日期以外的文字（例如「7 月 15 日的生日」），則
傳回錯誤值「#VALUE!」。

months

為 start_date 之前或之後的月數。正數表示未來日期，負數表示過去日期。如果
months 不是整數，則只會取整數。

在計算第一個月後的相同日數或半年後的相同日數時，只需加、減相同日數的月數，就能簡
單地計算出來。但一個月可能有 31 天或 30 天。而且，2 月在閏年或不是閏年的計算就不同。
此時，使用 EDATE 函數，能簡單地計算出指定月數後的日期。

📖 EXAMPLE 1 算出指定月數後的日期

從輸入月數開始，算出指定月數後的日期。

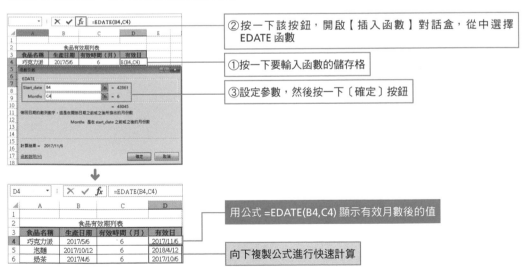

②按一下該按鈕，開啟【插入函數】對話盒，從中選擇
EDATE 函數

①按一下要輸入函數的儲存格

③設定參數，然後按一下〔確定〕按鈕

用公式 =EDATE(B4,C4) 顯示有效月數後的值

向下複製公式進行快速計算

👆 NOTE ● 用 EDATE 函數計算第幾個月後的相同日

使用 EDATE 函數，如 EXAMPLE 1 中計算指定月數後的相同日時，使用 EOMONTH 函數，
能計算第幾個月後的最後一天的序列值。

3-5-2 EOMONTH
從序列值或文字中算出指定月最後一天的序列值

格式 ➜ EOMONTH(start_date, months)

參數 ➜ start_date

為一個代表開始日期的日期，還可以指定加雙引號的表示日期的文字，如 "2010
年 1 月 15 日 "。如果參數為日期以外的文字（例如「7 月 15 日的生日」），則
傳回錯誤值「#VALUE!」。

months

為 start_date 之前或之後的月數。正數表示未來日期，負數表示過去日期。如果
months 不是整數，則只會取整數。

進行月末日期的計算時，因為一個月有 31 天或 30 天，而閏年的 2 月或不是閏年的 2 月最
後一天不同，所以日期的計算也不同。使用 EOMONTH 函數，能簡單地計算月末日。

EXAMPLE 1　算出指定月的月末日

從被輸入的月開始，算出指定月數後的月末日。

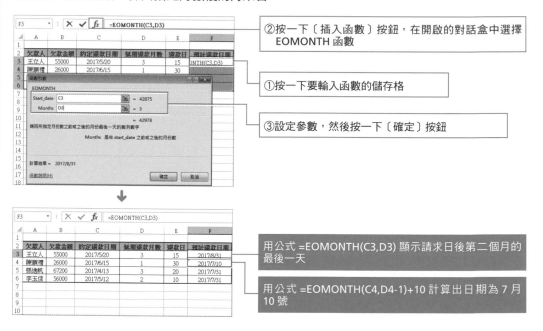

②按一下〔插入函數〕按鈕，在開啟的對話盒中選擇
　EOMONTH 函數

①按一下要輸入函數的儲存格

③設定參數，然後按一下〔確定〕按鈕

用公式 =EOMONTH(C3,D3) 顯示請求日後第二個月的
最後一天

用公式 =EOMONTH(C4,D4-1)+10 計算出日期為 7 月
10 號

NOTE ● EOMONTH 函數

計算當月幾號時，可以使用 EOMONTH 函數求月末到結算日。

3-5-3 WORKDAY

從序列值或文字中算出指定工作日後的日期

格式 ➜ WORKDAY(start_date, days, holidays)

參數 ➜ start_date

為一個代表開始日期的日期，還可以指定加雙引號的表示日期的文字，如 "2013 年 3 月 15 日 "。如果參數為日期以外的文字（例如「8 月 15 日的生日」），則傳回錯誤值「#VALUE!」。

days

指定計算的天數，為 start_date 之前或之後不含週末及節假日的天數。days 為正值將產生未來日期；為負值，則產生過去日期，如參數為 -10，則表示 10 個工作日前的日期。

holidays

表示需要從工作日曆中排除的日期值，如州假日和聯邦假日以及彈性假日。參數可以是包含日期的儲存格區域，也可以是由代表日期的序列值所構成的陣列常數。也可以省略此參數，省略時，用除去星期六和星期天的天數計算。

WORKDAY 函數能夠傳回起始日期之前或之後相隔指定工作日的某一日期的日期值。

EXAMPLE 1　計算工作日

使用 WORKDAY 函數，計算工作日。提前列出節假日和休假日，在計算中直接引用即可。

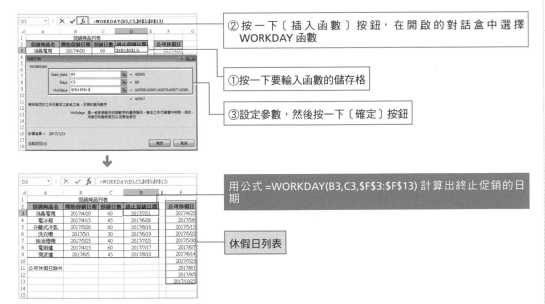

② 按一下〔插入函數〕按鈕，在開啟的對話盒中選擇 WORKDAY 函數

① 按一下要輸入函數的儲存格

③ 設定參數，然後按一下〔確定〕按鈕

用公式 =WORKDAY(B3,C3,$F$3:$F$13) 計算出終止促銷的日期

休假日列表

3-6 特定日期的序列值

3-6-1	DATE 求以年、月、日表示的日期的序列值

格式 → DATE(year, month, day)

參數 → year

指定年份或者年份所在的儲存格。年份的指定在 Windows 系統中範圍為 1900 ～ 9999，在 Macintosh 系統中範圍為 1904 ～ 9999。如果輸入的年份為負數，函數傳回錯誤值「#NUM!」。如果輸入的年份資料帶有小數，則只有整數部分有效，小數部分將被忽略。

month

指定月份或者月份所在的儲存格。月份數值在 1 ～ 12 之間，如果輸入的月份資料帶有小數，那麼小數部分將被忽略。如果輸入的月份資料大於 12，那麼月份將從指定年份的一月份開始往上累加計算（例如 DATE(2008,14,2) 傳回代表 2009 年 2 月 2 日的序列值）；如果輸入的月份資料為 0，那麼就以指定年份的前一年的 12 月來進行計算；如果輸入月份為負數，那麼就以指定年份的前一年的 12 月加上該負數來進行計算。

day

指定日或者日所在的儲存格。如果日期大於該月份的最大天數，則將從指定月份的第一天開始往上累加計算；如果輸入的日期資料為 0，那麼就以指定月份的前一個月的最後一天來進行計算；如果輸入日期為負數，那麼就以指定月份的前一月的最後一天來向前追溯。

DATE 函數主要用於將分開輸入在不同儲存格中的年、月、日綜合在一個儲存格中進行表示，或在年、月、日為變數的公式中使用。

📖 **EXAMPLE 1** 求以年、月、日表示的序列值

DATE 函數可使分開輸入在不同儲存格中的年、月、日綜合在一個儲存格中進行表示。

②在【插入函數】對話盒中選擇 DATE 函數，跳出【函數參數】對話盒

①按一下要輸入函數的儲存格

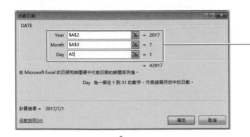

③設定參數，然後按一下〔確定〕按鈕

參數 year 和 month 為絕對引用

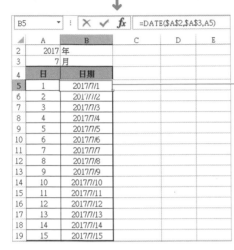

用公式 =DATE($A$2,$A$3,A5) 將輸入在儲存格內的年、月、日作為序列值顯示在一個儲存格內

☺☺ 組合技巧┃顯示 3 個月後的日期（DATE + 計算式）

使用 DATE 函數的時候，還可以用公式來作為函數的參數。例如：利用 DATE 函數來求 3 個月後的日期時，就需要在 month 參數上加上 3。

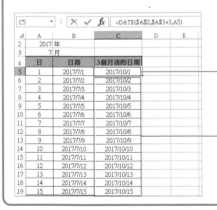

按 一 下 要 輸 入 函 數 的 儲 存 格，直 接 輸 入 =DATE($A$2,$A$3+3,A5) 公式，按 Enter 鍵即可得到結果

向下複製公式，計算其他儲存格的值

✌ NOTE ● 在儲存格中直接輸入函數公式

在選擇函數時，我們通常會採用按一下〔插入函數〕按鈕選擇要插入的函數這種方法。除了這種方法，我們還可以在儲存格中直接輸入函數公式，然後按 Enter 鍵得出結果，同時在儲存格中輸入的公式會直接顯示在編輯欄中。

3-6-2 TIME
傳回某一特定時間的序列值

格式 → **TIME**(hour, minute, second)

參數 → hour

用數值或數值所在的儲存格指定表示小時的數值。在 0 ～ 23 之間指定小時數。忽略小數部分。

minute

用數值或數值所在的儲存格指定表示分鐘的數值。在 0 ～ 59 之間指定分鐘數。忽略小數部分。

second

用數值或數值所在的儲存格指定表示秒的數值。在 0 ～ 59 之間指定秒數。忽略小數部分。

TIME 函數可將輸入在各個儲存格內的小時、分、秒作為時間統一為一個數值，傳回特定時間的小數值。

📖 EXAMPLE 1 | 傳回某一特定時間的序列值

使用 TIME 函數，將輸入在各個儲存格內的時、分、秒合併為一個數值。

②按一下該按鈕，開啟【插入函數】對話盒，從中選擇 TIME 函數

①按一下要輸入函數的儲存格

③設定參數，然後按一下〔確定〕按鈕

用公式 =TIME(A3,B3,C3) 將輸入在各個儲存格內的時、分、秒作為序列值，用時間格式顯示

	A	B	C	D	E
1					
2	小時	分鐘	秒	時間	
3	12	21	52	12:21 PM	
4	23	16	11	11:16 PM	
5	16	15	2	04:15 PM	
6	17	47	27	05:47 PM	
7	8	21	36	08:21 AM	
8	10	22	33	10:22 AM	
9	21	15	6	09:15 PM	
10	24	20	23	12:20 AM	
11	25	1	26	01:01 AM	

3-6-3 DATEVALUE
將日期值從字串轉換為序列值

格式 ➜ DATEVALUE(date_text)

參數 ➜ date_text

代表與 Excel 日期格式相同的文字，並加雙引號。例如，"2010-1-05" 或 "1 月
15 日 " 之類的文字。輸入日期以外的文字，或指定 Excel 日期格式以外的格式，
則傳回錯誤值「#VALUE1!」。如果指定的數值省略了年數，則預設為目前的年
數。

使用 DATEVALUE 函數，可將日期值從字串轉換為序列值。

> EXAMPLE 1 ┃ 將日期值從字串轉換為序列值

使用 & 組合字串和字串。此時，用 DATEVALUE 函數組合作為字串輸入的年、月、日。

②按一下〔插入函數〕按鈕，在打開的對話盒中
選擇 DATEVALUE 函數

①按一下要輸入函數的儲存格

③設定參數，然後按一下〔確定〕按鈕

用公式 =DATEVALUE($A$7&$A$8&B3) 顯示指定
日期對應的序列值

TIMEVALUE
將表示時間的文字轉換為序列值

格式 → **TIMEVALUE**(time_text)

參數 → **time_text**

代表與 Excel 時間格式相同的文字，並加雙引號。例如 "15:10" 或 "15 時 30 分" 這樣的文字。若輸入時間以外的文字，則傳回錯誤值「#VALUE1!」。 時間文字中包含的日期資訊將被忽略。

使用 TIMEVALUE 函數，將表示時間的文字轉換為序列值。

EXAMPLE 1 將時間文字轉換為序列值進行計算

根據列車時刻表，計算到達目的地所需時間的數值。

① 利用公式 =A2&" 時 "&INDEX(A5:F19,A2-4,A3+1)&" 分 "，從輸入在 A2 和 A3 儲存格內的時刻表中，用 INDEX 函數檢索下面的時刻表傳回最合適的公車發車時間，並用時間文字顯示

② 按一下要輸入函數的儲存格

③ 在【插入函數】對話盒中選擇函數 TIMEVALUE 並設定參數，然後按一下〔確定〕按鈕

④ 在編輯欄中設定 F3 儲存格中的 TIMEVALUE 函數後，添加 G2 儲存格的值

用公式 =TIMEVALUE(C3)+G2，顯示指定時間對應的序列值

資料庫函數

資料庫是包含一組相關資料的清單,把資料庫整體稱為清單,其中包含相關資訊的行為記錄,而包含資料的列為欄位。清單的第一行包含著每一列的標誌項。資料庫用於擷取滿足條件的記錄,然後得到有用的資訊。

Excel 中的資料庫函數是擷取滿足給定條件的記錄,然後傳回資料庫的列中滿足設定條件資料的和或平均值。在數學與三角函數或統計函數中,也有求和或平均值的相應函數,但資料庫函數是求滿足一定條件的資料的總和或平均值。下面將對資料庫函數的分類、用途,以及關鍵點進行介紹。

→ 函數分類

1. 資料庫的統計

求平均值的函數有 AVERAGE 函數，而 DAVERAGE 函數是求平均值的資料庫函數，它和 AVERAGE 函數的不同點是：設定檢索條件，並求清單或資料庫中滿足指定條件的列中數值的平均值。在資料庫函數中，除了求平均值的函數外，還有求最大值、最小值、儲存格個數、標準差、變異數等的函數。函數名的開頭都帶有表示資料庫的 D。

DMAX	傳回資料清單或資料庫的列中滿足指定條件的數值的最大值
DMIN	傳回資料清單或資料庫的列中滿足指定條件的數值的最小值
DAVERAGE	傳回資料清單或資料庫的列中滿足指定條件的數值的平均值
DCOUNT	傳回資料清單或資料庫的列中滿足指定條件的數值的個數
DCOUNTA	傳回資料清單或資料庫的列中滿足指定條件的數值的非空白儲存格的個數
DGET	從資料清單或資料庫的列中擷取符合指定條件的單個值
DSTEDV	將資料清單或資料庫的列中滿足指定條件的數值作為一個樣本，估算樣本母體的標準差
DSTDEVP	將資料清單或資料庫的列中滿足指定條件的數值作為樣本母體，計算母體的標準差
DVAR	將資料清單或資料庫的列中滿足指定條件的數值作為一個樣本，估算樣本母體的變異數
DVARP	將資料清單或資料庫的列中滿足指定條件的數值作為樣本母體，計算母體的變異數

2. 資料庫的計算

求和或求乘積的函數有 SUM 函數或 PRODUCT 函數。而 DSUM 函數和 DPRODUCT 函數是求和與求乘積的資料庫函數，其函數名帶有表示資料庫的 D。DSUM 函數或 DPRODUCT 函數與 SUM 函數或 PRODUCT 函數的不同點是：前者設定檢索條件，並傳回資料庫的列中滿足檢索條件的數位總和或乘積。

DSUM	傳回資料清單或資料庫的列中滿足指定條件的數字之和
DPRODUCT	傳回資料清單或資料庫的列中滿足指定條件的數值的乘積

→ 請注意

資料庫經常使用的關鍵點如下。

目錄中列的資料

資料庫
包含一組相關資料的清單

檢索條件

比較運算子
設定檢索條件

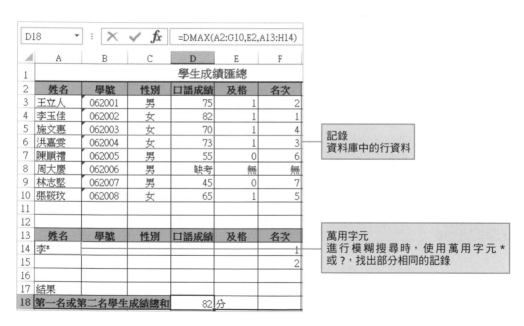

記錄
資料庫中的行資料

萬用字元
進行模糊搜尋時，使用萬用字元 *
或 ?，找出部分相同的記錄

4-1 資料庫的統計

4-1-1
DMAX
傳回資料庫的列中滿足指定條件的數值的最大值

格式 ➜ DMAX(database,field,criteria)

參數 ➜ database

構成清單或資料庫的儲存格區域,也可以是儲存格區域的名稱。資料庫是包含一組相關資料的清單,其中包含相關資訊的行為記錄,而包含資料的列為欄位。清單的第一行包含著每一列的標誌項。

field

指定函數所使用的資料列。清單中的資料列必須在第一行具有標誌項。field 可以是文字,即兩端帶引號的標誌項,如「使用年數」或「產量」;此外,field 也可以是代表清單中資料列位置的數字:1 表示第一列,2 表示第二列。

criteria

為一組包含給定條件的儲存格區域。可以為參數 criteria 指定任意區域,只要它至少包含一個列標誌和列標誌下方用於設定條件的儲存格。而且,在檢索條件中除使用比較演算字元或萬用字元外,如果在相同行內表述檢索條件時,需設置 AND 條件,而在不同行內表述檢索條件時,需設置 OR 條件。

使用 DMAX 函數,可以傳回資料清單或資料庫指定的列中滿足指定條件的數值的最大值。使用資料庫中包含的 DMAX 函數,可以在檢索條件中指定「~以上~以下」的條件,即指定上限 / 下限的範圍。指定上限或下限的某個條件範圍時,檢索條件中必須是相同的列標誌,並指定為 AND 條件。

EXAMPLE 1　求年齡在 24~30 之間的最高成績

D18	:	✕ ✔ *fx*	=DMAX(A2:G10,E2,A13:H14)				
▲	A	B	C	D	E	F	G	H

	A	B	C	D	E	F	G	H
1				學生成績匯總				
2	姓名	學號	性別	年齡	口語成績	及格	名次	
3	王立人	062001	男	25	75	1	2	
4	李玉佳	062002	女	40	82	1	1	
5	施文惠	062003	女	20	70	1	4	
6	洪嘉雯	062004	女	22	73	1	3	
7	陳順禮	062005	男	30	55	0	6	
8	周大慶	062006	男	26	缺考	無	無	
9	林志堅	062007	男	24	45	0	7	
10	張薇玫	062008	女	22	65	1	5	
11								
12	條件							
13	姓名	學號	性別	年齡	口語成績	及格	名次	年齡
14				>=24				<=30
15								
16								
17	結果							
18	年齡在24~30之間的最高成績			75分				

設置的檢索條件

使用公式計算年齡在 24 ～ 30 間的最高成績

DMIN
傳回資料庫的列中滿足指定條件的數值的最小值

格式 → DMIN(database,field,criteria)
參數 → database

構成清單或資料庫的儲存格區域,也可以是儲存格區域的名稱。資料庫是包含一組相關資料的清單,其中包含相關資訊的行為記錄,而包含資料的列為欄位。清單的第一行包含著每一列的標誌項。

field

指定函數所使用的資料列。清單中的資料列必須在第一行具有標誌項。field 可以是文字,即兩端帶引號的標誌項,如「使用年數」或「產量」;此外,field 也可以是代表清單中資料列位置的數字:1 表示第一列,2 表示第二列。

criteria

為一組包含給定條件的儲存格區域。可以為參數 criteria 指定任意區域,只要它至少包含一個列標誌和列標誌下方用於設定條件的儲存格。而且,在檢索條件中除使用比較演算字元或萬用字元外,如果在相同行內表述檢索條件時,需設置 AND 條件,而在不同行內表述檢索條件時,需設置 OR 條件。

使用 DMIN 函數,可傳回資料清單或資料庫的列中滿足指定條件的數值的最小值。它和其他函數一樣,重點是正確指定檢索條件的範圍。它與 DMAX 函數相類似,在滿足檢索條件的記錄中,若參數 field 中有空白儲存格或文字時,則該列中的資料將被忽略。

04
資料庫函數

EXAMPLE 1　求不及格學生的最低成績

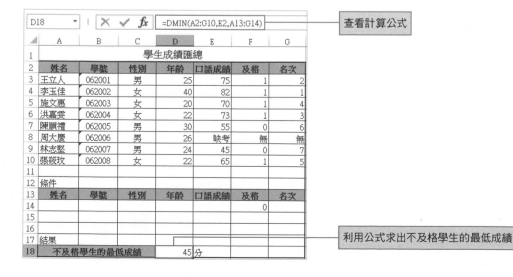

查看計算公式

利用公式求出不及格學生的最低成績

4-1-3 DAVERAGE
傳回資料庫的列中滿足指定條件的數值的平均值

格式 → DAVERAGE(database,field,criteria)

參數 → database

構成清單或資料庫的儲存格區域，也可以是儲存格區域的名稱。資料庫是包含一組相關資料的清單，其中包含相關資訊的行為記錄，而包含資料的列為欄位。清單的第一行包含著每一列的標誌項。

field

指定函數所使用的資料列。清單中的資料列必須在第一行具有標誌項。field 可以是文字，即兩端帶引號的標誌項，如「使用年數」或「產量」；此外，field 也可以是代表清單中資料列位置的數字：1 表示第一列，2 表示 第二列。

criteria

為一組包含給定條件的儲存格區域。可以為參數 criteria 指定任意區域，只要它至少包含一個列標誌和列標誌下方用於設定條件的儲存格。而且，在檢索條件中除使用比較演算字元或萬用字元外，如果在相同行內表述檢索條件時，需設置 AND 條件，而在不同行內表述檢索條件時，需設置 OR 條件。

使用 DAVERAGE 函數，傳回資料清單或資料庫的列中滿足指定條件的數值的平均值。資料庫函數可以直接在工作表中表述檢索條件，所以隨檢索條件不同，會得到不同的結果。但是，更改檢索條件時，在檢索條件範圍內不能包含空行。

EXAMPLE 1 成績及格的女生平均成績

D18 ▾ : × ✓ fx =DAVERAGE(A2:F10,D2,A13:F14)

	A	B	C	D	E	F	G
1			學生成績匯總				
2	姓名	學號	性別	口語成績	及格	名次	
3	王立人	062001	男	75	1	2	
4	李玉佳	062002	女	82	1	1	
5	施文惠	062003	女	70	1	4	
6	洪嘉雯	062004	女	73	1	3	
7	陳順禮	062005	男	55	0	6	
8	周大慶	062006	男	缺考	無	無	
9	林志堅	062007	男	45	0	7	
10	張筱玫	062008	女	65	1	5	
11							
12	條件						
13	姓名	學號	性別	口語成績	及格	名次	
14			女				
15							
16							
17	結果						
18	成績及格的女生平均成績			72.5	分		

→ 檢索條件

→ 使用公式計算成績及格的女生平均成績

DCOUNT
傳回資料庫的列中滿足指定條件的儲存格個數

格式 → DCOUNT(database,field,criteria)

參數 → database

構成清單或資料庫的儲存格區域，也可以是儲存格區域的名稱。資料庫是包含一組相關資料的清單，其中包含相關資訊的行為記錄，而包含資料的列為欄位。清單的第一行包含著每一列的標誌項。

field

指定函數所使用的資料列。清單中的資料列必須在第一行具有標誌項。field 可以是文字，即兩端帶引號的標誌項，如「使用年數」或「產量」；此外，field 也可以是代表清單中資料列位置的數字：1 表示第一列，2 表示第二列。

criteria

為一組包含給定條件的儲存格區域。可以為參數 criteria 指定任意區域，只要它至少包含一個列標誌和列標誌下方用於設定條件的儲存格。而且，在檢索條件中除使用比較演算字元或萬用字元外，如果在相同行內表述檢索條件時，需設置 AND 條件，而在不同行內表述檢索條件時，需設置 OR 條件。

在使用 DCOUNT 函數，可傳回資料清單或資料庫的列中滿足指定條件並且包含數字的儲存格個數。滿足檢索條件的記錄中，忽略參數 field 所在列中的空白儲存格或文字。DCOUNT 函數即使省略參數 field，也不產生錯誤值。省略參數 field 時，傳回滿足檢索條件的指定數值的儲存格個數。

EXAMPLE 1 求男生口語成績在 70 以上的記錄資料個數

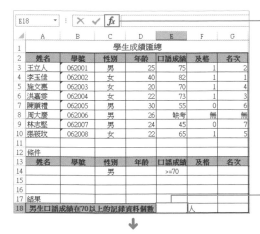

②按一下〔插入函數〕按鈕，在打開的對話方塊中選擇函數 DCOUNT

①按一下要輸入函數的儲存格

04
資料庫函數

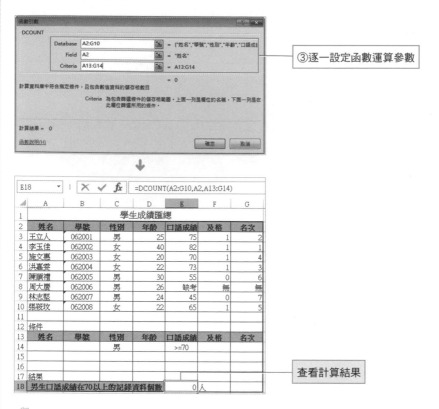

③逐一設定函數運算參數

=DCOUNT(A2:G10,A2,A13:G14)

查看計算結果

NOTE ● 使用 COUNTIF 函數，也能計算滿足給定條件的儲存格個數

用 COUNTIF 函數也可以計算區域中滿足給定條件的儲存格個數，但 COUNTIF 函數不能帶多個條件。當求滿足多個條件下的結果，應該使用資料庫函數 DCOUNT，該函數可以求滿足多個給定條件的儲存格個數。

NOTE ● 省略 field 參數

如果省略參數 field，則傳回滿足檢索條件的記錄個數。

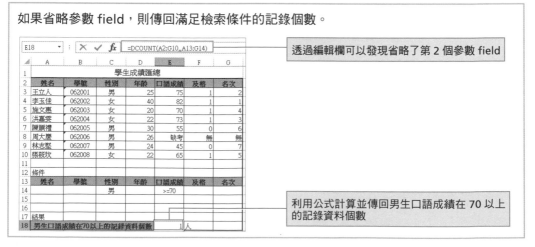

透過編輯欄可以發現省略了第 2 個參數 field

=DCOUNT(A2:G10,,A13:G14)

利用公式計算並傳回男生口語成績在 70 以上的記錄資料個數

DCOUNTA
傳回資料庫的列中滿足指定條件的非空白儲存格個數

格式 ➜ DCOUNTA(database,field,criteria)

參數 ➜ database

構成清單或資料庫的儲存格區域，也可以是儲存格區域的名稱。資料庫是包含一組相關資料的清單，其中包含相關資訊的行為記錄，而包含資料的列為欄位。清單的第一行包含著每一列的標誌項。

field

指定函數所使用的資料列。清單中的資料列必須在第一行具有標誌項。field 可以是文字，即兩端帶引號的標誌項，如「使用年數」或「產量」；此外，field 也可以是代表清單中資料列位置的數字：1 表示第一列，2 表示 第二列。

criteria

為一組包含給定條件的儲存格區域。可以為參數 criteria 指定任意區域，只要它至少包含一個列標誌和列標誌下方用於設定條件的儲存格。而且，在檢索條件中除使用比較演算字元或萬用字元外，如果在相同行內表述檢索條件時，需設置 AND 條件，而在不同行內表述檢索條件時，需設置 OR 條件。

使用 DCOUNTA 函數，可傳回資料清單或資料庫的列中滿足指定條件的非空白儲存格個數。它和 DCOUNT 函數相同，DCOUNTA 函數也能省略參數 field，但不傳回錯誤值。如果省略參數 field，則傳回滿足條件的記錄個數。

EXAMPLE 1 求 22 歲以上且成績及格的非空白資料個數

②按一下〔插入函數〕按鈕，在打開的對話方塊中選擇函數 DCOUNTA

	A	B	C	D	E	F	G
1				學生成績匯總			
2	姓名	學號	性別	年齡	口語成績	及格	名次
3	王立人	062001	男	25	75	1	2
4	李玉佳	062002	女	40	82	1	1
5	施文惠	062003	女	20	70	1	4
6	洪嘉雯	062004	女	22			3
7	陳順禮	062005	男	30	55	0	6
8	周大慶	062006	男	26	缺考	無	無
9	林志堅	062007	男	24	45	0	7
10	張筱玫	062008	女	22	65		5
11							
12	條件						
13	姓名	學號	性別	年齡	口語成績	及格	名次
14				>=22		1	
15							
16							
17	結果						
18	年齡22以上且成績及格的非空白資料個數					人	

①按一下要輸入函數的儲存格 E18

↓

04
資料庫函數

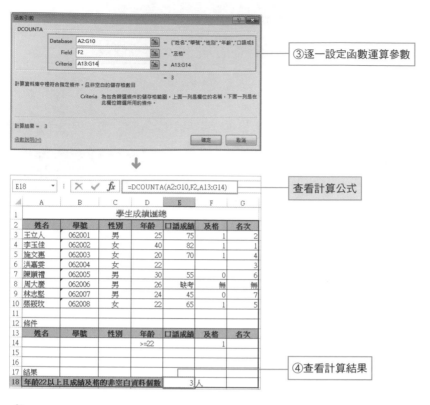

③逐一設定函數運算參數

④查看計算結果

查看計算公式

✌ NOTE ● **參數 field 中包含文字時，它和 DCOUNT 函數的結果不同**

如果在參數中指定 field，DCOUNT 函數是計算數值的個數，DCOUNTA 函數是計算非空白儲存格的個數。如果參數 field 所在的列中包含文字時，兩函數的計算結果不同。

✌ NOTE ● **省略 field 參數**

如果省略參數 field，則傳回滿足檢索條件的記錄個數。省略參數 field 時，如果檢索條件相同，則 DCOUNT 函數和 DCOUNTA 函數傳回相同結果。

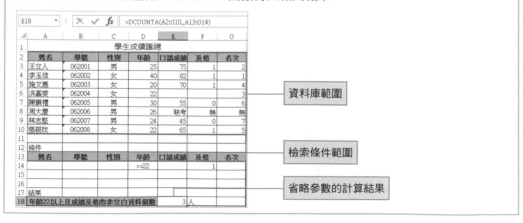

資料庫範圍

檢索條件範圍

省略參數的計算結果

4-1-6 DGET

求滿足條件的唯一記錄

格式 ➜ DGET(database,field,criteria)

參數 ➜ **database**

構成清單或資料庫的儲存格區域，也可以是儲存格區域的名稱。資料庫是包含一組相關資料的清單，其中包含相關資訊的行為記錄，而包含資料的列為欄位。清單的第一行包含著每一列的標誌項。

field

指定函數所使用的資料列。清單中的資料列必須在第一行具有標誌項。field 可以是文字，即兩端帶引號的標誌項，如「使用年數」或「產量」；此外，field 也可以是代表清單中資料列位置的數字：1 表示第一列，2 表示第二列。

criteria

為一組包含給定條件的儲存格區域。可以為參數 criteria 指定任意區域，只要它至少包含一個列標誌和列標誌下方用於設定條件的儲存格。而且，在檢索條件中除使用比較演算字元或萬用字元外，如果在相同行內表述檢索條件時，需設置 AND 條件，而在不同行內表述檢索條件時，需設置 OR 條件。

使用 DGET 函數，可擷取與檢索條件完全一致的一個記錄，並傳回指定資料列處的值。如果沒有滿足條件的記錄，則函數 DGET 將傳回錯誤值「#VALUE!」。如果有多個記錄滿足條件，則函數 DGET 將傳回錯誤值「#NUM!」。

但是從資料眾多的資料庫中擷取滿足條件的一個記錄很困難。使用此函數的重點是需提前使用 DMAX 函數和 DMIN 函數，求滿足檢索條件的最大值或最小值。

EXAMPLE 1 求口語成績最高的男生姓名

①用 DMAX 函數求得男生口語最高成績記錄

②按一下要輸入函數的儲存格

③打開【插入函數】對話方塊，選擇函數 DGET，然後設定其參數

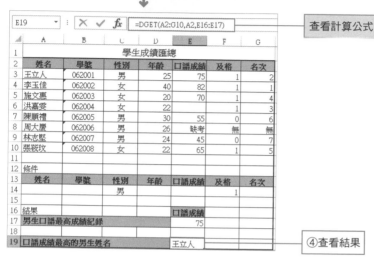

查看計算公式

④查看結果

✌ NOTE ● **檢索的結果為錯誤值時**

DGET 函數是從多個條件中擷取一個記錄的函數。但是檢索結果也有可能傳回錯誤值，根據不同的錯誤值，可判斷是沒有滿足條件的記錄還是有多個記錄滿足條件。

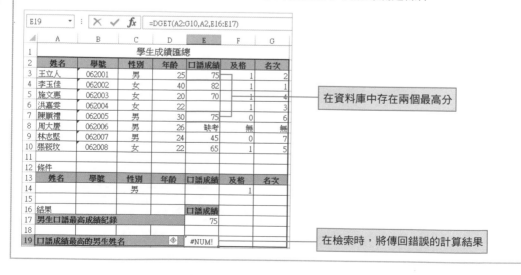

在資料庫中存在兩個最高分

在檢索時，將傳回錯誤的計算結果

4-1-7	**DSTDEV**
	傳回資料庫列中滿足指定條件數值的樣本標準差

格式 ➔ DSTDEV(database,field,criteria)

參數 ➔ database

構成清單或資料庫的儲存格區域，也可以是儲存格區域的名稱。資料庫是包含一組相關資料的清單，其中包含相關資訊的行為記錄，而包含資料的列為欄位。清單的第一行包含著每一列的標誌項。

field

指定函數所使用的資料列。清單中的資料列必須在第一行具有標誌項。field 可以是文字，即兩端帶引號的標誌項，如「使用年數」或「產量」；此外，field 也可以是代表清單中資料列位置的數字：1 表示第一列，2 表示 第二列。

criteria

為一組包含給定條件的儲存格區域。可以為參數 criteria 指定任意區域，只要它至少包含一個列標誌和列標誌下方用於設定條件的儲存格。而且，在檢索條件中除使用比較演算字元或萬用字元外，如果在相同行內表述檢索條件時，需設置 AND 條件，而在不同行內表述檢索條件時，需設置 OR 條件。

在擁有強大信息量的資料庫中，如果分析所有的資料會很困難，所以需要從資料庫中擷取具有代表性的資料進行分析，把這些具有代表性的資料稱為樣本。使用 DSTDEV 函數，可傳回資料清單或資料庫的列中滿足指定條件的數值的樣本標準差。標準差是變異數的平方根，用於分析資料標準差的偏差情況。DSTDEV 函數是根據檢索條件，把擷取的記錄作為資料庫的樣本，由此估計樣本母體的標準差，通常用下列公式表示。

$$樣本標準差 = \sqrt{\frac{1}{n-1}\sum_{i=1}^{n}(x_i-m)^2}$$

其中，n 表示資料個數； x_i 表示資料；m 表示資料的平均值。

EXAMPLE 1 求男生口語成績的樣本標準差

當滿足條件的記錄只有一個時，資料個數為 1，根據上面的公式，則公式的分母變為 0，所以傳回錯誤值「#DIV/0!」。此時，必須修改檢索條件。

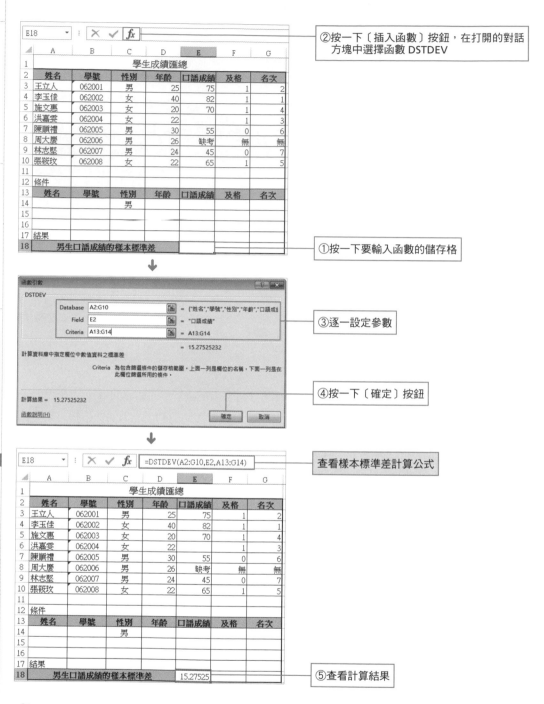

②按一下〔插入函數〕按鈕，在打開的對話方塊中選擇函數 DSTDEV

①按一下要輸入函數的儲存格

③逐一設定參數

④按一下〔確定〕按鈕

查看樣本標準差計算公式

⑤查看計算結果

04
資
料
庫
函
數

✌ NOTE ● **STDEV 函數也能求樣本的標準差**

使用 STDEV 函數也能計算樣本的標準差。但是 STDEV 函數如果是帶條件，則不能計算樣本的標準差。如果帶有檢索條件，並求滿足各種檢索條件的結果，則需使用資料庫函數。

DSTDEVP
將滿足指定條件的數字作為樣本母體，計算標準差

格式 ➡ DSTDEVP(database,field,criteria)

參數 ➡ database

構成清單或資料庫的儲存格區域，也可以是儲存格區域的名稱。資料庫是包含一組相關資料的清單，其中包含相關資訊的行為記錄，而包含資料的列為欄位。清單的第一行包含著每一列的標誌項。

field

指定函數所使用的資料列。清單中的資料列必須在第一行具有標誌項。field 可以是文字，即兩端帶引號的標誌項，如「使用年數」或「產量」；此外，field 也可以是代表清單中資料列位置的數字：1 表示第一列，2 表示第二列。

criteria

為一組包含給定條件的儲存格區域。可以為參數 criteria 指定任意區域，只要它至少包含一個列標誌和列標誌下方用於設定條件的儲存格。而且，在檢索條件中除使用比較運算字元或萬用字元外，如果在相同行內表述檢索條件時，需設置 AND 條件，而在不同行內表述檢索條件時，需設置 OR 條件。

使用 DSTDEVP 函數，可將資料清單或資料庫的列中滿足指定條件的數位作為樣本母體，計算母體的標準差。DSTDEVP 函數是按照檢索條件擷取的記錄作為樣本母體，求它的偏差情況。它和 DSTDEV 函數的不同點是：DSTDEV 函數將擷取的記錄假設為一個樣本，而 DSTDEVP 函數將擷取的記錄假設為樣本母體，用下列公式表示。

$$樣本變異數 = \sqrt{\frac{1}{n}\sum_{i=1}^{n}(x_i - m)^2}$$

其中，n 表示資料個數；x_i 表示資料；m 表示資料的平均值。

EXAMPLE 1　求男生口語成績的標準差

當滿足條件的記錄只有一個時，與 DSTDEV 函數不同，DSTDEVP 函數不傳回錯誤值「#DIV/0!」。只有一個資料時，平均值與該資料相同，標準差的結果即是無偏差，為 0。所以擷取結果只有一個記錄時，不能求它的標準差。此時需要改變檢索條件，擷取多個記錄。

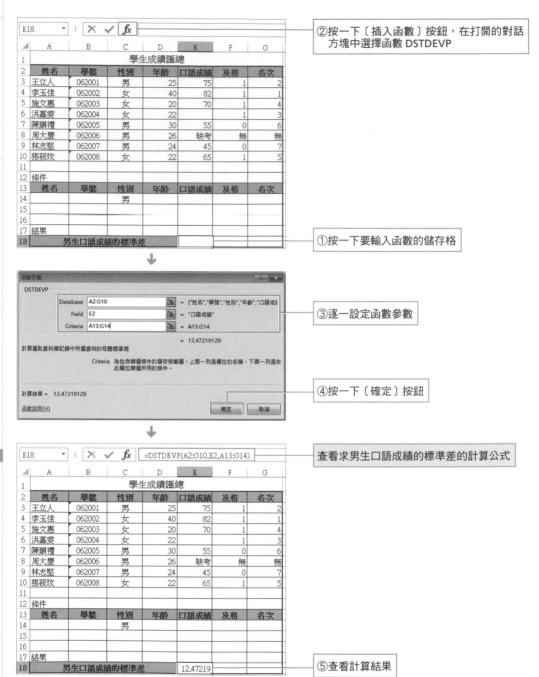

②按一下〔插入函數〕按鈕，在打開的對話
方塊中選擇函數 DSTDEVP

①按一下要輸入函數的儲存格

③逐一設定函數參數

④按一下〔確定〕按鈕

查看求男生口語成績的標準差的計算公式

⑤查看計算結果

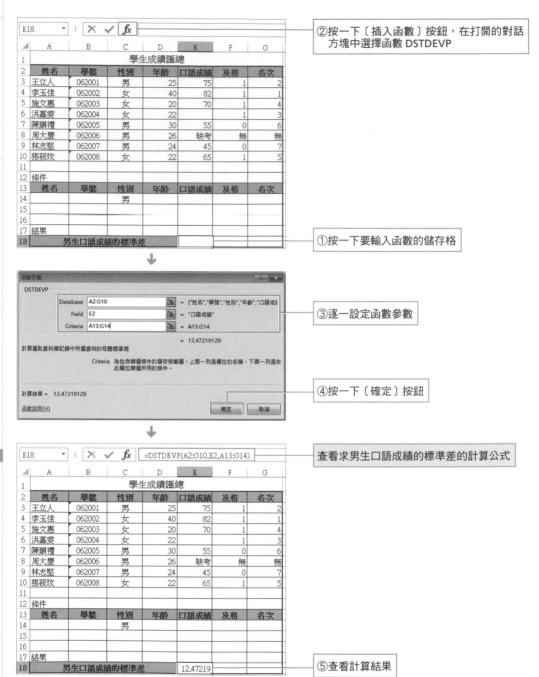

👆 NOTE ● **STDEVP 函數也能求標準差**

使用 STDEVP 函數也能求標準差。但是如果帶有條件，STDEVP 函數則不能求它的標準差。
如果帶有檢索條件，並且求滿足各種檢索條件的結果時，需使用資料庫函數 DSTDEVP。

DVAR
將滿足指定條件的數字作為樣本，估算樣本母體的變異數

格式 ➜ DVAR(database,field,criteria)

參數 ➜ database

構成清單或資料庫的儲存格區域，也可以是儲存格區域的名稱。資料庫是包含一組相關資料的清單，其中包含相關資訊的行為記錄，而包含資料的列為欄位。清單的第一行包含著每一列的標誌項。

field

指定函數所使用的資料列。清單中的資料列必須在第一行具有標誌項。field 可以是文字，即兩端帶引號的標誌項，如「使用年數」或「產量」；此外，field 也可以是代表清單中資料列位置的數字：1 表示第一列，2 表示第二列。

criteria

為一組包含給定條件的儲存格區域。可以為參數 criteria 指定任意區域，只要它至少包含一個列標誌和列標誌下方用於設定條件的儲存格。而且，在檢索條件中除使用比較演算字元或萬用字元外，如果在相同行內表述檢索條件時，需設置 AND 條件，而在不同行內表述檢索條件時，需設置 OR 條件。

使用 DVAR 函數，可將資料清單或資料庫的列中滿足指定條件的數位作為一個樣本，估算樣本母體的變異數。DVAR 函數是將按照檢索條件擷取的記錄作為資料庫的樣本，由此估計樣本母體的變異數情況，通常用下列公式表示。

$$變異數 = \frac{1}{n-1}\sum_{i=1}^{n}(x_i - m)^2$$

其中，n 表示資料個數；x_i 表示資料；m 表示資料的平均值。

EXAMPLE 1 求男生口語成績的變異數

當滿足條件的記錄只有一個時，資料個數為 1，根據上面的公式，則公式的分母變為 0，所以傳回錯誤值「#DIV/0!」。此時，必須修改檢索條件。

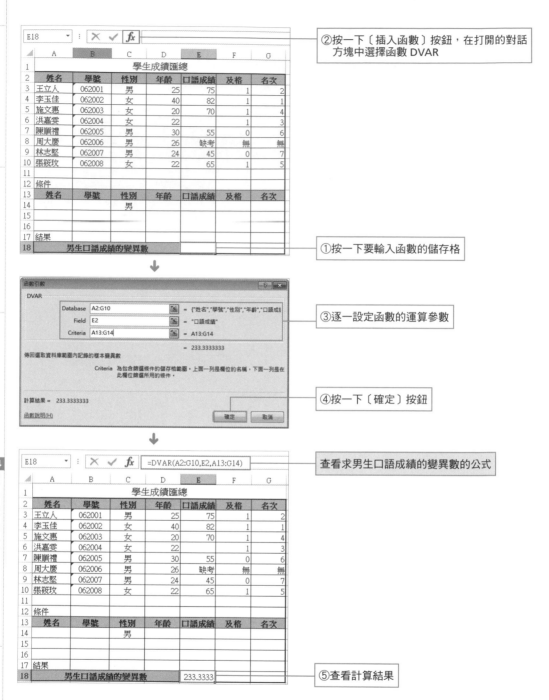

②按一下〔插入函數〕按鈕，在打開的對話方塊中選擇函數 DVAR

①按一下要輸入函數的儲存格

③逐一設定函數的運算參數

④按一下〔確定〕按鈕

查看求男生口語成績的變異數的公式

⑤查看計算結果

✌ NOTE ● **使用 VAR 函數也能求變異數**

計算變異數，也可使用 VAR 函數。但是如果帶有條件，VAR 函數則不能求它的變異數。
如果帶有檢索條件，且求滿足各種檢索條件的結果時，需使用資料庫中的 DVAR 函數。

DVARP
將滿足指定條件的數字作為樣本母體，計算母體變異數

格式 ➜ DVARP(database,field,criteria)

參數 ➜ database

構成清單或資料庫的儲存格區域，也可以是儲存格區域的名稱。資料庫是包含一組相關資料的清單，其中包含相關資訊的行為記錄，而包含資料的列為欄位。清單的第一行包含著每一列的標誌項。

field

指定函數所使用的資料列。清單中的資料列必須在第一行具有標誌項。field 可以是文字，即兩端帶引號的標誌項，如「使用年數」或「產量」；此外，field 也可以是代表清單中資料列位置的數字：1 表示第一列，2 表示第二列。

criteria

為一組包含給定條件的儲存格區域。可以為參數 criteria 指定任意區域，只要它至少包含一個列標誌和列標誌下方用於設定條件的儲存格。而且，在檢索條件中除使用比較演算字元或萬用字元外，如果在相同行內表述檢索條件時，需設置 AND 條件，而在不同行內表述檢索條件時，需設置 OR 條件。

使用 DVARP 函數，可將資料清單或資料庫的列中滿足指定條件的數位作為樣本母體，計算母體的變異數。DVARP 函數是將按照檢索條件擷取的記錄作為資料庫的樣本母體，求它的變異數。它和 DVAR 函數的不同點是：DVAR 函數將擷取的記錄假設為一個樣本，而 DVARP 函數將擷取的記錄假設為樣本母體，用下列公式表示。

$$變異數 = \frac{1}{n} \sum_{i=1}^{n} (x_i - m)^2$$

其中，n 表示資料個數；x_i 表示資料；m 表示資料的平均值。

EXAMPLE 1　求男生口語成績的變異數

當滿足條件的記錄只有一個時，與 DVAR 函數一樣，DVARP 函數不傳回錯誤值「#DIV/0!」。只有一個資料時，平均值與該資料相同，變異數結果為 0。所以擷取結果只有一個記錄時，不能求它的變異數。此時需要改變檢索條件，擷取多個記錄。

②按一下〔插入函數〕按鈕,打開相應的對話方塊,從中選擇函數 DVARP

①按一下要輸入函數的儲存格

③設定相對應的參數

④按一下〔確定〕按鈕

查看計算男生口語成績變異數的公式

⑤查看計算結果

👐 NOTE ● 使用 VARP 函數也能求變異數

使用 VARP 函數也能求變異數。但是如果帶有檢索條件,VARP 函數則不能求變異數。如果帶檢索條件,且需要求滿足各種檢索條件的結果時,需使用資料庫函數 DVARP。

4-2 資料庫的計算

4-2-1	**DSUM** 傳回資料庫的列中滿足指定條件的數字之和

格式 ➜ DSUM(database,field,criteria)

參數 ➜ database

構成清單或資料庫的儲存格區域，也可以是儲存格區域的名稱。資料庫是包含一組相關資料的清單，其中包含相關資訊的行為記錄，而包含資料的列為欄位。清單的第一行包含著每一列的標誌項。

field

指定函數所使用的資料列。清單中的資料列必須在第一行具有標誌項。field 可以是文字，即兩端帶引號的標誌項，如「使用年數」或「產量」；此外，field 也可以是代表清單中資料列位置的數字：1 表示第一列，2 表示第二列。

criteria

為一組包含給定條件的儲存格區域。可以為參數 criteria 指定任意區域，只要它至少包含一個列標誌和列標誌下方用於設定條件的儲存格。而且，在檢索條件中除使用比較演算字元或萬用字元外，如果在相同行內表述檢索條件時，需設置 AND 條件，而在不同行內表述檢索條件時，需設置 OR 條件。

使用 DSUM 函數，可傳回資料清單或資料庫的列中滿足指定條件的數位之和。掌握資料庫函數的共同點是正確指定從資料庫中擷取目的記錄的檢索條件。資料庫函數的參數是相同的，包括構成清單或資料庫的儲存格區域（database）、作為計算對象的資料列（field）和設定檢索條件（criteria）三個。因為參數的指定方法是相同的，所以只需修改函數名，就可求滿足條件的記錄資料的總和或平均值等。

📑 **EXAMPLE 1** 求第一名或第二名學生成績總和

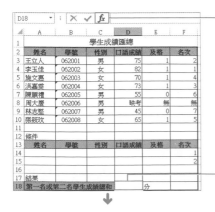

②按一下〔插入函數〕按鈕，在打開的對話方塊中選擇函數 DSUM

①按一下要輸入函數的儲存格

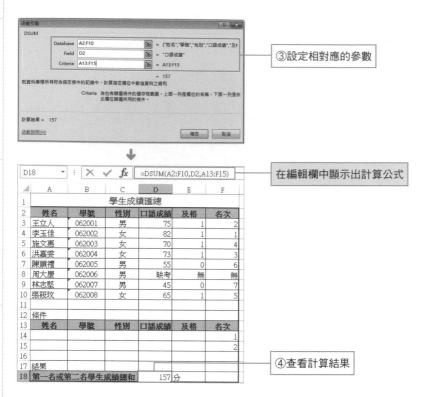

③設定相對應的參數

在編輯欄中顯示出計算公式

	A	B	C	D	E	F
1			學生成績匯總			
2	姓名	學號	性別	口語成績	及格	名次
3	王立人	062001	男	75	1	2
4	李玉佳	062002	女	82	1	1
5	施文惠	062003	女	70	1	4
6	洪嘉雯	062004	女	73	1	3
7	陳順禮	062005	男	55	0	6
8	周大慶	062006	男	缺考	無	無
9	林志堅	062007	男	45	0	7
10	張筱玟	062008	女	65	1	5
11						
12	條件					
13	姓名	學號	性別	口語成績	及格	名次
14						1
15						2
16						
17	結果					
18	第一名或第二名學生成績總和			157	分	

④查看計算結果

📑 NOTE ● **檢索條件僅為一個時,也可使用 SUMIF 函數**

求滿足條件的數位的和時,也可使用 SUMIF 函數。但是 SUMIF 函數只能指定一個檢索條件。資料庫函數是在工作表的儲存格內輸入檢索條件,所以可同時指定多個條件。

📖 EXAMPLE 2 求姓氏為「李」的學生成績總和

檢索條件不清楚時,可以使用萬用字元進行模糊搜尋。例如「*國」是指以「國」結尾的任意文字串,而「*國*」是指帶「國」的任意文字串。

D18 ▾ : ✕ ✓ fx =DSUM(A2:F10,D2,A13:F14)

	A	B	C	D	E	F
1			學生成績匯總			
2	姓名	學號	性別	口語成績	及格	名次
3	王立人	062001	男	75	1	2
4	李玉佳	062002	女	82	1	1
5	施文惠	062003	女	70	1	4
6	洪嘉雯	062004	女	73	1	3
7	陳順禮	062005	男	55	0	6
8	周大慶	062006	男	缺考	無	無
9	林志堅	062007	男	45	0	7
10	張筱玟	062008	女	65	1	5
11						
12	條件					
13	姓名	學號	性別	口語成績	及格	名次
14	李*					
15						
16						
17	結果					
18	姓氏為「李」的學生成績總和			82	分	

利用 =DSUM(A2:F10,D2,A13:F14) 公式計算,傳回姓氏為「李」的學生成績總和

4-2-2 DPRODUCT
回資料庫的列中滿足指定條件的數值的乘積

格式 ➜ DPRODUCT(database,field,criteria)

參數 ➜ database

構成清單或資料庫的儲存格區域，也可以是儲存格區域的名稱。資料庫是包含一組相關資料的清單，其中包含相關資訊的行為記錄，而包含資料的列為欄位。清單的第一行包含著每一列的標誌項。

field

指定函數所使用的資料列。清單中的資料列必須在第一行具有標誌項。field 可以是文字，即兩端帶引號的標誌項，如「使用年數」或「產量」；此外，field 也可以是代表清單中資料列位置的數字：1 表示第一列，2 表示第二列。

criteria

為一組包含給定條件的儲存格區域。可以為參數 criteria 指定任意區域，只要它至少包含一個列標誌和列標誌下方用於設定條件的儲存格。而且，在檢索條件中除使用比較演算字元或萬用字元外，如果在相同行內表述檢索條件時，需設置 AND 條件，而在不同行內表述檢索條件時，需設置 OR 條件。

使用 DPRODUCT 函數，可傳回資料清單或資料庫的列中滿足指定條件的數值的乘積。通常按照乘積結果是 1 或 0 的情況，可以進行「有 / 沒有」的判斷。

📖 **EXAMPLE 1** 判斷男生中口語成績有沒有不及格的人

用 1 或 0 表示「及格」或「不及格」判定項目，也可以用 1 或 0 求成績結果，來判定指定條件下的結果。

②按一下〔插入函數〕按鈕，打開相應的對話方塊，從中選擇函數 DPRODUCT

	A	B	C	D	E	F
1			學生成績匯總			
2	姓名	學號	性別	口語成績	及格	名次
3	王立人	062001	男	75	1	2
4	李玉佳	062002	女	82	1	1
5	施文惠	062003	女	70	1	4
6	洪嘉雯	062004	女	73	1	3
7	陳順禮	062005	男	55	0	6
8	周大慶	062006	男	缺考	無	無
9	林志堅	062007	男	45	0	7
10	張筱玟	062008	女	65	1	5
11						
12	條件					
13	姓名	學號	性別	口語成績	及格	名次
14			男			
15						
16						
17	結果（如果有1個男生不及格，則傳回0）					
18	男生中口語成績有沒有不及格的有					

①按一下要輸入函數的儲存格

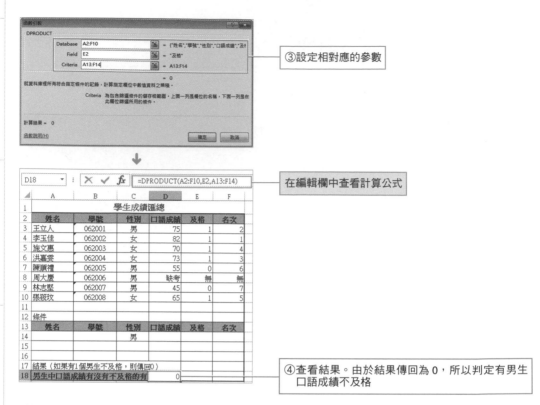

③設定相對應的參數

在編輯欄中查看計算公式

公式：`=DPRODUCT(A2:F10,E2,A13:F14)`

④查看結果。由於結果傳回為 0，所以判定有男生口語成績不及格

NOTE ● 使用 IF 函數進行條件判定

也可以使用 IF 函數進行條件判定。但是，IF 函數中如果有多個條件時，公式就會變得很複雜。使用 DPRODUCT 函數進行多個條件判定十分簡單。

EXAMPLE 2　顯示文字計算結果（DPRODUCT+IF）

用 DPRODUCT 函數求得的結果作為 IF 函數的參數，並傳回文字結果。

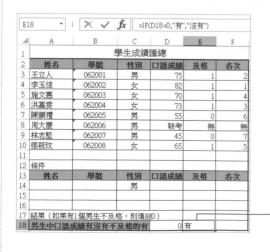

公式：`=IF(D18=0,"有","沒有")`

用 DPRODUCT 函數結果作為條件，並用文字串顯示判定結果

X

財務函數

使用財務函數，能用簡單的方法計算複雜的利息、貨款的償還額、證券或債券的利率、國庫券的收益率等。財務函數分多種類型。下面將對財務函數的分類、用途，以及相關注意事項進行介紹。

➜ 函數分類

1. 求利率

基於利息或累積額，傳回它的利率。

RATE	傳回年金的各期利率
EFFECT	傳回實際的年利率
NOMINAL	傳回名義年利率

2. 求現值

為了償還任意時期內所有的金額，求貨款或累積額的現值是多少。

PV	傳回投資的現值
NPV	基於一系列現金流和固定的各期貼現率，傳回一項投資的淨現值
XNPV	基於不定期發生的現金流，傳回它的淨現值

3. 求期值

按照支付償還額，傳回累積金額。

FV	基於固定利率及等額分期付款方式，傳回某項投資的期值
FVSCHEDULE	傳回初始本金透過複利計算後的值

4. 求支付次數

求利息償還額或累計金額的支付次數的函數。

NPER	基於固定利率及等額分期付款方式，傳回某項投資（或貸款）的總期值
COUPNUM	傳回在成交日和到期日之間的付息次數，向上捨入到最近的整數
PDURATION	傳回投資到達設定值所需的期數

5. 求支付額

貸款或存款時，傳回每次支付額的函數。

PMT	基於固定利率及等額分期付款方式，傳回貸款的每期付款額
PPMT	傳回償還額的本金部分
IPMT	傳回在給定期次內某項投資回報的利息部分
ISPMT	計算特定投資期內要支付的利息

6. 求累計額

定期支付一定期間內利息的償還額或累計額時，在需求利息或本金累計額時使用。

CUMIPMT	傳回兩個週期之間的利息支付總額
CUMPRINC	傳回兩個週期之間的貸款的累積本金

7. 求內部收益率

基於未來發生的流動資金，傳回收益率。

IRR	傳回一組現金流的內部收益率
XIRR	傳回不定期內產生的現金流量的收益率
MIRR	傳回某一連續期間內現金流的修正內部收益率

8. 求折舊費

求任意期間內的資產折舊費。

DB	使用固定餘額遞減法，計算一筆資產在給定期間內的折舊值
SLN	傳回一項資產在一個期間中的直線折舊值
DDB	使用雙倍餘額遞減法或其他設定方法，計算一筆資產在給定期間內的折舊值
VDB	使用雙倍遞減餘額法或其他設定的方法，傳回設定期間內或某一時間段內的資產折舊值
SYD	傳回某項資產按年限總和折舊法計算的某期的折舊值
AMORDEGRC	根據資產的耐用年限，傳回各會計期的折舊值（法國結算方式）
AMORLINC	傳回各會計期的折舊值（法國結算方式）

9. 證券的計算

對證券的價格、收益率等的計算。由於證券計算複雜，需根據條件式進行細分，所以要根據情況區別使用。

PRICEMAT	傳回到期付息的面額 $100 的有價證券價格
YIELDMAT	傳回到期付息的有價證券的年收益率
ACCRINTM	傳回到期一次性付息的有價證券的應計利息
PRICE	傳回定期付息的面額 $100 的有價證券價格
YIELD	傳回定期付息的有價證券的年收益率
ACCRINT	傳回定期付息的有價證券的應計利息
PRICEDISC	傳回折價發行的面額 $100 的有價證券價格
RECEIVED	傳回一次性付息的有價證券到期收回的總金額
DISC	傳回有價證券的貼現率
INTRATE	傳回一次性付息的證券的利率
YIELDDISC	傳回折價發行的有價證券的年收益率
COUPPCD	傳回結算日之前的上一個票息日期
COUPNCD	傳回結算日之前的下一個票息日期
COUPDAYBS	傳回當前付息期內截止到成交日的天數
COUPDAYSNC	傳回從成交日到下一付息日之間的天數
COUPDAYS	傳回成交日所在的付息的天數
ODDFPRICE	傳回首期付息日不固定（長期或短期）的面額 $100 的有價證券價格
ODDFYIELD	傳回首期付息日不固定的有價證券（長期或短期）的收益率

ODDLPRICE	傳回末期付息日不固定的面額 $100 的有價證券（長期或短期）的價格
ODDLYIELD	傳回末期付息日不固定的有價證券（長期或短期）的收益率
DURATION	傳回假設面額 $100 的定期付息有價證券的修正期限
MDURATION	傳回假設面額 $100 的有價證券的 Macauley 修正期限

10. 國庫券的計算
對國庫券的計算。

TBILLEQ	傳回國庫券的等效收益率
TBILLPRICE	傳回面額 $100 的國庫券的價格
TBILLYIELD	傳回國庫券的收益率

11. 美元的計算
對美元的計算。

DOLLARDE	將美元價格從分數形式轉換成小數形式
DOLLARFR	將美元價格從小數形式轉換成分數形式

請注意

在使用財務函數的過程中，由於需要得到不同形式的計算結果，所以必須首先設定儲存格格式。

①選取儲存格 E2 並按滑鼠右鍵，選擇「儲存格格式」命令

②打開相應的對話盒，在「類別」清單方塊中選擇所需要的格式，之後在右側區域進行相應的設定

財務函數中的參數是否應該帶負號是經常容易混淆的問題。Excel 中，把流入資金看作正數計算，流出資金看作負數計算；儲蓄時，把支付現金看作流出資金，把收到現金看作流入資金。參數中加不加負號會得到完全不同的計算結果，所以必須注意參數正負號的設定。

05
財
務
函
數

5-1 求利率

| 5-1-1 | **RATE**
傳回年金的各期利率 |

格式 → RATE(nper,pmt,pv,fv,type,guess)

參數 → nper

用儲存格、數值或公式設定結束貸款或儲蓄時的總次數。如果設定為負數,則傳回錯誤值「#NUM!」。

pmt

用儲存格或數值設定各期付款額。但在整個期間內的利息和本金的總支付額不能使用 RATE 函數來計算。不能同時省略參數 pmt 和 pv。

pv

用儲存格或數值設定支付當前所有餘額的金額。如果省略,則假設該值為 0。

fv

用儲存格或數值設定最後一次付款時的餘額。如果省略,則假設該值為 0;設定負數,則傳回錯誤值「#NUM!」。

type

設定各期的付款時間是在期初還是期末。期初支付設定值為 1,期末支付設定值為 0。省略支付時間,則假設其值為零;設定負數,則傳回錯誤值「#NUM!」。

guess

為大概利率。如果省略參數 guess,則假設該值為 10%。

使用 RATE 函數,可以求出貸款或儲蓄的利息。用於計算的利息與支付期數是相對應的,所以如果按月支付,則計算一個月的利息。使用此函數的要點是設定估計值。如果假設的利息與估計值不吻合,則傳回錯誤值「#NUM!」。如果求年利率,則參照 EFFECT 函數或 NOMINAL 函數。

EXAMPLE 1 求每月期末支付貸款的利率

②按一下〔插入函數〕按鈕,打開【插入函數】對話框,從中選擇函數

①按一下要輸入函數的儲存格令

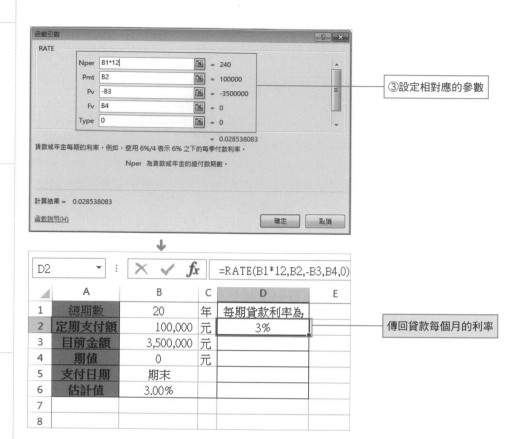

③設定相對應的參數

傳回貸款每個月的利率

	A	B	C	D	E
1	總期數	20	年	每期貸款利率為	
2	定期支付額	100,000	元	3%	
3	目前金額	3,500,000	元		
4	期值	0	元		
5	支付日期	期末			
6	估計值	3.00%			
7					
8					

D2 = RATE(B1*12,B2,-B3,B4,0)

NOTE ● 計算年利率

由於 RATE 函數是計算與期數相對應的利率,如 EXAMPLE 1 是計算每月的利率,則乘以 12 即得出年利率。若每半年償還貸款,計算的結果則為半年的利率,乘以 2 得出年利。

NOTE ● 估計值的設定

如果結果與設定的估計值相差太遠,則計算結果傳回錯誤值「#NUM!」。通常情況下,設定 0 ～ 1 之間的值或設定百分數為 0% ～ 100% 之間的值。

	A	B	C	D	E	F
1	總期數	20	年	每期貸款利率為		
2	定期支付額	100,000	元	#NUM!		
3	目前金額	3,500,000	元			
4	期值	0	元			
5	支付日期	期末				
6	估計值	120.00%				
7						
8						

D2 = RATE(B1*12,B2,-B3,B4,0,B6)

如果設定的估計值偏差較大,則傳回錯誤值

設定估計值為 120%

EFFECT
求實際的年利率

格式 ➜ EFFECT(nominal_rate,npery)
參數 ➜ nominal_rate
用儲存格或數值設定名義利率。若參數小於 0,則傳回錯誤值「#NUM!」。
npery
為每年的複利期數。如果參數小於 1,則傳回錯誤值「#NUM!」。

使用 EFFECT 函數,可以求出用複利計算的實際年利率。複利計算期數設定小於 1 的數值,或名義利率設定負值時,則傳回錯誤值「#NUM!」。如果要求名義利率,則參照 NOMINAL 函數。

EXAMPLE 1 　求實際年利率

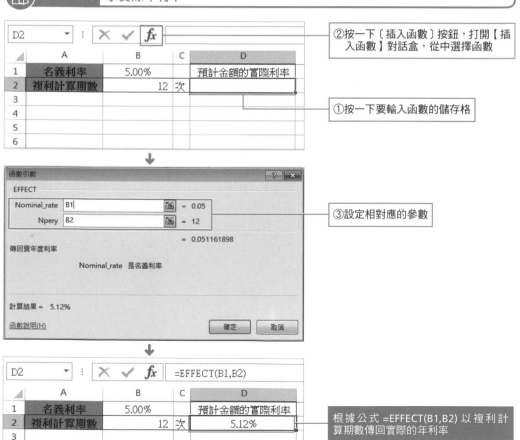

②按一下〔插入函數〕按鈕,打開【插入函數】對話盒,從中選擇函數

①按一下要輸入函數的儲存格

③設定相對應的參數

根據公式 =EFFECT(B1,B2) 以複利計算期數傳回實際的年利率

5-1-3

NOMINAL
求名義利率

格式 → NOMINAL(effect_rate,npery))

參數 → effect_rate

用儲存格或數值設定實際的年利率。如果設定小於 0 的數值,則傳回錯誤值
「#NUM!」。

npery

為每年的複利期數。如果設定小於 1 的數值,則傳回錯誤值「#NUM!」。

使用 NOMINAL 函數可以求貸款等名義利率。名義利率並不是投資者能夠獲得的真實收益,
還與貨幣的購買力有關。如果發生通貨膨脹,投資者所得的貨幣購買力會貶值。因此,投資
者所獲得的真實收益必須剔除通貨膨脹的影響,這就是實際利率。如果要求年利的實際利率,
則參照 EFFECT 函數。

EXAMPLE 1 求以複利計算的金融商品的名義利率

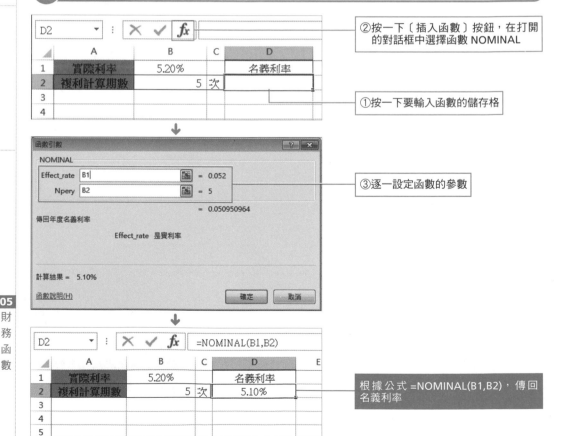

②按一下〔插入函數〕按鈕,在打開
的對話框中選擇函數 NOMINAL

①按一下要輸入函數的儲存格

③逐一設定函數的參數

根據公式 =NOMINAL(B1,B2),傳回
名義利率

(5-2) 求現值

5-2-1 PV
傳回投資的現值

格式 ➜ PV(rate,nper,pmt,fv,type)

參數 ➜ rate

為各期利率。可直接輸入帶 % 的數值或是數值所在儲存格的引用。rate 和 nper 的單位必須一致。由於通常用年利率表示利率，所以若按年利 2.5% 支付，則月利率為 2.5%/12。若設定為負數，則傳回錯誤值「#NUM!」。

nper

設定付款期總數，用數值或引用數值所在的儲存格。例如，10 年期的貸款，如果每半年支付一次，則 nper 為 10×2；5 年期的貸款，如果按月支付，則 nper 為 5×12。如果設定為負數，則傳回錯誤值「#NUM!」。

pmt

為各期所應支付的金額，其數值在整個年金期間保持不變。通常 pmt 包括本金和利息，但不包括其他的費用及稅款。若 pmt<0，則傳回正值。

fv

為未來值，或在最後一次付款後希望得到的現金餘額，如果省略 fv，則假設其值為零。

type

用於設定付息方式是在期初還是期末。設定 1 為期初支付，設定 0 為期末支付。如果省略，則設定為期末支付。

使用 PV 函數，可以求出定期內固定支付的貸款或儲蓄等的現值。支付期間內，把固定的支付額和利率作為前提。由於用負數設定支出，所以定期支付額、期值的設定方法是重點。若利率或支付額不是按固定數值支付的現值，則參照 NPV 函數或 XNPV 函數。

📋 **EXAMPLE 1** 求貸款的現值

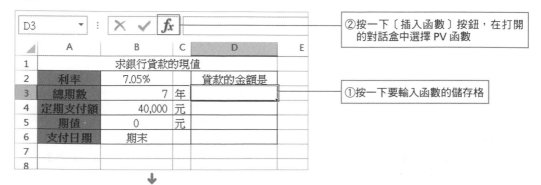

②按一下〔插入函數〕按鈕，在打開的對話盒中選擇 PV 函數

①按一下要輸入函數的儲存格

	A	B	C	D	E
1		求銀行貸款的現值			
2	利率	7.05%		貸款的金額是	
3	總期數	7	年		
4	定期支付額	40,000	元		
5	期值	0	元		
6	支付日期	期末			
7					
8					

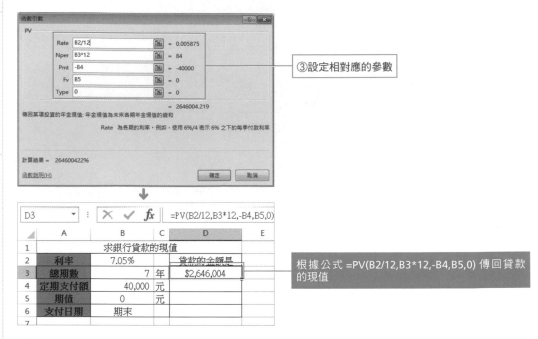

③設定相對應的參數

根據公式 =PV(B2/12,B3*12,-B4,B5,0) 傳回貸款的現值

✌ NOTE ● **計算結果的正負號**

在 Excel 中負號表示支出,正號表示收入。接受現金時,用正號,用現金償還貸款時,則用負號。求貸款的現值時,最好用負數表示計算結果,用正數設定定期支付額。

EXAMPLE 2　求達到目標金額時所要儲存的金額

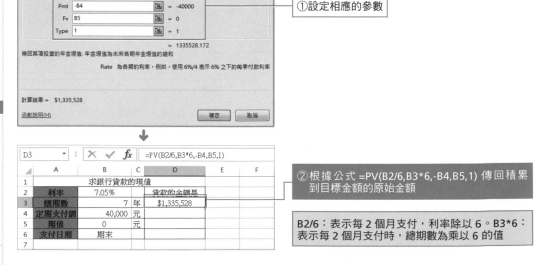

①設定相應的參數

②根據公式 =PV(B2/6,B3*6,-B4,B5,1) 傳回積累到目標金額的原始金額

B2/6:表示每 2 個月支付,利率除以 6。B3*6:表示每 2 個月支付時,總期數為乘以 6 的值

5-2-2 **NPV**
基於一系列現金流和固定貼現率，傳回淨現值

格式 ➜ NPV(rate,value1,value2, ...)
參數 ➜ rate

為某一期間的貼現率，是固定值。用儲存格或數值指定現金流量的貼現率，如果指定為數值以外的值，則傳回錯誤值「#VALUE!」。

value1,value2, ...

為 1 到 29 個參數，代表支出及收入。value1,value2,... 在時間上必須具有相等間隔，並且都發生在期末。支出用負號，流入用正號。

使用 NPV 函數，可以基於一系列現金流和固定貼現率，傳回一項投資的淨現值。淨現值是現金流量的結果，是未來相同時間內現金流入量與現金流出量之間的差值。而且，現金流量必須在期末產生。NPV 函數的現金流量能設定到 29 個，但設定的順序則被看作流出量的順序。因此，value 的設定順序是重點。

 EXAMPLE 1 求現金流量的淨現值

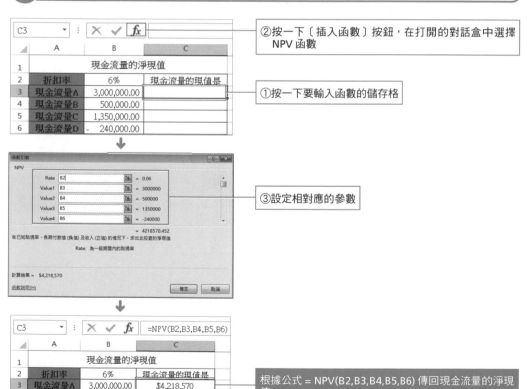

②按一下〔插入函數〕按鈕，在打開的對話盒中選擇 NPV 函數

①按一下要輸入函數的儲存格

③設定相對應的參數

根據公式 = NPV(B2,B3,B4,B5,B6) 傳回現金流量的淨現值

05
財
務
函
數

XNPV
基於不定期發生的現金流，傳回它的淨現值

格式 ➜ XNPV(rate,values,dates)

參數 ➜ rate

用儲存格或數值設定用於計算現金流量的貼現率。如果設定為負數，則傳回錯誤值「#NUM!」。

values

用儲存格區域指定計算的資金流量。如果儲存格內容為空，則傳回錯誤值「#VALUE!」。

dates

設定發生現金流量的日期。如果現金流量和支付日期的順序相對應，則不必設定發生的順序。如果起始日期不是最初的現金流量，則傳回錯誤值「#NUM!」。

使用 XNPV 函數，可以求不定期內發生現金流量的淨現值。XNPV 函數中的現金流量和日期的設定方法是重點。所謂淨現值是現金流量的結果，是未來相同時間內現金流入量與現金流出量之間的差值。如果將相同的貼現率用於 XNPV 函數的結果中，只能看到相同金額的期值。如果此函數結果為負數，則表示投資的本金為負數。

EXAMPLE 1 求現金流量的淨現值

當求不定期內發生現金流量的淨現值時，開始設定的日期和現金流量必須發生在起始階段。

	A	B	C	D	E
1	不定期現金流量的淨現值				
2	次數	金額	日期	現金流量的現值量	
3	1	2,500,000	2016/5/1	$10,335,238.36	
4	2	- 350,000	2016/5/2		
5	3	5,875,000	2016/5/3		
6	4	430,000	2016/5/4		
7	5	- 690,000	2017/1/5		
8	6	1,870,000	2017/1/7		
9	7	769,000	2017/2/2		
10					
11					
12					

D3 = XNPV(5%,B3:B9,C3:C9)

根據公式 =XNPV(5%,B3:B9,C3:C9) 傳回淨現值

NOTE ● 無指定順序

如果 XNPV 函數的日期和現金流量相對應，則沒必要按順序設定。

5-3 求期值

5-3-1　FV
基於固定利率及等額分期付款方式，傳回期值

格式 ➜ FV(rate,nper,pmt,pv,type)

參數 ➜ rate

為各期利率。可直接輸入帶 % 的數值或是引用數值所在儲存格。rate 和 nper 的單位必須一致。由於通常用年利率表示利率，所以若按年利 2.5% 支付，則月利率為 2.5%/12。若設定為負數，則傳回錯誤值「#NUM!」。

nper

設定付款期總數，用數值或引用數值所在的儲存格。例如，10 年期的貸款，如果每半年支付一次，則 nper 為 10×2；5 年期的貸款，如果按月支付，則 nper 為 5×12。如果設定為負數，則傳回錯誤值「#NUM!」。

pmt

為各期所應支付的金額，其數值在整個年金期間保持不變。通常 pmt 包括本金和利息，但不包括其他的費用及稅款。若 pmt<0，則傳回正值。

pv

為現值，即從該項投資開始計算時已經入帳的款項，或一系列未來付款當前值的累積和，也稱為本金。如果省略 PV，則假設其值為零，並且必須包括 pmt 參數。

type

用於設定付息方式是在期初還是期末。設定 1 為期初支付，設定 0 為期末支付。如果省略，則設定為期末支付。

使用 FV 函數，可以基於固定利率及等額分期付款方式，傳回它的期值。用負號設定支出值，用正號指定流入值。如何設定定期支付額和現值是此函數的重點。

📂 EXAMPLE 1　求儲蓄的期值

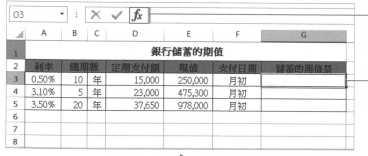

②按一下〔插入函數〕按鈕，打開〔插入函數〕對話框，從中選擇函數 FV

①按一下要輸入函數的儲存格

05
財務函數

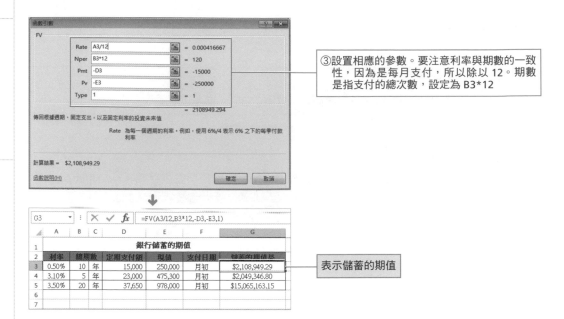

③設置相應的參數。要注意利率與期數的一致性，因為是每月支付，所以除以 12。期數是指支付的總次數，設定為 B3*12

G3		fx	=FV(A3/12,B3*12,-D3,-E3,1)			
	A	B	C	D	E	F	G

	A	B	C	D	E	F	G
1	銀行儲蓄的期值						
2	利率	總期數		定期支付額	現值	支付日期	儲蓄的期值
3	0.50%	10	年	15,000	250,000	月初	$2,108,949.29
4	3.10%	5	年	23,000	475,300	月初	$2,049,346.80
5	3.50%	20	年	37,650	978,000	月初	$15,065,163.15
6							
7							

← 表示儲蓄的期值

NOTE ● 儲蓄時的參數正負號

儲蓄時，通常用負號設定定期支付額和現值。但是，若要以負數為計算結果，則要保持這兩個參數為正數。

EXAMPLE 2 求貸款的未來餘額

求在未來貸款時間點的支付餘額，並用負數指定現值。

G3		fx	=FV(A3/12,B3*12,D3,-E3,1)			

	A	B	C	D	E	F	G
1	銀行儲蓄的期值						
2	利率	總期數		定期支付額	現值	支付日期	儲蓄的期值
3	0.50%	10	年	15,000	250,000	月初	-$1,583,319.22
4	3.10%	5	年	23,000	475,300	月初	-$939,592.97
5	3.50%	20	年	37,650	978,000	月初	-$11,130,273.97
6							

← 表示貸款的期值

NOTE ● 將整個公式都指定為負

由於貸款是應該償還現值的金額，所以用負數指定現值。如果現值為正數，則不能得到正確答案。如需得到負數的計算結果，在「=」的後面加上負號即可。

G3		fx	=-FV(A3/12,B3*12,D3,-E3,1)			

	A	B	C	D	E	F	G
1	銀行儲蓄的期值						
2	利率	總期數		定期支付額	現值	支付日期	儲蓄的期值
3	0.50%	10	年	15,000	250,000	月初	$1,583,319.22
4	3.10%	5	年	23,000	475,300	月初	$939,592.97
5	3.50%	20	年	37,650	978,000	月初	$11,130,273.97

← 根據公式 =-FV(A3/12,B3*12,D3,-E3,1)

FVSCHEDULE
基於一系列複利傳回本金的期值

格式 → FVSCHEDULE(principal,schedule)
參數 → principal
用儲存格或數值設定投資的現值。
schedule
設定未來相應的利率陣列。如果設定數值以外的陣列,則傳回錯誤值「#VALUE!」。空白儲存格作為 0 計算。

在用複利計算變動利率的情況下,可以使用函數 FVSCHEDULE 求出投資的期值。利率的設定方法為此函數的重點。

 EXAMPLE 1　求投資的期值

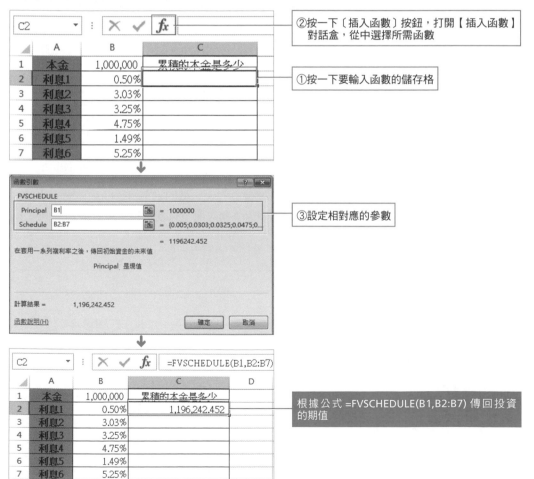

②按一下〔插入函數〕按鈕,打開【插入函數】對話盒,從中選擇所需函數

①按一下要輸入函數的儲存格

③設定相對應的參數

根據公式 =FVSCHEDULE(B1,B2:B7) 傳回投資的期值

5-4 求支付次數

5-4-1 NPER
傳回某項投資的總期數

格式 ➜ NPER(rate,pmt,pv,fv,type)

參數 ➜ rate

為各期利率。可直接輸入帶 % 的數值或是引用數值所在儲存格。rate 和 nper 的單位必須一致。由於通常用年利率表示利率，所以若按年利 2.5% 支付，則月利率為 2.5%/12。若設定為負數，則傳回錯誤值「#NUM!」。

pmt

為各期所應支付的金額，其數值在整個年金期間保持不變。通常 pmt 包括本金和利息，但不包括其他的費用及稅款。若 pmt<0，則傳回錯誤值「#NUM!」。

pv

為現值，即從該項投資開始計算時已經入帳的款項，或一系列未來付款當前值的累積和，也稱為本金。若 pv<0，則傳回錯誤值「#NUM!」。

fv

為未來值，或在最後一次付款後希望得到的現金餘額，如果省略 fv，則假設其值為零。若 fv<0，則傳回錯誤值「#NUM!」。

type

用以指定付息方式是在期初或是期末。期初支付指定為 1，期末支付指定為 0。如果省略，則指定為期末支付。如果 type 不是數字 0 或 1，則函數傳回錯誤值「#NUM!」。

使用 NPER 函數，可以基於固定利率及等額分期付款方式，傳回某項投資的總期數。若是將固定利率、等額支付本金和利率作為條件求有價證券利息的支付次數時，可參照 COUPNUM 函數。

📘 **EXAMPLE 1** 求累積到 250 萬元時的次數

	A	B	C	D
1	利息	0.55%	達到250萬元是	
2	定期支付金額	50,000		
3	現值	-		
4	期值	2,500,000		
5	支付時間	期末		
6				
7				

D1 ▾ ⋮ ✕ ✓ fx

②按一下〔插入函數〕按鈕，打開〔插入函數〕對話框，從中選擇 NPER 函數

①按一下要輸入函數的儲存格

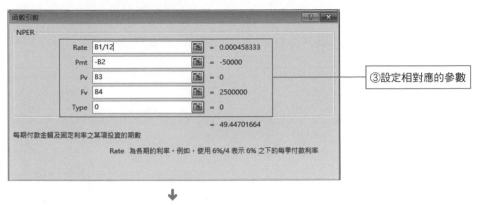

③設定相對應的參數

↓

根據公式 =NPER(B1/12,-B2,B3,B4,0) 計算支付次數

😊😊組合技巧 | 求整數結果（NPER+ROUNDUP）

使用 NPER 函數，計算結果表示到小數點之後。償還次數為小數是不可能的，可以組合使用 ROUNDUP 函數，得到整數結果。

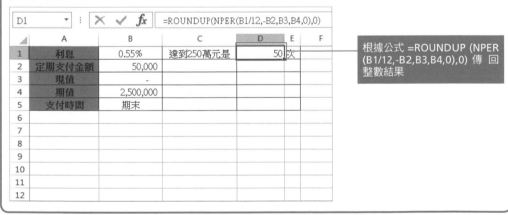

根據公式 =ROUNDUP (NPER (B1/12,-B2,B3,B4,0),0) 傳回整數結果

✌ NOTE ● 達到目的數時最後支付的金額

償還貸款或儲蓄等，必須連續支付到目的金額，按照反復操作的計算結果，求最後支付的次數。參照組合技巧例子，NPER 函數的計算結果是 49.44702，在第 49 次支付金額時，還不能達到 250 萬元。在第 50 次支付金額時，則超過 250 萬元。

5-4-2 COUPNUM
傳回成交日和到期日之間的付息次數

格式 → COUPNUM(settlement,maturity,frequency,basis)

參數 → settlement

用儲存格、文字、日期、序號或公式設定證券成交期。如果設定日期以外的數值，則傳回錯誤值「#VALUE!」。

maturity

用儲存格、文字、日期、序號或公式指定證券償還期。如果設定日期以外的數值，則傳回錯誤值「#VALUE!」。

frequency

用數值或儲存格設定年利息的支付次數。如果設定值為 1，則一年支付一次；如果設定值為 2，則每半年支付一次；如果設定值為 4，則每 3 個月支付一次；如果設定 1、2、4 以外的值，則傳回錯誤值「#NUM!」。

basis

用儲存格或數值指定計算日期的方法。如果設定 0，則為 30/360（NASD 方式）；如果設定 1，則為實際日數 / 實際日數；如果設定 2，則變為實際日數 /360；設定 3，則為實際日數 /365；設定 4，則為 30/360（歐洲方式）；如果省略數值，則假設為 0；如果設定 0 ～ 4 以外的數值，則傳回錯誤值「#NUM!」。

使用 COUPNUM 函數，可傳回在成交日和到期日之間的付息次數，並向上進位到最近的整數。使用此函數的要點是年付息次數的設定。如果要求達到目標金額的支付次數，請參照 NPER 函數。

EXAMPLE 1 求證券利息支付次數

D2		:	✕ ✓ *fx*	=COUPNUM(B2,B3,B4,B5)	

	A	B	C	D	E
1		求利息支付次數			
2	成交日	2005/5/1	利息所支付次數	42	
3	到期日	2015/10/1			
4	年付息次數	4			
5	基準	0			
6					
7					
8					
9					
10					

表示到期的利息支付次數

到期日比成交日晚

05
財務函數

5-4-3 PDURATION
傳回投資到達指定值所需的期數

格式 ➜ PDURATION(rate, pv, fv)

參數 ➜ rate

為每期利率。

pv

為投資的現值。

fv

為所需的投資未來值。

PDURATION 使用下面的公式，其中 specifiedvalue 等於 fv，currentvalue 等於 pv。

$$PDURATION = \frac{\log(specifiedvalue) - \log(currentvalue)}{\log(1 + rate)}$$

在使用 PDURATION 函數時，所有參數應均為正值。若參數值無效，則 PDURATION 傳回錯誤值「#NUM!」。若參數沒有使用有效的資料類型，則 PDURATION 傳回錯誤值「#VALUE!」。

EXAMPLE 1 求達到未來值時所需的年限

B4	▼	:	× ✓	fx	=PDURATION(B2,B1,B3)

◢	A	B	C	D	E	F
1	現值	20000	50000			
2	年利率	2.50%	3.30%			
3	未來值	22000	300000			
4	需時(年)	3.859866	55.18677			
5	需時(月)					
6						
7						
8						
9						

① 用 公 式 =PDURATION(B2,B1, B3) 計算出結果後，再向右複製公式，計算出 C4 的值

由於給定的是年利率，所以在計算 B5 儲存格的值時，需要用年利率除以 12 得到月利率

↓

B5	▼	:	× ✓	fx	=PDURATION(B2/12,B1,B3)

◢	A	B	C	D	E	F
1	現值	20000	50000			
2	年利率	2.50%	3.30%			
3	未來值	22000	300000			
4	需時(年)	3.859866	55.18677			
5	需時(月)	45.79652	652.4444			
6						
7						
8						
9						

② 用 =PDURATION(B2/12,B1, B3) 計算出結果後，向右複製公式，計算出 C5 的值

使用者可以透過設定儲存格格式，使計算所得期數進行四捨五入

5-5 求支付額

5-5-1	**PMT**
	基於固定利率，傳回貸款的每期等額付款額

格式 ➜ PMT(rate,nper,pv,fv,type)

參數 ➜ rate

為設定期間內的利率。rate 和 nper 的單位必須一致。因為通常用年利率表示利率，如果按月償還，則除以 12；如果每兩個月償還，則除以 6；每三個月償還，則除以 4。

nper

設定付款期總數。如果按月支付，是 25 年期，則付款期總數是 25×12；按每半年支付，如果是 5 年期，則付款期總數是 5×2。

pv

各期所應支付的金額，其數值在整個年金期間保持不變。

fv

設定貸款的付款總數結束後的金額。最後貨款的付款總數結束時的貸款餘額或儲蓄額。如果省略此參數，則假設其值為零。

type

設定各期的付款時間是在期初還是在期末，在各期的期初支付稱為期初付款，各期的最後時間支付稱為期末付款。期初設定為 1，期末設定為 0。如果省略此參數，則假設其值為 0。

使用 PMT 函數可計算為達到儲存的未來金額，每次必須儲存的金額，或在特定期間內要償還完貸款，每次必須償還的金額。PMT 函數既可用於貸款，也可用於儲蓄。現值和期值的設定方法是此函數的重點。

EXAMPLE 1 求貸款的每月償還額

	A	B	C	D	E
	E2			fx	
1	計算銀行貸款每月償還額				
2	當前本金	220,000.00	元	每月償還多少？	
3	每月利息	0.75%			
4	貸款時間	20	年		
5	支付方式	每月月底			
6					

②按一下〔插入函數〕按鈕，在打開的對話盒中選擇函數 PMT

①按一下要輸入函數的儲存格

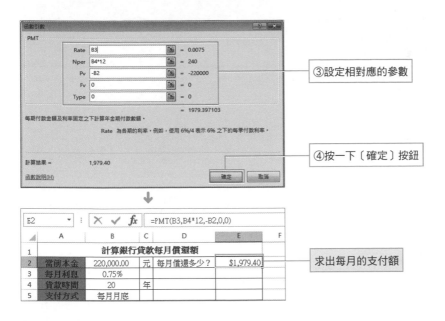

③設定相對應的參數

④按一下〔確定〕按鈕

求出每月的支付額

	A	B	C	D	E	F
1	計算銀行貸款每月償還額					
2	當前本金	220,000.00	元	每月償還多少？	$1,979.40	
3	每月利息	0.75%				
4	貸款時間	20	年			
5	支付方式	每月月底				

EXAMPLE 2　求支付時間為期初的月償還額

②按一下〔插入函數〕按鈕，在打開的對話盒中選擇函數

①按一下要輸入函數的儲存格

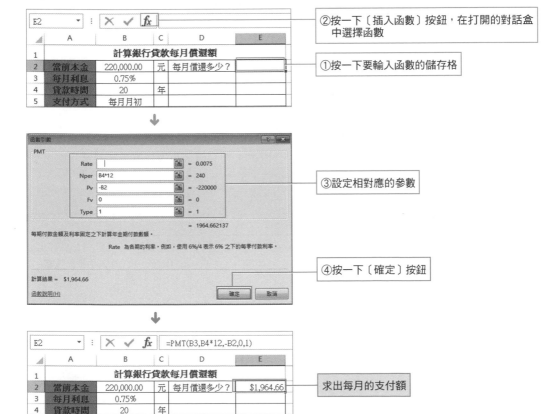

③設定相對應的參數

④按一下〔確定〕按鈕

求出每月的支付額

PPMT
求償還額的本金部分

格式 ➔ PPMT(rate,per,nper,pv,fv,type)

參數 ➔ rate

為各期利率。可以直接輸入帶 % 的數值或是引用數值所在儲存格。rate 和 nper 的單位必須一致。由於通常用年利率表示利率,所以如果按年利 2.5% 支付,則月利率為 2.5%/12。

per

用於計算其本金數額的期次,求分幾次支付本金,第一次支付為 1。參數 per 必須介於 1 到參數 nper 之間。

nper

設定付款期總數,用數值或數值所在的儲存格設定。例如,10 年期的貸款,若每半年支付一次,則 nper 為 10×2;5 年期的貸款,如果按月支付,則 nper 為 5×12。

pv

為現值,即從該項投資開始計算時已經入帳的款項,或一系列未來付款當前值的累積和,也稱為本金。如果 pv 為負數,則傳回結果為正。

fv

為未來值,或在最後一次付款後希望得到的現金餘額,如果省略 fv,則假設其值為零。

type

用以設定各期的付款時間是在期初還是期末。設定 1 為期初支付,設定 0 為期末支付。如果省略,則設定為期末支付。

使用 PPMT 函數,可以求出支付的本金部分。合計本金和利息,每次的支付額一定,隨著支付的推進,內容也發生變化。因此,使用此函數時,期次不能設定錯。

EXAMPLE 1 求期末支付貸款的本金償還額

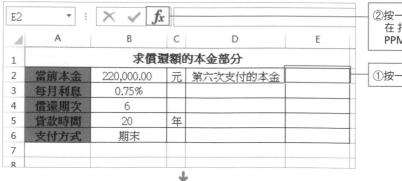

②按一下〔插入函數〕按鈕,在打開的對話盒中選擇 PPMT 函數

①按一下 E2 儲存格

	A	B	C	D	E
1	求償還額的本金部分				
2	當前本金	220,000.00	元	第六次支付的本金	
3	每月利息	0.75%			
4	償還期次	6			
5	貸款時間	20	年		
6	支付方式	期末			
7					
8					

③設定相對應的參數

		fx	=PPMT(B3,B4,B5*12,-B2,0,0)		
E2	▼ : ✕ ✓				

	A	B	C	D	E
1	求償還額的本金部分				
2	當前本金	220,000.00	元	第六次支付的本金	$341.94
3	每月利息	0.75%			
4	償還期次	6			
5	貸款時間	20	年		
6	支付方式	期末			
7					

傳回第 6 次支付的本金金額

EXAMPLE 2 求支付時間為期初的本金償還額

②按一下〔插入函數〕按鈕,在打開的對話盒中選擇 PPMT 函數

①按一下 E2 儲存格

	A	B	C	D	E
1	求償還額的本金部分				
2	當前本金	220,000.00	元	第六次支付的本金	
3	每月利息	0.75%			
4	償還期次	6			
5	貸款時間	20	年		
6	支付方式	期初			
7					

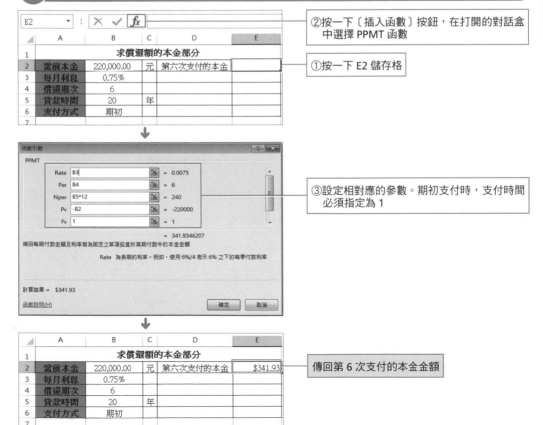

③設定相對應的參數。期初支付時,支付時間必須指定為 1

	A	B	C	D	E
1	求償還額的本金部分				
2	當前本金	220,000.00	元	第六次支付的本金	$341.93
3	每月利息	0.75%			
4	償還期次	6			
5	貸款時間	20	年		
6	支付方式	期初			
7					
8					

傳回第 6 次支付的本金金額

5-5-3　IPMT
傳回給定期數內對投資的利息償還額

格式 ➜ IPMT(rate,per,nper,pv,fv,type)

參數 ➜ rate

為各期利率。可以直接輸入帶 % 的數值或是引用數值所在儲存格。rate 和 nper 的單位必須一致。由於通常用年利率表示利率，所以如果按年利 2.5% 支付，則月利率為 2.5%/12。

per

用於計算其利息的期次，求分幾次支付利息，第一次支付為 1。參數 per 必須介於 1 到參數 nper 之間。

nper

設定付款期總數，用數值或數值所在的儲存格設定。例如，10 年期的貸款，若每半年支付一次，則 nper 為 10×2；5 年期的貸款，如果按月支付，則 nper 為 5×12。

pv

為現值，即從該項投資開始計算時已經入帳的款項，或一系列未來付款當前值的累積和，也稱為本金。如果 pv 為負數，則傳回結果為正。

fv

為未來值，或在最後一次付款後希望得到的現金餘額，如果省略 fv，則假設其值為零。

type

用以設定各期的付款時間是在期初還是期末。設定 1 為期初支付，設定 0 為期末支付。如果省略，則設定為期末支付。

使用 IPMT 函數，可以求得設定期數內對投資的利息償還額。每次支付的金額相同，隨著本金的減少，利息也隨之減少。因此，計算結果隨每次的支付而變化。

EXAMPLE 1　求 30 年期每月支付貸款的利息

②按一下〔插入函數〕按鈕，在打開的對話盒中選擇函數

	A	B	C	D	E
1	計算貸款30年每月支付的利息				
2	利息	2%		利息額	
3	年償還次數	12	次		
4	總償還次數	360	次		
5	本金	22,500,000	元		
6	期值	0	元		
7	支付方式	0			

①按一下要輸入函數的儲存格

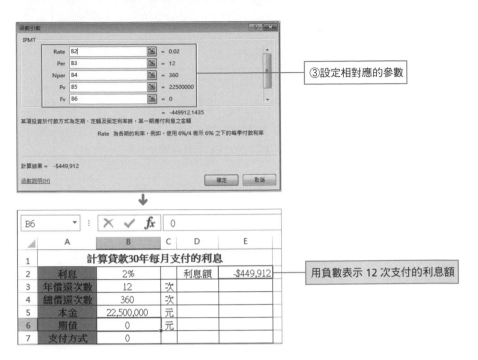

③設定相對應的參數

用負數表示 12 次支付的利息額

✌ NOTE ● 計算結果的正負號

由於是支付貸款的金額，所以計算結果為負數。如果想用正數表示，則必須用負數設定參數 pv。

如果用負值設定本金，則計算結果變為正值

EXAMPLE 2 求支付時間為期初的利息

如果支付時間為期初，則不能省略支付時間。

支付方式設定為 1，則表示期初的利息支付額

ISPMT
計算特定投資期內要支付的利息

格式 → ISPMT(rate,per,nper,pv)

參數 → rate

設定相應貸款的利率。利率通常用年利表示。應確保 rate 和 nper 的單位一致。
如果半年期支付，用利率除以 2。利率可指定儲存格、數值或公式。

per

為要計算利息的期數。必須在 1 到 nper 之間。如果指定 0 或大於 nper 的數值，
則傳回錯誤值「#NUM!」。

nper

為投資的總支付期數。

pv

為投資的當前值。對於貸款，pv 為貸款數額。也可指定為負數。

EXAMPLE 1 等額償還，求第 12 次支付的利息金額

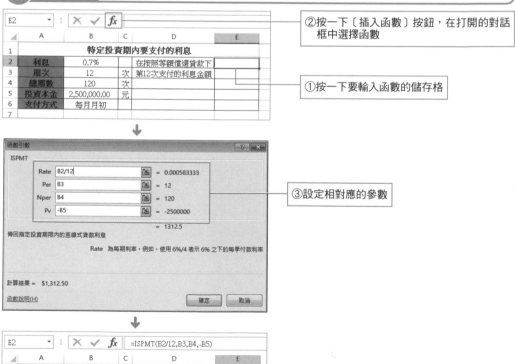

②按一下〔插入函數〕按鈕，在打開的對話框中選擇函數

①按一下要輸入函數的儲存格

③設定相對應的參數

用正值表示第 12 次利息支付額

5-6 求累計額

5-6-1　CUMIPMT
傳回兩個週期之間的累積利息

格式 → CUMIPMT(rate,nper,pv,start_period,end_period,type)

參數 → **rate**

為各期利率。可以直接輸入帶 % 的數值或是引用數值所在儲存格。rate 和 nper 的單位必須一致。由於通常用年利率表示利率，若按年利 2.5% 支付，則月利率 為 2.5%/12。如果設定為負數，則傳回錯誤值「#NUM!」。

nper

設定付款期總數，用數值或數值所在的儲存格指定。例如，10 年期的貸款，如果 每半年支付一次，則 nper 為 10×2；5 年期的貸款，如果按月支付，則 nper 為 5×12。如果設定為負數，則傳回錯誤值「#NUM!」。

pv

為現值，即從該項投資開始計算時已經入帳的款項，或一系列未來付款當前值的 累積和，也稱為本金。如果 pv<0，則傳回錯誤值「#NUM!」。

start_period

為計算中的首期，付款期數從 1 開始計數。如果 start_period<1，或 start_period>end_period，則函數傳回錯誤值「#NUM!」。

end_period

為計算中的末期。如果 end_period<1，則函數傳回錯誤值「#NUM!」。

type

用以設定付息方式是在期初還是期末。設定 1 為期初支付，設定 0 為期末支付。如果省略，則設定為期末支付。如果 type 不是 0 或 1，則函數傳回錯誤值「#NUM!」。

使用 CUMIPMT 函數，可以求得兩個週期之間累積應償還的利息。使用固定的利率，固定的 期數計算支付全部利息的總額。

EXAMPLE 1 求任意期間內貸款的累積利息

②按一下〔插入函數〕按鈕，在打開的對話盒 中選擇 CUMIPMT 函數

①按一下要輸入函數的儲存格

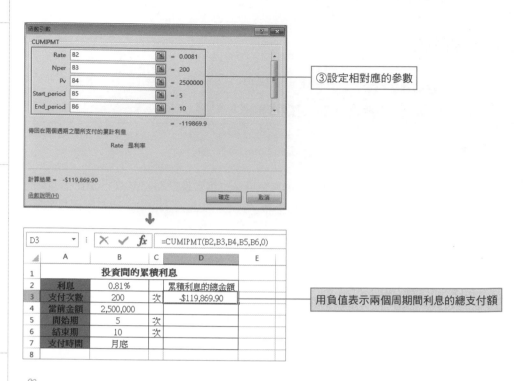

③設定相對應的參數

傳回在兩個週期之間所支付的累計利息

計算結果 = -$119,869.90

	A	B	C	D	E
				=CUMIPMT(B2,B3,B4,B5,B6,0)	
1		投資間的累積利息			
2	利息	0.81%		累積利息的總金額	
3	支付次數	200	次	-$119,869.90	
4	當前金額	2,500,000			
5	開始期	5	次		
6	結束期	10	次		
7	支付時間	月底			
8					

用負值表示兩個周期間利息的總支付額

NOTE ● **參數 pv 中使用負數，會出現錯誤**

當前金額中如果使用負數，則計算結果會傳回錯誤值。如果要避開錯誤，進一步用正數求它的計算結果時，需在公式前加負號。

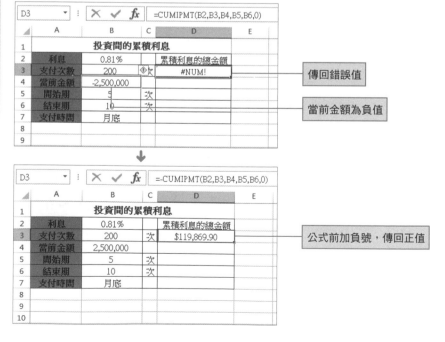

	A	B	C	D	E
				=CUMIPMT(B2,B3,B4,B5,B6,0)	
1		投資間的累積利息			
2	利息	0.81%		累積利息的總金額	
3	支付次數	200	次	#NUM!	
4	當前金額	-2,500,000			
5	開始期	5			
6	結束期	10	次		
7	支付時間	月底			
8					
9					

傳回錯誤值

當前金額為負值

	A	B	C	D	E
				=-CUMIPMT(B2,B3,B4,B5,B6,0)	
1		投資間的累積利息			
2	利息	0.81%		累積利息的總金額	
3	支付次數	200	次	$119,869.90	
4	當前金額	2,500,000			
5	開始期	5	次		
6	結束期	10	次		
7	支付時間	月底			
8					
9					
10					

公式前加負號，傳回正值

05
財
務
函
數

CUMPRINC
傳回兩個週期之間支付本金的總額

格式 ➜ CUMPRINC(rate,nper,pv,start_period,end_period,type)

參數 ➜ rate

為各期利率。可以直接輸入帶 % 的數值或是引用數值所在儲存格。rate 和 nper 的單位必須一致。由於通常用年利率表示利率,若按年利 2.5% 支付,則月利率為 2.5%/12。如果設定為負數,則傳回錯誤值「#NUM!」。

nper

設定付款期總數,用數值或數值所在的儲存格指定。例如,10 年期的貸款,如果每半年支付一次,則 nper 為 10×2;5 年期的貸款,如果按月支付,則 nper 為 5×12。如果設定為負數,則傳回錯誤值「#NUM!」。

pv

為現值,即從該項投資開始計算時已經入帳的款項,或一系列未來付款當前值的累積和,也稱為本金。如果 pv<0,則傳回錯誤值「#NUM!」。

start_period

為計算中的首期,付款期數從 1 開始計數。如果 start_perio d<1,或 start_period>end_period,則函數傳回錯誤值「#NUM!」。

end_period

為計算中的末期。如果 end_period<1,則函數傳回錯誤值「#NUM!」。

type

用以設定付息方式是在期初還是期末。設定 1 為期初支付,設定 0 為期末支付。如果省略,則設定為期末支付。如果 type 不是 0 或 1,則函數傳回錯誤值「#NUM!」。

使用 CUMPRINC 函數,可以求得兩個週期之間支付本金的總額。例如,求償還一年期貸款的本金總額。

📖 EXAMPLE 1　求每月末支付 10 年貸款的本金總額

②按一下〔插入函數〕按鈕,在【插入函數】對話盒中選擇 CUMPRINC 函數

①按一下要輸入函數的儲存格

	A	B	C	D	E
1	每月底支付10年貸款的本金總額				
2	利息	2.50%		第10次到第20次支付的本金總額是?	
3	支付次數	200	次		
4	當前金額	2,200,000			
5	開始支付期	10	次		
6	結束支付期	20	次		
7	支付時間	月底			
8					

③設定相對應的參數

計算結果 = -$100,550.9245

計算第 10 次到第 20 次支付的本金累計額

NOTE ● 用正數表示結果

CUMPRINC 函數結果用負數表示。可以在公式的開頭加負號，用正數表示計算結果。

在函數前加負號，則用正值表示本金累計額

NOTE ● 格式設定後的值

將儲存格格式設定為「貨幣」，並顯示小數點後兩位數。

設定為「貨幣」格式

05
財
務
函
數

5-7 求內部收益率

57-1	IRR
	傳回一組現金流的內部收益率

格式 → IRR(values,guess)

參數 → values

引用儲存格區域設定現金流量的數值。它必須包含至少一個正值和一個負值,以計算傳回的內部收益率。函數 IRR 根據數值的順序來解釋現金流的順序,故應按需要的順序輸入支付和收入的數值。如果陣列或引用包含文字、邏輯值或空白儲存格,這些數值將被忽略。現金流量為正數或負數時,則傳回錯誤值「#NUM!」。

guess

設定與計算結果相近似的數值。IRR 函數是根據估計值開始計算,所以如果它的數值與結果相差很遠,則傳回錯誤值「#NUM!」。如果省略,則假設它為 0.1(10%);設定為非數值時,傳回錯誤值「#NAME?」。

EXAMPLE 1 求投資的內部收益率

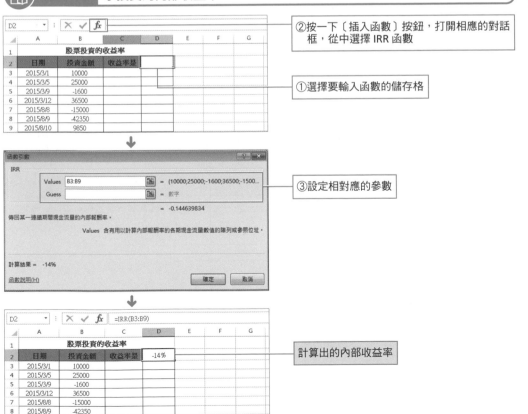

②按一下〔插入函數〕按鈕,打開相應的對話框,從中選擇 IRR 函數

①選擇要輸入函數的儲存格

③設定相對應的參數

計算出的內部收益率

5-7-2　XIRR
求不定期內產生的現金流量的內部收益率

格式 ➡ **XIRR**(values,dates,guess)

參數 ➡ values

引用儲存格區域指定現金流量的數值。它必須包含至少一個正值和一個負值，以計算內部收益率。開始的現金流如果是在最初時間內產生的，則它後面的設定範圍沒必要按順序排列。現金流量都為正數或負數時，則傳回錯誤值「#NUM!」。

dates

設定現金流的日期。起始日期如果比其他日期提前，則沒必要按時間順序排列。如果其他日期比起始日期早，則傳回錯誤值「#NUM!」。

guess

設定與計算結果相近似的數值。XIRR 函數是根據估計值開始計算的，所以如果它的數值與結果相差很遠，則不能得到結果，而是傳回錯誤值「#NUM!」。如果省略，則假設它為 0.1（10%）；如果設定非數值，則傳回錯誤值「#NAME?」。

使用 XIRR 函數，可以求得不定期內產生的現金流量的內部收益率。使用此函數的重點是現金流和日期的設定方法。

EXAMPLE 1　求投資的內部收益率

表示現金流量的內部收益

至少包含一個正值或負值

✌ **NOTE** ● **即使正確指定，也可能會產生錯誤**

即使現金流量的設定正確，也可能會產生錯誤，此時需更改估計值。XIRR 函數是基於估計值進行計算的，更改估計值時，錯誤值將被刪除。

MIRR
傳回某一連續期間內現金流的修正內部收益率

格式 ➔ MIRR(values,finance_rate,reinvest_rate)

參數 ➔ values

引用儲存格區域指定現金流量的數值。參數中必須至少包含一個正值和一個負值，才能計算修正後的內部收益率。必須按現金流量的產生順序排列。當現金流量全為正數或負數時，函數 MIRR 會傳回錯誤值「#DIV/0!」。

finance_rate

引用儲存格或數值指定收入（正數的現金流量）的相應利率。如果參數為非數值，則傳回錯誤值「#VALUE!」。

reinvest_rate

是指將現金流再投資的收益率。

使用 MIRR 函數，可以求得現金流量的收入和支出利率不同時的內部收益率（修正內部收益率）。由於收入和支出的利率不同，所以必須注意現金流量的符號和順序，而且必須是定期內產生的現金流量。

 EXAMPLE 1 求修正內部收益率

求修正內部收益率時，必須設定定期內產生的現金流量。而且也必須設定現金流的產生順序。

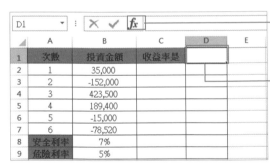

②按一下〔插入函數〕按鈕，在打開的對話框中選擇 MIRR 函數

①選擇要輸入函數的儲存格

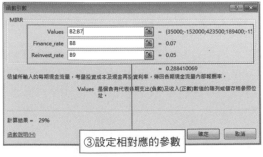

③設定相對應的參數

根據公式 =MIRR(B2:B7,B8,B9) 傳回修正內部收益率

05
財務函數

5-8 求折舊費

5-8-1　DB
使用固定餘額遞減法計算折舊值

格式 ➡ DB(cost,salvage,life,period,month)

參數 ➡ cost

用儲存格或數值設定固定資產的原值。如果設定為負數,則傳回錯誤值「#NUM!」。

salvage

用儲存格或數值設定折舊期限結束後的固定資產的價值。如果設定為負數,則傳回錯誤值「#NUM!」。

life

設定固定資產的折舊期限。有時也稱作資產的使用壽命。如果設定為 0 或負數,則傳回錯誤值「#NUM!」。

period

用儲存格或數值設定計算折舊值的期間。period 必須和 life 使用相同的單位,所以如果用月設定期間,則折舊期限也必須用月設定。如果設定為 0、負數或比 life 大的數值,則傳回錯誤值「#NUM!」。

month

用儲存格或數值設定購買固定資產的時間的剩餘月份數。必須用 1 ～ 12 之間的整數設定月數。如果設定為負數值或比 12 大的數值,則會傳回錯誤值「#NUM!」;如省略,則假設為 12。

根據固定資產的折舊期限,使用折舊率求餘額遞減法的折舊費稱為固定餘額遞減法。使用 DB 函數,可以用固定餘額遞減法求設定期間內的折舊費。折舊期限和期間的設定方法是 DB 函數的重點。

EXAMPLE 1　用餘額遞減求固定資產的年度折舊費

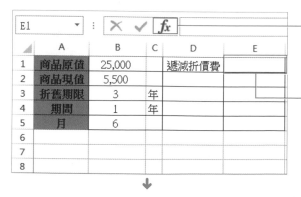

②按一下〔插入函數〕按鈕,在打開的對話盒中選擇 DB 函數

①選擇要輸入函數的儲存格

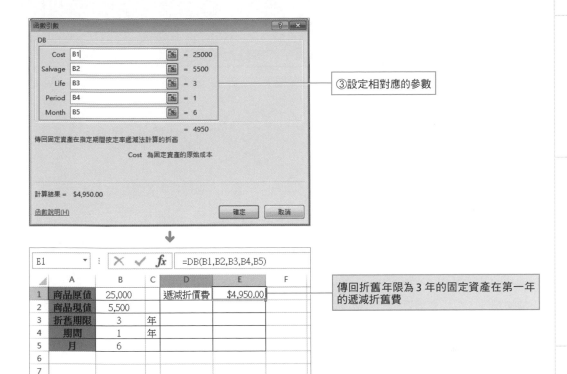

③設定相對應的參數

傳回折舊年限為 3 年的固定資產在第一年的遞減折舊費

	A	B	C	D	E	F
1	商品原值	25,000		遞減折價費	$4,950.00	
2	商品現值	5,500				
3	折舊期限	3	年			
4	期間	1	年			
5	月	6				
6						
7						
8						
9						

E1　=DB(B1,B2,B3,B4,B5)

EXAMPLE 2　求固定資產的月度折舊費

E1　=DB(B1,B2,B3*12,B4,B5)

	A	B	C	D	E	F
1	商品原值	25,000		遞減折價費	$578.54	
2	商品現值	5,500				
3	折舊期限	3	年			
4	期間	15	月			
5	月	8				
6						
7						
8						

傳回折舊年限為 3 年的固定資產在第 15 個月的遞減折舊費

E1　=DB(B1,B2,B3*12,B4,B5)

	A	B	C	D	E	F
1	商品原值	25,000		遞減折價費	#NUM!	
2	商品現值	5,500				
3	折舊期限	3	年			
4	期間	15	月			
5	月	-8				
6						
7						
8						
9						

如果月數指定為負值，則傳回錯誤值「#NUM!」

05
財務函數

SLN
傳回某項資產在一個期間中的線性折舊值

格式 → SLN(cost,salvage,life)

參數 → cost

用儲存格或數值設定固定資產的原值。如果指定為非數值,則傳回錯誤值「#VALUE!」。

salvage

用儲存格或數值設定折舊期限結束後的資產價值,也稱作資產殘值。如果設定為非數值,則傳回錯誤值「#VALUE!」。

life

用儲存格或數值指定固定資產的折舊期限。如果按月計算折舊,則直接設定月數。如果設定參數為 0,則傳回錯誤值「#DIV/0!」。

通常情況下,在折舊期限的期間範圍內把相同金額作為折舊費計算的方法稱為線性折舊法。使用 SLN 函數,就可以用線性折舊法求折舊費。因此,不用考慮計算折舊值的期間。SLN 函數的使用重點是折舊期限和資產殘值的設定方法。

EXAMPLE 1 求折舊期限為 5 年的固定資產的折舊費

使用 SLN 函數求折舊費時,傳回的結果隨折舊的年度單位或月度單位而改變。

根據公式 =SLN(B1,B2, B3) 傳回固定資產每年的遞減折舊費

根據公式 =SLN(B1,B2, B3*12) 傳回固定資產每月的遞減折舊費

DDB
使用雙倍餘額遞減法計算折舊值

格式 → DDB(cost,salvage,life,period,factor)

參數 → cost

用儲存格或數值設定固定資產的原值。如果設定為非數值,則傳回錯誤值「#VALUE!」。

salvage

用儲存格或數值指定折舊期限結束後的資產價值,也稱作資產殘值。如果設定為非數值,則傳回錯誤值「#VALUE!」。

life

用儲存格或數值設定固定資產的折舊期限。如果設定為負數或 0,則傳回錯誤值「#NUM!」。

period

用儲存格或數值設定需計算折舊費的期間。period 必須使用與 life 相同的單位。需求每月的遞減折舊費時,必須使用月份數指定折舊期限。如設定為 0 或負數,則傳回錯誤值「#NUM!」。

factor

用儲存格或數值設定遞減折舊率。如果被省略,則設定為 2。如果設定為負數或 0,則傳回錯誤值「#NUM!」。

當遞減折舊費比折舊期間的開始金額多時,隨著年度的增加而變小的計算方法稱為「雙倍餘額法」。使用 DDB 函數,就可透過使用雙倍餘額遞減法或其他設定方法,計算一筆資產在給定期間內的折舊值。

> 📖 EXAMPLE 1　求折舊期限為 5 年的固定資產的遞減折舊費

| E1 | ▼ : ✕ ✓ *fx* | =DDB(B1,B2,B3,B4,B5) |

▲	A	B	C	D	E
1	商品原值	150,000		雙倍餘額遞減折舊費是	$25,115.16
2	商品現值	35,200			
3	折舊期限	5	年		
4	期間	2	年		
5	月	0.95			
6					
7					
8					
9					
10					
11					

根據公式 =DDB(B1,B2,B3,B4,B5) 傳回雙倍餘額遞減折舊費

5-8-4　VDB

使用雙倍餘額遞減法或其他設定方法傳回折舊值

格式 → VDB(cost,salvage,life,start_period,end_period,factor,no_switch)

參數 → cost

用儲存格或數值指定固定資產的原值。如果設定為負數值，則傳回錯誤值「#NUM!」。

salvage

用儲存格或數值設定折舊期限結束後的資產價值，也稱作資產殘值。如果設定為負數，則傳回錯誤值「#NUM!」。

life

用儲存格或數值設定固定資產的折舊期限。折舊期限和開始日期、結束日期的時間單位必須一致。如果設定為負數，則傳回錯誤值「#NUM!」。

start_period

用數值或儲存格設定進行折舊的開始日期。start_period 必須與 life 的單位相同。如果設定為負數，則傳回錯誤值「#NUM!」。

end_period

用數值或儲存格設定進行折舊的結束日期。end_period 與 life 的單位必須相同。如果設定為負數，則傳回錯誤值「#NUM!」。

factor

為餘額遞減速率，即折舊因數。如果省略參數 factor，則函數假設 factor 為 2（雙倍餘額遞減法）。如果不想使用雙倍餘額遞減法，可改變參數 factor 的值。如果設定為負數，則傳回錯誤值「#NUM!」。

no_switch

為一邏輯值，設定當折舊值大於餘額遞減計算值時，是否轉用線性折舊法。如果 no_switch 為 TRUE，即使折舊值大於餘額遞減計算值，那麼 Microsoft Excel 也不轉用線性折舊法。如果 no_switch 為 FALSE 或被忽略，且折舊值大於餘額遞減計算值時，Excel 將轉用線性折舊法。

EXAMPLE 1　用雙倍餘額遞減法求遞減折舊費

▲	A	B	C	D	E	F
1	固定資產的遞減折舊費					
2	資產原值	5,750,000		遞減折舊費		
3	資產現值	356,000				
4	折舊期限	11	年			
5	開始時間	3	年			
6	結束時間	9	年			
7	利率	3.05				
8	無轉換	TRUE				
9						

②按一下〔插入函數〕按鈕，打開【插入函數】對話盒，從中選擇 VDB 函數

①選擇要輸入函數的儲存格

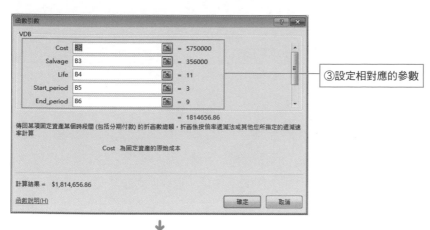

③設定相對應的參數

↓

用雙倍餘額遞減法計算出第 3 年到第 9 年的遞減折舊費

▼用月做單位

用公式 =VDB(B2,B3,B4*12,B5, B6,B7,B8) 計算出第 12 個月到第 20 個月的遞減折舊費

👆 NOTE ● 使用 VDB 函數的注意事項

使用 VDB 函數,可透過雙倍餘額遞減法或線性折舊法求固定資產的遞減折舊費。用 no_switch 參數設定是否在必要時啟用線性折舊法。使用此函數的重點是參數 factor 和 no_switch 的設定方法。在使用此函數的過程中,除 no_switch 外的所有參數都必須為正數。

SYD
按年限總和折舊法計算折舊值

格式 ➡ SYD(cost,salvage,life,per)

參數 ➡ cost

用儲存格或數值設定固定資產的原值。如果設定為負數,則傳回錯誤值「#NUM!」。

salvage

用儲存格或數值設定折舊期限結束後的資產價值,也稱作資產殘值。如果設定為負值,則傳回錯誤值「#NUM!」。

life

用儲存格或數值設定固定資產的折舊期限。若是求月份數的折舊費,則單位必須設定為月份數。如果設定為負數,則傳回錯誤值「#NUM!」。

per

用儲存格或數值設定進行折舊的期間。如果是求月份數的遞減餘額的折舊費,則單位必須設定為月份數。per 和 life 的時間單位必須相同。如果指定為 0 或負數,則傳回錯誤值「#NUM!」。

年限總和法又稱年數比率法、級數遞減法或年限合計法,是固定資產加速折舊法的一種。它是將固定資產的原值減去殘值後的淨額乘以一個逐年遞減的分數來計算確定固定資產折舊額的一種方法。它與固定餘額遞減法相比,屬於一種緩慢的曲線。使用 SYD 函數,可以傳回某項資產按年限總和折舊法計算的某期的折舊值。使用 SYD 函數的重點是參數 life 和 per 的設定。另外,life 和 per 的時間單位必須一致,否則不能得到正確的結果。

EXAMPLE 1 求餘額遞減折舊費

用年限總和法計算原值 650000 元,折舊年限為 13 年的固定資產的遞減折舊費。固定資產越新,則餘額遞減折舊費越高。

	E1			=SYD(B1,B2,B3,B4)	
	A	B	C	D	E
1	商品原值	650,000		商品第4年的折舊費是	$67,560.44
2	商品現值	35,200			
3	折舊期限	13	年		
4	期間	4	年		
5					
6					
7					
8					
9					

根據公式 =SYD(B1,B2, B3,B4) 傳回第 4 年的遞減折舊費

AMORDEGRC
傳回每個結算期間的折舊值（法國計算方式）

格式 → AMORDEGRC(cost,date_purchased,first_period,salvage,period,rate,basis)

參數 → cost

用數值或儲存格引用設定固定資產的原值。如果設定為負數，則傳回錯誤值「#NUM!」。

date_purchased

用數值或儲存格引用設定購買固定資產的日期。如果參數 date_purchased 在 first_period 前，則傳回錯誤值「#NUM!」。

first_period

用數值或儲存格引用設定固定資產第一期間結束時的日期。如果設定為日期以外的數值，則傳回錯誤值「#VALUE!」。

salvage

用數值或儲存格引用設定折舊期限結束後，固定資產的剩餘價值。如果設定為負數，則傳回錯誤值「#NUM!」。

period

用數值或儲存格引用設定需求餘額遞減折舊費的計算年度。若為負數，則傳回錯誤值。

rate

用數值或儲存格引用設定餘額遞減的折舊率。若為 0 或負數，則傳回錯誤值「#NUM!」。

basis

設定一年用多少天來計算的數值。若設定為 0，則一年當作 360 天（NASD 方式）計算；設定為 1，則按一年的實際天數（一般為 365 天，但閏年是 366 天）來計算；設定為 3，則認為一年是 365 天；設定為 4，則認為一年是 360 天（歐洲方式）。若省略，則表示設定為 0。若設定為比 5 大的數值、負數或 2，則傳回錯誤值「#NUM!」。

EXAMPLE 1 求各計算期內的餘額遞減折舊費

| D2 | : | × ✓ fx | =AMORDEGRC(B2,B3,B4,B5,B6,B7,B8) |

	A	B	C	D	E	F
1	求資產各計算期內的餘額遞減折舊費					
2	資產原值	$3,756,000	遞減折舊費	$532,983		
3	購買時間	2016/5/7				
4	結束時間	2016/11/30				
5	資產現值	$165,000				
6	期數	2				
7	利率	8%				
8	基準	1				
9						

根據公式 =AMORDEGRC(B2,B3,B4,B5,B6,B7,B8) 求出遞減折舊費

AMORLINC
傳回每個結算期間的折舊值

格式 ➜ AMORLINC(cost,date_purchased,first_period,salvage,period,rate,basis)

參數 ➜ cost

用數值或儲存格引用設定固定資產的原值。如果設定為負數,則傳回錯誤值「#NUM!」。

date_purchased

用數值或儲存格引用設定購買固定資產的日期。如果 date_purchased 在 first_period 前,則傳回錯誤值「#NUM!」。

first_period

用數值或儲存格引用設定固定資產第一期間結束時的日期。如果設定為日期以外的數值,則傳回錯誤值「#VALUE!」。

salvage

用數值或儲存格引用設定折舊期限結束後,固定資產的剩餘價值。如果設定為負數,則傳回錯誤值「#NUM!」。

period

用數值或儲存格引用設定需求餘額遞減折舊費的計算年度。若為負數,則傳回錯誤值。

rate

用數值或儲存格引用設定餘額遞減的折舊率。若為 0 或負數,則傳回錯誤值「#NUM!」。

basis

設定一年用多少天來計算的數值。若設定為 0,則一年當作 360 天(NASD 方式)計算;若設定為 1,則按一年的實際天數計算,一般為 365 天,但閏年是 366 天;若設定為 3,則將一年當作 365 天;若設定為 4,則將一年當作 360 天(歐洲方式)。若省略,則表示設定為 0。若設定為比 5 大的數值、負數或 2,則傳回錯誤值「#NUM!」。

📋 **EXAMPLE 1** 求各計算期內的餘額遞減折舊費

	A	B	C	D	E	F
D1	fx =AMORLINC(B1,B2,B3,B4,B5,B6,B7)					
1	資產原值	$5,680,000	遞減折舊費	$511,200		
2	購買時間	2016/1/1				
3	結束時間	2016/6/28				
4	資產現值	$789,000				
5	期數	3				
6	利率	9%				
7	基準	1				
8						

根據公式 =AMORLINC(B1,B2, B3,B4,B5,B6,B7) 求出遞減折舊費

證券的計算

5-9-1	**PRICEMAT**
	傳回到期付息的面額 $100 的有價證券的價格

格式 → PRICEMAT(settlement,maturity,issue,rate,yld,basis)

參數 → settlement

用日期、儲存格引用、序號或公式結果等設定購買證券的日期。如果該日期在發行日期之前，則傳回錯誤值「#NUM!」。

maturity

用日期、儲存格引用、序號或公式結果等設定有價證券的到期日。如果該日期在發行時間或購買時間前，則傳回錯誤值「#NUM!」。

issue

用日期、儲存格引用或公式等設定有價證券的發行日，如果設定日期以外的數值，則傳回錯誤值「#VALUE!」。

rate

用儲存格引用或數值設定有價證券在發行日的利率。若為負數，則傳回錯誤值「#NUM!」。

yld

用儲存格引用或數值設定有價證券的年收益率。如果設定為負數，則傳回錯誤值「#NUM!」。

basis

用數值設定證券日期的計算方法。如果設定為 0，則用 30/360 天（NASD 方式）計算；如果設定為 1，則用實際天數 / 實際天數計算；如果設定為 2，則用實際天數 /360 天計算；如果設定為 3，則用實際天數 /365 天計算；如果設定為 4，則用 30/360 天（歐洲方式）計算。如果省略，則假定其值為 0。如果設定為 0 ～ 4 以外的數值，則傳回錯誤值「#NUM!」。

使用 PRICEMAT 函數，可以求得到期付息的面額 $100 的有價證券的價格。使用此函數的重點是日期和天數的計算方法的確定。

📑 **EXAMPLE 1** 求未來 5 年期內有價證券的價格

D2	▼	:	✕ ✓ fx	=PRICEMAT(B2,B3,B4,B5,B6,B7)		
▲	A	B	C	D	E	F
1		5年內債券的價格				
2	購買時間	2017/5/1	價格	99.6694		
3	到期時間	2017/7/28				
4	發行日	2015/5/20				
5	借息率	1.50%				
6	年收益率	2.80%				
7	基準	1				
8						
9						

根據公式 =PRICEMAT(B2,B3,B4, B5,B6,B7) 傳回基準類型設定為 1，用實際天數 / 實際天數計算面額為 $100 的有價證券的價格

5-9-2 YIELDMAT
傳回到期付息的有價證券的年收益率

格式 ➜ YIELDMAT(settlement,maturity,issue,rate,pr,basis)

參數 ➜ **settlement**

用日期、儲存格引用、序號或公式結果等設定購買證券的日期。如果該日期在發行日期之前,則傳回錯誤值「#NUM!」。

maturity

用日期、儲存格引用、序號或公式結果等設定有價證券的到期日。如果該日期在發行時間或購買時間前,則傳回錯誤值「#NUM!」。

issue

用日期、儲存格引用或公式等設定有價證券的發行日,如果設定日期以外的數值,則傳回錯誤值「#VALUE!」。

rate

用儲存格引用或數值設定有價證券在發行日的利率。如果設定為負數,則傳回錯誤值「#NUM!」。

pr

用儲存格引用或數值設定面額 $100 的有價證券的價格。若為負數,則傳回錯誤值。

basis

用數值設定證券日期的計算方法。如果設定為 0,則用 30/360 天(NASD 方式)計算;如果設定為 1,則用實際天數 / 實際天數計算;如果設定為 2,則用實際天數 /360 天計算;如果設定為 3,則用實際天數 /365 天計算;如果設定為 4,則用 30/360 天(歐洲方式)計算。如果省略,則假定其值為 0。如果設定為 0～4 以外的數值,則傳回錯誤值「#NUM!」。

使用 YIELDMAT 函數,可以求得到期付息的有價證券的年收益率。每一個月必須按照 30 天計算或實際天數計算,此函數的重點是計算年收益率時基準的設定。

📋 **EXAMPLE 1** 求 1 年期證券的年收益率

| D2 | ▼ : ✕ ✓ *fx* | =YIELDMAT(B2,B3,B4,B5,B6,B7) |

▲	A	B	C	D	E	F
1		債券的收益率				
2	購買時間	2015/1/1	價格	0.024161		
3	到期時間	2016/12/30				
4	發行日	2013/2/15				
5	債息率	2.30%				
6	現值	$99.58				
7	基準	1				
8						

根據公式 =YIELDMAT(B2,B3, B4,B5,B6,B7) 傳回基準為 1 的年收益率

05 財務函數

ACCRINTM
傳回到期一次性付息有價證券的應計利息

格式 ➜ ACCRINTM(settlement,maturity,issue,rate,pr,basis)

參數 ➜ issue

用日期、儲存格引用或公式等設定有價證券的發行日。如果設定為日期以外的數值，則傳回錯誤值「#VALUE!」。

maturity

用日期、儲存格引用、序號或公式結果等設定有價證券的到期日。如果該日期在發行時間或購買時間之前，則傳回錯誤值「#NUM!」。

rate

用儲存格引用或數值設定有價證券在發行日的利率。如果設定為負數，則傳回錯誤值「#NUM!」。

par

有價證券的票面價值。如果省略 par，則函數視 par 為 $10000。如果指定為負數，則傳回錯誤值「#NUM!」。

basis

用數值設定證券日期的計算方法。如果設定為 0，則用 30/360 天（NASD 方式）計算；如果設定為 1，則用實際天數 / 實際天數計算；如果設定為 2，則用實際天數 /360 天計算；如果設定為 3，則用實際天數 /365 天計算；如果設定為 4，則用 30/360 天（歐洲方式）計算。如果省略，則假定其值為 0。如果設定為 0 ～ 4 以外的數值，則傳回錯誤值「#NUM!」。

使用 ACCRINTM 函數，可傳回到期一次性付息有價證券的應計利息。使用此函數的重點是日期的計算方法。日期的計算方法隨證券不同而不同，所以必須正確設定日期。

📖 EXAMPLE 1　求票面價值 35000 元的證券的應計利息

D1	▼	:	✗ ✓ *fx*	=ACCRINTM(B1,B2,B3,B4,B5)	
▲	A	B	C	D	E
1	購買時間	2017/2/5	付息的利息為	$185	
2	成交時間	2017/5/18			
3	債息率	1.89%			
4	票面價值	$35,000			
5	基準	1			
6					
7					

根 據 公 式 =ACCRINTM (B1,B2,B3,B4,1) 求 出 一次性付息有價證券的應計利息

PRICE
傳回定期付息的面額 $100 的有價證券的價格

格式 ➜ PRICE(settlement,maturity,rate,yld,redemption,frequency,basis)

參數 ➜ settlement

用日期、儲存格引用、序號或公式結果等設定購買證券的日期。如果該日期在發行日期之前，則傳回錯誤值「#NUM!」。

maturity

用日期、儲存格引用、序號或公式結果等設定有價證券的到期日。如果設定為日期以外的數值，則傳回錯誤值「#NUM!」。

rate

用儲存格引用或數值設定有價證券在發行日的利率。如果設定為負數，則傳回錯誤值「#NUM!」。

yld

用儲存格引用或數值設定有價證券的年收益率。如果設定為負數，則傳回錯誤值「#NUM!」。

redemption

為面額 $100 的有價證券的清償價值。如果設定為負數，則傳回錯誤值「#NUM!」。

frequency

為年付息次數。如果按年支付，則 frequency 設定為 1；按半年期支付，frequency 設定為 2；按季支付，frequency 設定為 4。如果 frequency 不為 1、2 或 4，則函數傳回錯誤值「#NUM!」。

basis

用數值設定證券日期的計算方法。如果設定為 0，則用 30/360 天（NASD 方式）計算；如果設定為 1，則用實際天數 / 實際天數計算；如果設定為 2，則用實際天數 /360 天計算；如果設定為 3，則用實際天數 /365 天計算；如果設定為 4，則用 30/360 天（歐洲方式）計算。如果省略，則假設其值為 0。如果設定為 0 ～ 4 以外的數值，則傳回錯誤值「#NUM!」。

使用 PRICE 函數，可以求得定期支付利息的面額 $100 的證券價格。求證券的價格時，必須注意利率和收益率的設定。利率即是基於證券票面價格的計算數值，收益率即是基於證券購買價格的計算數值。此外，應使用 DATE 函數輸入日期，或者將函數作為其他公式或函數的結果輸入。如果日期以文字形式輸入，則會出現問題。例如，使用函數 DATE(2016,6,10) 輸入日期「2016 年 6 月 10 日」。

EXAMPLE 1 求每半年支付利息的證券價格

②按一下〔插入函數〕按鈕，在打開的對話盒中選擇 PRICE 函數

①選擇要輸入函數的儲存格

	A	B	C	D	E	F
1	購買時間	2016/2/10	價格			
2	到期時間	2017/12/15				
3	利率	1.05%				
4	年收益率	1.80%				
5	清還值	$98.95				
6	年付息次數	2				
7	基準	3				
8						
9						

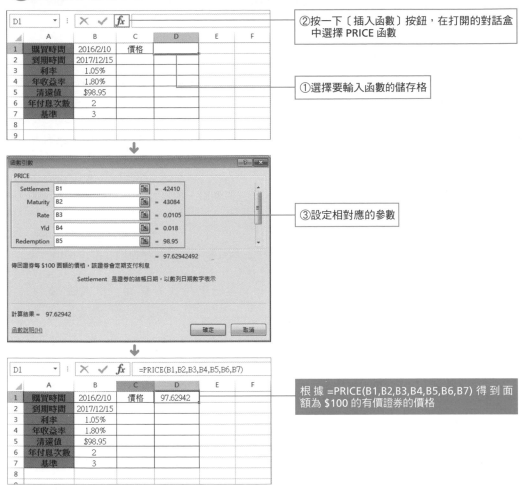

函數引數

PRICE

Settlement	B1	=	42410
Maturity	B2	=	43084
Rate	B3	=	0.0105
Yld	B4	=	0.018
Redemption	B5	=	98.95

③設定相對應的參數

= 97.62942492

傳回證券每 $100 面額的價格，該證券會定期支付利息

Settlement 是證券的結帳日期，以數列日期數字表示

計算結果 = 97.62942

函數說明(H)　　　　　　　確定　　取消

=PRICE(B1,B2,B3,B4,B5,B6,B7)

	A	B	C	D	E	F
1	購買時間	2016/2/10	價格	97.62942		
2	到期時間	2017/12/15				
3	利率	1.05%				
4	年收益率	1.80%				
5	清還值	$98.95				
6	年付息次數	2				
7	基準	3				
8						

根 據 =PRICE(B1,B2,B3,B4,B5,B6,B7) 得 到 面額為 $100 的有價證券的價格

▼到期日比成交日早的情況

=PRICE(B1,B2,B3,B4,B5,B6,B7)

	A	B	C	D	E	F
1	購買時間	2016/2/10	價格	#NUM!		
2	到期時間	2015/12/15				
3	利率	1.05%				
4	年收益率	1.80%				
5	清還值	$98.95				
6	年付息次數	2				
7	基準	3				
8						

因為到期日比成交日早，所以傳回錯誤值「#NUM!」

NOTE ● **票面價格不是 $100 的情況**

PRICE 函數所求的結果是完全針對面額為 $100 的價格。票面價格如果不是 $100，則必須按照票面價格進行計算。

05
財
務
函
數

YIELD
求定期支付利息證券的收益率

格式 → YIELD(settlement,maturity,rate,pr,redemption,frequency,basis)

參數 → settlement

用日期、儲存格引用、序號或公式結果等設定證券的成交日。如果該日期在到期日之後，則傳回錯誤值「#NUM!」。

maturity

用日期、儲存格引用、序號或公式結果等設定有價證券的到期日。如果設定為日期以外的數值，則傳回錯誤值「#NUM!」。

rate

用儲存格引用或數值設定有價證券的年息票利率。如果設定為負數，則傳回錯誤值「#NUM!」。

pr

為面額 $100 的有價證券的價格。若設定為負數，則傳回錯誤值「#NUM!」。

redemption

為面額 $100 的有價證券的清償價值。如果設定為負數，則傳回錯誤值「#NUM!」。

frequency

為年付息次數。如果按年支付，則 frequency 設定為 1；按半年期支付，frequency 設定為 2；按季支付，frequency 設定為 4。如果 frequency 不為 1、2 或 4，則函數傳回錯誤值「#NUM!」。

basis

用數值設定證券日期的計算方法。如果設定為 0，則用 30/360 天（NASD 方式）計算；如果設定為 1，則用實際天數 / 實際天數計算；如果設定為 2，則用實際天數 /360 天計算；如果設定為 3，則用實際天數 /365 天計算；如果設定為 4，則用 30/360 天（歐洲方式）計算。如果省略，則假設其值為 0。如果設定為 0 ～ 4 以外的數值，則傳回錯誤值「#NUM!」。

使用 YIELD 函數，可以求得定期支付利息證券的收益率。使用此函數的重點是參數 pr 和 redemption 的設定。注意不是設定實際的價格，而是設定面額為 $100 的價格。

EXAMPLE 1　計算 1 年期證券的收益率

計算證券收益率時，必須注意基準數值的設定。如果日期的計算方法錯誤，計算結果也隨之出錯。

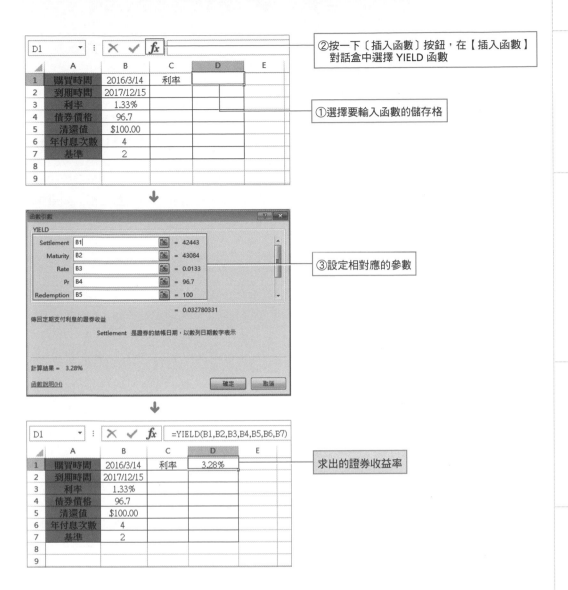

②按一下〔插入函數〕按鈕，在【插入函數】對話盒中選擇 YIELD 函數

①選擇要輸入函數的儲存格

③設定相對應的參數

求出的證券收益率

Excel 中將加半形雙引號的日期作為文字串處理。但是對於 YIELD 函數，即使用文字形式設定日期，也不會傳回錯誤值。

根據公式 =YIELD("2013/3/14", "2014/12/15", B3,B4,B5,B6, B7) 傳回收益率。其中，成交日和到期日可以設定文字串來計算

5-9-6 ACCRINT
傳回定期付息有價證券的應計利息

格式 ➡ ACCRINT(issue,first_interest,settlement,rate,par,frequency,basis)
參數 ➡ issue
用日期、儲存格引用或公式等設定有價證券的發行日。如果設定為日期以外的數值，則傳回錯誤值「#VALUE!」。
first_interest
用儲存格引用、序號、公式、文本或日期設定證券起始的利息支付日期。如果設定為日期以外的數值，則傳回錯誤值「#VALUE!」。
settlement
用日期、儲存格引用、序號或公式結果等設定證券的成交日。如果該日期在發行日期之前，則傳回錯誤值「#NUM!」。
rate
用儲存格引用或數值設定有價證券的年息票利率。如果設定為負數，則傳回錯誤值「#NUM!」。
par
為有價證券的票面價值。如果省略 par，則函數視 par 為 $10000。
frequency
為年付息次數。如果按年支付，則 frequency 設定為 1；按半年期支付，frequency 設定為 2；按季支付，frequency 設定為 4。如果 frequency 不為 1、2 或 4，則函數傳回錯誤值「#NUM!」。
basis
用數值設定證券日期的計算方法。如果設定為 0，則用 30/360 天（NASD 方式）計算；如果設定為 1，則用實際天數 / 實際天數計算；如果設定為 2，則用實際天數 /360 天計算；如果設定為 3，則用實際天數 /365 天計算；如果設定為 4，則用 30/360 天（歐洲方式）計算。如果省略，則假設其值為 0。如果設定為 0～4 以外的數值，則傳回錯誤值「#NUM!」。

使用 ACCRINT 函數，可以求定期付息有價證券的應計利息。使用此函數的重點是參數 par 的設定。計算證券的函數多是計算面額為 $100 的證券，而 ACCRINT 函數則可設定票面價格。

✌ NOTE ● 日期的設定方法

日期的設定方法很多。我們可以設定序號，例如只想傳回序號的結果，如果公式沒有錯誤，就可以設定序號。

EXAMPLE 1 計算 10 年期證券的應計利息

求應付利息時，發行日和成交日的時間必須設定正確，如果設定錯誤，會傳回錯誤值。

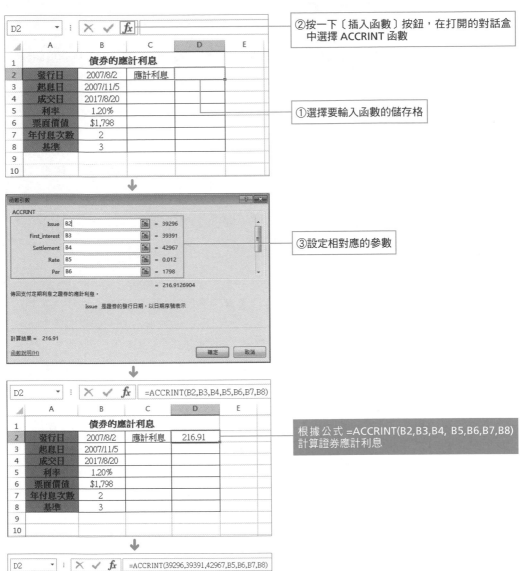

②按一下〔插入函數〕按鈕，在打開的對話盒中選擇 ACCRINT 函數

①選擇要輸入函數的儲存格

③設定相對應的參數

根據公式 =ACCRINT(B2,B3,B4, B5,B6,B7,B8) 計算證券應計利息

根據公式 =ACCRINT(39296,39391, 42967,B5,B6,B7,B8) 傳回利息，其中用序號設定了發行日、起息日、成交日

5-9-7 PRICEDISC
傳回折價發行的面額 $100 的有價證券的價格

格式 ➜ PRICEDISC(settlement,maturity,discount,redemption,basis)

參數 ➜ settlement

用日期、儲存格引用、序號或公式結果等設定證券的成交日。如果該日期在發行日期之前，則傳回錯誤值「#NUM!」。

maturity

用日期、儲存格引用、序號或公式結果等設定有價證券的到期日。如果設定日期以外的數值，則傳回錯誤值「#NUM!」。

discount

用數值、公式或文字設定有價證券的貼現率。如果設定為負數，則傳回錯誤值「#NUM!」。

redemption

用數值或儲存格引用設定面額為 $100 的有價證券的清償價值。如果設定為負數，則傳回錯誤值「#NUM!」。

basis

用數值設定證券日期的計算方法。如果設定為 0，則用 30/360 天（NASD 方式）計算；如果設定為 1，則用實際天數 / 實際天數計算；如果設定為 2，則用實際天數 /360 天計算；如果設定為 3，則用實際天數 /365 天計算；如果設定為 4，則用 30/360 天（歐洲方式）計算。如果省略，則設定其值為 0。如果設定 0 ～ 4 以外的數值，則傳回錯誤值「#NUM!」。

使用 PRICEDISC 函數，可以傳回折價發行的面額為 $100 的有價證券的價格。貼現證券的貼現率是發行價格和票面價值的差額除以票面價值所得的值。貼現證券不支付利息，所以不需考慮利率。貼現率相當於通常的證券利率。使用此函數的重點是基準數值的設定。必須確認設定證券日期的計算方式。如果求貼現率的收益率，請參照 YIELDDISC 函數。

📖 EXAMPLE 1 求 5 年期貼現證券的價格

D2	▼	× ✓ fx	=PRICEDISC(B2,B3,B4,B5,B6)	
	A	B	C	D	E
1		貼現證券的價格			
2	購買時間	2011/5/1	貼現證券的價格	90.19	
3	到期時間	2016/12/15			
4	貼現率	1.50%			
5	清還值	$98.50			
6	基準	4			
7					

根據公式 =PRICEDISC(B2, B3,B4, B5,B6) 求出貼現證券的價格

5-9-8 RECEIVED
傳回一次性付息的有價證券到期收回的金額

格式 → RECEIVED(settlement,maturity,investment,discount,basis)

參數 → settlement

用日期、儲存格引用、序號或公式結果等設定證券的成交日。如果該日期在到期日之後，則傳回錯誤值「#NUM!」。

maturity

用日期、儲存格引用、序號或公式結果等設定有價證券的到期日。如果設定日期以外的數值，則傳回錯誤值「#NUM!」。

investment

為有價證券的投資額。如果 investment ≤ 0，則函數傳回錯誤值「#NUM!」。

discount

用數值、公式或文本設定有價證券的貼現率。如果設定為負數，則傳回錯誤值「#NUM!」。

basis

用數值設定證券日期的計算方法。如果設定為 0，則用 30/360 天（NASD 方式）計算；如果設定為 1，則用實際天數 / 實際天數計算；如果設定為 2，則用實際天數 /360 天計算；如果設定為 3，則用實際天數 /365 天計算；如果設定為 4，則用 30/360 天（歐洲方式）計算。如果省略，則設定其值為 0。如果設定為 0 ～ 4 以外的數值，則傳回錯誤值「#NUM!」。

使用 RECEIVED 函數，可以傳回一次性付息的有價證券到期收回的金額。使用此函數的重點是投資額的設定。在此函數中必須設定實際的投資額。需求折價發行的面額為 $100 的有價證券的價格，請參照 PRICEDISC 函數。

EXAMPLE 1 求 5 年償還證券的收回金額

| D2 | | ✕ ✓ fx | =RECEIVED(B2,B3,B4,B5,B6) | |

▲	A	B	C	D	E
1	證券償還的收回金額				
2	購買時間	2012/5/1	收回金額	78904.90	
3	到期時間	2017/7/8			
4	投資金額	67,850			
5	貼現率	2.70%			
6	基準	3			
7					
8					
9					

求出有價證券到期收回的金額

DISC
傳回有價證券的貼現率

格式 ➜ DISC(settlement,maturity,pr,redemption,basis)

參數 ➜ settlement

用日期、儲存格引用、序號或公式結果等設定證券的成交日。如果該日期在到期日之後，則傳回錯誤值「#NUM!」。

maturity

用日期、儲存格引用、序號或公式結果等設定有價證券的到期日。如果設定為日期以外的數值，則傳回錯誤值「#NUM!」。

pr

為面額 $100 的有價證券的價格。若設定為負數，則傳回錯誤值「#NUM!」。

redemption

用數值或儲存格引用設定面額 $100 的有價證券的清償價值。如果設定為負數，則傳回錯誤值「#NUM!」。

basis

用數值設定證券日期的計算方法。如果設定為 0，則用 30/360 天（NASD 方式）計算；如果設定為 1，則用實際天數 / 實際天數計算；如果設定為 2，則用實際天數 /360 天計算；如果設定為 3，則用實際天數 /365 天計算；如果設定為 4，則用 30/360 天（歐洲方式）計算。如果省略，則設定其值為 0。如果設定為 0 ～ 4 以外的數值，則傳回錯誤值「#NUM!」。

使用 DISC 函數，能求有價證券的貼現率。使用此函數的重點是參數 pr 和 edemption 的設定。必須設定面額為 $100 的價格和清償價值。需求折價發行的有價證券的年收益率時，請參照 YIELDDISC 函數。

EXAMPLE 1 求 5 年償還期的證券的貼現率

	A	B	C	D	E
1	有價證券的貼現率				
2	購買時間	2012/4/12	貼現率		
3	到期時間	2017/11/27			
4	有價證券價格	85			
5	清還價值	100			
6	基準	3			
7					
8					
9					
10					

②按一下〔插入函數〕按鈕，在【插入函數】對話盒中選擇 DISC 函數

①選擇要輸入函數的儲存格

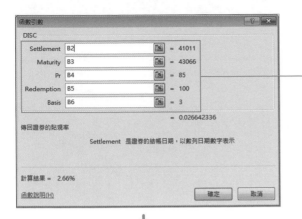

③設定相對應的參數。清償價值必須是 $100

根據公式 =DISC(B2,B3,B4,B5,B6) 求出證券的貼現率

▼證券價格大於清償價值的情況

	A	B	C	D
1	有價證券的貼現率			
2	購買時間	2012/4/12	貼現率	-0.89%
3	到期時間	2017/11/27		
4	有價證券價格	105		
5	清還價值	100		
6	基準	3		
7				

求證券價格比清償價值大時的證券貼現率。貼現率越大,則收益越大,可以作為購買證券時的參考數

▼證券價格為負值的情況

如果用負值設定證券價格,則傳回錯誤值「#NUM!」

INTRATE
傳回一次性付息證券的利率

格式 → INTRATE(settlement,maturity,investment,redemption,basis)

參數 → settlement

用日期、儲存格引用、序號或公式結果等設定證券的成交日。如果該日期在到期日之後，則傳回錯誤值「#NUM!」。

maturity

用日期、儲存格引用、序號或公式結果等設定有價證券的到期日。如果設定日期以外的數值，則傳回錯誤值「#NUM!」。

investment

為有價證券的投資額。如果 investment ≤ 0，則函數傳回錯誤值「#NUM!」。

redemption

用數值或儲存格引用設定面額 $100 的有價證券的清償價值。如果設定為負數，則傳回錯誤值「#NUM!」。

basis

用數值設定證券日期的計算方法。如果設定為 0，則用 30/360 天（NASD 方式）計算；如果設定為 1，則用實際天數 / 實際天數計算；如果設定為 2，則用實際天數 /360 天計算；如果設定為 3，則用實際天數 /365 天計算；如果設定為 4，則用 30/360 天（歐洲方式）計算。如果省略，則設定其值為 0。如果設定為 0 ～ 4 以外的數值，則傳回錯誤值「#NUM!」。

使用 INTRATE 函數，可以傳回一次性付息證券的利率。使用此函數的重點是投資額參數和清償價值的設定。投資額和清償價值是設定的實際金額，而不是面額 $100 的證券金額。

📑 **EXAMPLE 1** 求 5 年償還期的證券的貼現率

	A	B	C	D	E	F
1	市場債券投資利率					
2	購買時間	2007/1/3	利率			
3	到期時間	2017/12/29				
4	投資金額	15,000				
5	清還值	18,000				
6	基準	2				
7						
8						
9						
10						
11						

D2

②按一下〔插入函數〕按鈕，在【插入函數】對話盒中選擇 INTRATE 函數

①選擇要輸入函數的儲存格

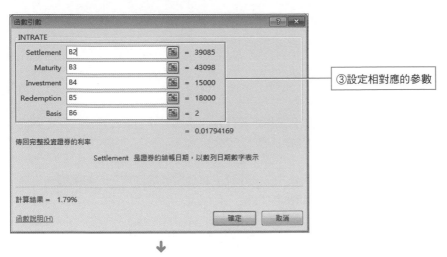

③設定相對應的參數

傳回完整投資證券的利率

Settlement 是證券的結帳日期，以數列日期數字表示

計算結果 = 1.79%

函數說明(H)

↓

根據公式 =INTRATE(B2,B3,B4,B5,B6)
求出證券的利率

▼證券價格大於清償價值的情況

證券價格比清償價值大時的證券利率

👆 NOTE ● **INTRATE 函數結果**

當投資額比償還價值高時，利率為負。利率越大，證券獲得的收益就越大，所以
INTRATE 函數求得的結果是證券購買時的大概利率。

YIELDDISC
傳回折價發行的有價證券的年收益率

格式 ➜ YIELDDISC(settlement,maturity,pr,redemption,basis)

參數 ➜ settlement

用日期、儲存格引用、序號或公式結果等設定證券的成交日。如果該日期在到期日之後，則傳回錯誤值「#NUM!」。

maturity

用日期、儲存格引用、序號或公式結果等設定有價證券的到期日。如果設定日期以外的數值，則傳回錯誤值「#NUM!」。

pr

為面額 $100 的有價證券的價格。若設定為負數，則傳回錯誤值「#NUM!」。

redemption

用數值或儲存格引用設定面額 $100 的有價證券的清償價值。如果設定為負數，則傳回錯誤值「#NUM!」。

basis

用數值設定證券日期的計算方法。如果設定為 0，則用 30/360 天（NASD 方式）計算；如果設定為 1，則用實際天數 / 實際天數計算；如果設定為 2，則用實際天數 /360 天計算；如果設定為 3，則用實際天數 /365 天計算；如果設定為 4，則用 30/360 天（歐洲方式）計算。如果省略，則設定其值為 0。如果設定為 0 ～ 4 以外的數值，則傳回錯誤值「#NUM!」。

使用 YIELDDISC 函數能求已發行證券的貼現率下的年收益率。使用此函數的重點是有價證券價格和清償價值的設定。而此處的有價證券價格和清償價值設定的不是實際金額，而是面額 $100 的證券金額。

📄 **EXAMPLE 1** 求 20 年期的貼現證券的年收益率

②按一下〔插入函數〕按鈕，在【插入函數】對話盒中選擇 YIELDDISC 函數

D1	▼	:	✕ ✓ fx		
	A	B	C	D	E
1	購買時間	2001/3/4	年收益率		
2	到期時間	2021/5/6			
3	債券金額	80			
4	清還值	100			
5	基準	2			
6					
7					
8					
9					

①選擇要輸入函數的儲存格

↓

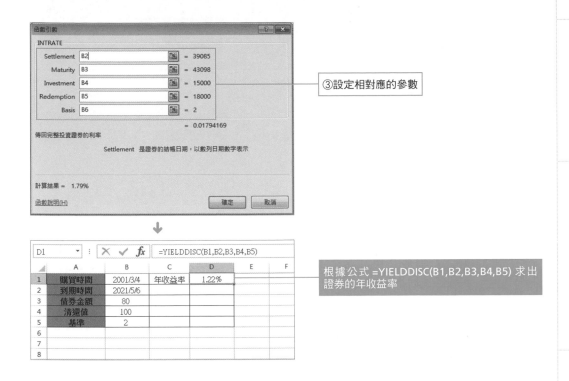

③設定相對應的參數

根據公式 =YIELDDISC(B1,B2,B3,B4,B5) 求出證券的年收益率

▼求面額為 1000 元，20 年期的貼現證券的年收益率

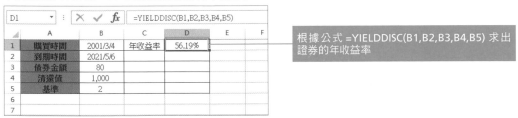

根據公式 =YIELDDISC(B1,B2,B3,B4,B5) 求出證券的年收益率

▼有價證券面額金額為負值的情況

如果設定參數 pr 為負值，則傳回錯誤值

證券的計算通常只限於面額為 $100 的證券。如果不是面額 $100 的證券，也有可能得到它的年收益率。

COUPPCD
傳回結算日之前的上一個票息日期

格式 → COUPPCD(settlement,maturity,frequency,basis)

參數 → settlement

用日期、儲存格引用、序號或公式結果等設定證券的成交日。如果指定為日期以外的數值,則傳回錯誤值「#VALUE!」。

maturity

用日期、儲存格引用、序號或公式結果等設定有價證券的到期日。如果到期日在成交日之前,則傳回錯誤值「#NUM!」。

frequency

為年付息次數,如果按年支付,frequency 設定為 1;按半年期支付,frequency 設定為 2;按季支付,frequency 設定為 4。如果 frequency 不為 1、2 或 4,則函數傳回錯誤值「#NUM!」。

basis

用數值設定證券日期的計算方法。如果設定為 0,則用 30/360 天(NASD 方式)計算;如果設定為 1,則用實際天數 / 實際天數計算;如果設定為 2,則用實際天數 /360 天計算;如果設定為 3,則用實際天數 /365 天計算;如果設定為 4,則用 30/360 天(歐洲方式)計算。如果省略,則設定其值為 0。如果設定為 0 ~ 4 以外的數值,則傳回錯誤值「#NUM!」。

使用 COUPPCD 函數,可以求結算日之前的上一個票息日期。使用此函數的重點是年付息次數的設定。證券的利息支付次數只能設定一年一次、一年兩次或一年四次中的一個,所以不能使用其他利息支付次數。需求結算日之後的下一個票息日期,可參照 COUPNCD 函數。

EXAMPLE 1　求 20 年期償還證券購買前的利息支付日

| D1 | ▼ | : | × ✓ fx | =COUPPCD(B1,B2,B3,B4) |

▲	A	B	C	D
1	成交日	2010/6/7	上一個票息日期	2010/3/25
2	到期日	2021/12/25		
3	年付息次數	4		
4	基準	0		
5				
6				

根據公式 =COUPPCD(B1, B2,B3,B4) 傳回證券結算日之前的上一個票息日期

✌ NOTE ● 日期形式

在儲存格格式中設定的日期,其形式除序號外,還有國曆、星期等的表示形式。根據需要設定日期形式即可。

5-9-13

COUPNCD
傳回結算日之前的下一個票息日期

格式 ➜ **COUPNCD**(settlement,maturity,frequency,basis)

參數 ➜ settlement

用日期、儲存格引用、序號或公式結果等設定證券的成交日。如果指定為日期以外的數值，則傳回錯誤值「#VALUE!」。

maturity

用日期、儲存格引用、序號或公式結果等設定有價證券的到期日。如果到期日在成交日之前，則傳回錯誤值「#NUM!」。

frequency

為年付息次數。如果按年支付，frequency 設定為 1；按半年期支付，frequency 設定為 2；按季支付，frequency 設定為 4。如果 frequency 不為 1、2 或 4，則函數傳回錯誤值「#NUM!」。

basis

用數值設定證券日期的計算方法。如果設定為 0，則用 30/360 天（NASD 方式）計算；如果設定為 1，則用實際天數 / 實際天數計算；如果設定為 2，則用實際天數 /360 天計算；如果設定為 3，則用實際天數 /365 天計算；如果設定為 4，則用 30/360 天（歐洲方式）計算。如果省略，則設定其值為 0。如果設定為 0 ～ 4 以外的數值，則傳回錯誤值「#NUM!」。

使用 COUPNCD 函數可以求結算日之後的下一個票息日期。使用此函數的重點是年付息次數的設定。使用此函數，債券的利息支付次數可以是每年一次、兩次或四次。如需求結算日之前的上一個票息日期，請參照 COUPPCD 函數。

EXAMPLE 1 求 20 年期償還證券購買前的利息支付日

| D1 | ▼ | : | × ✓ ƒx | =COUPNCD(B1,B2,B3,B4) |

◢	A	B	C	D
1	成交日	2009/6/7	下一個票息日期	2009/6/25
2	到期日	2029/12/25		
3	年付息次數	2		
4	基準	1		
5				
6				

根據公式 =COUPNCD (B1,B2,B3,B4) 傳回證券結算日之後的下一個票息日期

✍ NOTE ● **COUPNCD 函數的計算結果可用於其他公式**

COUPNCD 函數的計算結果可用於其他公式中，按原序列值計算，不會出現錯誤。

5-9-14 COUPDAYBS
傳回當前付息期內截止到成交日的天數

格式 → COUPDAYBS(settlement,maturity,frequency,basis)

參數 → settlement

用日期、儲存格引用、序號或公式結果等設定證券的成交日。如果指定為日期以外的數值，則傳回錯誤值「#VALUE!」。

maturity

用日期、儲存格引用、序號或公式結果等設定有價證券的到期日。如果到期日在成交日之前，則傳回錯誤值「#NUM!」。

frequency

為年付息次數。如果按年支付，frequency 設定為 1；按半年期支付，frequency 設定為 2；按季支付，frequency 設定為 4。如果 frequency 不為 1、2 或 4，則函數傳回錯誤值「#NUM!」。

basis

用數值設定證券日期的計算方法。如果設定為 0，則用 30/360 天（NASD 方式）計算；如果設定為 1，則用實際天數 / 實際天數計算；如果設定為 2，則用實際天數 /360 天計算；如果設定為 3，則用實際天數 /365 天計算；如果設定為 4，則用 30/360 天（歐洲方式）計算。如果省略，則設定其值為 0。如果設定為 0 ~ 4 以外的數值，則傳回錯誤值「#NUM!」。

使用 COUPDAYBS 函數可以求當前付息期內截止到成交日的天數。使用此函數的重點是基準數值的設定。如果一年或一個月的天數設定錯誤，則無法得到正確的結果。如需求從成交日開始到下次利息支付日的天數，可參照 COUPDAYSNC 函數。

📋 **EXAMPLE 1** 求按季度支付利息的證券的利息計算天數

D1	⋮ × ✓ fx	=COUPDAYBS(B1,B2,B3,B4)		
◢	A	B	C	D	E

	A	B	C	D	E
1	成交日	2012/8/8	截止到成交日的天數是	13	
2	到期日	2017/1/25			
3	年付息次數	4			
4	基準	0			
5					
6					
7					

> 根據公式 =COUPDAYBS (B1,B2,B3,B4) 傳回當前付息期內截止到成交日的天數

✌️ NOTE ● **參數「基準」值**

根據一年有多少天，一個月有多少天，確定證券日期的計算方法。進行計算前，需確認證券日的計算方法。

5-9-15 COUPDAYSNC
傳回從成交日到下一付息日之間的天數

格式 ➜ COUPDAYSNC(settlement,maturity,frequency,basis)

參數 ➜ settlement
用日期、儲存格引用、序號或公式結果等設定證券的成交日。如果指定為日期以外的數值,則傳回錯誤值「#VALUE!」。

maturity
用日期、儲存格引用、序號或公式結果等設定有價證券的到期日。如果到期日在成交日之前,則傳回錯誤值「#NUM!」。

frequency
為年付息次數。如果按年支付,frequency 設定為 1;按半年期支付,frequency 設定為 2;按季支付,frequency 設定為 4。如果 frequency 不為 1、2 或 4,則函數傳回錯誤值「#NUM!」。

basis
用數值設定證券日期的計算方法。如果設定為 0,則用 30/360 天(NASD 方式)計算;如果設定為 1,用實際天數 / 實際天數計算;如果設定為 2,則用實際天數 /360 天計算;如果設定為 3,則用實際天數 /365 天計算;如果設定為 4,則用 30/360 天(歐洲方式)計算。如果省略,則設定其值為 0。如果設定為 0 ～ 4 以外的數值,則傳回錯誤值「#NUM!」。

使用 COUPDAYSNC 函數可以傳回從成交日到下一付息日之間的天數。使用此函數的重點是基準值的設定。計算結果隨著一年的總天數、一個月的總天數而改變。如需求利息計算的第一天開始到成交日的天數,請參照 COUPDAYBS 函數。

EXAMPLE 1 求半年支付利息的證券的成交日到下一付息日的天數

D1		fx	=COUPDAYSNC(B1,B2,B3,B4)		
	A	B	C	D	E
1	成交日	2011/7/7	成交日到下一個付息日之間的天數	108	
2	到期日	2020/4/25			
3	年付息次數	2			
4	基準	0			
5					
6					
7					
8					

根據公式 =COUPDAYSNC (B1,B2,B3,B4) 傳回從成交日到下一個付息日之間的天數

05
財務函數

COUPDAYS

傳回包含成交日在內的付息期的天數

格式 → COUPDAYS(settlement,maturity,frequency,basis)

參數 → settlement

用日期、儲存格引用、序號或公式結果等設定證券的成交日。如果指定日期以外的數值，則傳回錯誤值「#VALUE!」。

maturity

用日期、儲存格引用、序號或公式結果等設定有價證券的到期日。如果到期日在成交日之前，則傳回錯誤值「#NUM!」。

frequency

為年付息次數。如果按年支付，frequency 設定為 1；按半年期支付，frequency 設定為 2；按季支付，frequency 設定為 4。如果 frequency 不為 1、2 或 4，則函數傳回錯誤值「#NUM!」。

basis

用數值設定證券日期的計算方法。如果設定為 0，則用 30/360 天（NASD 方式）計算；如果設定為 1，則用實際天數 / 實際天數計算；如果設定為 2，則用實際天數 /360 天計算；如果設定為 3，則用實際天數 /365 天計算；如果設定為 4，則用 30/360 天（歐洲方式）計算。如果省略，則設定其值為 0。如果設定為 0 ～ 4 以外的數值，則傳回錯誤值「#NUM!」。

使用 COUPDAYS 函數可以傳回成交日所在的付息期的天數。使用此函數的重點是基準值的設定。如果一年或一個月的天數設定錯誤，就無法得到正確的結果。若需求不包含成交日在內的利息計算期間的天數，請參照 COUPDAYSNC 函數。

EXAMPLE 1 求按季度支付利息的證券的利息計算天數

②按一下〔插入函數〕按鈕，在【插入函數】對話盒中選擇 COUPDAYS 函數

	A	B	C	D
1	成交日	2007/8/9	付息的天數是	
2	到期日	2017/12/29		
3	年付息次數	4		
4	基準	0		
5				
6				
7				
8				

①選擇要輸入函數的儲存格

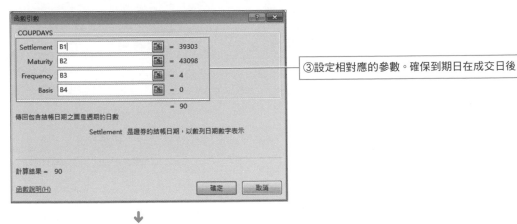

③設定相對應的參數。確保到期日在成交日後

根據公式 =COUPDAYS (B1,B2,B3,B4) 傳回包含成交日在內的付息日的天數

▼更改年付息次數

根據公式 =COUPDAYS (B1,B2,B3,B4) 傳回天數，此時更改年付息次數，計算結果也發生了變化

▼年付息次數設定為 1、2、4 以外的值

如果年付息次數設定為 1、2、4 以外的值，則傳回錯誤值

5-9-17 ODDFPRICE
傳回首期付息日不固定面額為 $100 的有價證券價格

格式 → ODDFPRICE(settlement,maturity,issue,first_coupon,rate,yld,redemption,frequency,basis)

參數 → settlement

用日期、儲存格引用、序號或公式結果等設定證券的成交日。如果指定為日期以外的數值,則傳回錯誤值「#VALUE!」。如果成交日在發行日之前,則傳回錯誤值「#NUM!」。

maturity

用日期、儲存格引用、序號或公式結果等設定有價證券的到期日。如果到期日在成交日之前,則傳回錯誤值「#NUM!」。

issue

用日期、儲存格引用、序號或公式結果等設定有價證券的發行日。如果設定為日期以外的數值,則傳回錯誤值「#VALUE!」。

first_coupon

用日期、儲存格引用、序號或公式結果等設定有價證券的首期付息日。如果利息支付日在發行日之前,則傳回錯誤值「#NUM!」。

rate

用數值或儲存格引用設定有價證券的利率。如果 rate<0,則函數傳回錯誤值「#NUM!」。

yld

用數值或儲存格引用設定有價證券的年收益率。如果 yld<0,則函數傳回錯誤值「#NUM!」。

redemption

用數值或儲存格引用設定面額 $100 的有價證券的清償價值。如果設定為負數,則傳回錯誤值「#NUM!」。

frequency

為年付息次數。如果按年支付,frequency 設定為 1;按半年期支付,frequency 設定為 2;按季支付,frequency 設定為 4。如果 frequency 不為 1、2 或 4,則函數傳回錯誤值「#NUM!」。

basis

用數值設定證券日期的計算方法。如果設定為 0,則用 30/360 天(NASD 方式)計算;如果設定為 1,則用實際天數 / 實際天數計算;如果設定為 2,則用實際天數 /360 天計算;如果設定為 3,則用實際天數 /365 天計算;如果設定為 4,則用 30/360 天(歐洲方式)計算。如果省略,則設定其值為 0。如果設定為 0 ～ 4 以外的數值,則傳回錯誤值「#NUM!」。

使用 ODDFPRICE 函數，可以傳回首期付息日不固定（長期或短期）的面額 $100 的有價證券價格。此函數是計算面額為 $100 的證券價格。證券的利息支付日通常情況下是固定的，所以可用 YIELD 函數求定期支付利息證券的收益率，也可使用 PRICE 函數求定期付息的面額為 $100 的有價證券的價格。但是，有時證券的付息日是不固定的，此時，需使用與 PRICE 函數相對應的 ODDFPRICE 函數。如果求首期付息日不固定的有價證券（長期或短期）的收益率，可參照 ODDFYIELD 函數。

EXAMPLE 1　求 5 年期的面額為 $100 的證券價格

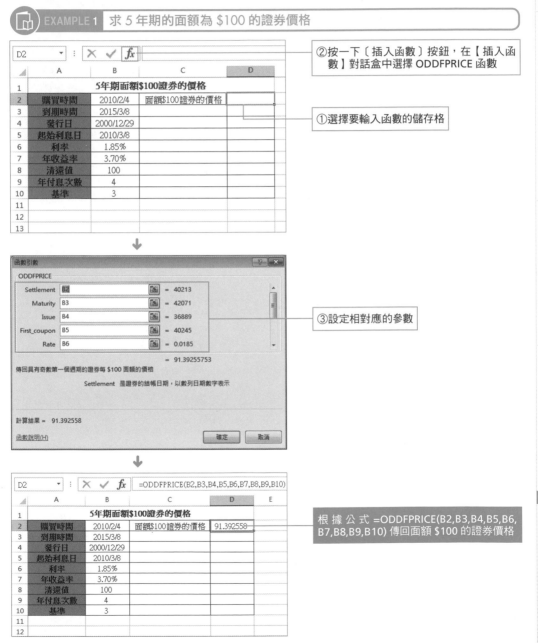

②按一下〔插入函數〕按鈕，在【插入函數】對話盒中選擇 ODDFPRICE 函數

①選擇要輸入函數的儲存格

③設定相對應的參數

根 據 公 式 =ODDFPRICE(B2,B3,B4,B5,B6,B7,B8,B9,B10) 傳回面額 $100 的證券價格

05
財
務
函
數

5-9-18 ODDFYIELD
傳回首期付息日不固定的有價證券的收益率

格式 → ODDFYIELD(settlement,maturity,issue,first_coupon,rate,pr,redemption,frequency,ba
參數 → sis)

settlement
用日期、儲存格引用、序號或公式結果等設定證券的成交日。如果指定日期以外的數值，則傳回錯誤值「#VALUE!」。如果成交日在發行日之前，則傳回錯誤值「#NUM!」。

maturity
用日期、儲存格引用、序號或公式結果等設定有價證券的到期日。如果到期日在成交日之前，則傳回錯誤值「#NUM!」。

issue
用日期、儲存格引用、序號或公式結果等設定有價證券的發行日。如果設定日期以外的數值，則傳回錯誤值「#VALUE!」。

first_coupon
用日期、儲存格引用、序號或公式結果等設定有價證券的首期付息日。如果利息支付日在發行日之前，則傳回錯誤值「#NUM!」。

rate
用數值或儲存格引用設定有價證券的利率。如果 rate<0，則函數傳回錯誤值「#NUM!」。

pr
為面值 $100 的有價證券的價格。如果設定為非數值，則傳回錯誤值「#VALUE!」。

redemption
用數值或儲存格引用設定面額為 $100 的有價證券的清償價值。如果設定為負數，則傳回錯誤值「#NUM!」。

frequency
為年付息次數。如果按年支付，frequency 設定為 1；按半年期支付，frequency 設定為 2；按季支付，frequency 設定為 4。如果 frequency 不為 1、2 或 4，則函數傳回錯誤值「#NUM!」。

basis
用數值設定證券日期的計算方法。如果設定為 0，則用 30/360 天（NASD 方式）計算；如果設定為 1，則用實際天數 / 實際天數計算；如果設定為 2，則用實際天數 /360 天計算；如果設定為 3，則用實際天數 /365 天計算；如果設定為 4，則用 30/360 天（歐洲方式）計算。如果省略，則設定其值為 0。如果設定為 0 ～ 4 以外的數值，則傳回錯誤值「#NUM!」。

使用 ODDFYIELD 函數可以求首期付息日不固定的有價證券（長期或短期）的收益率。一般情況下，證券的利息支付日大多是固定的，所以可用 YIELD 函數求定期支付利息證券的收益率，也可使用 PRICE 函數求定期付息的面額為 $100 的有價證券的價格。但是，有時證券的付息日是不固定的，此時，需使用與 YIELD 函數相對應的 ODDFYIELD 函數。若要求首期付息日不固定的面額為 $100 的有價證券的價格，請參照 ODDFPRICE 函數。

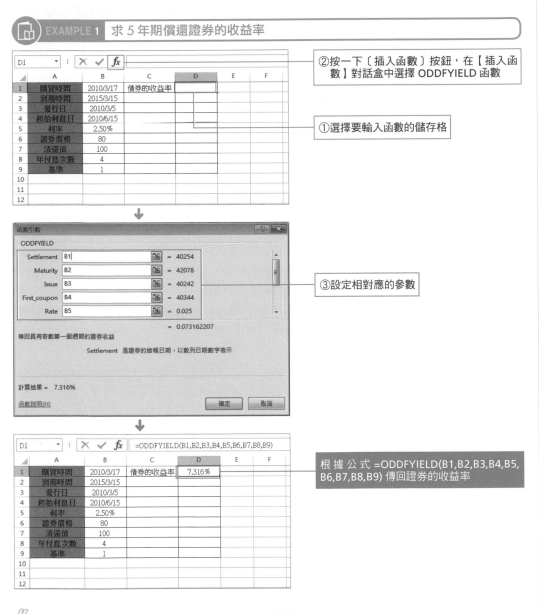

EXAMPLE 1　求 5 年期償還證券的收益率

②按一下〔插入函數〕按鈕，在【插入函數】對話盒中選擇 ODDFYIELD 函數

①選擇要輸入函數的儲存格

③設定相對應的參數

根據公式 =ODDFYIELD(B1,B2,B3,B4,B5,B6,B7,B8,B9) 傳回證券的收益率

NOTE ● 成交日（購買時間）和發行日相同的情況

在計算已發行的證券時，如果將成交日和發行日設定為相同的日期，則傳回錯誤值。

5-9-19 ODDLPRICE
傳回首期付息日不固定面額為 $100 的有價證券價格

格式 ➡ COUPDAYS(settlement,maturity,last_interest,rate,yld,redemption,frequency,basis)

參數 ➡ settlement

用日期、儲存格引用、序號或公式結果等設定證券的成交日。如果指定日期以外的數值，則傳回錯誤值「#VALUE!」。如果成交日在發行日之前，則傳回錯誤值「#NUM!」。

maturity

用日期、儲存格引用、序號或公式結果等設定有價證券的到期日。如果到期日在成交日之前，則傳回錯誤值「#NUM!」。

last_interest

用日期、儲存格引用、序號或公式結果等設定有價證券的末期付息日。如果末期付息日在成交日之前，則傳回錯誤值「#NUM!」。

rate

用數值或儲存格引用設定有價證券的利率。如果 rate<0，則函數傳回錯誤值「#NUM!」。

yld

用數值或儲存格引用設定有價證券的年收益率。如果 yld<0，則函數傳回錯誤值「#NUM!」。

redemption

用數值或儲存格引用設定面額 $100 的有價證券的清償價值。如果設定為負數，則傳回錯誤值「#NUM!」。

frequency

為年付息次數。如果按年支付，frequency 設定為 1；按半年期支付，frequency 設定為 2；按季支付，frequency 設定為 4。如果 frequency 不為 1、2 或 4，則函數傳回錯誤值「#NUM!」。

basis

用數值設定證券日期的計算方法。如果設定為 0，則用 30/360 天（NASD 方式）計算；如果設定為 1，則用實際天數 / 實際天數計算；如果設定為 2，則用實際天數 /360 天計算；如果設定為 3，則用實際天數 /365 天計算；如果設定為 4，則用 30/360 天（歐洲方式）計算。如果省略，則設定其值為 0。如果設定為 0～4 以外的數值，則傳回錯誤值「#NUM!」。

使用 ODDLPRICE 函數可以求末期付息日不固定的面額 $100 的有價證券（長期或短期）的價格。一般情況下，證券的利息支付日是固定的，可用 YIELD 函數求定期支付利息證券的收益率，也可使用 PRICE 函數求定期付息的面額 $100 的有價證券的價格。

但有時證券的付息日是不固定的，此時，需使用與 PRICE 函數相對應的 ODDLPRICE 函數。如果要求首期付息日不固定的面額為 $100 的有價證券的價格，可參照 ODDFPRICE 函數。

EXAMPLE 1 | 求 5 年期面額為 $100 的證券的相對應價格

②按一下〔插入函數〕按鈕,在【插入函數】對話盒中選擇 ODDLPRICE 函數

①選擇要輸入函數的儲存格

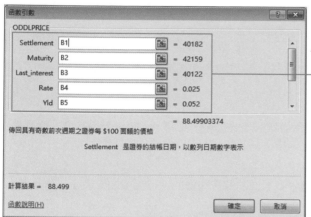

③設定相對應的參數

根據公式 =ODDLPRICE(B1,B2,B3,B4,B5,B6,B7,B8) 傳回面額為 $100 的證券的價格

05
財
務
函
數

✌ NOTE ● 價格比償還金額低的情況

如果一直將證券保留到償還日時,就能得到償還價格。如果價格比償還金額低,則傳回高的償還金額。

5-9-20 ODDLYIELD
傳回末期付息日不固定的有價證券的收益率

格式 ➜ ODDLYIELD(settlement,maturity,last_interest,rate,yld,redemption,frequency,basis)

參數 ➜ settlement

用日期、儲存格引用、序號或公式結果等設定證券的成交日。如果指定日期以外的數值，則傳回錯誤值「#VALUE!」。如果成交日在發行日之前，則傳回錯誤值「#NUM!」。

maturity

用日期、儲存格引用、序號或公式結果等設定有價證券的到期日。如果到期日在成交日之前，則傳回錯誤值「#NUM!」。

last_interest

用日期、儲存格引用、序號或公式結果等設定有價證券的末期付息日。如果末期付息日在成交日之前，則傳回錯誤值「#NUM!」。

rate

用數值或儲存格引用設定有價證券的利率。如果 rate<0，則函數傳回錯誤值「#NUM!」。

yld

用數值或儲存格引用設定有價證券的年收益率。如果 yld<0，則函數傳回錯誤值「#NUM!」。

redemption

用數值或儲存格引用設定面額為 $100 的有價證券的清償價值。如果設定為負數，則傳回錯誤值「#NUM!」。

frequency

為年付息次數。如果按年支付，frequency 設定為 1；按半年期支付，frequency 設定為 2；按季支付，frequency 設定為 4。如果 frequency 不為 1、2 或 4，則函數傳回錯誤值「#NUM!」。

basis

用數值設定證券日期的計算方法。如果設定為 0，則用 30/360 天（NASD 方式）計算；如果設定為 1，則用實際天數 / 實際天數計算；如果設定為 2，則用實際天數 /360 天計算；如果設定為 3，則用實際天數 /365 天計算；如果設定為 4，則用 30/360 天（歐洲方式）計算。如果省略，則設定其值為 0。如果設定為 0 ～ 4 以外的數值，則傳回錯誤值「#NUM!」。

使用 ODDLYIELD 函數可求末期付息日不固定的有價證券（長期或短期）的收益率。一般情況下，證券的利息支付日是固定的，可用 YIELD 函數求定期支付利息證券的收益率，也可使用 PRICE 函數求定期付息的面額為 $100 的有價證券的價格。但是，有時證券的付息日是不固定的，此時，需使用與 YIELD 函數相對應的 ODDLYIELD 函數。如果求首期付息日不固定的面額 $100 的有價證券的收益率，請參照 ODDFYIELD 函數。

EXAMPLE 1 求 5 年期證券的收益率

②按一下〔插入函數〕按鈕,在
 【插入函數】對話盒中選擇
 ODDLYIELD 函數

①選擇要輸入函數的儲存格

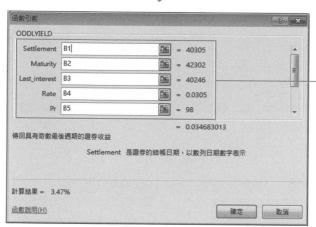

③設定相對應的參數

根據公式 =ODDLYIELD(B1,B2,B3,B4,B5,B6,B7,B8) 傳回證券的收益率

05
財
務
函
數

✌ NOTE ● 參數「末期付息日」

末期付息日即購買證券前一天的利率支付日。若設定日期在成交日後,則傳回錯誤值。

DURATION

傳回假設面額 $100 的定期付息有價證券的修正期限

格式 ➜ DURATION(settlement,maturity,coupon,yld,frequency,basis)

參數 ➜ settlement

用日期、儲存格引用、序號或公式結果等設定證券的成交日。如果指定日期以外的數值，則傳回錯誤值「#VALUE!」。如果成交日在發行日之前，則傳回錯誤值「#NUM!」。

maturity

用日期、儲存格引用、序號或公式結果等設定有價證券的到期日。如果到期日在成交日之前，則傳回錯誤值「#NUM!」。

coupon

為有價證券的年息票利率。若 coupon<0，則函數傳回錯誤值「#NUM!」。

yld

用數值或儲存格引用設定有價證券的年收益率。如果 yld<0，則傳回錯誤值「#NUM!」。

frequency

為年付息次數。如果按年支付，frequency 設定為 1；按半年期支付，frequency 設定為 2；按季支付，frequency 設定為 4。如果 frequency 不為 1、2 或 4，則函數傳回錯誤值「#NUM!」。

basis

用數值設定證券日期的計算方法。如果設定為 0，則用 30/360 天（NASD 方式）計算；如果設定為 1，則用實際天數 / 實際天數計算；如果設定為 2，則用實際天數 /360 天計算；如果設定為 3，則用實際天數 /365 天計算；如果設定為 4，則用 30/360 天（歐洲方式）計算。如果省略，則設定其值為 0。如果設定為 0 ～ 4 以外的數值，則傳回錯誤值「#NUM!」。

使用 DURATION 函數求假設面額為 $100 的定期付息有價證券的修正期限。一般用 Macauley 來表示投資平均回收期間的指標，顯示投資的金額在什麼時間能夠收回。

> EXAMPLE 1 求 5 年期證券的 Macauley 係數

②按一下〔插入函數〕按鈕，在【插入函數】對話盒中選擇 DURATION 函數

①選擇要輸入函數的儲存格

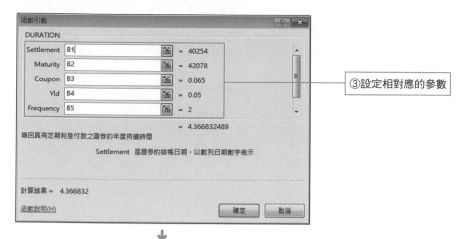

③設定相對應的參數

根據公式 =DURATION(B1,B2,B3,B4, B5,B6) 傳回證券的 Macauley 係數

▼成交日和到期日相同的情況

根據公式 =DURATION(B1,B2,B3,B4, B5,B6) 傳回錯誤值「#NUM!」

👆 NOTE ● **Macauley 係數的結果**

Macauley 係數是加權平均各期年息票利息加本金流量的現值，因此若年付息次數設定錯誤，就不能得到正確的計算結果。由於加權平均各期的現金流量的現值，所以隨年息的支付次數變化，Macauley 係數的計算結果也會發生變化。一般情況下，利息支付次數越多，投資的收益就能越早收回。反之，投資的收益就越晚收回。

5-9-22 MDURATION
傳回假設面額為 $100 的有價證券的修正 Macauley

格式 → MDURATION(settlement,maturity,coupon,yld,frequency,basis)

參數 → settlement

用日期、儲存格引用、序號或公式結果等設定證券的成交日。如果指定日期以外的數值，則傳回錯誤值「#VALUE!」。如果成交日在發行日之前，則傳回錯誤值「#NUM!」。

maturity

用日期、儲存格引用、序號或公式結果等設定有價證券的到期日。如果到期日在成交日之前，則傳回錯誤值「#NUM!」。

coupon

為有價證券的年息票利率。若 coupon<0，則函數傳回錯誤值「#NUM!」。

yld

用數值或儲存格引用設定有價證券的年收益率。如果 yld<0，則傳回錯誤值「#NUM!」。

frequency

為年付息次數。如果按年支付，frequency 設定為 1；按半年期支付，frequency 設定為 2；按季支付，frequency 設定為 4。如果 frequency 不為 1、2 或 4，則函數傳回錯誤值「#NUM!」。

basis

用數值設定證券日期的計算方法。如果設定為 0，則用 30/360 天（NASD 方式）計算；如果設定為 1，則用實際天數 / 實際天數計算；如果設定為 2，則用實際天數 /360 天計算；如果設定為 3，則用實際天數 /365 天計算；如果設定為 4，則用 30/360 天（歐洲方式）計算。如果省略，則設定其值為 0。如果設定為 0 ～ 4 以外的數值，則傳回錯誤值「#NUM!」。

修正 Macauley 係數表示如果年收益率變動 1%，則價格會隨之變動 1%。利用 MDURATION 函數，可傳回假設面額為 $100 的有價證券的 Macauley 修正期限。

📇 **EXAMPLE 1** 求 1 年期證券的修正 Macauley 係數

D1		:	×	✓	fx	

▲	A	B	C	D
1	成交日	2016/9/1	修正債券的係數是	
2	到期日	2017/9/1		
3	年息票利率	6.50%		
4	收益率	7%		
5	年付息次數	2		
6	基準	3		

②按一下〔插入函數〕按鈕，在打開的【插入函數】對話框中選擇 MDURATION 函數

①選擇要輸入函數的儲存格

↓

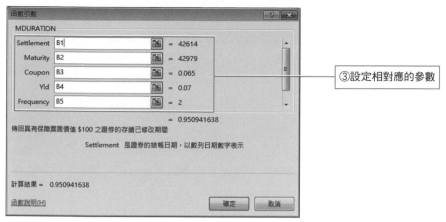

③設定相對應的參數

根據公式 =MDURATION (B1,B2,B3, B4,B5,B6) 傳回證券的修正 Macauley 係數

	A	B	C	D	E
1	成交日	2016/9/1	修正債券的係數是	0.950941638	
2	到期日	2017/9/1			
3	年息票利率	6.50%			
4	收益率	7%			
5	年付息次數	2			
6	基準	3			
7					
8					
9					
10					
11					
12					
13					

▼成交日和到期日相同的情況

D1　=MDURATION(B1,B2,B3,B4,B5,B6)

如果成交日和到期日相同，根據公式 =MDURATION (B1,B2,B3,B4,B5,B6) 傳回錯誤值

	A	B	C	D	E
1	成交日	2016/9/1	修正債券的係數是	#NUM!	
2	到期日	2015/9/1			
3	年息票利率	6.50%			
4	收益率	7%			
5	年付息次數	2			
6	基準	3			
7					
8					
9					
10					
11					
12					
13					

☝ NOTE ● 修正 Macauley 係數和 Macauley 係數

修正 Macauley 係數是表示收益率和價格的變化。它和表示投資的平均回收期間指標的 Macauley 係數不同，要注意區分。

05
財
務
函
數

5-10-1	**TBILLEQ**
	傳回國庫券的等效收益率

格式 → TBILLEQ(settlement,maturity,discount)

參數 → settlement

用日期、儲存格引用、序號或公式結果等設定證券的成交日。如果指定日期以外的數值,則傳回錯誤值「#VALUE!」。

maturity

用日期、儲存格引用、序號或公式結果等設定有價證券的到期日。如果 settlement>maturity 或 maturity 在 settlement 之後且超過一年,則函數傳回錯誤值「#NUM!」。

discount

用數值或儲存格引用設定事實上國庫券的貼現率。如果 discount ≤ 0,則函數 TBILLEQ 傳回錯誤值「#NUM!」。

使用 TBILLEQ 函數可以傳回國庫券的等效收益率。此函數是固定一年 360 天來計算,且成交日與到期日相隔不超過一年。若需求國庫券(TB)的收益率,可參照 TBILLYIELD 函數。

📖 EXAMPLE 1 求一年期國庫券的等效收益率

求國庫券的等效收益率時,成交日和到期日之間相隔的期限不超過 1 年。

D1		:	× ✓ fx	=TBILLEQ(B1,B2,B3)		
▲	A	B	C	D	E	
1	證券成交日	2016/5/5	等效收益率	4.31%		
2	證券到期日	2017/5/5				
3	貼現率	4.12%				
4						
5						
6						
7						
8						
9						
10						
11						

根據公式 =TBILLEQ(B1,B2, B3) 傳回一年期國庫券的等效收益率

✌ NOTE ● **期限不到一年**

因為成交日與到期日相隔的期限不到一年,所以不能求一年以上期限的收益率。

TBILLPRICE
傳回面額為 $100 的國庫券的價格

格式 → TBILLPRICE(settlement,maturity,discount)

參數 → settlement
用日期、儲存格引用、序號或公式結果等設定證券的成交日。如果指定日期以外的數值,則傳回錯誤值「#VALUE!」。

maturity
用日期、儲存格引用、序號或公式結果等設定有價證券的到期日。如果 settlement>maturity 或 maturity 在 settlement 之後且超過一年,則函數傳回錯誤值「#NUM!」。

discount
用數值或儲存格引用設定事實上國庫券的貼現率。如果 discount ≤ 0,則函數傳回錯誤值「#NUM!」。

使用 TBILLPRICE 函數能求已發行的面額為 $100 的國庫券的價格。此函數把一年作為 360 天來計算,且成交日與到期日相隔不超過一年。如需求國庫券的等效收益率,請參照 TBILLEQ 函數。

📖 EXAMPLE 1　求國庫券的價格

求面額為 $100 的國庫券的價格時,它的成交日和到期日之間相隔不超過一年,且貼現率不能設定為負數。

D1		f_x =TBILLPRICE(B1,B2,B3)				
	A	B	C	D	E	F
1	證券成交日	2016/4/1	價格	93.40972		
2	證券到期日	2017/4/1				
3	貼現率	6.50%				
4						
5						
6						
7						
8						
9						
10						
11						
12						

根據公式 =TBILLPRICE(B1, B2,B3) 傳回面額為 $100 的國庫券的價格

✋ NOTE ● **參數 discount 不能為負數**

求面額為 $100 的國庫券的價格時,貼現率不能是負數。

5-10-3 TBILLYIELD
傳回國庫券的收益率

格式 ➡ TBILLYIELD(settlement,maturity,pr)

參數 ➡ settlement

用日期、儲存格引用、序號或公式結果等設定證券的成交日。如果指定日期以外的數值，則傳回錯誤值「#VALUE!」。

maturity

用日期、儲存格引用、序號或公式結果等設定有價證券的到期日。如果 settlement>maturity 或 maturity 在 settlement 之後且超過一年，則函數傳回錯誤值「#NUM!」。

pr

為面額 $100 的國庫券的價格。

使用 TBILLYIELD 函數能求國庫券的收益率。此函數是將一年當作 360 天來計算，並設定成交日與到期日相隔不超過一年。此函數的重點是參數 pr 的設定。注意是設定面額為 $100 的國庫券的當前價格。如需傳回國庫券的等效收益率時，請參照 TBILLEQ 函數。

📖 **EXAMPLE 1** 求一年期國庫券的收益率

求國庫券的收益率時，它的成交日和到期日之間相隔不超過 1 年，而且參數 pr 不能設定為負數。

D1		fx	=TBILLYIELD(B1,B2,B3)		
	A	B	C	D	E
1	成交日	2016/7/7	收益率	0.50%	
2	到期日	2017/7/7			
3	當前價格	99.5			
4					
5					
6					
7					

> 根據公式 =TBILLYIELD(B1, B2,B3) 傳回國庫券的收益率

▼當前價格超過 100 元的情況

D1		fx	=TBILLYIELD(B1,B2,B3)		
	A	B	C	D	E
1	成交日	2016/7/7	收益率	-16.44%	
2	到期日	2017/7/7			
3	當前價格	120			
4					
5					
6					

> 利用公式 =TBILLYIELD(B1, B2,B3) 傳回負的收益率。因為國庫券是折扣證券，所以通常不能超過 100 元

美元的計算

DOLLARDE
將美元價格從分數形式轉換為小數形式

格式 ➜ DOLLARDE(fractional_dollar,fraction)
參數 ➜ fractional_dollar
　　　用數值或儲存格引用設定價格中分數的分子。如果設定為非數值,則傳回錯誤值
　　　「#VALUE!」。
　　　fraction
　　　用數值或儲存格引用設定價格中分數的分母。如果設定為小於 0 的數值,則傳回
　　　錯誤值「#NUM!」。

使用 DOLLARDE 函數可將美元價格從分數形式、小數形式換算到十進位形式。若要將價格
從小數形式轉換為分數形式時,可參照 DOLLARFR 函數。

📖 EXAMPLE 1　用小數表示 0.6/10 美元買進的證券金額

證券中表示分數的分子可以設定為負數,但分母必須設定為正數。

D2	▼	⋮	✕ ✓ fx	=DOLLARDE(B2,B3)	
◢	A	B	C	D	E
1	將美元從分數形式轉換為小數形式				
2	分子	0.6	美元價格是	0.60	
3	分母	10			
4					
5					
6					
7					

根據公式 =DOLLARDE(B2, B3) 用小數形式表示美元的價格

▼「0.6/11」美元的情況

D2	▼	⋮	✕ ✓ fx	=DOLLARDE(B2,B3)	
◢	A	B	C	D	E
1	將美元從分數形式轉換為小數形式				
2	分子	0.6	美元價格是	5.45455	
3	分母	11			
4					
5					
6					

根據公式 =DOLLARDE (B2,B3) 用小數形式表示「0.6/11」美元的價格

✌ NOTE ● 增加小數位數

需增加小數位數時,在【儲存格格式】對話盒〔數值〕選項卡下的「類別」列表框中選擇
【數值】,然後設定「小數位數」的數值。

5-11-2　DOLLARFR
將美元價格從小數形式轉換成分數形式

格式 → DOLLARFR(decimal_dollar,fraction)

參數 → decimal_dollar

　　　 用數值或儲存格引用設定小數。若設定非數值，則傳回錯誤值「#VALUE!」。

　　　 fraction

　　　 用數值或儲存格引用設定分數中的分母，為一整數。如果設定小於 0 的數值，則傳回錯誤值「#NUM!」。

使用 DOLLARFR 函數，可將美元價格從小數形式轉換成分數形式。若要將分數形式的美元價格轉換成小數形式，可參照 DOLLARDE 函數。

📖 EXAMPLE 1　將以 0.6/7 美元買進的證券金額表示成分數形式

注意分母必須設定為正數值。

根據公式 =DOLLARFR(B2, B3) 用分數表示美元價格

儲存格格式設定為「分數」

✌ NOTE ● **必須更改儲存格格式的設定**

如果儲存格的格式按一般設定，則不能用分數表示計算結果。

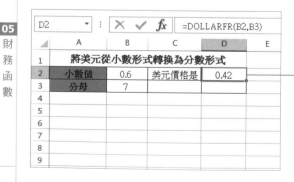

此時儲存格格式為「通用格式」

05 財務函數

統計函數

統計函數是從各種角度去分析統計資料，並捕捉統計資料的所有特徵。常用於分析統計資料的走向，判定資料的平均值或偏差值的基礎統計量，統計資料的假設是否成立並檢測它的假設是否正確。在 Excel 統計函數中，用於統計分析的有 80 個種類，其中中高等的專業函數占多數，日常中經常使用的求平均值或資料個數的函數也歸於統計函數中。下面將對統計函數的分類、用途及關鍵點進行介紹。

→ 函數分類

1. 基礎統計量

所謂基礎統計量是用於捕捉統計資料的所有特徵。在基礎統計量中，可以求代表值、統計資料的個數、資料的散佈度和分佈形狀。

▼ 求代表值

AVERAGE	求參數的算術平均值
AVERAGEA	求參數列表中非空白儲存格數值的平均值
TRIMMEAN	計算資料集合的內部平均值
GEOMEAN	求數值資料的幾何平均值
MEDIAN	求給定數值集合的中位數
MODE	求在某一陣列或資料區域中出現頻率最多的數值
HARMEAN	求資料集合的調和平均數

▼ 求統計資料的個數

COUNT	求數值資料的個數
COUNTA	計算設定儲存格區域中非空白儲存格的個數
COUNTBLANK	計算設定儲存格區域中空白儲存格的個數
COUNTIF	計算滿足給定的條件的資料個數
FREQUENCY	傳回頻率分佈

▼ 求數據的散佈度

MAX	求數值資料的最大值
MAXA	求參數列表中的最大值
MIN	求數值資料的最小值
MINA	求參數列的最小值
QUARTILE	求資料集的四分位數
PERCENTILE	求資料集的百分位數
PERCENTRANK	求特定數值在一個資料集中的百分比排名
VAR	計算基於給定樣本的變異數
VARA	求空白儲存格以外給定樣本（包括邏輯值和文字）的變異數
VARP	計算基於整個樣本母體的變異數
VARPA	計算空白儲存格以外基於整個樣本母體的變異數
STDEV	估算樣本的標準差
STDEVA	求空白儲存格以外給定樣本的標準差
STDEVP	傳回以參數形式給出的整個樣本母體的標準差
STDEVPA	求空白儲存格以外整個樣本母體的標準差，包含文字和邏輯值
AVEDEV	求一組資料與其均值的絕對偏差的平均值
DEVSQ	求資料點與各自樣本平均值差異的平方和

▼ 求資料分佈的形狀

SKEW	傳回分佈的偏態
KURT	傳回資料集的峰度值

2. 排序

對統計資料中的一個項目進行排序,或排序某資料。例如從成績一覽表(統計資料)的總分數(項目)中,按照高分到低分順序進行排序,或求第 1 名的分數。

RANK	傳回一個數值在一組數值中的順序
LARGE	傳回資料集中第 k 個最大值
SMALL	傳回資料集中第 k 個最小值

3. 排列組合
▼ 求數值的排列數

PERMUT	求數值資料的排列方式的個數

4. 機率分佈

機率分佈即機率變數的分佈。例如,計算硬幣的表面和背面出現的機率,出現任何一面的機率都是 1/2。如果我們知道統計資料的機率分佈情況,就可以用機率判定統計資料的走向。以下函數求的是離散型機率分佈的機率。所謂離散型,是指只取不連續的整數,例如求硬幣的表面和背面出現的次數、家庭人員的人數、1 次比賽的成績。

BINOMDIST	傳回一元二項式分佈的機率值
CRITBINOM	傳回使累積二項式分佈大於等於臨界值的最小值
NEGBINOMDIST	傳回負二項式分佈的機率
PROB	傳回區域中的數值落在設定區間內的機率
HYPGEOMDIST	傳回超幾何分佈
POISSON	傳回波式分配

以下函數求的是連續型機率分佈的機率。所謂連續型,是指取任意實數值,可用於求身高、體重等。連續分佈的基本分佈呈常態分佈。

NORMDIST	傳回給定平均數和標準差的常態分佈函數
NORMINV	求常態累加分佈函數的反函數值
NORMSDIST	求標準常態累加分佈函數的函數值
NORMSINV	求標準常態累加分佈函數的反函數值
STANDARDIZE	求標準化數值
LOGNORMDIST	求對數常態累加分佈函數值
LOGINV	求對數常態累加分佈函數的反函數值

EXPONDIST	求指數分佈函數值
WEIBULL	求 Weibull 分佈函數值
GAMMADIST	求伽瑪分佈函數值
GAMMAINV	求伽瑪累積分佈函數的反函數
GAMMALN	求伽瑪函數的自然對數
BETADIST	求 β 累積分佈函數的值
BETAINV	求 β 累積分佈函數的反函數值
CONFIDENCE	計算母體平均數的信賴區間

5. 檢驗

檢驗是檢查統計資料傾向的一個方法。從基礎統計量中推定統計資料的傾向，根據已知內容或經驗設立統計資料的假設條件，然後檢查此假設條件是否成立。

CHIDIST	傳回 X^2 分佈的單尾機率
CHIINV	傳回 X^2 分佈單尾機率的反函數
CHITEST	求獨立性檢驗值
FDIST	求 F 機率分佈
FINV	求 F 機率分佈的反函數值
FTEST	求 F 檢驗的結果
TDIST	傳回 t 分佈的機率
TINV	求 t 分佈的反函數
TTEST	傳回與 t 檢驗相關的機率
ZTEST	傳回 z 檢驗的結果

6. 共變數、相關係數與迴歸分析

採用共變數可以決定兩個資料集之間的關係，例如，可利用它來檢驗年齡和握力之間的關係。使用相關係數可以確定兩種屬性之間的關係。例如，可以檢測訓練時間和成績之間的關係。迴歸分析是確定兩種或兩種以上變數間相互依賴的定量關係的一種統計分析方法。利用迴歸分析可以計算最符合資料的指數迴歸擬合曲線，並傳回描述該曲線的數值陣列。

COVAR	傳回共變數

▼ 求相關係數的函數

CORREL	求兩變數的相關係數
PEARSON	求皮耳森乘積矩相關係數
FISHER	傳回點 x 的費雪變換值
FISHERINV	傳回費雪變換的反函數值

▼ 求迴歸直線，或從迴歸直線的實測值中求預測值

SLOPE	求線性迴歸直線的斜率
INTERCEPT	求迴歸直線的截距
LINEST	求迴歸直線的係數和常數項
FORECAST	根據給定的資料計算或預測未來值
TREND	與 FORECAST 函數相同，求預測未來值，但 FORECAST 函數是求一個數值的預測未來值，TREND 函數是求多個數值的預測值
STEYX	求迴歸直線的標準誤差
RSQ	求迴歸直線的判定係數。所謂判定係數，是指皮耳森乘積矩相關係數的平方

▼ 從指數迴歸曲線的實測值中求預測值

GROWTH	根據現有的資料預測指數增長值
LOGEST	求指數迴歸曲線的係數和底數

→ 請注意

統計函數中經常使用的關鍵點如下。

代表值，它是基礎統計量之一，作用是統計資料的中心值，有平均值、中位數和眾數。

相關係數，用於檢查統計資料內兩個變數是否有關係（如果接近，則表示無關）。

散佈度，它是基礎統計量之一，是表示統計資料分散狀態的數值，有變異數、偏差、不對稱度和峰值。

排序，用降冪或昇冪排列統計資料。

檢驗，檢查假設是否符合統計資料。

樣本母體即所有統計資料，樣本就是從樣本母體中提出的樣品。

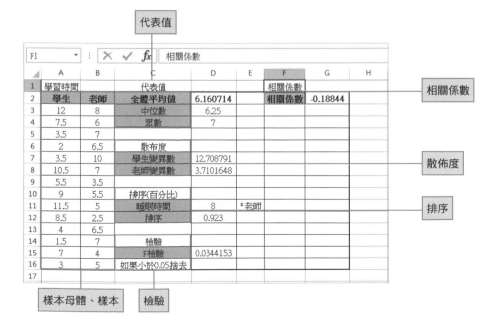

6-1 基礎統計量

6-1-1	AVERAGE 求參數的平均值

格式 → AVERAGE(number1, number2, ...)

參數 → number1, number2, ...

　　　 為需要計算平均值的 1 到 30 個參數。各個參數用逗號隔開,能夠設定 30 個
　　　 參數,也能夠設定儲存格範圍。如果參數為數值以外的文字,則傳回錯誤值
　　　 「#VALUE!」。但是,如果陣列或傳址參數中包含文字、邏輯值或空白儲存格,
　　　 則這些值將被忽略。另外,如果設定超過 30 個參數,則會出現「此函數輸入參
　　　 數過多」的提示資訊。如果分母為 0,則傳回錯誤值「#DIV/0!」。

使用 AVERAGE 函數可以求參數的平均值。它是 Excel 中使用最頻繁的函數之一。在統計領
域內,平均值也是代表值之一,作為統計資料的分佈重心值使用。可以透過使用【函數參數】
對話盒求它的平均值,但使用【公式】選項卡中的〔自動加總〕按鈕求平均值的方法更簡便。
使用〔自動加總〕按鈕輸入 AVERAGE 函數時,在輸入函數的儲存格內會自動識別相鄰數值
的儲存格。AVERAGE 函數用下列公式表示。

$$AVERAGE(x_1, x_2, \cdots, x_{30}) = \overline{x} = \frac{1}{n}\sum_{i=1}^{n} x_i$$

其中,$1 \leq i \leq 30$。

📖 **EXAMPLE 1** 求一年三班學生的平均成績

以學生的國文、數學、英語、歷史、地理、物理、化學成績為原始資料,使用【插入函數】
對話盒選擇「AVERAGE」函數,求一年三班學生各科成績的平均值。忽略表示缺席者的「缺
席」文字儲存格或者空白儲存格。

								② 按一下〔插入函數〕按鈕,選擇「AVERAGE」函數,跳出【函數引數】對話盒
			一年三班 學生成績表					
姓名	國文	數學	英語	歷史	地理	物理	化學	平均成績
王立人	87	99	84	0	91	82	80	
陳順禮	82	85	89	82	缺席	81	92	
張逸帆	90	86	93	70	76	86	90	
李玉佳	0	87	84	79	69	78	86	① 按一下要輸入函數的儲存格
施文惠	缺席	85	缺席	75	77	70	81	
洪嘉雯	65	0	60	82	80	82	缺席	
周大慶	70	95	0	90	81	85	79	
林志堅	84	100	65	86	85	78	83	
鄭娟娟	81	72	90	78	82	71	85	

↓

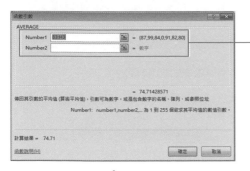

③設定參數，按一下〔確定〕按鈕

傳回其引數的平均值 (算術平均值)，引數可為數字，或是包含數字的名稱、陣列、或參照位址

Number1: number1,number2,... 為 1 到 255 個做求其平均值的數值引數。

計算結果 = 74.71

函數說明(H)　　　　　　　　　確定　取消

↓

用公式 =AVERGE(B3:H3) 求出王立人各科成績的平均成績

④按住 I3 儲存格右下角的填滿控點向下拖曳至 I11 儲存格進行複製

 EXAMPLE 2 使用自動加總按鈕求平均值

以所有學生的各科成績作為原始記錄，求所有學生的單科成績的平均值。忽略表示缺席者的「缺席」文字儲存格或空白儲存格。

②按一下【公式】選項卡中的〔自動加總〕按鈕，從展開的下拉式功能表中選擇【平均值】選項

①按一下要輸入函數的儲存格

↓

設定範圍中有空白儲存格或文字時，不能正確設定計算範圍，所以要重新設定範圍

③正確設定參數，輸入公式 =AVERAGE (B3:B11)，按 Enter 鍵確定。然後複製公式到 B11 儲存格

↓

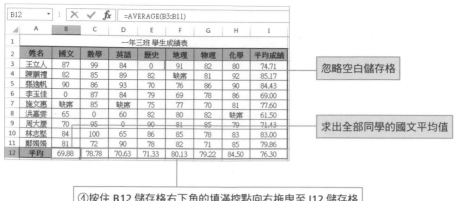

一年三班 學生成績表

姓名	國文	數學	英語	歷史	地理	物理	化學	平均成績
王立人	87	99	84	0	91	82	80	74.71
陳順禮	82	85	89	82	缺席	81	92	85.17
張逸帆	90	86	93	70	76	86	90	84.43
李玉佳	0	87	84	79	69	78	86	69.00
施文惠	缺席	85	缺席	75	77	70	81	77.60
洪嘉雯	65	0	60	82	80	82	缺席	61.50
周大慶	70	95	0	90	81	85	79	71.43
林志堅	84	100	65	86	85	78	83	83.00
鄭娟娟	81	72	90	78	82	71	85	79.86
平均	69.88	78.78	70.63	71.33	80.13	79.22	84.50	76.30

→ 忽略空白儲存格

→ 求出全部同學的國文平均值

①按住 B12 儲存格右下角的填滿控點向右拖曳至 I12 儲存格
進行複製。使用者還可設定保留的小數位數

☝ NOTE ● **使用 0 計算**

空白儲存格將被忽略,不作為計算對象。注意空白儲存格並不是 0。如果作為 0 進行計算,
必須在儲存格內輸入 0。平均值表示統計資料的分佈中心值,因此,各資料與平均值的差
即偏差的總和邏輯上為 0。

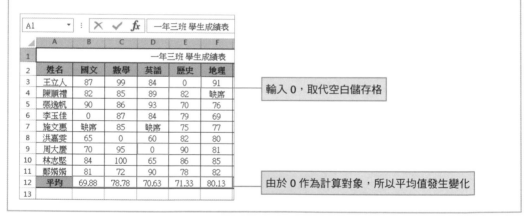

姓名	國文	數學	英語	歷史	地理
王立人	87	99	84	0	91
陳順禮	82	85	89	82	缺席
張逸帆	90	86	93	70	76
李玉佳	0	87	84	79	69
施文惠	缺席	85	缺席	75	77
洪嘉雯	65	0	60	82	80
周大慶	70	95	0	90	81
林志堅	84	100	65	86	85
鄭娟娟	81	72	90	78	82
平均	69.88	78.78	70.63	71.33	80.13

→ 輸入 0,取代空白儲存格

→ 由於 0 作為計算對象,所以平均值發生變化

☝ NOTE ● **求平均值以外的中位數和眾數**

平均值是表示統計資料中心的代表值之一。由於數值會產生偏差,所以不能斷定只有平均
值表示統計資料的中心位置。如果需知道表示統計資料的中心位置,就必須求平均值以外
的中位數和眾數。求數值資料的中位數和眾數,請參照 MEDIAN 函數、MODE 函數。

6-1-2 AVERAGEA
計算參數列表中非空白儲存格中數值的平均值

格式 ➜ AVERAGEA(value1, value2, ...)

參數 ➜ value1, value2, ...

設定需求平均值的數值或者數值所在的儲存格。各個值用逗號隔開，最多能夠設定 30 個參數，也可以設定儲存格區域。如果直接設定數值以外的文字，則會傳回錯誤值「#NAME!」。但是，如果儲存格引用值 N，則空白儲存格將被忽略。數值以外的文字或邏輯值 FALSE 作為 0 計算，包含邏輯值 TRUE 的參數作為 1 計算。如果參數超過 30 個，則會出現「此函數輸入參數過多」的提示資訊。

使用 AVERAGEA 函數可求參數清單中非空白儲存格數值的平均值，它和求平均值的 AVERAGE 函數的不同之處在於：AVERAGE 函數是把數值以外的文字或邏輯值忽略，而 AVERAGEA 函數卻將文字和邏輯值也計算在內，例如，成績表中的「缺席」文字儲存格在 AVERAGEA 函數中作為 0 計算。

EXAMPLE 1 求一年三班學生的平均成績

以學生的國文、數學、英語、歷史、地理、物理、化學成績為原始資料，求一年三班學生各科成績的平均值。「缺考」和「成績作廢」文字儲存格將作為 0 計算，空白儲存格將被忽略。

② 在【插入函數】對話框中選擇 AVERAGEA 函數，跳出【函數引數】對話盒

① 按一下要輸入函數的儲存格

也可在編輯欄或儲存格中直接輸入公式

③設定參數，按一下〔確定〕按鈕

用公式 =AVERAGEA(B3: H3) 求出王立人各科成績的平均成績

「缺考」作為 0 計算

用公式 =AVERAGEA(B3: H11) 求出全班同學成績的平均值

空白儲存格被忽略

🐰 NOTE ● **忽略空白儲存格**

> AVERAGEA 函數和 AVERAGE 函數中的空白儲存格都會被忽略，不能成為計算對象。除了「缺席」作為 0 計算的情況，如果求忽略「缺席」文字儲存格的數值的平均值，則應使用 AVERAGE 函數。

6-1-3 TRIMMEAN
求資料集的內部平均值

格式 ➜ TRIMMEAN(array, percent)

參數 ➜ array

需要進行整理並求平均值的陣列或數值區域。如果陣列不包含數值資料，則函數會傳回錯誤值「#NUM!」。

percent

計算時所要除去的資料點的比例。用資料點的個數乘以該比例值則得出除去的資料點個數，得出的結果可能是奇數或偶數，則除去的資料點也不同。而且，如果 percent<0 或 percent>1，則會傳回錯誤值「#NUM!」；如果參數為數值以外的文字，則會傳回錯誤值「#VALUE!」。

▼ 被除去的資料點

資料點 × 比例	被除去的資料點	例子
偶數	用資料點 x 比例，從頭部、尾部除去所得結果的一半	資料點 10 個，比例 10×0.2=2，由於 2 為偶數，所以頭部、尾部各除去一個資料
奇數	用資料點 x 比例，將除去的資料點向下捨去為最接近 2 的倍數，從頭部、尾部除去所得結果的一半	資料點 10 個，比例 10×0.3=3，由於 3 以下最接近的偶數為 2，所以頭部、尾部各除去一個資料

使用 TRIMMEAN 函數可先從資料集的頭部和尾部除去一定百分比的資料點，再計算平均值。它計算的是物件中除去上限下限的資料量占全體資料的比例。如果部分資料中存在從眾數中脫離出來的異常值，則全體平均值與眾數相比較，有可能高，也可能低。由於 TRIMMEAN 函數不受異常值的影響，所以便於用來表現全體資料的傾向。

📖 EXAMPLE 1 求除去獎金資料的頭部和尾部資料後的平均值

共有職員的獎金資料 40 個，求除去頭部和尾部資料後的平均值。如果頭部和尾部各除去 5% 的資料點，比例設定為 0.1（10%），則此時除去的資料點為 40×0.1=4 個，因此除去頭部和尾部各兩個資料。

	A	B	C	D	E	F	G	H
1	某公司職員獎金表（單位：元）							
2	605	525	550	610				
3	875	800	900	1000		平均項目		平均
4	1125	1075	1150	1200		上下5%除外	0.1	
5	1400	1375	1400	1500		上下10%除外	0.2	
6	1610	1530	1600	1725		上下15%除外	0.3	
7	1900	1900	1975	2000		全體平均	0	
8	2125	2100	2250	2350				
9	2550	2525	2600	2750				
10	2925	2900	2950	3025				
11	3150	3150	3250	3300				

② 在【插入函數】對話框中選擇 TRIMMEAN 函數，跳出【函數引數】對話盒

① 按一下要輸入函數的儲存格

設定好 array 參數後，按 F4 鍵使其變為絕對引用

③設定參數，按一下〔確定〕按鈕

用公式 =TRIMMEAN 求出頭部和尾部各除去 5% 的資料後所得的平均值

按住 H4 儲存格右下角的填滿控點向下拖曳至 H7 儲存格進行複製

👆 NOTE ● **參數比例設定為 0**

參數比例設定為 0 時，內部平均值和全體資料的平均值相等。如果比例設定為 1，意思是除去所有的資料，這樣陣列中不存在計算對象的資料，因此會傳回錯誤值「#NUM!」。

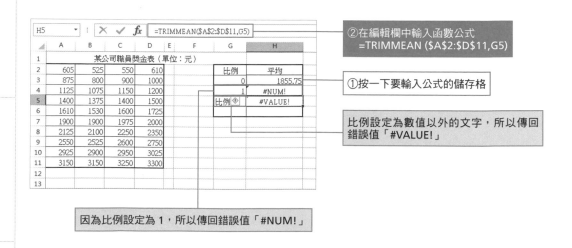

②在編輯欄中輸入函數公式
=TRIMMEAN ($A$2:$D$11,G5)

①按一下要輸入公式的儲存格

比例設定為數值以外的文字，所以傳回錯誤值「#VALUE!」

因為比例設定為 1，所以傳回錯誤值「#NUM!」

6-1-4 GEOMEAN
求數值資料的幾何平均值

格式 ➜ GEOMEAN(number1, number2, ...)
參數 ➜ number1, number2, ...

設定需求幾何平均值的數值，或者數值所在的儲存格。各個數值用逗號隔開，最多能夠設定 30 個參數，也可以設定儲存格區域。直接設定數值以外的文字，則會傳回錯誤值「#VALUE!」；如果設定小於 0 的數值，則會傳回錯誤值「#NUM!」。如果陣列或傳址參數包含文字、邏輯值或空白儲存格，則這些值將被忽略。如果設定參數超過 30 個，則會出現「此函數輸入參數過多」的提示資訊。

使用 GEOMEAN 函數可求幾何平均值。其方法是用各資料相乘，並用資料點 n 的 n 次方根求幾何平均值。用於計算業績的變化或物價的變動等時，採用該函數比較簡便。幾何平均值使用下列公式表示。

$$GEOMEAN(x_1, x_2, \cdots, x_{30}) = \sqrt[n]{x_1 \times x_2 \times \cdots \times x_n}$$

EXAMPLE 1 用幾何平均值求過去一年業績的平均成長率

使用幾何平均值求某公司過去一年業績的平均成長率。但是，參數中設定的不是成長率，而是當年與前一年的比率。用「當年 / 前年」求前年的比例，用「當年 - 前年 / 前年」求成長率。因此，成長率加 1 的值為上年的比例。求出幾何平均值後，用幾何平均值減去 1 即為平均成長率。

② 在【插入函數】對話框中選擇 GEOMEAN 函數，跳出【函數引數】對話盒

	A	B	C	D	E	F
1	某公司全年產值的成長率					
2	季度	成長率	前年比		幾何平均值	
3	第一季	0.02	2.01		平均成長率	
4	第二季	0.05	2.03		算數平均值	
5	第三季	-0.01	0.99			
6	第四季	0.025	1.025			

①按一下要輸入函數的儲存格

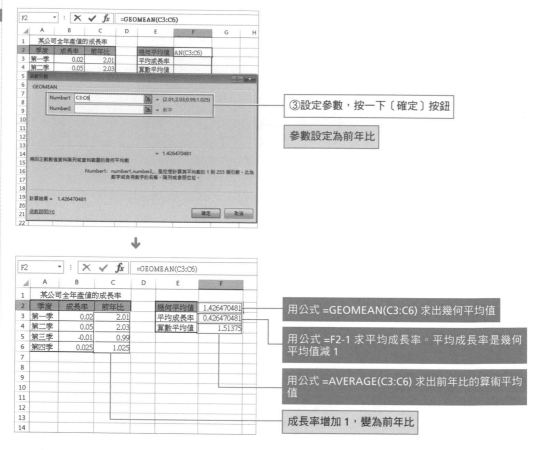

③設定參數，按一下〔確定〕按鈕

參數設定為前年比

↓

	A	B	C	D	E	F
1	某公司全年產值的成長率					
2	季度	成長率	前年比		幾何平均值	1.426470481
3	第一季	0.02	2.01		平均成長率	0.426470481
4	第二季	0.05	2.03		算數平均值	1.51375
5	第三季	-0.01	0.99			
6	第四季	0.025	1.025			
7						

用公式 =GEOMEAN(C3:C6) 求出幾何平均值

用公式 =F2-1 求平均成長率。平均成長率是幾何平均值減 1

用公式 =AVERAGE(C3:C6) 求出前年比的算術平均值

成長率增加 1，變為前年比

✌ NOTE ● **錯誤的負值參數**

通常情況下，幾何平均值和算術平均值的關係是「幾何平均值≤算術平均值」。如果各數據不分散，則幾何平均值接近算術平均值。組合使用 POWER 函數、PRODUCT 函數和 COUNT 函數，也能求幾何平均值，但使用 GEOMEAN 函數求幾何平均值的方法更簡便。根據公式，用各資料的積的 n 次方根求幾何平均值，所以根號中的數必須是正數。如果設定小於 0 的數值，則會傳回錯誤值「#NUM!」。

▼設定負值的情況

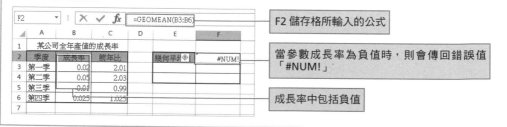

F2 儲存格所輸入的公式

當參數成長率為負值時，則會傳回錯誤值「#NUM!」

成長率中包括負值

6-1-5 MEDIAN
求數值集合的中位數

格式 ➜ MEDIAN(number1, number2, ...)

參數 ➜ number1, number2, ...

要計算中位數的 1 ～ 30 個數值。各數值用逗號隔開,最多能設定 30 個參數。也能設定儲存格區域。參數如果直接設定數值以外的文字,則會傳回錯誤值「#VALUE!」。但是,如果參數為陣列或引用,陣列或引用中的文字、邏輯值或空白儲存格將被忽略。而且,如果參數超過 30 個,則會出現「此函數輸入參數過多」的提示資訊。

使用 MEDIAN 函數可求按順序排列的數值資料中間位置的值,即中位數。如果數值集合中包含偶數個數字,則函數將傳回位於中間的兩個數的平均值。中位數是統計資料的一個代表值,表示統計資料的分佈中心值。中位數用下列公式表示。

$$MEDIAN(x_1, x_2, \cdots, x_{30}) = \frac{n+1}{2}$$

其中,n 為奇數。

$$MEDIAN(x_1, x_2, \cdots, x_{30}) = \frac{\frac{n}{2} + \left(\frac{n}{2} + 1\right)}{2}$$

其中,n 為偶數。

📖 **EXAMPLE 1** 求體力測試的中位數(忽略缺席者)

以體力測試記錄作為原始資料,求各年級和全體學生記錄的中位數。忽略表示缺席者的「缺席」文字儲存格或空白儲存格。

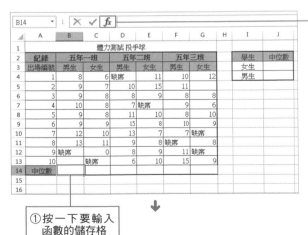

② 在【插入函數】對話框中選擇 MEDIAN 函數,跳出【函數引數】對話盒

① 按一下要輸入函數的儲存格

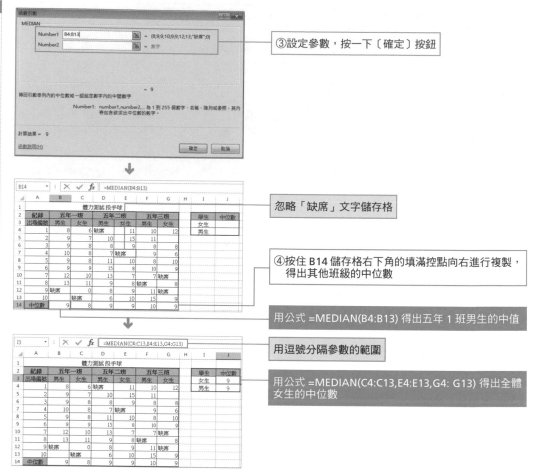

③設定參數，按一下〔確定〕按鈕

忽略「缺席」文字儲存格

④按住 B14 儲存格右下角的填滿控點向右進行複製，得出其他班級的中位數

用公式 =MEDIAN(B4:B13) 得出五年 1 班男生的中值

用逗號分隔參數的範圍

用公式 =MEDIAN(C4:C13,E4:E13,G4: G13) 得出全體女生的中位數

✌ NOTE ● **中位數位於各資料的中央位置**

從 EXAMPLE 1 中可以看到，中位數比平均值小，資料的幅寬比平均值寬。使用 MEDIAN 函數時，沒有必要按順序排列資料。因為中位數位於各個資料的中央位置。

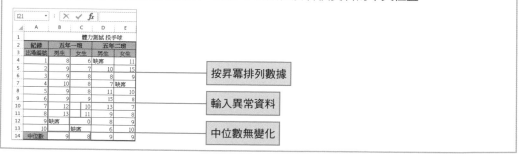

按昇冪排列數據

輸入異常資料

中位數無變化

✌ NOTE ● **中位數不受異常值的影響**

由於中位數是資料按順序排列時中央位置的值，所以它不受異常資料的影響。

6-1-6 MODE
求數值資料的眾數

格式 ➡ **MODE**(number1, number2, ...)

參數 ➡ number1, number2, ...

用於計算眾數的 1 ～ 30 個參數。各數值用逗號隔開，最多能設定 30 個參數，也能設定儲存格區域。參數如果直接設定數值以外的文字，則會傳回錯誤值「#VALUE!」。如果參數為陣列或引用，則陣列或引用中的文字、邏輯值或空白儲存格將被忽略。如果參數超過 30 個，則會出現「此函數輸入參數過多」的提示資訊。

使用 MODE 函數可求數值資料中出現頻率最多的值，這些值稱為眾數。眾數是統計資料的一個代表值。統計時，如果眾數為多個數，則這些數在統計資料的分佈中呈現出山形，因此在 Excel 中，如果資料出現多個眾數，則會傳回最初的眾數值。

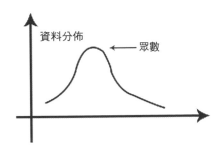

資料分佈　　　← 眾數

📖 **EXAMPLE 1**　求體力測試記錄的眾數（忽略缺席者）

以體力測試記錄作為原始資料，求各年級和全體學生記錄的眾數。忽略表示缺席者的「缺席」文字儲存格或者空白儲存格。

B14

②在【插入函數】對話框中選擇 MODE 函數，跳出【函數引數】對話盒

	A	B	C	D	E	F	G
1				體力測試 投手球			
2	紀錄	五年一班		五年二班		五年三班	
3	出場編號	男生	女生	男生	女生	男生	女生
4	1	9	7	缺席	11	10	12
5	2	10	6	10	15	11	10
6	3	12	8	8	9	8	8
7	4		11	7	缺席	9	6
8	5	10	12	11	10	8	10
9	6	8	10	15	8	10	9
10	7	缺席	8	13	7	7	缺席
11	8	13	9	9	8	缺席	8
12	9	10	9	8	9	11	缺席
13	10	11	缺席	6	10	15	9
14	眾數						

①按一下要輸入函數的儲存格

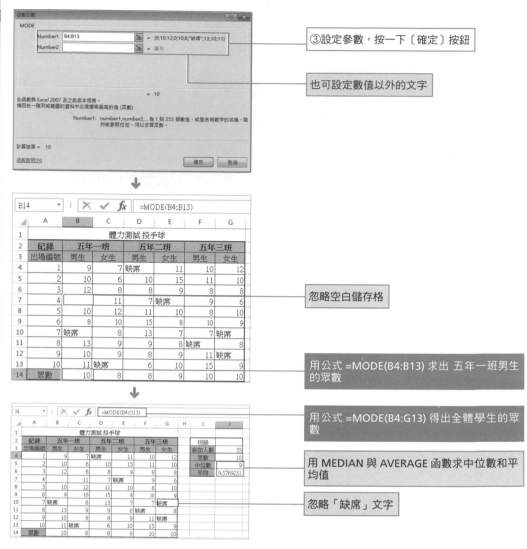

③設定參數，按一下〔確定〕按鈕

也可設定數值以外的文字

忽略空白儲存格

用公式 =MODE(B4:B13) 求出 五年一班男生的眾數

用公式 =MODE(B4:G13) 得出全體學生的眾數

用 MEDIAN 與 AVERAGE 函數求中位數和平均值

忽略「缺席」文字

✌ NOTE ● **眾數的定義**

眾數（Mode）是統計學名詞，是指在統計分佈上具有明顯集中趨勢點的數值，代表資料的一般水準（眾數可以不存在或多於一個）。簡單地說，眾數就是一組資料中占比例最多的那個數。

✌ NOTE ● **資料分佈狀態的偏向**

從 EXAMPLE 1 可以看出，各種值的關係為：眾數＜中位數＜平均值。因此，資料的分佈靠右，全體資料比平均值小，另外，平均值以上的記錄幅度大。若要檢查資料的分佈狀態，請參照 SKEW 函數。

6-1-7	**HARMEAN**
	求資料集合的調和平均數

格式 ➡ HARMEAN(number1, number2, …)

參數 ➡ number1, number2, …

用於計算平均數的 1 ～ 30 個參數。各個數值用逗號隔開，最多能設定 30 個參數，也能設定儲存格區域。當直接設定數值以外的文字時，則會傳回錯誤值「#VALUE!」。如果任何資料點小於等於 0，則函數會傳回錯誤值「#NUM!」。如果參數為陣列或引用中的文字、邏輯值或空白儲存格，則這些值將被忽略。如果設定參數超過 30 個，則會出現「此函數輸入參數過多」的提示資訊。

使用 HARMEAN 函數可以求調和平均數。調和平均數的倒數是用各數據的倒數總和除以資料個數所得的數，所以求平均速度或單位時間的平均工作量時，使用調和平均數比較簡便。調和平均數用下列公式表示。

$$HARMEAN(x_1, x_2, \cdots, x_{30}) = \frac{n}{\left(\dfrac{1}{x_1} + \dfrac{1}{x_2} + \cdots + \dfrac{1}{x_n}\right)}$$

$$\frac{1}{HARMEAN(x_1, x_2, \cdots, x_{30})} = \frac{1}{n} \times \left(\frac{1}{x_1} + \frac{1}{x_2} + \cdots + \frac{1}{x_n}\right)$$

EXAMPLE 1 求從出發地到 C 地點的平均速度

以從出發地到 C 地點過程中各地間的速度資料為基數，使用調和平均數求平均速度。此時，各地點間的距離相等。平均速度是移動距離除以到各地點所需時間得出的值。作為參考值，也能求算術平均數和幾何平均數。

②在【插入函數】對話框中選擇 HARMEAN 函數，跳出【函數引數】對話盒

①按一下要輸入函數的儲存格

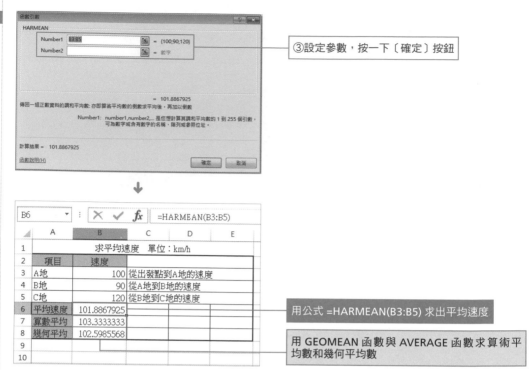

③設定參數，按一下〔確定〕按鈕

用公式 =HARMEAN(B3:B5) 求出平均速度

用 GEOMEAN 函數與 AVERAGE 函數求算術平均數和幾何平均數

👐 NOTE ● **調和平均數、算術平均數和幾何平均數**

如果各資料不分散，則調和平均數接近算術平均數和幾何平均數。通常情況下，調和平均值與算術平均數、幾何平均數之間的關係為調和平均數≤幾何平均數≤算術平均值。如果這 3 個平均值相等，則所有參數值相等。

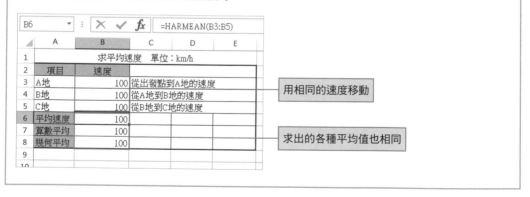

用相同的速度移動

求出的各種平均值也相同

6-1-8　COUNT
求數值資料的個數

格式 ➜ COUNT(value1, value2, ...)

參數 ➜ value1, value2, ...

包含或引用各種類型資料的參數。用序列值表示日期，把 2010 年 1 月 1 日作為 1。用逗號分隔各個值，最多可設定 30 個參數，也可以設定包含數字的儲存格。陣列或引用中的空儲存格、邏輯值、文字或錯誤值都將被忽略。直接設定參數時，包含日期的數值中也能計算邏輯值。

使用 COUNT 函數可求包含數字的儲存格個數，它是 Excel 中使用最頻繁的函數之一。在統計領域中，個數是代表值之一，作為統計資料的全體調查數或樣本數使用。可以使用【插入函數】對話盒選擇「COUNT」函數，但使用【公式】選項卡中的〔自動加總〕按鈕求參數個數的方法最簡便。使用〔自動加總〕按鈕輸入「COUNT」函數時，在輸入函數的儲存格中會自動確認相鄰數值的儲存格。

📋 **EXAMPLE 1**　求參加體能測試的人數

利用【插入函數】對話盒插入「COUNT」函數，求參加體能測試的人數。

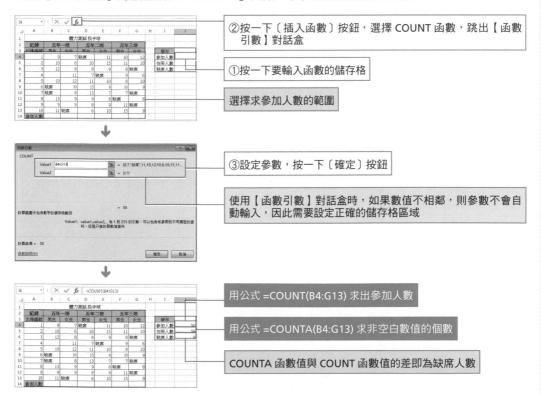

②按一下〔插入函數〕按鈕，選擇 COUNT 函數，跳出【函數引數】對話盒

①按一下要輸入函數的儲存格

選擇求參加人數的範圍

③設定參數，按一下〔確定〕按鈕

使用【函數引數】對話盒時，如果數值不相鄰，則參數不會自動輸入，因此需要設定正確的儲存格區域

用公式 =COUNT(B4:G13) 求出參加人數

用公式 =COUNTA(B4:G13) 求非空白數值的個數

COUNTA 函數值與 COUNT 函數值的差即為缺席人數

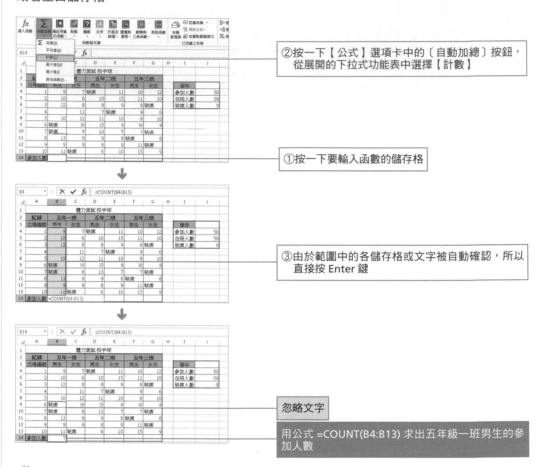

EXAMPLE 2 用〔自動加總〕按鈕求各年級的參加人數

以體力測試記錄作為原資料,求各年級的參加人數。忽略表示缺席者的「缺席」文字儲存格或者空白儲存格。

②按一下【公式】選項卡中的〔自動加總〕按鈕,從展開的下拉式功能表中選擇【計數】

①按一下要輸入函數的儲存格

③由於範圍中的各儲存格或文字被自動確認,所以直接按 Enter 鍵

忽略文字

用公式 =COUNT(B4:B13) 求出五年級一班男生的參加人數

NOTE ● 忽略空白儲存格

空白儲存格被忽略,不能成為計算對象。注意空白儲存格不是 0,如果 0 作為計算對象,必須要在儲存格內輸入 0。

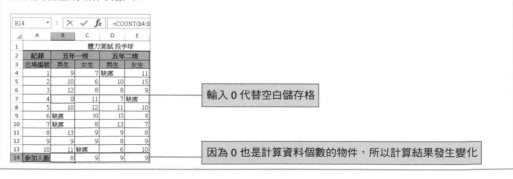

輸入 0 代替空白儲存格

因為 0 也是計算資料個數的物件,所以計算結果發生變化

6-1-9 COUNTA
計算設定儲存格區域中非空白儲存格的個數

格式 → COUNTA(value1, value2, ...)
參數 → value1, value2, ...
　　　所要計算的值，參數個數為 1 ～ 30 個，也可以設定儲存格範圍。儲存格引用值
　　　N 時，可忽略空白儲存格，但作為數值以外的文字或邏輯值將被計算在內。

使用 COUNTA 函數可求設定儲存格區域中非空白儲存格的個數。它和 COUNT 函數的不同
之處在於，數值以外的文字或邏輯值可以算作統計資料的個數。

EXAMPLE 1　求各年級學生全體在冊人數

根據體力測試記錄，求各年級學生全體在冊人數。表示缺席者的「缺席」文字所在的儲存格
作為在冊人數計算，而轉校等不在冊的人數作為空白儲存格忽略。

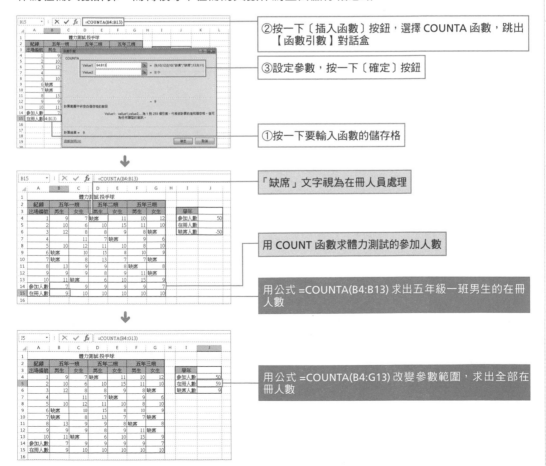

②按一下〔插入函數〕按鈕，選擇 COUNTA 函數，跳出【函數引數】對話盒

③設定參數，按一下〔確定〕按鈕

①按一下要輸入函數的儲存格

「缺席」文字視為在冊人員處理

用 COUNT 函數求體力測試的參加人數

用公式 =COUNTA(B4:B13) 求出五年級一班男生的在冊人數

用公式 =COUNTA(B4:G13) 改變參數範圍，求出全部在冊人數

6-1-10 COUNTBLANK
計算空白儲存格的個數

格式 → COUNTBLANK(range)

參數 → range
需要計算其中空白儲存格個數的區域，只能設定一個參數。如果同時選擇多個儲存格區域，則顯示「此函數輸入參數過多」的提示資訊。

使用 COUNTBLANK 函數可求設定範圍內空白儲存格的個數，用於計算未輸入資料的儲存格個數比較簡便。所謂空白儲存格是指沒有輸入任何數值的儲存格。以全形或半形方式輸入的空白鍵，或在【Excel 選項】→【公式】對話盒中清除【啟用反覆運算】核取方塊時，工作表中的儲存格也顯示為空白，但這樣的空白儲存格不作為計算對象。

EXAMPLE 1 計算空白儲存格的個數

求學生成績統計表中無成績人數。

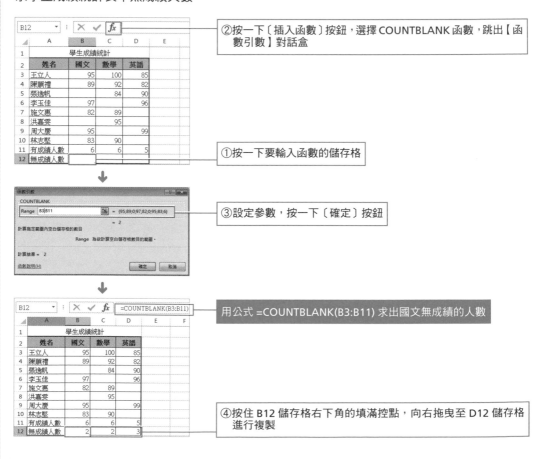

②按一下〔插入函數〕按鈕，選擇 COUNTBLANK 函數，跳出【函數引數】對話盒

①按一下要輸入函數的儲存格

③設定參數，按一下〔確定〕按鈕

用公式 =COUNTBLANK(B3:B11) 求出國文無成績的人數

④按住 B12 儲存格右下角的填滿控點，向右拖曳至 D12 儲存格進行複製

6-1-11　COUNTIF
求滿足給定條件的資料個數

格式 ➜ COUNTIF(range, criteria)

參數 ➜ range

需要計算其中滿足條件的儲存格數目的儲存格區域。如果省略參數，則會出現「輸入的公式不正確」的提示資訊。

criteria

確定哪些儲存格將被計算在內的條件，其形式可以是數值、文字或表示式。在儲存格或編輯欄中直接設定檢索條件時，條件需加雙引號，特別是使用比較運算子時，如果不加雙引號，則會出現「輸入的公式不正確」的提示資訊。檢索條件中存在一部分不明意義的文字時，則需使用萬用字元。萬用字元的意義和使用方法如下表所示。

▼ 萬用字元

符號／讀法	意義	使用方法的實例	被檢索的例子
＊（星號）	和符號在同一位置的大於 0 的任意字元	中 *(以中開頭的文字字串)	中、中國、中間、中文、中意
？（問號）	和符號在同一位置的任意一個字元	? 國（第 2 個字元有「國」的文字字串）；中 ?（第 1 個字元有「中」的文字字串）	中國
			中秋
～（波形符號）	檢索包含 *、?、～字元時，在各符號前輸入～	～ * 注（「* 注」之類的文字）	* 注

使用 COUNTIF 函數，可求滿足給定條件的資料個數，常用於在選擇的範圍內求與檢索條件一致的儲存格個數。例如，把「學生的成績」設定為檢索條件，求成績相同的人數，使用比較運算子號，把「～以上」或「～不滿」等限定值設定為檢索條件，求「成績在 85 分以上」的人數。COUNTIF 函數只能設定一個檢索條件，如果有兩個以上的條件，則需使用 IF 函數，或者使用資料庫函數中的 DCOUNT 函數。

EXAMPLE 1　統計學生專業課程成績

在統計學生專業課程成績時，將「成績」設定為檢索條件。使用絕對引用，將 range 絕對引用行、criteria 絕對引用列複製到其他的儲存格內。

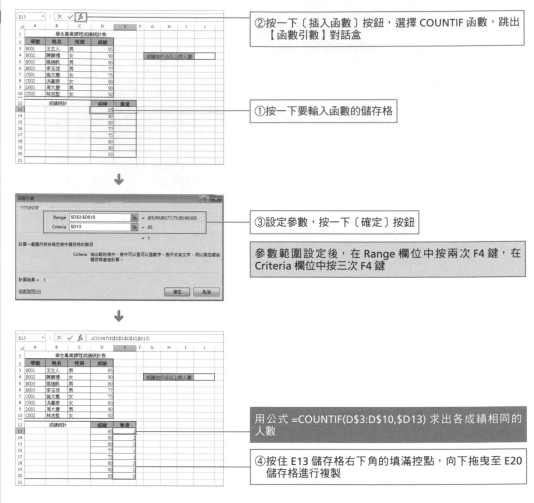

②按一下〔插入函數〕按鈕,選擇 COUNTIF 函數,跳出
【函數引數】對話盒

①按一下要輸入函數的儲存格

③設定參數,按一下〔確定〕按鈕

參數範圍設定後,在 Range 欄位中按兩次 F4 鍵,在
Criteria 欄位中按三次 F4 鍵

用公式 =COUNTIF(D$3:D$10,$D13) 求出各成績相同的
人數

④按住 E13 儲存格右下角的填滿控點,向下拖曳至 E20
儲存格進行複製

💅 NOTE ● **在儲存格或編輯欄內直接設定檢索條件時,必須加雙引號**

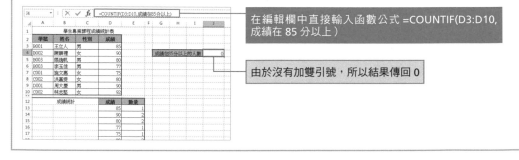

使用「函數參數」對話盒或者儲存格引用檢索條件時,沒有必要加雙引號。但是,在儲存
格或編輯欄內直接設定檢索條件時,必須加雙引號。對於不使用比較運算子的檢索條件,
如數值以外的條件,即使不加雙引號,也不會傳回錯誤值。

在編輯欄中直接輸入函數公式 =COUNTIF(D3:D10,
成績在 85 分以上)

由於沒有加雙引號,所以結果傳回 0

EXAMPLE 2　統計學生專業課程成績在 85 分以上的學生人數

使用比較運算子，求專業課成績在 85 分以上的學生人數，檢索條件使用比較運算子時，必須加雙引號。

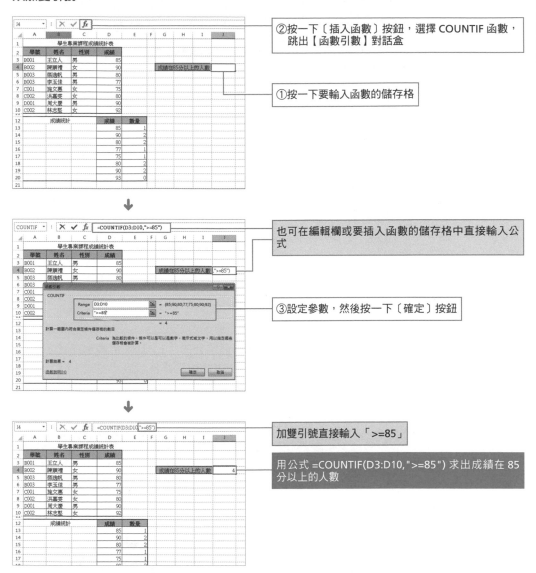

②按一下〔插入函數〕按鈕，選擇 COUNTIF 函數，跳出【函數引數】對話盒

①按一下要輸入函數的儲存格

也可在編輯欄或要插入函數的儲存格中直接輸入公式

③設定參數，然後按一下〔確定〕按鈕

加雙引號直接輸入「>=85」

用公式 =COUNTIF(D3:D10,">=85") 求出成績在 85 分以上的人數

EXAMPLE 3　在檢索條件中使用萬用字元求個數

在檢索條件中使用萬用字元，求不同班級的考試人數。不同的班級被輸入到學號列中，如 B001 的 B 作為二年級，C001 的 C 就作為三年級，D001 的 D 作為四年級，求二年級、三年級和四年級的考試人數。萬用字元是取代文字而使用的字元，* 表示任何字串，? 表示任意單個字元。

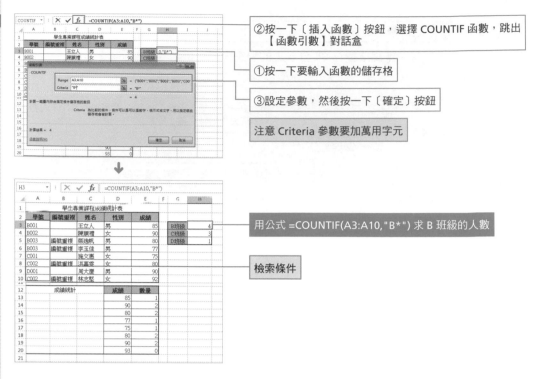

②按一下〔插入函數〕按鈕，選擇 COUNTIF 函數，跳出【函數引數】對話盒

①按一下要輸入函數的儲存格

③設定參數，然後按一下〔確定〕按鈕

注意 Criteria 參數要加萬用字元

↓

用公式 =COUNTIF(A3:A10,"B*") 求 B 班級的人數

檢索條件

NOTE ● 使用萬用字元「？」進一步檢索

如果知道檢索字元或字元個數時，使用表示任意一個字元的「？」比使用表示任意字元的「*」更能進一步進行檢索。例如，將 EXAMPLE 3 中的檢索條件設為「???2」時，只能檢索出末尾帶有數字 2 且有 4 個字元的結果。

組合技巧｜檢查資料是否重複（IF+COUNTIF）

在 IF 函數中組合使用 COUNTIF 函數，可以檢查出資料是否重複。成績統計表中，如果班級中學生的學號重複，則顯示「編號重複」，否則顯示為空白。另外，還可以用符合檢索條件的資料是否大於 1 來檢測資料是否重複。

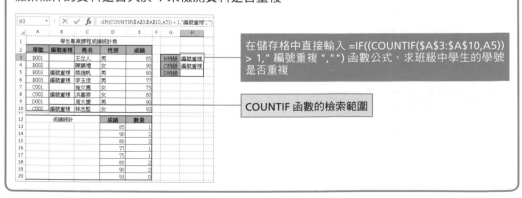

在儲存格中直接輸入 =IF((COUNTIF($A$3:$A$10,A5)) > 1," 編號重複 ","") 函數公式，求班級中學生的學號是否重複

COUNTIF 函數的檢索範圍

6-1-12　FREQUENCY
以一列垂直陣列傳回某個區域中資料的頻率分佈

格式 ➡ FREQUENCY(data_array, bins_array)

參數 ➡ date_array

為一陣列或對一組數值的引用，用來計算頻率。數值以外的文字和空白儲存格將被忽略。

bins_array

為間隔的陣列或對間隔的引用。如果有數值以外的文字或者空白儲存格，則傳回錯誤值「#N/A」。區間和次數的關係如下表所示。

▼區間和次數的事例（值為整數時，次數比區間多一個）

19	19 以下
29	20 以上（大於等於 20），小於 29
	30 以上（大於等於 30，超過區間的最大值）

使用函數 FREQUENCY 可求 data_array 中的各資料在設定的 bins_array 內出現的頻率。每個區間統一整理的數值表稱為「次數分佈表」，如計算時間段內入場人數的分佈或成績分佈就可使用次數分佈表。參數 bins_array 是設定如時間段或得分情況的數值。FREQUENCY 函數的要點是求結果的儲存格區域，比 bins_array 要多選擇一個。傳回數組所多出來的元素表示超過最高間隔的數值個數。

📖 EXAMPLE 1 　求某公司成立以來創造的產值分佈表

以某公司成立以來創造的產值資料為原始資料，求差值的次數分佈表。另外，作為數組公式輸入的儲存格不能進行單獨編輯，必須選定輸入陣列公式的儲存格區域才能進行編輯。

H3		✕ ✓ fx						
	A	B	C	D	E	F	G	H	I
1	某公司自成立以來創造的產值（單位：百萬元）								
2	109	300	480	612	800		區間	次數	累積次數
3	128	320	500	632	825		200		
4	156	350	509	650	840		300		
5	180	360	522	680	860		400		
6	200	380	540	702	890		500		
7	230	400	560	708	901		600		
8	246	410	578	720	915		700		
9	270	430	590	760	955		800		
10	290	460	600	790	1000		900		
11							1000		
12									
13									

②按一下〔插入函數〕按鈕，選擇 FREQUENCY 函數，跳出【函數引數】對話盒

①按一下要輸入函數的儲存格

⬇

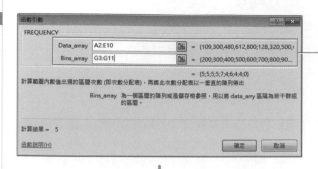

③設定參數，然後按組合鍵 Ctrl+Shift 並按一下〔確定〕按鈕

用公式 {=FREQUENCY (A2:E10,G3:G11)} 作為頻率求各區間內數值資料的個數

④選取 H3 至 H11 儲存格，按 F2，然後按組合鍵 Ctrl+Shift+Enter

用公式 =I10+H11 在 I11 儲存格內求積累次數值，I11 儲存格等於資料個數

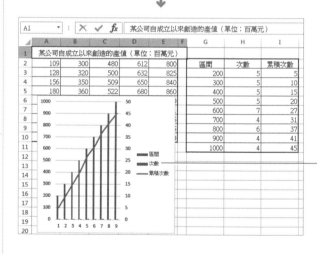

基於次數分佈表製作的次數分佈和積累次數分佈圖表

✌ NOTE ● **用圖表製作次數分佈表更明確**

次數分佈表可以統一整理統計資料，用於檢查資料的分佈狀態。但如果用圖表視覺化表示所求的次數分佈表，則能進一步顯示資料的分佈狀態。

6-1-13　MAX
傳回一組值中的最大值

格式 → MAX(number1, number2, ...)
參數 → number1, number2, ...
　　　設定需求最大值的數值或者數值所在的儲存格。各數值用逗號隔開,最多能設定
　　　30 個參數。也能設定儲存格區域。如果設定參數為數值以外的文字,則傳回錯誤
　　　值「#VALUE!」。如果參數為陣列或引用,則陣列或引用中的文字、邏輯值或空
　　　白儲存格將被忽略。如果參數超過 30 個,則會出現「此函數輸入參數過多」的
　　　提示資訊。

使用 MAX 函數可求一組值中的最大值,它是 Excel 中使用最頻繁的函數之一。在統計領域中,
最大值是代表值之一。可以在【插入函數】對話盒中選擇「MAX」函數求最大值,也可以使
用【公式】選項卡都取代成活頁標籤中的〔自動加總〕按鈕求最大值,後者更簡便。使用〔自
動加總〕按鈕輸入 MAX 函數時,會自動顯示與輸入函數的儲存格相鄰的儲存格區域。另外,
如果不忽略邏輯值和文字,請使用 MAXA 函數。

EXAMPLE 1　使用【插入函數】對話盒求最高成績

使用【插入函數】對話盒插入 MAX 函數,求體力測試的最高成績。忽略表示缺席者的「缺席」
文字儲存格或空白儲存格。

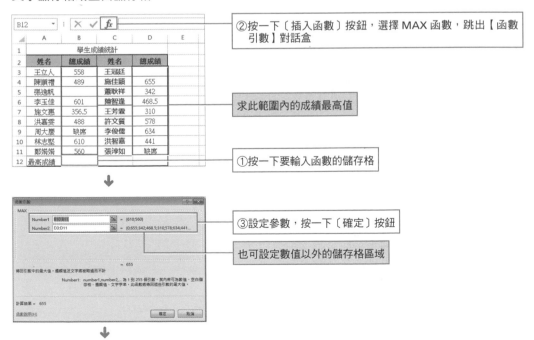

②按一下〔插入函數〕按鈕,選擇 MAX 函數,跳出【函數引數】對話盒

求此範圍內的成績最高值

①按一下要輸入函數的儲存格

③設定參數,按一下〔確定〕按鈕

也可設定數值以外的儲存格區域

B12		✕ ✓ *fx*	=MAX(I3:B11,D3:D11)	
▲	A	B	C	D	E
1		學生成績統計			
2	姓名	總成績	姓名	總成績	
3	王立人	558	王冠廷		
4	陳順禮	489	施佳穎	655	
5	張逸帆		蕭耿祥	342	
6	李玉佳	601	陳智逢	468.5	
7	施文惠	356.5	王芳霖	310	
8	洪嘉雯	488	許文質	578	
9	周大慶	缺席	李俊儒	634	
10	林志堅	610	洪智嘉	441	
11	鄭媦媦	560	張淳如	缺席	
12	最高成績	655			

忽略空白儲存格

忽略「缺席」文字儲存格

用公式 =MAX(B3:B11,D3:D11) 求出最高成績

👋 NOTE ● **不相鄰的儲存格不能被自動輸入**

使用 MAX 函數的【函數引數】對話盒設定參數時,如果儲存格不相鄰,則參數不能被自動輸入。因此,需手動設定正確的儲存格或儲存格區域。

👋 NOTE ● **忽略空白儲存格**

使用 MAX 函數時,空白儲存格將被忽略,不能成為計算對象。注意空白儲存格並不是 0,如果要把 0 作為計算對象,必須在儲存格內輸入 0。

📄 EXAMPLE 2 使用〔自動加總〕按鈕求最高成績

把體力測試作為原始資料,使用〔自動加總〕按鈕選擇【最大值】,求最高的成績。注意忽略表示缺席者的「缺席」文字儲存格或者空白儲存格。

fx	Σ	★	📄	❓	🄰	📅	🔍	數
插入函數	自動加總	最近用過的函數 ▾	財務	邏輯 ▾	文字 ▾	日期及時間 ▾	查閱與參照 ▾	三角
	Σ 加總(S)					函數程式庫		
	平均值(A)							
	計數(C)							
B12	最大值(M)		*fx*					
▲	最小值(I)		C	D	E			
1	其他函數(F)...	成績統計						
2	姓		姓名	總成績				
3	王立人	558	王冠廷					
4	陳順禮	489	施佳穎	655				
5	張逸帆		蕭耿祥	342				
6	李玉佳	601	陳智逢	468.5				
7	施文惠	356.5	王芳霖	310				
8	洪嘉雯	488	許文質	578				
9	周大慶	缺席	李俊儒	634				
10	林志堅	610	洪智嘉	441				
11	鄭媦媦	560	張淳如	缺席				
12	最高成績							

②在【公式】選項卡中按一下〔自動加總〕按鈕,在展開的下拉式功能表中選擇【最大值】選項

①按一下要輸入函數的儲存格

↓

B12	▼	⋮	✕	✓	*fx*		=MAX(A3:D11)

	A	B	C	D
1		學生成績統計		
2	姓名	總成績	姓名	總成績
3	王立人	558	王冠廷	
4	陳順禮	489	施佳穎	655
5	張逸帆		蕭耿祥	342
6	李玉佳	601	陳智逢	468.5
7	施文惠	356.5	王芳霖	310
8	洪嘉雯	488	許文質	578
9	周大慶	缺席	李俊儒	634
10	林志堅	610	洪智嘉	441
11	鄭娟娟	560	張淳如	缺席
12		=MAX(A3:D11)		
13		MAX(number1, [number2], ...)		

選擇最大值後，因為不能自動識別範圍內的空白儲存格或文字，所以需要重新選擇參數範圍

③直接設定儲存格區域，然後按 Enter 鍵

已選取的姓名文字儲存格會自動忽略

↓

B12	▼	⋮	✕	✓	*fx*		=MAX(A3:D11)

	A	B	C	D
1		學生成績統計		
2	姓名	總成績	姓名	總成績
3	王立人	558	王冠廷	
4	陳順禮	489	施佳穎	655
5	張逸帆		蕭耿祥	342
6	李玉佳	601	陳智逢	468.5
7	施文惠	356.5	王芳霖	310
8	洪嘉雯	488	許文質	578
9	周大慶	缺席	李俊儒	634
10	林志堅	610	洪智嘉	441
11	鄭娟娟	560	張淳如	缺席
12	最高成績	655		

忽略空白儲存格和「缺席」文字儲存格

用公式 =MAX(A3:D11) 求出最高成績

 NOTE ● **MAX 函數的使用說明**

在使用該函數時，可以將參數設定為數位、空白儲存格、邏輯值或數字的文字表示式。若參數為錯誤值或不能轉換成數字的文字，將產生錯誤。若參數為陣列或引用，則只有陣列或引用中的數字被計算，而陣列或引用中的空白儲存格、邏輯值或文字將被忽略。如果邏輯值和文字不能忽略，請使用函數 MAXA 來代替。此外，還需注意的是，如果參數不包含數字，那麼該函數將傳回 0。

6-1-14 MAXA
傳回參數列表中的最大值

格式 → **MAXA**(value1, value2, ...)

參數 → value1, value2, ...

設定需求最大值的數值,或者數值所在的儲存格。各個值用逗號分隔,最多能夠設定 30 個參數,參數也能設定為儲存格區域。如果直接設定數值以外的文字,則傳回錯誤值「#NAME?」。如果參數為陣列或引用,則陣列或引用中的空白儲存格將被忽略。但包含 TRUE 的參數作為 1 計算;包含文字或 FALSE 的參數作為 0 計算。如果超過 30 個參數,則會出現「此函數輸入參數過多」的提示資訊。

使用 MAXA 函數可傳回參數清單中的最大值。它和求最大值的 MAX 函數的不同之處在於,文字和邏輯值也作為數字計算。如果求最大值的資料數值最大值超過 1 時,函數 MAXA 和函數 MAX 傳回相同的結果。但是,求最大值的資料數值如果全部小於等於 1,而參數中包含邏輯值 TRUE 時,函數 MAXA 和函數 MAX 將傳回不同的結果。

EXAMPLE 1 求體力測試的最高紀錄(包含缺席者)

②按一下〔插入函數〕按鈕,選擇「MAXA」函數,跳出【函數引數】對話盒

③設定參數,按一下〔確定〕按鈕。參數也可設定數值以外的儲存格區域

①按一下要輸入函數的儲存格

	A	B	C	D	E	F	G
1		體力測試 投手球					
2	紀錄	五年一班		五年二班		五年三班	
3	出場編號	男生	女生	男生	女生	男生	女生
4	1	9	7	缺席	11		15
5	2	10	6	17	14	11	10
6	3	12	8	8	9	8	8
7	4		11	7	缺席	9	6
8	5	14	12	11	10	8	10
9	6	8	10	15	8	10	9
10	7	缺席	8	13	7	缺席	
11	8	13	9	9	8	缺席	8
12	9	9	8	8	9	11	缺席
13	10	11	缺席	6	10	13	9
14	MAXA函數最高紀錄	14	12	17	14	13	15
15							

④按住 B14 儲存格右下角的填滿控點,向右拖曳至 G14 儲存格進行複製,得出其他班級的最高紀錄

用公式 =MAXA(B4:B13) 求出五年一班男生的最高紀錄

6-1-15 MIN
傳回一組值中的最小值

格式 → MIN(number1, number2, ...)
參數 → number1, number2, ...
　　　設定需求最小值的數值，或者數值所在的儲存格。各數值用逗號隔開，最多能設定 30 個參數。也能設定儲存格區域。參數如果直接設定數值以外的文字，則會傳回錯誤值「#VALUE!」。如果參數為陣列或引用，則陣列或引用中的文字、邏輯值或空白儲存格將被忽略。如果參數超過 30 個，則會出現「此函數輸入參數過多」的提示資訊。

使用 MIN 函數可求一組值中的最小值。它是 Excel 中使用最頻繁的函數之一。在統計領域內，最小值是代表值之一。可在【插入函數】對話盒中選擇「MIN」函數求最小值，也可以使用【公式】選項卡中的〔自動加總〕按鈕求最小值，後者更簡便。使用〔自動加總〕按鈕輸入 MIN 函數時，會自動顯示與輸入函數的儲存格相鄰的儲存格區域。另外，如果求空白儲存格以外的資料中的最小值時，請參照 MINA 函數。

📖 EXAMPLE 1 使用【插入函數】對話盒求學生的最低成績（忽略缺席者）

使用【插入函數】對話盒選擇「MIN」函數，求學生的最低成績。忽略表示缺席者的「缺席」文字儲存格或空白儲存格。

②在【插入函數】對話盒中選擇「MIN」函數，跳出【函數引數】對話盒

B12	:	✕ ✓ ƒx	
	A	B	C	D
1	輸出最低成績			
2	姓名	總成績	姓名	總成績
3	王立人	558	王冠廷	
4	陳順禮	489	施佳穎	655
5	張逸帆		蕭耿祥	342
6	李玉佳	601	陳智逢	468.5
7	施文惠	356.5	王芳霖	310
8	洪嘉雯	488	許文質	578
9	周大慶	缺席	李俊儒	634
10	林志堅	610	洪智嘉	441
11	鄭娟娟	560	張淳如	缺席
12	最低成績			

①按一下要輸入函數的儲存格

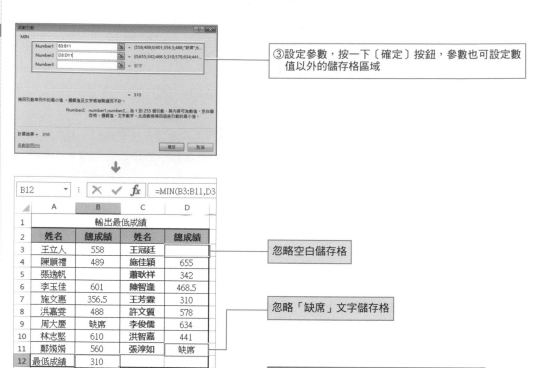

③設定參數，按一下〔確定〕按鈕，參數也可設定數值以外的儲存格區域

	A	B	C	D
1		輸出最低成績		
2	姓名	總成績	姓名	總成績
3	王立人	558	王冠廷	
4	陳順禮	489	施佳穎	655
5	張逸帆		蕭耿祥	342
6	李玉佳	601	陳智逢	468.5
7	施文惠	356.5	王芳霖	310
8	洪嘉雯	488	許文質	578
9	周大慶	缺席	李俊儒	634
10	林志堅	610	洪智嘉	441
11	鄭娟娟	560	張淳如	缺席
12	最低成績	310		

B12 = MIN(B3:B11,D3

忽略空白儲存格

忽略「缺席」文字儲存格

用公式 =MIN(B3:B11,D3:D11) 求出最低成績

NOTE ● **不相鄰的儲存格不能被自動輸入**

使用 MIN 函數的【函數引數】對話盒設定參數時，如果儲存格不相鄰，則參數不能被自動輸入。此時，需重新設定正確的儲存格或者儲存格區域。

EXAMPLE 2 使用〔自動加總〕按鈕求最低成績

以學生的總成績作為原始資料，求學生的最低成績。忽略表示缺席者的「缺席」文字儲存格或者空白儲存格。

	A	B	C	D
1		輸出最低成績		
2	姓名	總成績	姓名	總成績
3	王立人	558	王冠廷	
4	陳順禮	489	施佳穎	655
5	張逸帆		蕭耿祥	342
6	李玉佳	601	陳智逢	468.5
7	施文惠	356.5	王芳霖	310
8	洪嘉雯	488	許文質	578
9	周大慶	缺席	李俊儒	634
10	林志堅	610	洪智嘉	441
11	鄭娟娟	560	張淳如	缺席
12	最低成績			

B12

①按一下要輸入函數的儲存格

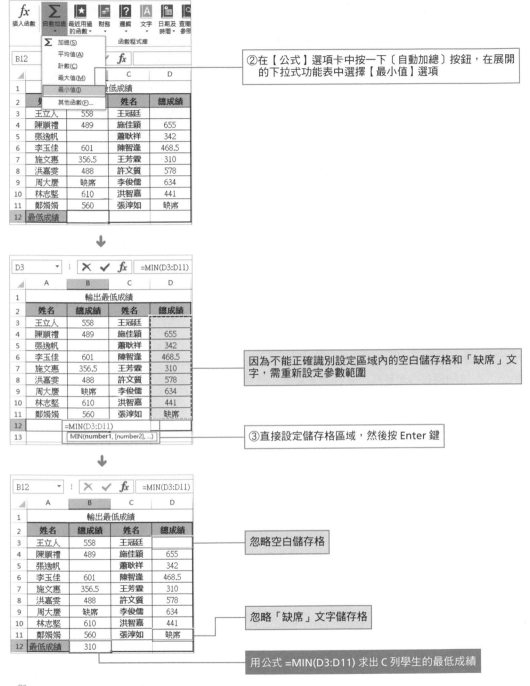

②在【公式】選項卡中按一下〔自動加總〕按鈕，在展開的下拉式功能表中選擇【最小值】選項

	A	B	C	D
1			出最低成績	
2	姓名	總成績	姓名	總成績
3	王立人	558	王冠廷	
4	陳順禮	489	施佳穎	655
5	張逸帆		蕭耿祥	342
6	李玉佳	601	陳智逢	468.5
7	施文惠	356.5	王芳霖	310
8	洪嘉雯	488	許文質	578
9	周大慶	缺席	李俊儒	634
10	林志堅	610	洪智嘉	441
11	鄭娟娟	560	張淳如	缺席
12	最低成績			

D3 =MIN(D3:D11)

	A	B	C	D
1			輸出最低成績	
2	姓名	總成績	姓名	總成績
3	王立人	558	王冠廷	
4	陳順禮	489	施佳穎	655
5	張逸帆		蕭耿祥	342
6	李玉佳	601	陳智逢	468.5
7	施文惠	356.5	王芳霖	310
8	洪嘉雯	488	許文質	578
9	周大慶	缺席	李俊儒	634
10	林志堅	610	洪智嘉	441
11	鄭娟娟	560	張淳如	缺席
12		=MIN(D3:D11)		
13		MIN(number1, [number2], ...)		

因為不能正確識別設定區域內的空白儲存格和「缺席」文字，需重新設定參數範圍

③直接設定儲存格區域，然後按 Enter 鍵

B12 =MIN(D3:D11)

	A	B	C	D
1			輸出最低成績	
2	姓名	總成績	姓名	總成績
3	王立人	558	王冠廷	
4	陳順禮	489	施佳穎	655
5	張逸帆		蕭耿祥	342
6	李玉佳	601	陳智逢	468.5
7	施文惠	356.5	王芳霖	310
8	洪嘉雯	488	許文質	578
9	周大慶	缺席	李俊儒	634
10	林志堅	610	洪智嘉	441
11	鄭娟娟	560	張淳如	缺席
12	最低成績	310		

忽略空白儲存格

忽略「缺席」文字儲存格

用公式 =MIN(D3:D11) 求出 C 列學生的最低成績

🖐 NOTE ● 空白儲存格不能被計算

空白儲存格被忽略，不能成為計算對象。注意空白儲存格並不是 0，如果把 0 作為計算對象，必須在儲存格中輸入 0。

6-1-16　MINA
傳回參數列表中的最小值

格式 ➜ MINA(value1, value2, ...)

參數 ➜ value1, value2, ...

設定需求最小值的值，或者數值所在的儲存格。各個值用逗號分隔，最多能夠設定 30 個參數，參數也能設定為儲存格區域。參數如果直接設定數值以外的文字，則傳回錯誤值「#NAME?」。如果參數為陣列或引用，則陣列或引用中的空白儲存格將被忽略。但包含 TRUE 的參數作為 1 計算；包含文字或 FALSE 的參數作為 0 計算。如果超過 30 個參數，則會出現「此函數輸入參數過多」的提示資訊。

使用 MINA 函數可求參數清單中的最小值。它與求最小值的 MIN 函數的不同之處在於，文字和邏輯值（如 TRUE 和 FALSE）也作為數字來計算。如果參數不包含文字，MINA 函數和 MIN 函數傳回值相同。但是，如果資料數值內的最小數值比 0 大，且包含文字時，MINA 函數和 MIN 函數的傳回值不同。

EXAMPLE 1　求體力測試的最低紀錄（包含缺席者）

把體力測試記錄作為原資料，求各年級和全體學生的最低紀錄。表示缺席者的「缺席」文字儲存格作為計算對象，但空白儲存格被忽略。

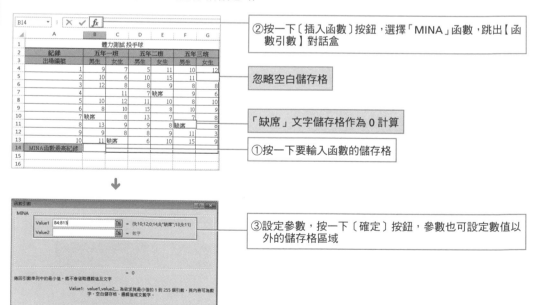

②按一下〔插入函數〕按鈕，選擇「MINA」函數，跳出【函數引數】對話盒

忽略空白儲存格

「缺席」文字儲存格作為 0 計算

①按一下要輸入函數的儲存格

③設定參數，按一下〔確定〕按鈕，參數也可設定數值以外的儲存格區域

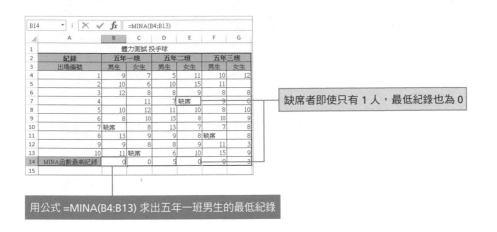

用公式 =MINA(B4:B13) 求出五年一班男生的最低紀錄

缺席者即使只有 1 人，最低紀錄也為 0

✌ NOTE ● **分開使用 MINA 函數和 MIN 函數**

MINA 函數和 MIN 函數都忽略空白儲存格。而且，在設定的參數儲存格中，如果不包含文字或者邏輯值時，不管使用哪一個函數都會傳回相同的值。除去 EXAMPLE 1 中的缺席者的記錄作為 0 計算外，可以使用 MIN 函數求參數清單中的最小值。

✌ NOTE ● **邏輯值 TRUE 為最小值時**

函數 MINA 和 MIN 中的空白儲存格被忽略。但是，MINA 函數的文字值和邏輯值也作為數字計算，如果資料中的最小值比 1 小，則得到和 MIN 函數相同的結果。但是，如果邏輯值 TRUE 為最小值時，則 MINA 函數和 MIN 函數得到的結果不同。

用公式 =MINA(C3:C11) 求出 MINA 值

用公式 =MIN (C3:C11) 求出 MIN 值

及格成績為 550，根據公式 =IF(B11/$C$1>1,TRUE,B11/$C$1)，只要達到目標時，就顯示邏輯值 TRUE，否則顯示完成率

6-1-17　QUARTILE
傳回資料集的四分位數

格式 ➜ QUARTILE(array, quart)

參數 ➜ array

用於計算四分位元數的陣列或數值型儲存格區域。如果是空陣列，則會傳回錯誤值「#NUM!」。

quart

用 0 ~ 4 的整數或者儲存格設定傳回哪一個四分位值。如果 quart 不是整數，則將被截尾取整數。傳回值的設定方法如下表所示。

▼ quart 的設定

如果 quart 等於	傳回值
0	最小值
1	第 25 個百分點值（第 1 個四分位數）
2	第 50 個百分點值（第 2 個四分位數）
3	第 75 個百分點值（第 3 個四分位數）
4	最大值
小於 0，大於 4 的數	傳回錯誤值「#NUM!」
數值以外的文字	傳回錯誤值「#VALUE!」

把從小到大排列好的數值資料看作四等分時的 3 個分割點，稱為四分位數。使用 QUARTILE 函數，可按照設定的 quart 值，求按照從小到大順序排列數值資料時的最小值、第一個四分位數（第 25 個百分點值）、第二個四分位數（中位數）、第三個四分位數（第 75 個百分點值）、最大值。特別是第二個四分位數正好是位於資料集的中央位置值，稱為中位數，也可以用 Excel 中的 MEDIAN 函數求取。如果不僅僅是四分位元數，需要求按照從小到大順序排列的資料集的任意百分率值，請參照使用 PERCENTILE 函數。

EXAMPLE 1　求 14 歲青少年身高資料的四分位元數

以 14 歲青少年的身高資料為原始資料，用 QUARTILE 函數求其四分位元數。

①按一下要輸入函數的儲存格

②按一下〔插入函數〕按鈕，選擇 QUARTILE 函數，跳出【函數引數】對話盒

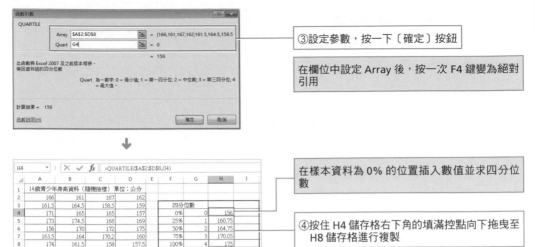

③設定參數，按一下〔確定〕按鈕

在欄位中設定 Array 後，按一次 F4 鍵變為絕對引用

↓

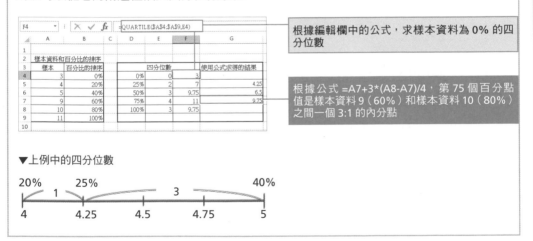

在樣本資料為 0% 的位置插入數值並求四分位數

④按住 H4 儲存格右下角的填滿控點向下拖曳至 H8 儲存格進行複製

👆 NOTE ● **插入四分位數**

使用 QUARTILE 函數時，沒必要對資料進行排列。統計學中，從第 3 個四分位數（第 75 個百分點值）到第一個四分位數（第 25 個百分點值）的值稱為四分位元區域，用於檢查統計資料的變異數情況。另外，四分位數位於資料與資料之間，實際中不存在四分位數，所以可以從它的兩邊值插入四分位數求值。

根據編輯欄中的公式，求樣本資料為 0% 的四分位數

根據公式 =A7+3*(A8-A7)/4，第 75 個百分點值是樣本資料 9（60%）和樣本資料 10（80%）之間一個 3:1 的內分點

▼上例中的四分位數

6-1-18　PERCENTILE
傳回區域中數值的第 k 個百分比的值

格式 ➜ PERCENTILE(array, k)
參數 ➜ array
　　　設定輸入數值的儲存格或者陣列常量。如果 array 為空陣列或其資料點超過 8191
　　　個，則函數 PERCENTILE 傳回錯誤值「#NUM!」。
　　　k
　　　用 0 ～ 1 之間的實數或者儲存格設定需求數值資料的位置。如果 k<0 或 k>1，則
　　　函數 PERCENTILE 傳回錯誤值「#NUM!」。如果 k 為數值以外的文字，則函數
　　　PERCENTILE 傳回錯誤值「#VALUE!」。

使用 PERCENTILE 函數可求數值在第 k 個百分比的值。所謂百分比，就是將按昇冪排列
的數值資料看作 100 等分的各分割點稱為百分點。特別是第 50 個百分比的值和中位數相
同，第 25 個、第 75 個百分比的值和四分位數相同。如果要求四分位數或中位數，請參照
QUARTILE 函數或 MEDIAN 函數。

什麼是百分比
百分比是指以百分數形式表示的相對數指標（如速度、指數）的增減變動幅度或對比差額。
百分比是被比較的相對數指標之間的增減量，而不是它們之間的比值。

EXAMPLE 1　求數值的百分位數

下面我們以 14 歲青少年的身高資料為原始資料，用 PERCENTILE 函數求各百分位數。

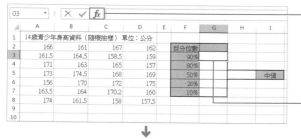

②按一下〔插入函數〕按鈕，選擇
PERCENTILE 函數，跳出【函數引數】
對話盒

①按一下要輸入函數的儲存格

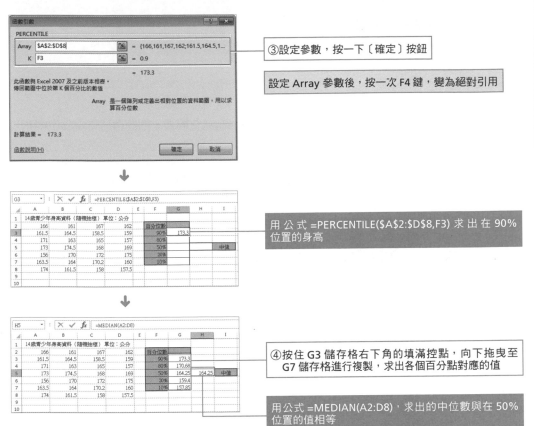

③設定參數，按一下〔確定〕按鈕

設定 Array 參數後，按一次 F4 鍵，變為絕對引用

用 公 式 =PERCENTILE($A$2:$D$8,F3) 求 出 在 90% 位置的身高

④按住 G3 儲存格右下角的填滿控點，向下拖曳至 G7 儲存格進行複製，求出各個百分點對應的值

用公式 =MEDIAN(A2:D8)，求出的中位數與在 50% 位置的值相等

🖐 NOTE ● 插入百分位數

使用 PERCENTILE 函數時，沒必要重排資料。如果 k 不是 1/(n-1) 的倍數時，需從它的兩邊值插入百分比值來確定第 k 個百分比的值。百分位數和四分位數相同，用於檢查統計數據的變異數情況。

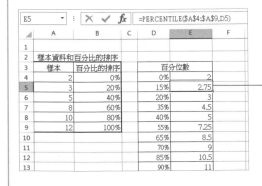

用公式 =PERCENTILE($A$4:$A$9,D5)，從樣本中求出第 15 個百分比值

6-1-19 PERCENTRANK
傳回特定數值在一個資料集中的百分比排名

格式 ➜ PERCENTRANK(array, x, significance)

參數 ➜ array

輸入數值的儲存格區域或者陣列。如果 array 為空陣列，則函數 PERCENTRANK 傳回錯誤值「#NUM!」。

x

需求排名的數值或者數值所在的儲存格。如果 x 比陣列內的最小值小，或比最大值大，則會傳回錯誤值「#N/A!」；如果 x 為數值以外的文字，則會傳回錯誤值「#VALUE!」。

significance

用數值或者數值所在的儲存格表示傳回的百分數值的有效位數。如果省略，則保留 3 位小數。如果 significance<1，則函數 PERCENTRANK 傳回錯誤值「#NUM!」。

使用 PERCENTRANK 函數可求數值在一個資料集中的百分比排名。百分比排名的最小值為 0%、最大值為 100%。例如，血壓為 120mmHg 時，求該血壓值位於統計資料百分之幾的位置，或者英語成績為 85 分時，求該成績在班級中的百分比排名。與 PERCENTRANK 函數相反，如果要求第 k 個百分比的值，可使用 PERCENTILE 函數。另外，要想傳回一個數位在數位清單中的排名，則請使用 RANK 函數。

EXAMPLE 1 求自己的成績在期末考試中的排名

下面為期末考試的分數表，根據各資料求自己的成績在全體學生成績中的排名。

	A	B	C	D	E	F	G	H
1	期末考試分數表							
2	210	245	330	480		自己成績	排名	%表示
3	477	225	326	310		310		
4	344	490	430	200				
5	235	220	306	489				
6	471	329	410	321				
7	425	212	365	280				
8	284	298	390	455				

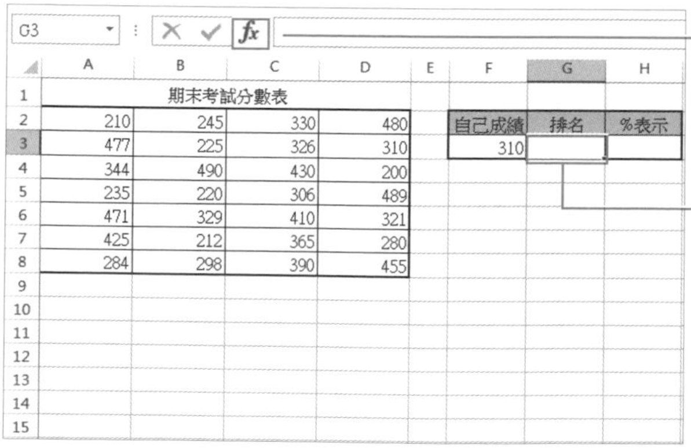

②按一下〔插入函數〕按鈕，選擇 PERCENTRANK 函數，跳出【函數引數】對話盒

①按一下要輸入函數的儲存格

↓

③設定參數，按一下〔確定〕按鈕

如果省略有效位數，則保留 3 位小數

根據公式 =PERCENTRANK(A2:D8,F3) 求出自己分數的百分比排名

✌ NOTE ● **插入百分比排名**

使用 PERCENTRANK 函數時，沒有必要重排資料。而且，如果陣列裡沒有與 x 相匹配的值，但該值包含在陣列數值內時，需從它的兩側插入值來傳回正確的百分比排名。

樣本資料為陣列時，用公式 =PERCENTRANK ($A$4:$A$9,D4) 求出數值 6 的百分比排名

6-1-20

VAR

計算基於給定樣本的變異數

格式 → VAR(number1, number2, ...)

參數 → number1, number2, ...

樣本值或樣本值所在的儲存格。各個值用逗號分隔,最多能夠設定30個參數,也能設定儲存格區域。如果直接設定數值以外的文字,則會傳回錯誤值「#NAME?」。如果儲存格引用數值時,空白儲存格、文字、邏輯值將被忽略。如果參數超過30個,則會出現「此函數輸入參數過多」的提示資訊。參數小於1時,則會傳回錯誤值「#DIV/0!」。

在統計中分析大量的資訊資料和零散資料時,比較困難,所以需要從統計資料中隨機抽出有代表性的資料進行分析,抽出的具有代表性的資料稱為樣本,以樣本作為基數的統計資料的估計值稱為變異數。使用 VAR 函數可以求解把數值資料看作統計資料的樣本這種情況下的變異數。統計資料設定所有資料,變異數是把全體統計資料的偏差狀況數值化。變異數一般用下列公式表示。

$$VAR(x_1, x_2, \cdots, x_{30}) = \frac{1}{n-1} \sum_{i=1}^{n} (x_i - m)^2$$

其中,n為數據點,x_i為實數,m為樣本平均數。

EXAMPLE 1 求體力測試中各年級學生的變異數和全體學生樣本的變異數

下面,我們以體力測試記錄作為原始資料,用 VAR 函數來求各年級學生的變異數和全體學生的變異數值。

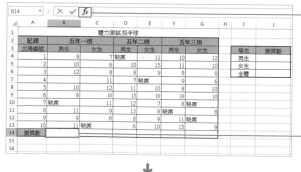

②按一下〔插入函數〕按鈕,選擇 VAR 函數,跳出【函數引數】對話盒

①按一下要輸入函數的儲存格

③設定參數，按一下〔確定〕按鈕

也可設定數值以外的儲存格區域

忽略空白儲存格

忽略「缺席」文字儲存格

用公式 =VAR(B4:B13) 求出五年一班男生的變異數

設定參數，用逗號分隔

用公式 =VAR(B4:B13,D4:D13,F4:F13) 求出全體男生的變異數

用公式 =VAR (B4:G13) 求出全體學生的變異數

☝ NOTE ● **變異數越接近 0，偏差越小**

因為樣本的變異數越接近 0，偏差、資料的波動性也就越小，所以推斷出 EXAMPLE 1 中的男生記錄較離散。在全學年中，男生記錄和女生記錄有差別，由此推定出全體學生的變異數變大。另外，還可根據一定條件抽取資料，把抽取的資料作為統計資料的一個樣本，求它的變異數，具體可參照資料庫函數 DVAR。

6-1-21 VARA
求空白儲存格以外給定樣本的變異數

格式 ➜ VARA(value1, value2, ...)

參數 ➜ value1, value2, ...
樣本值或樣本值所在的儲存格。各個值用逗號分隔，最多能夠設定 30 個參數，也能設定為儲存格區域。如果直接設定數值以外的文字，則會傳回錯誤值「#NAME?」。如果儲存格引用數值，則空白儲存格將會被忽略。包含 TRUE 的參數作為 1 計算；包含文字或 FALSE 的參數作為 0 計算。另外，如果超過 30 個參數，則會出現「此函數輸入參數過多」的提示資訊。當參數小於 1 時，則傳回錯誤值「#DIV/0!」。

從統計資料中隨機抽取具有代表性的資料稱為樣本。使用 VARA 函數可求空白儲存格以外給定樣本的變異數。它與求變異數的 VAR 函數的不同之處在於：不僅數字，而且文字和邏輯值（如 TRUE 和 FALSE）也將計算在內。例如，測試表中的「缺席」文字儲存格就要作為 0 計算。VARA 函數的計算結果比 VAR 函數的結果大。

變異數的概述
在機率論和數理統計中，變異數（英文 Variance）用來度量隨機變數和其數學期望（即均值）之間的偏離程度。在許多實際問題中，研究隨機變數和均值之間的偏離程度有著很重要的意義。

EXAMPLE 1 求各年級和全年級學生體力測試的變異數（包含缺席者）

把體力測試記錄作為原始資料，求各年級和全體學生體力測試的變異數值。表示缺席者的「缺席」文字儲存格作為 0 計算。

②按一下〔插入函數〕按鈕，選擇 VARA 函數，跳出【函數引數】對話盒

①按一下要輸入函數的儲存格

③設定參數，按一下〔確定〕按鈕

也可設定數值以外的儲存格區域

「缺席」文字儲存格作為 0 計算

用公式 =VARA(B4:B13) 求出五年級一班男生
的變異數值

④按住 B14 儲存格右下角的填滿控點向右拖
曳，隨即複製出其他年級男生女生的變異
數值

用 VAR 函數求變異數的值

設定參數，並用逗號相隔

用 公 式 =VARA(B4:B13, D4: D13,F4:F13) 求
出全體男生的變異數值

用公式 =VARA(B4:G13) 求出全體學生的變異
數值

用 VARA 函數求出的變異數值比用 VAR 函數求
出的變異數值大

🖐 NOTE ● 分開使用 VARA 函數和 VAR 函數

VARA 函數和 VAR 函數中的空白儲存格都將被忽略，不作為計算對象。但在 VARA 函數
中，因為缺席者作為 0 計算，所以與 VAR 函數的結果相比較，它的變異數變大。

6-1-22 VARP
計算基於整個樣本母體的變異數

格式 → VARP(number1, number2, ...)
參數 → number1, number2, ...
　　　　為對應於樣本母體的 1 到 30 個參數或參數所在的儲存格。各個值用逗號分隔，最多設定 30 個參數，也可以設定為儲存格區域。如果直接設定數值以外的文字，則會回錯誤值「#NAME?」。儲存格引用數值時，空白儲存格、文字、邏輯值都將被忽略。如果參數超過 30 個，則會出現「此函數輸入參數過多」的提示資訊。

使用 VARP 函數可以求基於整個樣本母體的變異數。它與求變異數的 VAR 函數的不同之處在於：函數 VARP 假設其參數為樣本母體，或者看作所有樣本母體資料點。基於樣本母體的變異數一般用下列公式表示。

$$VARP(x_1, x_2, \cdots, x_{30}) = \frac{1}{n} \sum_{i=1}^{n} (x_i - m)^2$$

其中，n 為數據點，x_i 為實數，m 為樣本平均數。

📖 EXAMPLE 1　求各年級和全體學生體力測試記錄的變異數

下面，我們把體力測試記錄作為原始資料，用 VARP 函數來求各年級和全體學生體力測試記錄的變異數值。

②按一下〔插入函數〕按鈕，選擇 VARP 函數，跳出【函數引數】對話盒

記錄	五年一班		五年二班		五年三班			學生	變異數
出場編號	男生	女生	男生	女生	男生	女生			
1	9	7	缺席	11	10	12		男生	
2	10	6	10	15	11	10		女生	
3	12	8	8	9	8	8		全體	
4		11	7	缺席	9	6			
5	11	12	11	10	8	10			
6	9	12	15	8	10	9			
7	缺席	8	13	7	7	缺席			
8	13	9	10	8	缺席	8			
9	9	8	8	9	11	缺席			
10	11	缺席	6	10	15	9			
變異數									

①按一下要輸入函數的儲存格

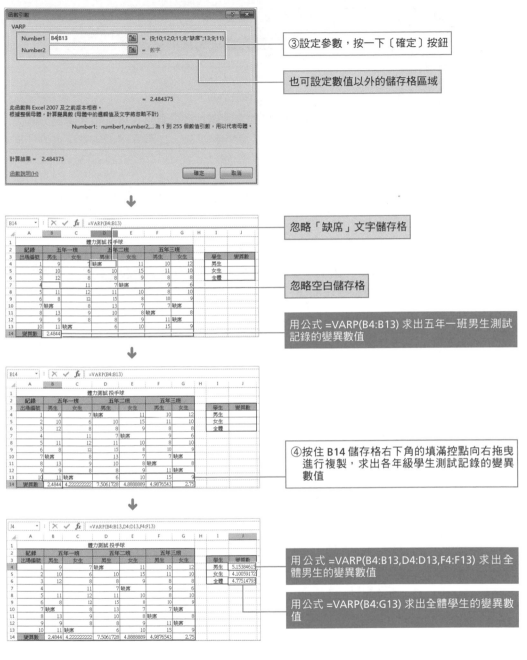

③設定參數，按一下〔確定〕按鈕

也可設定數值以外的儲存格區域

忽略「缺席」文字儲存格

忽略空白儲存格

用公式 =VARP(B4:B13) 求出五年一班男生測試記錄的變異數值

④按住 B14 儲存格右下角的填滿控點向右拖曳進行複製，求出各年級學生測試記錄的變異數值

用公式 =VARP(B4:B13,D4:D13,F4:F13) 求出全體男生的變異數值

用公式 =VARP(B4:G13) 求出全體學生的變異數值

✌ NOTE ● **異數越接近 0 值，偏差越小**

變異數越接近 0 值，說明它的偏差就越小。因此，EXAMPLE 1 中的女生記錄比男生記錄更能達到全體平衡，因為其變異數小。另外，如果抽出一定條件下的資料，把這些資料看作樣本母體求變異數，可參照資料庫函數中的 DVARP 函數。

6-1-23 VARPA
計算空白儲存格以外基於整個樣本母體的變異數

格式 ➜ VARPA(value1, value2, ...)
參數 ➜ value1, value2, ...

為對應於樣本母體的 1 ～ 30 個參數或參數所在的儲存格。各個值用逗號分隔，最多能夠設定 30 個參數，也能設定為儲存格區域。如果直接設定數值以外的文字，則傳回錯誤值「#NAME?」。如果儲存格引用數值，則空白儲存格將被忽略。包含 TRUE 的參數作為 1 計算，包含文字或 FALSE 的參數作為 0 計算。另外，如果超過 30 個參數，則會出現「此函數輸入參數過多」的提示資訊。

使用 VARPA 函數可求空白儲存格以外基於整個樣本母體的變異數。它與求變異數的 VARP 函數的不同之處在於：VARPA 函數不僅計算數字，而且也計算文字和邏輯值（如 TRUE 和 FALSE）。VARPA 函數的傳回值比 VARP 函數的傳回值大。

EXAMPLE 1 求各年級和全體學生體力測試的變異數

用 VARPA 函數求各年級和全體學生的變異數值。「缺席」文字儲存格作為 0 計算。

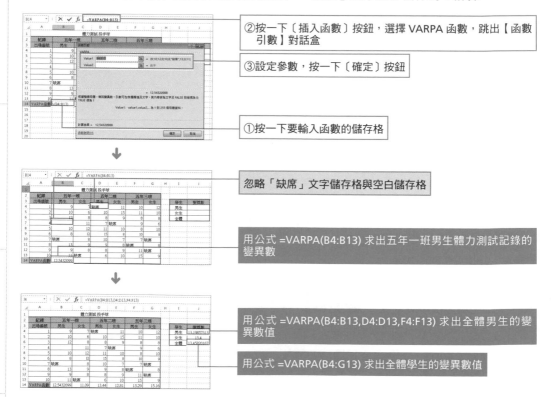

②按一下〔插入函數〕按鈕，選擇 VARPA 函數，跳出【函數引數】對話盒

③設定參數，按一下〔確定〕按鈕

①按一下要輸入函數的儲存格

忽略「缺席」文字儲存格與空白儲存格

用公式 =VARPA(B4:B13) 求出五年一班男生體力測試記錄的變異數

用公式 =VARPA(B4:B13,D4:D13,F4:F13) 求出全體男生的變異數值

用公式 =VARPA(B4:G13) 求出全體學生的變異數值

6-1-24 STDEV
估算給定樣本的標準差

格式 ➜ STDEV (number1, number2, ...)

參數 ➜ number1, number2, ...

為對應於總體樣本的 1 ～ 30 個參數或參數所在的儲存格。各個值用逗號分隔，最多能夠設定 30 個參數，也能設定為儲存格區域。如果直接設定數值以外的文字，則會傳回錯誤值「#NAME?」。儲存格引用數值時，空白儲存格、文字、邏輯值將被忽略。如果參數超過 30 個，則會出現「此函數輸入參數過多」的提示資訊。當參數小於 1 時，則傳回錯誤值「#DIV/0!」。

設定樣本母體為全部統計資料。標準差是將統計資料的變異數情況數值化。在統計中，如果資訊資料很龐大，會給調查變異數情況帶來困難，所以從統計資料中隨機抽出代表性的資料來分析。這些具有代表性的資料稱為樣本。使用 STDEV 函數可求數值數據為樣本母體的標準差。樣本標準差一般用下列公式表示。它相當於樣本變異數的正平方根。

$$STDEV(x_1, x_2, \cdots, x_{30}) = \sqrt{\frac{1}{n}\sum_{i=1}^{n}(x_i - m)^2}$$

其中，n 為數據點，x_i 為實數，m 為樣本平均數。

📋 EXAMPLE 1 求各年級和全體學生體力測試的標準差

下面，我們把體力測試記錄看作原始資料，用 STDEV 函數來求各年級和全體學生體力測試的標準差。

②按一下〔插入函數〕按鈕，選擇 STDEV 函數，跳出【函數引數】對話盒

①按一下要輸入函數的儲存格

③設定參數，按一下〔確定〕按鈕

也可設定數值以外的儲存格區域

用公式 =STDEV(B4:B13) 求出五年一班男生的標準差

忽略「缺席」文字儲存格與空白儲存格

④按住 B14 儲存格右下角的填滿控點向右拖曳進行複製，求出其他班級學生測試記錄的標準差

用 公 式 =STDEV(B4:B13,D4:D13,F4:F13) 求出全體男生測試記錄的標準差

用公式 =STDEV(B4:G13) 求全體學生測試記錄的樣本標準差

✌ NOTE ● **標準差越接近 0，偏離程度越小**

樣本標準差越接近 0 值，則偏離程度越小。由此可推斷 EXAMPLE 1 中的男生記錄比女生記錄的偏差大。另外，如果將清單或資料庫的列中滿足設定條件的數位作為一個樣本，估算樣本母體的標準差時，請參照資料庫函數中的 DSTDEV 函數。

6-1-25 STDEVA
求空白儲存格以外給定樣本的標準差

格式 → STDEVA(value1, value2 ...)

參數 → value1, value2, ...

為對應於總體樣本的 1 ～ 30 個參數或參數所在的儲存格。各個值用逗號分隔，最多能夠設定 30 個參數，也能設定為儲存格區域。如果直接設定數值以外的文字，則傳回錯誤值「#NAME?」。如果儲存格引用數值，空白儲存格將被忽略。包含 TRUE 的參數作為 1 計算，包含文字或 FALSE 的參數作為 0 計算。另外，如果超過 30 個參數，則會出現「此函數輸入參數過多」的提示資訊。當參數小於 1 時，則傳回錯誤值「#DIV/0!」。

從統計資料中隨機抽出有代表性的資料，把這些資料稱為「樣本」。使用 STDEVA 函數可求空白儲存格以外給定樣本的標準差。它與求樣本標準差的 STDEV 函數的不同之處在於：STDEVA 函數可以計算文字和邏輯值。例如，測試表中的「缺席」文字儲存格可以作為 0 來計算。STDEVA 函數的傳回值比 STDEV 函數的傳回值大。

📖 EXAMPLE 1 求各年級和全體學生體力測試的樣本標準差

把體力測試記錄看作原始資料，求各年級和全體學生的樣本標準差。表示缺席者的「缺席」文字儲存格作為 0 計算。

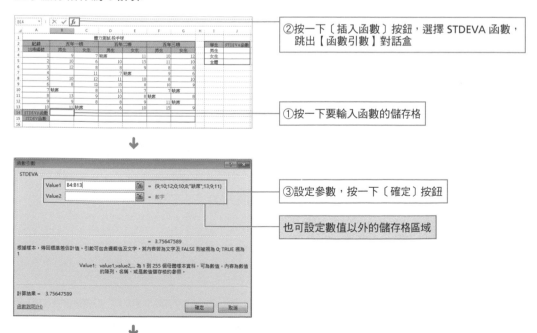

②按一下〔插入函數〕按鈕，選擇 STDEVA 函數，跳出【函數引數】對話盒

①按一下要輸入函數的儲存格

③設定參數，按一下〔確定〕按鈕

也可設定數值以外的儲存格區域

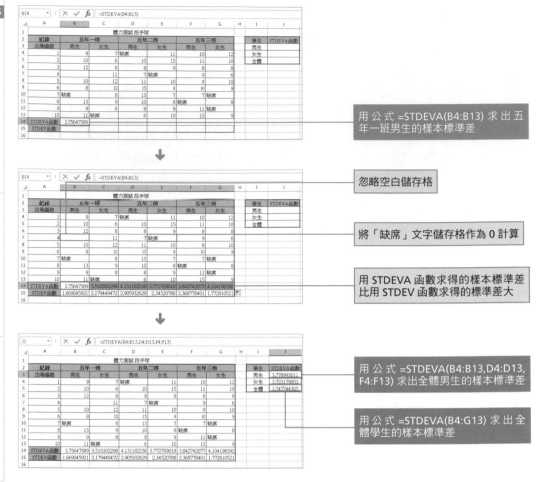

用公式 =STDEVA(B4:B13) 求出五
年一班男生的樣本標準差

忽略空白儲存格

將「缺席」文字儲存格作為 0 計算

用 STDEVA 函數求得的樣本標準差
比用 STDEV 函數求得的標準差大

用公式 =STDEVA(B4:B13,D4:D13,
F4:F13) 求出全體男生的樣本標準差

用公式 =STDEVA(B4:G13) 求出全
體學生的樣本標準差

✌ NOTE ● **STDEVA 函數和 STDEV 函數**

STDEVA 函數和 STDEV 函數中的空白儲存格都被忽略,不作為計算對象。而且,由於
STDEVA 函數將缺席者作為 0 計算,所以與 STDEV 函數相比,它的傳回值較大。如果不
將缺席者作為 0 計算,則可以使用 STDEV 函數求數值資料的樣本標準差。

6-1-26 STDEVP
傳回以參數形式給出的整個樣本母體的標準差

格式 → STDEVP(number1, number2, ...)

參數 → number1, number2, ...

為對應於樣本母體的 1 ～ 30 個參數或參數所在的儲存格。各個值用逗號分隔，最多能夠設定 30 個參數，也能設定為儲存格區域。如果直接設定數值以外的文字，則傳回錯誤值「#NAME?」。儲存格引用數值時，空白儲存格、文字、邏輯值將被忽略。如果設定的參數超過 30 個，則會出現「此函數輸入參數過多」的提示資訊。

樣本母體是指全部統計資料，標準差是把它的全部統計資料的偏差數值化。使用 STDEVP 函數可求把數值資料看作樣本母體的標準差。STDEVP 函數與求標準差的 STDEV 函數的不同之外在於：STDEVP 函數把數值資料看作樣本母體，或者樣本母體資料。標準差一般用下列公式表示，它相當於變異數的正平方根。

$$STDEVP(x_1, x_2, \cdots, x_{30}) = \sqrt{\frac{1}{n}\sum_{i=1}^{n}(x_i - m)^2}$$

其中，n 為數據點，x_i 為實數，m 為樣本平均數。

📖 EXAMPLE 1 求各年級和全體學生體力測試的標準差

下面，我們把體力測試記錄作為原始資料，用 STDEVP 函數求各年級和全體學生體力測試的標準差。

② 按一下〔插入函數〕按鈕，選擇 STDEVP 函數，跳出【函數引數】對話盒

① 按一下要輸入函數的儲存格

③設定參數，按一下〔確定〕按鈕

也可設定數值以外的儲存格區域

用公式 =STDEVP(B4:B13) 求出五年一班男生的標準差

忽略空白儲存格

忽略「缺席」文字儲存格

用 VARP 函數求得的變異數相當於標準差的平方

用公式 =STDEVP(B4:B13,D4:D13,F4:F13) 求出所有男生的體力測試標準差

用公式 =STDEVP(B4:G13) 求出全體學生的體力測試標準差

✌ NOTE ● 變異數和標準差的關係

變異數是標準差的平方，例如，如果原資料的單位為 m，變異數的單位則變成 m²。變異數的正平方根即為標準差，能夠傳回到原資料的單位。

6-1-27 STDEVPA
計算空白儲存格以外的樣本母體的標準差

格式 → STDEVPA(value1, value2, ...)

參數 → value1, value2, ...

為對應於樣本母體的 1 ～ 30 個參數或參數所在的儲存格。各個值用逗號分隔，最多能夠設定 30 個參數，也能設定為儲存格區域。如果直接設定數值以外的文字，則會傳回錯誤值「#NAME?」。如果儲存格引用數值，空白儲存格將被忽略。包含 TRUE 的參數作為 1 計算，包含文字或 FALSE 的參數作為 0 計算。另外，如果設定超過 30 個參數，則會出現「此函數輸入參數過多」的提示資訊。

使用 STDEVPA 函數可傳回空白儲存格以外樣本母體的標準差。它與求標準差的 STDEVP 函數的不同之外在於：它可以把數值以外的文字或邏輯值作為數值計算，例如，把測試表中的「缺席」文字儲存格作為 0 來計算。STDEVPA 函數的傳回值比 STDEVP 函數的傳回值大。

📋 **EXAMPLE 1** 求各年級和全體學生的樣本標準差（包含缺席者）

把體力測試記錄當作原始資料，求各年級和全體學生體力測試的標準差。表示缺席者的「缺席」文字儲存格作為 0 計算。

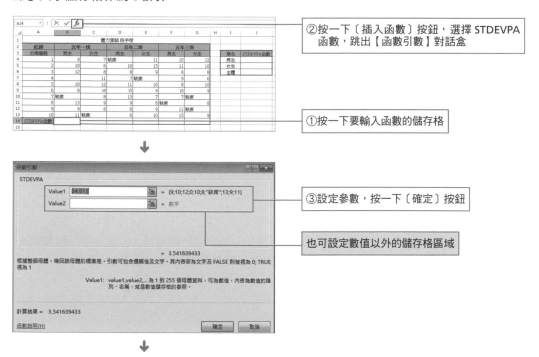

②按一下〔插入函數〕按鈕，選擇 STDEVPA 函數，跳出【函數引數】對話盒

①按一下要輸入函數的儲存格

③設定參數，按一下〔確定〕按鈕

也可設定數值以外的儲存格區域

用公式 =STDEVPA(B4:B13) 求出五年一班男生的標準差

忽略空白儲存格

將「缺席」文字儲存格作為 0 計算

④按住 B14 儲存格右下角的填滿控點向右拖曳進行複製

用公式 =STDEVPA(B4:B13,D4:D13,F4:F13) 求全體男生的標準差

用公式 =STDEVPA(B4:G13) 求出全體學生的標準差

✌ NOTE ● **STDEVPA 函數和 STDEVP 函數**

STDEVPA 函數和 STDEVP 函數中的空白儲存格都被忽略，不能作為計算對象。但是，由於 STDEVPA 函數將缺席者當作 0 計算，所以與 STDEVP 函數結果相比，它的傳回值較大。如果不把缺席者作為 0 計算，可以使用 STDEVP 函數求數值資料的標準差。

6-1-28 AVEDEV
傳回一組資料與其均值的絕對偏差的平均值

格式 ➜ AVEDEV(number1, number2, ...)
參數 ➜ number1, number2, ...
　　　用於計算絕對偏差平均值的一組參數，各個值用逗號分隔，最多能夠設定 30 個
　　　參數，也能設定為儲存格區域。如果直接設定數值以外的文字，則傳回錯誤值
　　　「#NAME?」。儲存格引用數值時，空白儲存格、文字、邏輯值將被忽略。而且
　　　如果設定的參數超過 30 個，則會出現「此函數輸入參數過多」的提示資訊。

全部數值資料的平均值和各資料的差稱為偏差。使用 AVEDEV 函數可求偏差絕對值的平均
值，即平均偏差。AVEDEV 函數得到的結果和數值資料的單位相同，用於檢查這組資料的離
散度。平均偏差用下列公式表示。

$$AVEDEV(x_1, x_2, \cdots, x_{30}) = \frac{1}{n}\sum_{i=1}^{n}|x_i - \bar{x}|$$

其中，$\bar{x} = \frac{1}{n}\sum_{i=1}^{n} x_i$ 為數值的平均值。

EXAMPLE 1　從抽樣檢查的麵粉重量求平均差

下面，我們以抽樣檢查的 25kg 的麵粉的重量作為原始資料，用 AVEDEV 函數求平均差。

②在編輯欄中輸入函數公式，按 Enter 鍵得出結果

①按一下要輸入函數的儲存格

用公式 =AVERAGE(C3:C12) 求偏差的絕對值的平均值，得到的結果和 AVEDEV 函數結果相同

用公式 =AVERAGE(B3:B12) 求出麵粉重量的平均值

序號	重量	偏差（絕對值）	平均差	0.21
1	25.2	0.25		
2	24.8	0.15		
3	24.5	0.45		
4	24.9	0.05		
5	25.1	0.15		
6	25	0.05		
7	25.5	0.55		
8	25	0.05		
9	24.8	0.15		
10	24.7	0.25		
平均	24.95	0.21		

F2　=AVEDEV(B3:B12)　25Kg麵粉的抽樣檢查

6-1-29 DEVSQ
傳回資料點與各自樣本平均值差異的平方和

格式 ➤ DEVSQ(number1, number2, ...)

參數 ➤ number1, number2, ...

為 1 ～ 30 個需要計算差異平方和的參數,各個值用逗號分隔,最多能夠設定 30
個參數,也能設定為儲存格區域。如果直接設定數值以外的文字,則會傳回錯誤
值「#NAME?」。儲存格引用數值時,空白儲存格、文字、邏輯值將被忽略。而
且如果設定的參數超過 30 個,則會出現「此函數輸入參數過多」的提示資訊。

全部數值資料的平均值和各資料的差稱為偏差。使用 DEVSQ 函數,可求各資料點與各自樣
本平均值偏差的平方和。DEVSQ 函數得到的結果為數值資料單位的平方。差異平方和用下
列公式表示。

$$DEVSQ(x_1, x_2, \cdots, x_{30}) = \sum_{i=1}^{n} (x_i - \overline{x})^2$$

其中, $\overline{x} = \dfrac{1}{n} \sum_{i=1}^{n} x_i$ 為數值的平均值。

📖 **EXAMPLE 1** 從抽樣檢查的麵粉重量求差異平方和

以抽樣檢查的 25kg 的麵粉的重量作為原始資料,求差異平方和。

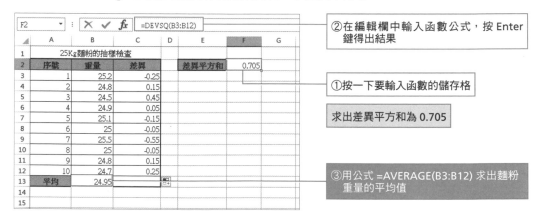

✌ NOTE ● **使用 DEVSQ 函數求差異平方和更簡便**

使用 AVERAGE 函數求平均值,將平均值與各資料的差即偏差結果作為基數,再使用
SUMSQ 函數也能求得差異平方和。但是,使用 DEVSQ 函數求差異平方和更簡便。

6-1-30　SKEW
傳回分佈的偏態

將樣本資料的分佈與吊鐘形的常態分佈相比,向左或向右的偏斜數值稱為「偏斜度」。使用
SKEW 函數可求樣本資料分佈的偏斜度。偏斜度用下列公式表示。由於公式把樣本資料作為
基數,在 Excel 中求偏斜度變成求統計資料的偏態的估計值。

$$SKEW(x_1, x_2, x_3, \cdots, x_{30}) = \frac{1}{(n-1)(n-2)} \sum_{i=1}^{n} \left(\frac{x_i - \bar{x}}{S} \right)^3$$

其中,S 為樣本標準差。

▼ 偏態

值	偏斜度
正數	常態分佈左側為山形,右側延伸分佈
0	左右對稱的吊鐘形正態分佈
負數	常態分佈右側為山形,左側延伸分佈

偏斜度 >0

偏斜度 =0

偏斜度 <0

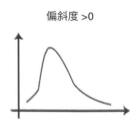
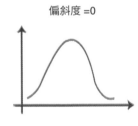
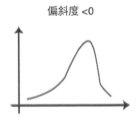

EXAMPLE 1　根據 14 歲青少年身高資料,求偏態

以 14 歲青少年身高資料作為原始資料,求它的偏態。

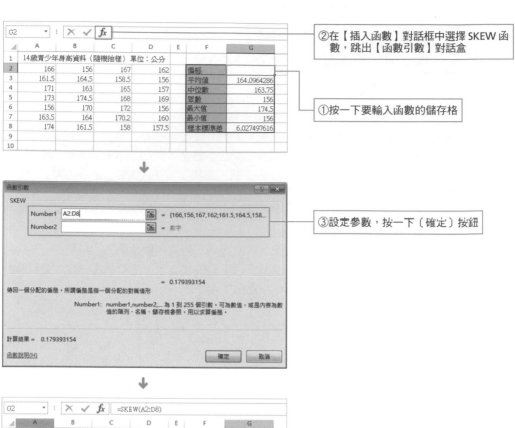

②在【插入函數】對話框中選擇 SKEW 函數，跳出【函數引數】對話盒

①按一下要輸入函數的儲存格

③設定參數，按一下〔確定〕按鈕

用公式 =SKEW(A2:D8) 求出偏態

也可從眾數 < 中位數 < 平均值的關係中得出山形

 NOTE ● **求偏態使用 SKEW 函數，求峰度值使用 KURT 函數**

由於偏斜度大約為 0.15，靠近左右對稱的常態分佈的山形偏向左邊。偏態是反映以平均值為中心的分佈的不對稱程度，如果求資料集的峰值，請參照 KURT 函數。

6-1-31 KURT
傳回資料集的峰度值

格式 ➜ KURT(number1, number2, ...)
參數 ➜ number1, number2, ...
　　　設定數值或者數值所在的儲存格。如果陣列或引用的參數中包含文字、邏輯值或空白儲存格，則這些值將被忽略。如果直接設定數值以外的文字，則傳回錯誤值「#VALUE!」。如果資料點少於 4 個，或樣本標準差等於 0，根據公式，分母變為 0，則函數 KURT 傳回錯誤值「#DIV/0!」。

峰度值反映與常態分佈相比某一分佈的尖銳度或平坦度。使用 KURT 函數，可求樣本資料的分佈峰度值，用下列公式表示。

$$KURT(x_1, x_2, x_3, x_4, \cdots, x_{30}) = \frac{n(n+1)}{(n-1)(n-2)(n-3)} \sum_{i=1}^{n} \left(\frac{x_i - \overline{x}}{S} \right)^4 - \frac{3(n-1)^2}{(n-2)(n-3)}$$

▼ 峰度值

值	峰度值
正數	常態分佈左略尖的分佈狀態（峰度值集中分佈在平均值周圍）
0	標準常態分佈，左右對稱的吊鐘形分佈
負數	比常態分佈略平的分佈狀態（峰度值分散分佈）

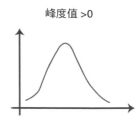

峰度值 >0

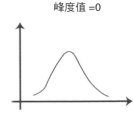

峰度值 =0

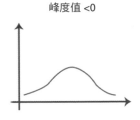

峰度值 <0

📖 EXAMPLE 1　根據 14 歲青少年身高資料，求峰度值

以 14 歲青少年身高資料作為原始資料，求它的峰度值。

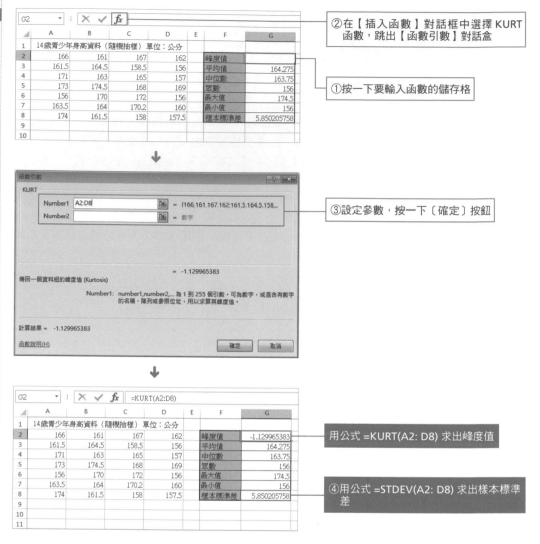

NOTE ● **求峰度值使用 KURT 函數,求偏態使用 SKEW 函數**

由於峰度值大約為 -1.13,比常態分佈略平。可求出峰度值相對於常態分佈的尖銳程度,如果需求偏態,請參照 SKEW 函數。

6-2 排序

6-2-1 RANK
傳回一個數值在一組數值中的順序

格式 → RANK(number, ref, order)

參數 → number

設定需找到順序的數值,或者數值所在的儲存格。如果 number 在 ref 中或 number 為空白儲存格、邏輯值時,則會傳回錯誤值「#N/A」。如果參數為數值以外的文字,則傳回錯誤值「#VALUE!」。

ref

設定包含數值的儲存格區域或者區域名稱。ref 區域內的空白儲存格或者文字、邏輯值將被忽略。

order

指明排序的方式。昇冪時設定為 1,降冪時設定為 0。如果省略 order,則用降冪排序。如果設定 0 以外的數值,用昇冪排序;如果設定數值以外的文字,則傳回錯誤值「#VALUE!」。

使用 RANK 函數,可求一個數值在一組數值中的順序。可以按昇冪(從小到大)或降冪(從大到小)排序。在對相同數進行排序時,其順序相同,但會影響後續數值的排序。傳回資料組中第 k 個最大值或最小值時,請參照 LARGE 函數和 SMALL 函數。

▼ 相同排名

數值	100	80	80	70	70	50
排名	1	2	2	4	4	6

📖 EXAMPLE 1 對學生成績進行排名

對學生成績結果進行排序。排序的方式為昇冪。

②在【插入函數】對話盒中選擇 RANK 函數,跳出【函數引數】對話盒

①按一下要輸入函數的儲存格

	A	B	C	D
1	學生成績表			
2	姓名	總成績	排名	
3	王立人	99		
4	陳順禮	100		
5	張逸帆	80		
6	李玉佳	112		
7	施文惠	90		
8	洪嘉雯	95		
9	周大慶	90		
10	林志堅	115		

C3 ▼ : ✕ ✓ fx

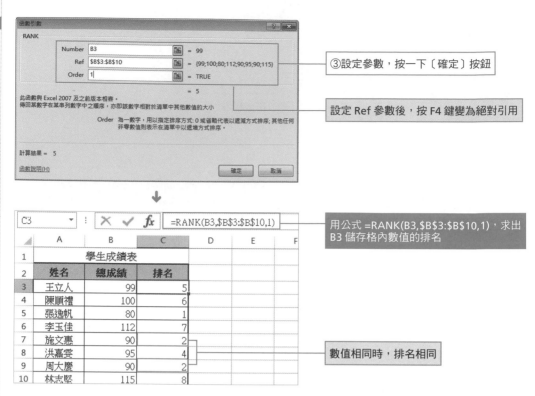

③設定參數，按一下〔確定〕按鈕

設定 Ref 參數後，按 F4 鍵變為絕對引用

用公式 =RANK(B3,$B$3:$B$10,1)，求出 B3 儲存格內數值的排名

數值相同時，排名相同

NOTE ● 定義範圍名稱

排序的範圍按原格式複製到其他儲存格變為絕對引用，若不用絕對引用，可用名稱來定義範圍。如果設定範圍名稱，注意資料範圍的設定不要出錯。選擇資料範圍，然後在名稱框內輸入名字，按 Enter 鍵。還可選擇【公式】活頁標籤中的【定義名稱】選項，在跳出的【新名稱】對話盒中自訂名稱，然後設定參照，按一下〔確定〕按鈕。

用公式 =RANK(B3, 排名 ,1) 求出成績的順序，參數中帶有「排名」名稱也能得到正確的結果

6-2-2 LARGE
傳回資料集裡第 k 個最大值

格式 ➜ LARGE(array, k)

參數 ➜ array

　　　　設定包含數值的儲存格區域或者儲存格區域的名稱。array 內的空白儲存格、文
　　　　字和邏輯值將被忽略。

　　　　k

　　　　用數值或者數值所在的儲存格設定傳回的資料在陣列或資料區域裡的位置（降
　　　　冪排列）。如果 k ≤ 0 或 k 大於資料點的個數，函數 LARGE 將傳回錯誤值
　　　　「#NUM!」。如果參數為數值以外的文字，則傳回錯誤值「#VALUE!」。

使用函數 LARGE，在設定範圍內，用降冪（從大到小）排序，求與設定順序一致的資料。
例如，求第三名的成績等。相反，若要傳回資料集中的第 k 個最小值，則使用 SMALL 函數。
另外，沒有順序的資料，要求排序時，請使用 RANK 函數。

📖 EXAMPLE 1　根據學生考試成績表，求倒數第二名的成績

根據學生考試成績的最後結果，求倒數第二名的成績。倒數第二名是按降冪排列的，因此
LARGE 函數的參數 k 設定為 2。

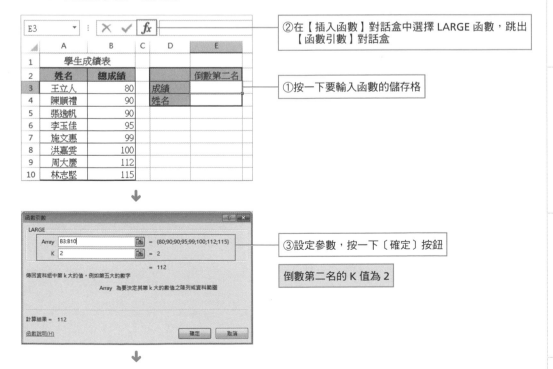

②在【插入函數】對話盒中選擇 LARGE 函數，跳出
【函數引數】對話盒

①按一下要輸入函數的儲存格

③設定參數，按一下〔確定〕按鈕

倒數第二名的 K 值為 2

用公式 =LARGE(B3:B10,2)，求出倒數第二名的成績

組合技巧┃顯示各排名的姓名（LARGE+LOOKUP）

組合使用 LARGE 函數和 LOOKUP 函數，即使沒有與指定排名對應的數值，也能求得與排名數值對應的姓名。以 LARGE 函數求得的最後分數作為原始資料，使用 LOOKUP 函數，檢索與「總成績」相一致的姓名。使用 LOOKUP 函數，需事先按昇冪排列好「總成績」列，方法是按一下「總成績」列中的任意儲存格，再按一下【資料】活頁標籤下【排序與篩選】選項群組中的〔從最小到最大排序〕按鈕，進行昇冪排列。

② 按一下要輸入函數的儲存格

① 按昇冪排列總成績

③ 在編輯欄或儲存格中直接輸入函數公式並按 Enter 鍵

用公式 =LOOKUP(E3,B3: B10,A3:A10)，根據倒數第二名的成績，求出與其對應的姓名

6-2-3 SMALL
傳回資料集裡的第 k 個最小值

格式 ➜ SMALL(array, k)

參數 ➜ array

設定包含數值的儲存格區域或者儲存格區域的名稱。array 內的空白儲存格、文字和邏輯值將被忽略。

k

用數值或者數值所在的儲存格設定傳回的資料在陣列或資料區域裡的位置（昇冪排位）。如果 k≤0 或 k 超過了資料點個數，函數 SMAL 將傳回錯誤值「#NUM!」。如果參數為數值以外的文字，則傳回錯誤值「#VALUE!」。

使用 SMALL 函數，可在設定範圍內，用昇冪（從小到大）排序，求與設定順序相一致的資料。例如，求最後三名的成績等。相反，需傳回資料集中第 k 個最大值時，可使用 LARGE 函數。另外，沒有順序的資料，要求排序時，請使用 RANK 函數。

📖 EXAMPLE 1 根據學生考試成績表，求第一名和第二名的成績

根據學生考試成績的結果，求第一名和第二名的成績。求第一名和第二名，利用昇冪排序，最後的分數越小，則它的排序就越後面，第一名和第二名的順序設定為 1 和 2。

②在【插入函數】對話盒中選擇 SMALL 函數，跳出【函數引數】對話盒

①按一下要輸入函數的儲存格

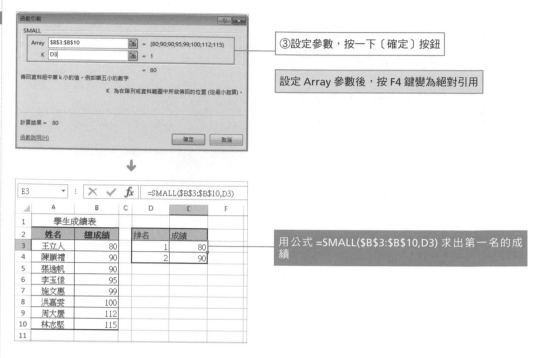

③設定參數，按一下〔確定〕按鈕

設定 Array 參數後，按 F4 鍵變為絕對引用

用公式 =SMALL($B$3:$B$10,D3) 求出第一名的成績

☝ NOTE ● **參數 k**

將 SMALL 函數的參數 k 設定為 1 時，函數傳回值和 MIN 函數的傳回值相同。上例中對儲存格區域的引用為絕對引用，複製到其他儲存格時不變。而對排序的引用為相對引用。

😊😊 **組合技巧｜顯示各排位元的姓名（SMALL+LOOKUP）**

組合使用 SMALL 函數和 LOOKUP 函數，即使沒有與設定排位對應的數值，也能求得與排名數值對應的姓名。以 SMALL 函數求得的最後分數作為基數，使用 LOOKUP 函數，檢索與「總成績」相一致的姓名。使用 LOOKUP 函數，需事先按昇冪排列好「總成績」列，方法是按一下「總成績」列中的任意儲存格，然後再按一下【資料】活頁標籤中的〔從最小到最大排序〕按鈕，進行昇冪排列。

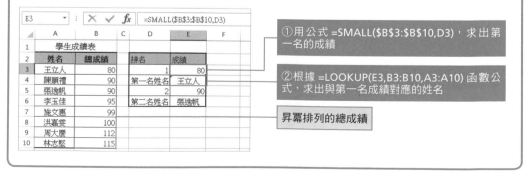

①用公式 =SMALL($B$3:$B$10,D3)，求出第一名的成績

②根據 =LOOKUP(E3,B3:B10,A3:A10) 函數公式，求出與第一名成績對應的姓名

昇冪排列的總成績

6-3 排列組合

6-3-1 PERMUT
傳回從給定數目的物件集合中選取的若干物件的排列數

格式 ➜ PERMUT(number, number_chosen)

參數 ➜ number

表示物件個數的數值，或者數值所在的儲存格。如果參數為小數，需捨去小數點後的數字取整數。如果 number ≤ 0 或 number<number_chosen，則傳回錯誤值「#NUM!」。如果參數為數值以外的文字，函數 PERMUT 傳回錯誤值「#VALUE!」。

number_chosen

設定從全體樣本數中抽取的個數數值，或者輸入數值的儲存格。如果數值為小數，需捨去小數點後的數字取整數。如果 number_chosen<0 或 number_chosen>number，則傳回錯誤值「#NUM!」。如果參數為數值以外的文字，函數 PERMUT 傳回錯誤值「#VALUE!」。

使用 PERMUT 函數，可求從給定數目的物件集合中選取的若干物件的排列數。例如，從 10 人中挑選會長、副會長、書記員時。PERMUT 函數用下列公式表達。如果不是求排列數，而是求組合數，請使用數學和三角函數中的 COMBIN 函數。

$$PERMUT(n,k) = {_n}P_k = \frac{n!}{(n\text{-}k)!} = COMBIN(n,k) \times k!$$

其中，n 為樣本數，k 為抽取數。

📋 **EXAMPLE 1** 求提問數為 1 的解答方法的排列數

在 1～7 的 7 個解答中，區分提問數的個數，然後求排列數。

②在【插入函數】對話盒中選擇 PERMUT 函數，跳出【函數引數】對話盒

①按一下要輸入函數的儲存格

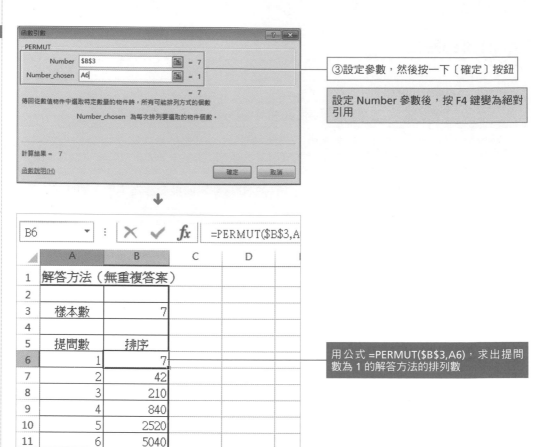

③設定參數，然後按一下〔確定〕按鈕

設定 Number 參數後，按 F4 鍵變為絕對引用

用公式 =PERMUT($B$3,A6)，求出提問數為 1 的解答方法的排列數

NOTE ● **使用 FACT 函數也能求排列數**

使用階乘，排列數也能被表示出來，所以使用求階乘的 FACT 函數也能求排列數。

6-4 機率分佈

| 6-3-1 | **BINOMDIST** 求一元二項式分佈的機率值 |

格式 ➜ BINOMDIST(number_s, trials, probability_s, cumulative)

參數 ➜ number_s

用數值或數值所在的儲存格設定獨立成功次數。如果設定數值以外的文字，函數 BINOMDIST 傳回錯誤值「#VALVE!」。如果 number_s<0 或 number_s>trials，函數 BINOMDIST 傳回錯誤值「#NUM!」。成功次數表示發生某事件的次數，例如，買彩票 10 次，中獎有 3 次，這個 3 次就為成功次數

trials

用數值或者數值所在的儲存格設定試驗次數。如果設定數值以外的文字，函數 BINOMDIST 傳回錯誤值「#VALVE!」。試驗次數表示某事件的實施次數。例如，買彩票 10 次，中獎有 3 次，那麼買彩票 10 次為試驗次數。

probability_s

用數值或者數值所在的儲存格設定每次試驗中成功的機率。如果設定數值以外的文字，函數 BINOMDIST 傳回錯誤值「#VALVE!」。如果 probability_s<0 或 probability_s>1，函數 BINOMDIST 傳回錯誤值「#NUM!」。成功率是指試驗結果為成功或失敗的比例值。例如，買彩票時，中獎與不中獎的機率為 1/2，則 1/2 為成功率。

cumulative

為一邏輯值，用於確定函數的形式。如果設定邏輯值 TRUE 或者 1，則求累積分佈函數值；如果設定邏輯值 FALSE 或者 0，則表示求機率密度的函數值。如果設定邏輯值以外的文字，則傳回錯誤值「#VALVE!」。

當反覆進行某項操作時，發生成功與失敗、合格與不合格、中獎與不中獎現象的機率分佈稱為一元二項式分佈。例如，從某工廠的產品中抽取 30 個進行檢查，不合格品為 0 的機率按照一元二項式分佈。使用 BINOMDIST 函數，在參數中設定函數形式，求一元二項式分佈的機率密度函數值和累積分佈函數值。一元二項式分佈的機率密度函數值和累積分佈函數值用下列公式表示。

▼ 機率密度函數

$$BINOMDIST(x,n,p,0) = \frac{n!}{x!(n-x)!} p^x (1-p)^{n-x}$$

其中，x 為成功數，n 為試驗次數，p 為成功率。

▼ 累積分佈函數

$$BINOMDIST(x,n,p,1) = \Sigma BINOMDIST(x,n,p,0)$$

其中，x 為成功數，n 為試驗次數，p 為成功率。

EXAMPLE 1　根據不合格率求不合格產品為 0 時的機率

抽取不同不合格率的產品進行檢查,當抽取數為 20、30、40 時,求沒有不合格品的機率(機率密度函數)。抽取數為 30 時,求不合格品在 0 ～ 2 以內的機率(累積分佈函數)。本例中,不合格率為參數「probability_s」,抽取數為參數「trials」,不合格品數為參數「number_s」。

② 在【 插 入 函 數 】 對 話 框 中 選 擇
BINOMDIST 函數,跳出【函數引數】
對話盒

① 按一下要輸入函數的儲存格

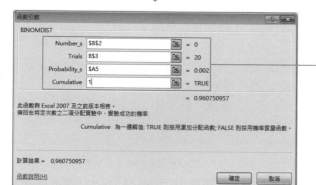

③ 設定參數,然後按一下〔確定〕按鈕

設 定 Number_s 參 數 後,按 一 次 F4
鍵,變 為 絕 對 引 用;設 定 Trials 參 數 後
按 兩 次 F4 鍵,變 為 絕 對 引 用 行;設 定
Probability_s 參 數 後,按 3 次 F4 鍵,變
為絕對應用列

用公式 =BINOMDIST($B$2,B$3,$A5,1),
求產品不合格率為 0.2%、 提取數為 10
時,沒有不合格品的機率

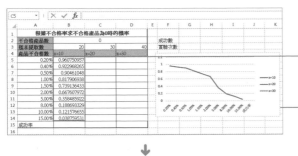

④按住 B5 儲存格右下角的填滿控點向下拖曳進行複製,得出其他儲存格的機率

各不合格率對應的各個抽取數的不合格品數的機率圖表

用 公式 =BINOMDIST($B$2,D$3,$A5,1),求產品不合格率為 0.20%、提取數為 30 時,沒有不合格品的機率

NOTE ● 機率密度函數圖表和累積分佈函數圖表

機率密度函數圖表的不合格率變大,或者抽取數變多時,則表示沒有不合格品的機率下降。累積分佈函數圖表中,如果不合格率變大,則表示設定個數內檢查到的不合格品機率低。

在【插入】活頁標籤中,按一下〔折線圖〕按鈕選擇要插入的圖表

NOTE ● BINOMDIST 函數的分析與應用

分析:BINOMDIST 函數適用於固定次數的獨立試驗,試驗的結果只包含成功和失敗兩種情況,且成功的機率在試驗期間固定不變。該函數的參數中,number_s 為試驗成功的次數;trials 為獨立試驗的次數;probability_s 為一次試驗中成功的機率;cumulative 是一個邏輯值,若為 TRUE 則該函數傳回累積分佈函數,即至多 number_s 次成功的機率,若為 FALSE 則傳回機率密度函數,即 number_s 次成功的機率。

應用:在現實中拋擲硬幣的結果不是正面就是反面,如果第一次拋硬幣為正面的機率是 0.5,那麼拋擲硬幣 10 次中 7 次是正面的機率計算公式為「=BINOMDIST(7,10,0.5,FALSE)」,計算的結果等於 0.117188。

6-4-2 CRITBINOM
傳回使累積二項式分佈大於等於臨界的最小值

格式 → CRITBINOM(trials, probability_s, alpha)
參數 → trials
　　　用數值或數值所在的儲存格設定試驗次數。如果參數為非數值型，函數
　　　CRITBINOM 傳回錯誤值「#VALUE!」。如果參數為負數，函數 CRITBINOM 傳
　　　回錯誤值「#NUM!」。
　　　probability_s
　　　用數值或者數值所在的儲存格設定一次試驗的成功機率。如果參數為非數值型，
　　　函數 CRITBINOM 傳回錯誤值「#VALUE!」。如果設定負數或者大於 1 的值，函
　　　數 CRITBINOM 傳回錯誤值「#NUM!」。
　　　alpha
　　　用數值或者數值所在的儲存格設定成為臨界值的機率。如果參數為非數值型，函
　　　數 CRITBINOM 傳回錯誤值「#VALUE!」。如果設定負數或者大於 1 的值，函數
　　　CRITBINOM 傳回錯誤值「#NUM!」。

使用 CRITBINOM 函數，可求使累積二項式分佈大於等於臨界值的最小值。例如，從一定的
合格率產品中抽出 30 個，當合格率為 80% 時，求把不合格品控制在多少個才合適。

📖 EXAMPLE 1　求不合格品的允許數量

從不合格率為 3% 的產品中，抽出 50 個進行檢查，求當產品合格率為 90% 時，可允許的不
合格產品數。

	A	B	C	D	E
1	容許不合格數				
2	提取數	50		使用二項分布函數	
3	不合格率	3%		容許不合格數	合格率
4	合格率	90%		0	0.218065375
5	容許不合格數	3		1	0.555279873
6				2	0.810798075
7				3	0.937240072
8				4	0.983189355
9				5	0.996263583

B5 =CRITBINOM(B2,B3,B4)

①用公式 =BINOMDIST(D4,$B$2,$B$3,1)，求容許不合格數發生變化時的合格率

②用公式 =CRITBINOM(B2,B3,B4)，求出容許不合格數

✌ NOTE ● 使用 CRITBINOM 函數，求容許範圍內的不合格品數量更簡便

使用 BINOMDIST 函數的累積分佈函數，能夠預測到容許的不合格品數量，但是使用
CRITBINOM 函數能夠直接設定目標值，可以簡便地求得容許的不合格品數量。

6-4-3	**NEGBINOMDIST**
	傳回負二項式分佈的機率

格式 ➜ NEGBINOMDIST(number_f, number_s, probability_s)

參數 ➜ number_f

用數值或者數值所在的儲存格設定失敗次數。如果參數為非數值型，函數 NEGBINOMDIST 傳回錯誤值「#VALUE!」。如果「失敗次數 + 成功次數 -1」小於 0，則傳回錯誤值「#NUM!」。另外，如果設定小數，將被截尾取整。

number_s

用數值或者數值所在的儲存格設定成功次數。如果參數為非數值型，函數 NEGBINOMDIST 傳回錯誤值「#VALUE!」。如果「失敗次數 + 成功次數 -1」小於 0，則傳回錯誤值「#NUM!」。另外，如果設定小數，將被截尾取整。

probability_s

用數值或者數值所在的儲存格設定試驗的成功機率。如果參數為非數值型，函數 NEGBINOMDIST 傳回錯誤值「#VALUE!」。如果 probability_s<0 或 probability_s>1，則傳回錯誤值「#NUM!」。

反覆進行操作，某事物發生或不發生時，二項分佈表示發生有目的性的事物的機率。相反，負二項分佈是試驗次數在「r+x」次數內，有目的性的事物發生 r 次（成功數），求沒有發生 x 次（失敗次數）事物的機率。換言之，試驗次數在「r+x-1」次數內，有「r-1」次是發生目的性事物，x 次是不發生事物，然後求在第「r+x」次發生目的性事物的機率。使用 NEGBINOMDIST 函數可求負二項式分佈的機率。負二項式分佈的機率用下列公式表示。

$$NEGBINOMDIST(x,r,p) = {}_{x+r-1}C_{r-1}\,p^{r}\,(1\text{-}p)^{x}$$

其中，x 為失敗數，r 為成功數，p 為成功率；

$${}_{a}C_{b} = \frac{a!}{b!(a-b)!}$$ 表示從 a 中抽出 b 的組合數。

📖 **EXAMPLE 1** 求合同成功率為 25% 的合同在達到 4 份時的失敗率

當合同成功率為 25%，合同數量為 4 份時（成功數量），求在 x 份合同中失敗的機率。合同達到 4 份的試驗次數為「成功數 + 失敗數」。

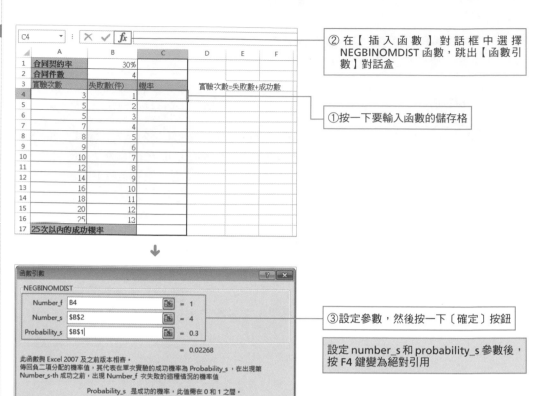

② 在【插入函數】對話框中選擇 NEGBINOMDIST 函數，跳出【函數引數】對話盒

① 按一下要輸入函數的儲存格

③ 設定參數，然後按一下〔確定〕按鈕

設定 number_s 和 probability_s 參數後，按 F4 鍵變為絕對引用

用公式 =NEGBINOMDIST(B4,$B$2,$B$1)，求出當合同件數為 4 時，失敗 1 次的機率

4 份合同失敗的次數和對應的機率的圖表

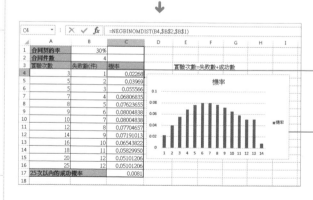

NOTE ● 累積機率

根據各種失敗次數，合計所求機率可得到累積機率。EXAMPLE 1 中，合同數達到 4 份，失敗次數在 25 次以內的機率大約為 0.81%。試驗次數在 25 次以內達到 4 份合同的機率大約為 0.81%。

6-4-4 PROB
傳回區域中的數值落在設定區間內的機率

格式 → PROB(x_range, prob_range, lower_limit, upper_limit)
參數 → x_range
用數值陣列或者數值所在的儲存格設定機率區域。如果 x_range 和 prob_range 中的資料點個數不同，函數 PROB 傳回錯誤值「#N/A」。

prob_range
用數值陣列或者數值所在的儲存格設定機率區域對應的機率值。如果 prob_range 中所有值之和不是 1，則傳回錯誤值「#NUM!」。

lower_limit
用數值或者數值所在的儲存格設定成為計算機率的數值下限。

upper_limit
用數值或者數值所在的儲存格設定成為計算機率的數值上限。如果省略，求和 lower_limit 一致的機率。

使用 PROB 函數，可求設定區間內的機率總和。PROB 函數物件的機率分佈是離散型機率分佈。

📖 EXAMPLE 1 求抽到黃色或藍色球的機率總和

根據抽到的顏色，求抽到黃色或藍色球機率的總和。與顏色種類相對應的設為序號列，即 x 區域。

I2		:	× ✓ fx	=PROB(A3:A7,D3:D7,A4,A6)				
▲	A	B	C	D	E	F	G	H	I
1		彩色球抽取機率							
2	序號	顏色	樣本數	機率		抽到黃色或藍色球的機率總和			0.6334
3	1	紅色	70	0.2333					
4	2	黃色	60	0.2					
5	3	白色	50	0.2667					
6	4	藍色	80	0.1667					
7	5	綠色	40	0.1333					
8	合計		300	1					
9									

用公式 =PROB(A3:A7,D3:D7,A4,A6)，求出抽到黃色或藍色球的總機率為 63%

✌ NOTE ● x 區域在數值以外

相對應結果的種類，x 區域不是數值時，可以製作「序號」列，並將其數值化。

6-4-5 HYPGEOMDIST
傳回超幾何分佈

格式 ➜ HYPGEOMDIST(sample_s, number_sample, populations, number_population)

參數 ➜ sample_s

用數值或者數值所在的儲存格設定樣本中成功的次數。如果參數為非數值型，函數 HYPGEOMDIST 傳回錯誤值「#VALUE!」。如果設定負數或比樣本數大的值，函數 HYPGEOMDIST 傳回錯誤值「#NUM!」。樣本成功次數在有限樣本母體時，表示發生某現象。例如，從不合格率為 5% 的 100 個產品中抽取 50 個，出現 3 個不合格品的 3 為樣本中成功的次數。

number_sample

用數值或者數值所在的儲存格設定樣本數。如果參數為非數值型，函數 HYPGEOMDIST 傳回錯誤值「#VALUE!」。如果設定值比樣本母體大，函數 HYPGEOMDIST 傳回錯誤值「#NUM!」。樣本數即是表示從有限樣本母體中抽取的樣本數。例如，從不合格率為 5% 的 100 個產品中抽取 50 個的抽取數量 50 為樣本數。

populations

用數值或者數值所在的儲存格設定樣本母體中成功的次數。如果參數為非數值型，函數 HYPGEOMDIST 傳回錯誤值「#VALUE!」。如果設定值比樣本母體大，則傳回錯誤值「#NUM!」。樣本母體成功數與已知成功率成比例，例如，不合格率為 5% 的 100 個產品的樣本總成功數為 5（100 個 ×5%）。

number_population

用數值或者數值所在的儲存格設定樣本母體的大小。如果參數為非數值型，函數 HYPGEOMDIST 傳回錯誤值「#VALUE!」。如果設定值比樣本數、樣本母體的成功數小，則傳回錯誤值「#NUM!」。樣本母體的大小表示有限樣本母體，例如，不合格率為 5% 的 100 個產品中抽出 50 個時的產品數 100 為樣本母體的大小。

二項式分佈即重複 n 次的伯努利試驗。在每次試驗中只有兩種可能的結果，而且是互相對立的、獨立的。把有限樣本母體作為物件的分佈稱為超幾何分佈。例如，在某加工廠，從既定不合格率的 100 個產品中抽出 30 個檢查，不合格的機率按照超幾何分佈。使用 HYPGEOMDIST 函數，可求超幾何分佈的機率密度函數值。求二項式分佈機率，請參照 BINOMDIST 函數。

HYPGEOMDIST 的公式如下：

$$HYPGEOMDIST(x,n,M,N) = \frac{{}_M C_x \times {}_{N-M}C_{n-x}}{{}_N C_n}$$

其中，x 為樣本中成功數的次數，n 為樣本數，M 為樣本母體中成功的次數，N 為樣本母體的容量；$_aC_b = \dfrac{a!}{b!(a-b)!}$ 表示從 a 中抽出 b 的組合數。

EXAMPLE 1　求沒有不合格品的機率

對不同不合格率有限個數的產品進行檢查，抽取 20 個，求沒有不合格產品的機率（機率密度函數）。樣本母體的成功次數設定為「產品數 × 不合格率」。而且，作為參考，產品數比樣本數大許多，也可以求設定時的二項式分佈機率。

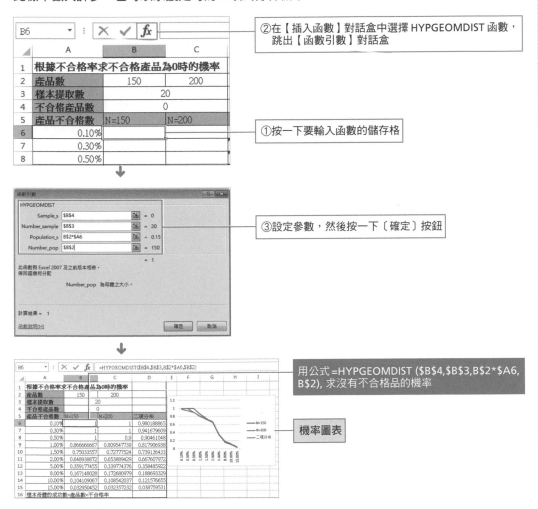

②在【插入函數】對話盒中選擇 HYPGEOMDIST 函數，跳出【函數引數】對話盒

①按一下要輸入函數的儲存格

③設定參數，然後按一下〔確定〕按鈕

用公式 =HYPGEOMDIST ($B$4,$B$3,B$2*$A6, B$2), 求沒有不合格品的機率

機率圖表

NOTE ● 圖表分析

不合格率變大，沒有（不合格品為 0）不合格品的機率下降，或產品數（樣本母體大小）比抽取數大許多，從圖表中可知近似二項式的分佈。

6-4-6

POISSON
傳回波氏分配

格式 ➜ POISSON(x, mean, cumulative)

參數 ➜ x

用數值或者數值所在的儲存格設定發生事件的次數。如果設定為非數值型，函數 POISSON 傳回錯誤值「#VALUE!」。如果設定負數，則傳回錯誤值「#NUM!」。如果 x 為小數，將被截尾取整。

mean

用數值或者數值所在的儲存格設定一段時間內發生事件的平均數。如果設定為非數值型，函數 POISSON 傳回錯誤值「#VALUE!」。如果設定為負數，則傳回錯誤值「#NUM!」。

cumulative

如果設定參數為 TRUE 或 1，函數 POISSON 傳回累積分佈函數；如果為 FALSE 或 0，則傳回機率密度函數。如果設定為邏輯值以外的文字，則傳回錯誤值「#VALUE!」。

使用 POISSON 函數，可根據參數設定函數形式，求波氏分配的機率密度和累積分佈。例如，偶發故障型零件每 1 年發生 2 次故障的機率等。波氏分配機率密度函數和累積分佈函數用下列公式表示。

▼ 機率密度函數

$$POISSON(x, \lambda, 0) = \frac{e^{-\lambda}\lambda^x}{x!}$$

其中，x 為事件數，λ 為單位時間內發生事件的平均數。

▼ 累積分佈函數

$$POISSON(x, \lambda, 1) = \Sigma POISSON(x, \lambda, 0)$$

其中，x 為事件數，λ 為單位時間內發生事件的平均數。

EXAMPLE 1 求產品在單位時間內不發生故障的機率

某家電維修公司維修的電腦每年發生故障 0.2 次，求各年一次也不發生故障的機率。此時，事件數為故障次數 0（無故障）。而且，用「經過年數 ×0.2 次／年」求平均數。另外，由於求故障為 0 的機率，所以函數形式設定為表示機率密度函數的 0（FALSE）。

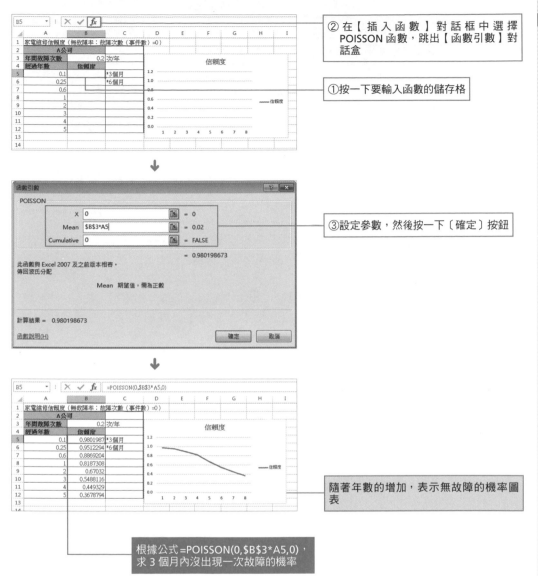

② 在【插入函數】對話框中選擇 POISSON 函數,跳出【函數引數】對話盒

① 按一下要輸入函數的儲存格

③ 設定參數,然後按一下〔確定〕按鈕

隨著年數的增加,表示無故障的機率圖表

根據公式 =POISSON(0,$B$3*A5,0), 求 3 個月內沒出現一次故障的機率

🖐 NOTE ● 圖表分析

從上面的圖表中可知,隨著產品使用年數的增加,發生故障的機率在上升。換言之,如果年數增加,對產品的信賴度就變低。

6-4-7

NORMDIST
傳回給定平均數和標準差的常態分佈函數

格式 ➡ NORMDIST(x, mean, standard_dev, cumulative)

參數 ➡ x

用數值或者數值所在的儲存格設定需計算其分佈的變數。如果設定參數為非數值型，函數 NORMDIST 傳回錯誤值「#VALUE!」。

mean

用數值或者數值所在的儲存格設定分佈的算術平均數。如果設定參數為非數值型，函數 NORMDIST 傳回錯誤值「#VALUE!」。

stardard_dev

用數值或者數值所在的儲存格設定分佈的標準差。如果設定參數為小於0的數值，函數 NORMDIST 傳回錯誤值「#NUM!」。

cumulative

如果設定數值為 TRUE 或 1，函數 NORMDIST 傳回累積分佈函數；如果為 FALSE 或 0，則傳回機率密度函數。如果設定為邏輯值以外的文字，則傳回錯誤值「#VALUE!」。

常態分佈即表示連續機率變數，經常用於統計中的左右對稱的吊鐘形分佈。例如，生產螺絲時的螺絲尺寸誤差、工廠生產的飲用水的容量誤差等都是按照常態分佈。使用 NORMDIST 函數，可按照參數中設定的函數形式，求常態分佈的機率密度函數和累積分佈函數值。機率密度函數和累積分佈函數用下列公式表示。累積分佈函數相當於機率密度函數的積分，即機率密度函數的面積，取從最小值到設定的值的機率來求它的變數 x。

▼ 機率密度函數

$$NORMDIST(x, \mu, \sigma, 0) = f(x) = \frac{1}{\sqrt{2\pi}\sigma} e^{-\frac{(x-\mu)^2}{2\sigma^2}}$$

其中，x為變數，μ為平均數，σ為標準差。

▼ 累積分佈函數

$$NORMDIST(x, \mu, \sigma, 1) = \int_{-\infty}^{\infty} f(x)dx$$

其中，x為變數，μ為平均數，σ為標準差。

▼ 常態分佈的例子（平均數為 0，標準差為 1）

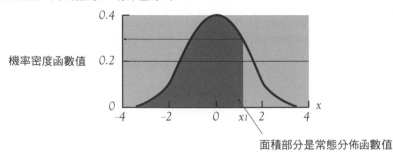

機率密度函數值

面積部分是常態分佈函數值

📂 EXAMPLE 1　求機率密度函數的值

求變數 x 變化的機率密度函數值。求機率密度函數時的函數形式設定 0 或 FALSE。

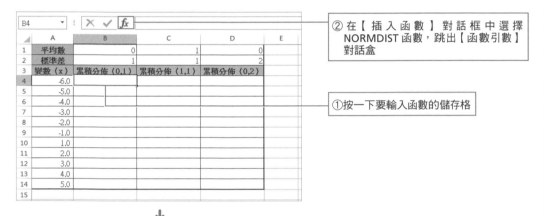

② 在【插入函數】對話框中選擇 NORMDIST 函數，跳出【函數引數】對話盒

① 按一下要輸入函數的儲存格

③ 設定參數，然後按一下〔確定〕按鈕

按 3 次 F4 鍵，x 絕對引用列；按兩次 F4 鍵，Mean 和 Standard_dev 絕對引用行

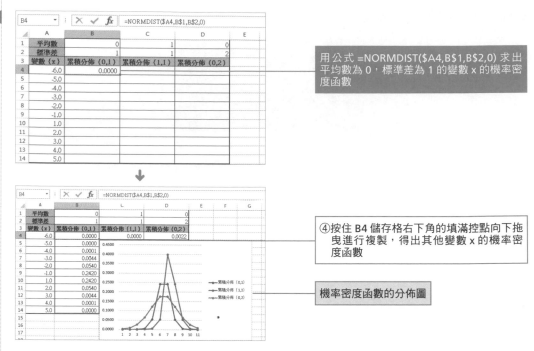

用公式 =NORMDIST($A4,B$1,B$2,0) 求出平均數為 0，標準差為 1 的變數 x 的機率密度函數

④按住 B4 儲存格右下角的填滿控點向下拖曳進行複製，得出其他變數 x 的機率密度函數

機率密度函數的分佈圖

NOTE ● 機率密度分佈的圖表特徵

從機率密度分佈的圖表可以看出，平均數隨左右移動發生變化，標準差發生變化，偏態也發生變化。EXAMPLE 1 中的 mean=0，standard_dev=0 的常態分佈稱為標準常態分佈。一般使用的常態分佈是基於標準常態分佈的。

EXAMPLE 2　求累積分佈函數的值

求變數 x 的累積分佈函數值。將累積分佈函數的函數形式設定為 1 或者 TRUE。

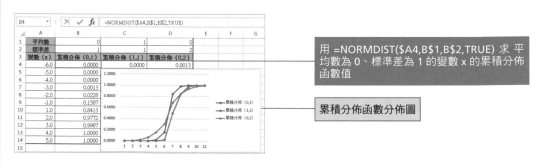

用 =NORMDIST($A4,B$1,B$2,TRUE) 求平均數為 0、標準差為 1 的變數 x 的累積分佈函數值

累積分佈函數分佈圖

NOTE ● 累積分佈的圖表特徵

從累積分佈圖表中可以看出，平均數隨左右移動發生變化，標準差和偏態也發生變化。另外，也可使用 NORMSDIST 函數，求平均數為 0，標準差為 1 的標準常態分佈的累積分佈函數值。

6-4-8 NORMINV
傳回常態累積分佈函數的反函數

格式 ➜ NORMINV(probability, mean, standard_dev)

參數 ➜ probability

用數值或者數值所在的儲存格設定常態分佈的機率。如果參數為非數值型,函數 NORMINV 傳回錯誤值「#VALUE!」。如果設定為小於 0 或大於 1 的數值,則函數 NORMINV 傳回錯誤值「#NUM!」。

mean

用數值或者數值所在的儲存格設定分佈的算術平均數。如果參數為非數值型,函數 NORMINV 傳回錯誤值「#VALUE!」。

standard_dev

用數值或者數值所在的儲存格設定分佈的標準差。如果設定小於 0 的數值,則函數 NORMINV 傳回錯誤值「#NUM!」。

使用 NORMINV 函數,可求常態累積分佈函數的反函數,即求給定機率 P 對應的變數值。例如,把螺絲尺寸誤差引起的不合格品機率控制在 5% 時,求尺寸誤差必須控制到多少才適合。累積分佈函數的反函數用下列公式表示。

▼ 累積分佈函數

$$NORMDIST(x, \mu, \sigma, 1) = f(x) = \int_{-\infty}^{\infty} \frac{1}{\sqrt{2\pi}\,\sigma} e^{-\frac{(x-\mu)^2}{2\sigma^2}} = P$$

其中,x 為變數,μ 為平均數,σ 為標準差。

▼ 累積分佈函數的反函數

$$NORMINV(p, \mu, \sigma) = x = f^{-1}(p)$$

其中,x 為變數,μ 為平均數,σ 為標準差。

▼ 常態分佈的例子(平均數為 0,標準差為 1)

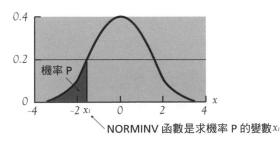

NORMINV 函數是求機率 P 的變數 x_i

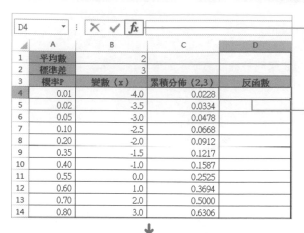

② 在【插入函數】對話框中選擇 NORMINV 函數，跳出【函數引數】對話盒

① 單擊要插入函數的儲存格

③ 設定參數，然後按一下〔確定〕按鈕

設定 mean 和 standard_dev 參數後，按兩次 F4 鍵變為絕對引用行

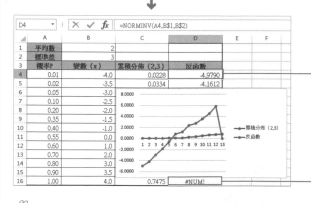

用公式 =NORMINV(A4,B\$1,B\$2)，求出平均數為 2、標準差為 3 的反函數值

如果機率設定為 0，則傳回錯誤值「#NUM!」

✌ NOTE ● **NORMINV 函數和 NORMDIST 函數**

NORMINV 函數和 NORMDIST 函數互為反函數關係。已知常態分佈的機率 P，求機率變數 x 使用 NORMINV 函數；已知機率變數 x，求機率 P 使用 NORMDIST 函數。另外，平均值為 0、標準差為 1 的情況下，使用 NORMSDIST 函數和 NORMSINV 函數時，參數的設定會變得十分簡單。

6-4-9 NORMSDIST
傳回標準常態累積分佈函數

格式 ➜ NORMSDIST(z)

參數 ➜ z

用數值或者數值所在的儲存格設定需要計算其分佈的數值。如果 z 為非數值型，
函數 NORMSDIST 傳回錯誤值「#VALUE!」。

使用 NORMSDIST 函數，可求平均數為 0、標準差為 1 時的標準常態累積分佈函數值。標
準常態分佈是標準化的變數的常態分佈，用下列公式表示。另外，當機率為 1 時，引用
NORMSDIST 函數值，求下面的標準常態分佈圖部分的面積，能夠製作出常態分佈表。

▼ 機率密度函數

$$NORMDIST(x, \mu, \sigma, 0) = f(x) = \frac{1}{\sqrt{2\pi\sigma}}\, e^{-\frac{(x-\mu)^2}{2\sigma^2}}$$

其中，x 為變數，μ 為平均數，σ 為標準差。

▼ 標準常態分佈的累積分佈函數

$$NORMSDIST(z) = NORMDIST(x, 0, 1, 1) = \int_{-\infty}^{\infty} f(x)\, dx$$

其中，$z = \frac{x-\mu}{\sigma}$，$\mu = 0, \sigma = 1$。

▼ 標準常態分佈

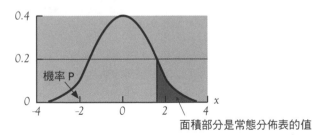

面積部分是常態分佈表的值

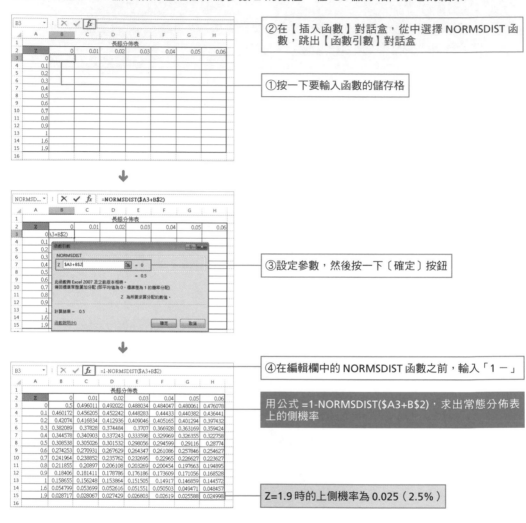

EXAMPLE 1　製作常態分佈表

在機率為 1 時引用 NORMSDIST 函數值，製作常態分佈表。在此，表示小數點後第一位數值的 A 列和表示小數點後第 2 位數值的「第 2 行」組合設定為參數 Z。例如，「0.35」是 A6 儲存格的值和 G2 儲存格的值組合作為參數 Z 的數值，在 G6 儲存格內求它的結果。

②在【插入函數】對話盒，從中選擇 NORMSDIST 函數，跳出【函數引數】對話盒

①按一下要輸入函數的儲存格

③設定參數，然後按一下〔確定〕按鈕

④在編輯欄中的 NORMSDIST 函數之前，輸入「1 −」

用公式 =1-NORMSDIST($A3+B$2)，求出常態分佈表上的側機率

Z=1.9 時的上側機率為 0.025（2.5%）

🖐 NOTE ● 參數 Z 的含義

常態分佈表中的 Z 是表示機率密度函數的上側機率 P、兩側機率的上側機率在 P/2 的臨界點的機率變數。把上側 100P% 點、兩側 100P% 點或單一的點稱為百分比。機率 5% 或 1% 被經常使用。「Z=1.64」是上側機率為 5% 的百分比，「Z=1.96」是兩側機率為 5% 的百分比。另外，NORMSDIST 函數用於求相對於 Z 的機率 P，相反，求對應於機率 P 的 Z 值，可使用 NORMINV 函數和 NORMSINV 函數。

6-4-10 NORMSINV
傳回標準常態累積分佈函數的反函數

格式 ➜ NORMSINV(probability)

參數 ➜ probability

用數值或者數值所在的儲存格設定標準常態分佈的機率。如果參數為非數值型，函數 NORMSINV 傳回錯誤值「#VALUE!」。如果 probability<0 或 probability>1，函數 NORMSINV 傳回錯誤值「#NUM!」。

使用 NORMSINV 函數，可求平均數為 0、標準差為 1 的標準常態累積分佈函數的反函數值，即求給定機率 P 對應的機率變數。標準常態分佈是標準變數的常態分佈，它的反函數用下列公式表示。

▼ 標準常態分佈的累積分佈函數

$$NORMSDIST(z) = NORMSDIST(x,0,1,1) = \int_{-\infty}^{\infty} \frac{1}{\sqrt{2\pi}}\, e^{-\frac{z^2}{2}}\, dx = P$$

其中，$z = \dfrac{x-\mu}{\sigma}$，$\mu=0$，$\sigma=1$。

▼ 標準常態分佈函數的反函數

$$NORMSINV(p) = z$$

其中，p 概率。

▼ 標準常態分佈

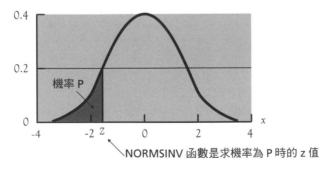

NORMSINV 函數是求機率為 P 時的 z 值

EXAMPLE 1　從常態分佈機率開始求上側百分比

用「1 − P」（P 為到區間「最小：z」的機率）求常態分佈表中的上側機率（參考 NORMSDIST 函數）。因此，NORMSINV 用於求常態分佈表中上側機率對應的變數值，即百分比，其參數的機率值從機率為 1 開始設定引用常態分佈的機率值。

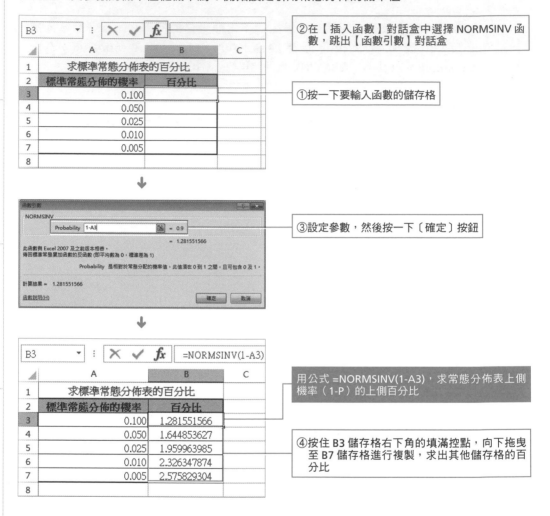

NOTE ● **NORMSINV 函數和 NORMSDIST 函數的區別**

NORMSINV 函數和 NORMSDIST 函數互為反函數。已知標準常態分佈的機率 P，求機率變數 Z，使用 NORMSINV 函數；已知機率變數 Z，求機率 P，使用 NORMSDIST 函數。另外，沒有標準化的變數（除去平均數為 0、標準差為 1）時，請使用 NORMDIST 函數和 NORMINV 函數。

6-4-11 STANDARDIZE
傳回標準化數值

格式 ➡ STANDARDIZE(x, mean, standard_dev)

參數 ➡ x

用數值或者數值所在的儲存格設定需要進行標準化的數值。如果設定數值以外的文字，則傳回錯誤值「#VALUE!」。

mean

用數值或者數值所在的儲存格設定分佈的算術平均數。如果設定數值以外的文字，則傳回錯誤值「#NUM!」。

standard_dev

用數值或者數值所在的儲存格設定分佈的標準差，如果設定小於 0 的數值，則傳回錯誤值「#NUM!」。

平均數為 0、標準差為 1 的常態分佈稱為「標準常態分佈」。使用 STANDARDIZE 函數，可傳回以 mean 為平均數，以 standard_dev 為標準差分佈的標準化數值。標準化數值用下列公式表示。

$$Z=STANDARDIZE(x, \mu, \sigma)=\frac{x-\mu}{\sigma}$$

其中，x 為變數，μ 為平均數，σ 為標準差。

▼標準化數值與變數的關係

標準化數值（z）	變數（x）的含義
0	平均數
正數	比平均數大
負數	比平均數小
絕對值比 1 大的數	由於比標準差大，平均數為正則不變，若為負則平均數變大

📖 EXAMPLE 1　求標準化數值

在年齡和握力的樣本資料中求各種標準化數值。因為作為樣本資料處理，用 STDEV 函數求樣本標準差。

④在【插入函數】對話盒中選擇 STANDARDIZE 函數，跳出【函數引數】對話盒

③按一下選取要插入函數的儲存格

②用公式 =AVERAGE(B3:B12)，求樣本的平均年齡

①用公式 =STDEV(B3:B12)，求標準差

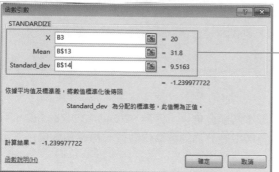

⑤逐一設定參數，然後按一下〔確定〕按鈕

設定完參數 mean 和 standard_dev 後，按兩次 F4 鍵，變成絕對引用行

| F3 | : | × | ✓ | fx | =STANDARDIZE(B3,B$13,B$14) |

▲	A	B	C	D	E	F	G
1	年齡和握力的樣本資料					標準化資料	
2	編號	年齡（歲）	握力（KG）		編號	年齡	握力
3	1	20	45		1	-1.239977722	
4	2	22	48		2	-1.029812007	
5	3	25	51		3	-0.714563433	
6	4	26	62		4	-0.609480575	
7	5	28	60		5	-0.39931486	
8	6	30	56		6	-0.189149144	
9	7	32	55		7	0.021016572	
10	8	40	52		8	0.861679434	
11	9	45	50		9	1.387093723	
12	10	50	47		10	1.912508013	
13	樣本平均	31.8	52.6				
14	標準差	9.5163	5.2953				
15							

用 公 式 =STANDARDIZE(B3,B$13,B$14)，求標準化年齡

| G3 | : | × | ✓ | fx | =STANDARDIZE(C3,C$13,C$14) |

▲	A	B	C	D	E	F	G
1	年齡和握力的樣本資料					標準化資料	
2	編號	年齡（歲）	握力（KG）		編號	年齡	握力
3	1	20	45		1	-1.239977722	-1.43523502
4	2	22	48		2	-1.029812007	-0.86869488
5	3	25	51		3	-0.714563433	-0.302154741
6	4	26	62		4	-0.609480575	1.775159103
7	5	28	60		5	-0.39931486	1.397465677
8	6	30	56		6	-0.189149144	0.642078825
9	7	32	55		7	0.021016572	0.453232111
10	8	40	52		8	0.861679434	-0.113308028
11	9	45	50		9	1.387093723	-0.491001454
12	10	50	47		10	1.912508013	-1.057541593
13	樣本平均	31.8	52.6				
14	標準差	9.5163	5.2953				
15							

用 公 式 =STANDARDIZE(C3,C$13,C$14)，求標準化握力

6-4-12 LOGNORMDIST

傳回對數常態累積分佈函數

格式 → LOGNORMDIST(x, mean, standard_dev)

參數 → x

用數值或者數值所在的儲存格設定代入函數的變數。如果參數為非數值型，函數 LOGNORMDIST 傳回錯誤值「#VALUE!」。如果 x<0，函數 LOGNORMDIST 傳回錯誤值「#NUM!」。

mean

用數值或者數值所在的儲存格設定 ln(x) 的平均數。如果參數為非數值型，函數 LOGNORMDIST 傳回錯誤值「#VALUE!」。

standard_dev

用數值或者數值所在的儲存格設定 ln(x) 的標準差。如果設定小於 0 的數值，函數 LOGNORMDIST 傳回錯誤值「#NUM!」。

使用 LOGNORMDIST 函數，可求對數常態分佈的累積分佈函數值。對數常態分佈的累積分佈函數值用下列公式表示。根據公式，取對數的機率變數 ln(x) 服從參數 mean 和 standard_dev 的常態分佈，而取對數前的機率變數 x 服從對數常態分佈。

▼ 對數常態分佈的累積分佈函數

$$LOGNORMDIST(x, \mu, \sigma) = NORMSDIST\left(\frac{ln(x) - \mu}{\sigma}\right)$$

其中，x 為變數，μ 為平均數，σ 為標準差。

> **EXAMPLE 1** 求對數常態分佈的累積分佈函數值

求變數 x 的對數常態分佈的累積分佈函數。

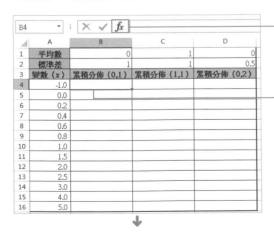

②在【插入函數】對話盒中選擇 LOGNORMDIST 函數，跳出【函數引數】對話盒

①按一下要插入函數的儲存格

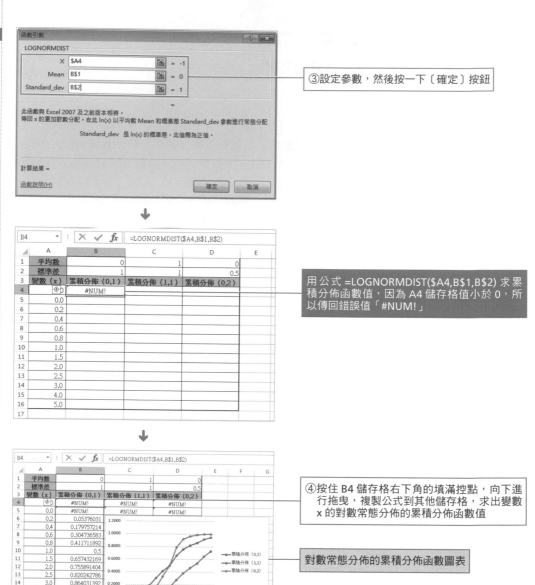

③設定參數，然後按一下〔確定〕按鈕

用公式 =LOGNORMDIST($A4,B$1,B$2) 求累積分佈函數值，因為 A4 儲存格值小於 0，所以傳回錯誤值「#NUM!」

④按住 B4 儲存格右下角的填滿控點，向下進行拖曳，複製公式到其他儲存格，求出變數 x 的對數常態分佈的累積分佈函數值

對數常態分佈的累積分佈函數圖表

✌ NOTE ● **LOGNORM.DIST 函數的介紹**

語法：LOGNORM.DIST(x,mean,standard_dev,cumulative)
該函數適用於 Excel 2013、Excel Web App，用於傳回 x 的對數分佈函數，此處的 ln(x) 是含有 mean 與 standard_dev 參數的常態分佈。使用此函數可以分析經過對數變換的資料。其中，x 用來計算函數的值，mean 為 ln(x) 的平均數，standard_dev 為 ln(x) 的標準差，cumulative 用來決定函數形式的邏輯值。若 cumulative 為 TRUE，則傳回累積分佈函數；若為 FALSE，則傳回機率密度函數。

6-4-13 LOGINV
傳回對數常態累積分佈函數的反函數值

格式 → **LOGINV**(probability, mean, standard_dev)

參數 → probability

用數值或者數值所在的儲存格設定對數常態分佈的機率。如果參數為非數值型，則函數 LOGINV 傳回錯誤值「#VALUE!」。如果參數為小於 0 或大於 1 的數值，則傳回錯誤值「#NUM!」。

mean

用數值或者數值所在的儲存格設定取 x 的自然對數 ln(x) 的平均數。如果參數為非數值型，則函數 LOGINV 傳回錯誤值「#VALUE!」。

standard_dev

用數值或者數值所在的儲存格設定取 x 的自然對數 ln(x) 的標準差。如果標準差設定為小於 0 的數值，則函數傳回錯誤值「#NUM!」。

使用 LOGINV 函數，可求對數常態累積分佈函數的反函數，即求給定對數常態分佈機率 P 對應的機率變數。LOGINV 函數用下列公式表示。

▼ 對數常態分佈的累積分佈函數

$$LOGNORMDIST(x, \mu, \sigma) = NORMSDIST\left(\frac{ln(x) - \mu}{\sigma}\right) = p$$

其中，x 為變數，μ 為平均數，σ 為標準差。

▼ 對數常態累積分佈函數的反函數

$$LOGINV(p, \mu, \sigma) = x$$

其中，p 為對數常態分佈的機率。

📁 **EXAMPLE 1** 求對數常態累積分佈函數的反函數

求對數常態累積分佈函數的反函數的值，即求機率 P 對應的機率變數。

②在【插入函數】對話盒中選擇 LOGINV 函數，跳出【函數引數】對話盒

①按一下要插入函數的儲存格

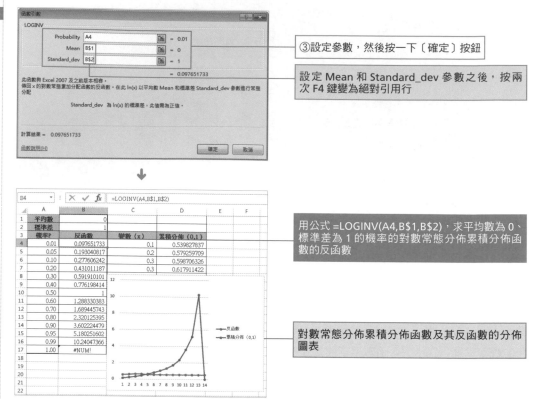

③設定參數，然後按一下〔確定〕按鈕

設定 Mean 和 Standard_dev 參數之後，按兩次 F4 鍵變為絕對引用行

用公式 =LOGINV(A4,B$1,B$2)，求平均數為 0、標準差為 1 的機率的對數常態分佈累積分佈函數的反函數

對數常態分佈累積分佈函數及其反函數的分佈圖表

NOTE ● **LOGINV 函數和 LOGNORMDIST 函數**

LOGINV 函數和 LOGNORMDIST 函數互為反函數。已知對數常態分佈的機率變數 x，求機率 P 使用 LOGNORMDIST 函數；而已知機率 P，求機率變數 x，使用 LOGINV 函數。

NOTE ● **關於函數的更替**

隨著 Excel 的不斷升級，函數也在不斷地發生著變化。比如 LOGINV 函數的應用雖已被使用者所熟悉，但是為了提高其準確度，完全可以使用新函數代替。為了保持與 Excel 早期版本的相容性，開發者還是將此函數作了保留。接下來，我們來認識一下新函數 LOGNORM.INV。該函數用於傳回 x 的對數累積分佈函數的反函數值，此處的 ln(x) 是服從參數 mean 和 standard_dev 的常態分佈。其語法為 LOGNORM.INV(probability, mean, standard_dev)。其中，probability 是與對數分佈相關的機率，mean 為 ln(x) 的平均數，standard_dev 為 ln(x) 的標準差。

在使用過程中需要注意以下事項：

● 若任一參數為非數值型，則 LOGNORM.INV 函數傳回錯誤值「#VALUE!」。
● 若 probability ≤ 0 或 probability ≥ 1，則 LOGNORM.INV 函數傳回錯誤值「#NUM!」。
● 若 standard_dev ≤ 0，則 LOGNORM.INV 函數傳回錯誤值「#NUM!」。

6-4-14　EXPONDIST
傳回指數分佈函數值

格式 ➡ EXPONDIST(x, lambda, cumulative)
參數 ➡ x

用數值或數值所在的儲存格設定代入函數的數值。如果參數為非數值型，函數 EXPONDIST 傳回錯誤值「#VALUE!」。如果設定為負數，則傳回錯誤值「#NUM!」。

lambda
用數值或數值所在的儲存格設定代入函數的平均次數。如果設定數值為非數值型，函數 EXPONDIST 傳回錯誤值「#VALUE!」。如果設定為小於 0 的數值，則傳回錯誤值「#NUM!」。

cumulative
如果設定為 TRUE 或 1，函數 EXPONDIST 傳回累積分佈函數；如果設定為 FALSE 或 0，則傳回機率密度函數。如果設定數值為非數值型，函數 EXPONDIST 傳回錯誤值「#VALUE!」。

在設定時間內發生某事件的機率的分佈稱為「指數分佈」。使用 EXPONDIST 函數，可求指數分佈機率密度函數和累積分佈函數值。例如，某機器的平均故障間隔時間是 5 年，使用指數分佈的累積分佈函數，求在 3 年內發生故障的機率是多少等。EXPONDIST 函數用下列公式表示。

▼ 機率密度函數

$$EXPONDIST(x, \lambda, 0) = \lambda\, e^{-\lambda x}$$

▼ 累積分佈函數

$$EXPONDIST(x, \lambda, 1) = 1 - e^{-\lambda x}$$

🔲 EXAMPLE 1　根據 3 家公司的經過年數，求電腦的故障機率

3 家公司的電腦，保固期不同，根據經過不同年數所發生故障的機率，調查買哪一家公司的電腦好。其中第 4 行的平均無故障時間，表示發生故障的平均間隔時間，而參數 λ 為故障率。

②在【插入函數】對話盒中選擇 EXPONDIST
函數,跳出【函數引數】對話盒

①按一下要插入函數的儲存格

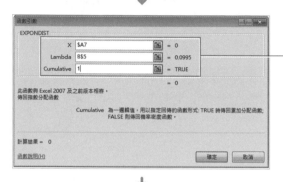

③逐一設定參數,然後按一下〔確定〕按鈕

設定 X 參數後,按 3 次 F4 鍵,變為絕對引用欄;
按兩次 F4 鍵,參數 Lambda 變為絕對引用列

用 公 式 =EXPONDIST($A7,B$5,1),求 經 過 0
年發生故障的機率

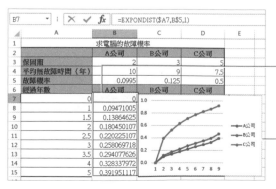

按住 B7 儲存格右下角的填滿控點進行複製,
得出各公司電腦在經過不同年數下發生故障的
機率

三家公司電腦經過不同年數發生故障的機率圖
表

6-4-15 WEIBULL
傳回 Weibull 分佈函數值

格式 ➔ WEIBULL(x, alpha, beta, cumulative)

參數 ➔ x

用數值或數值所在的儲存格設定代入函數的變數。如果設定數值為非數值型，函數傳回錯誤值「#VALUE!」。如果設定為負數，函數 WEIBULL 傳回錯誤值「#NUM!」。

alpha

用數值或數值所在的儲存格設定參數。如果設定數值為非數值型，函數 WEIBULL 傳回錯誤值「#VALUE!」。如果設定小於 0 的數值，函數傳回錯誤值「#NUM!」。形狀參數是決定分佈形狀的要素。

beta

用數值或數值所在的儲存格設定參數。如果設定數值為非數值型，函數 WEIBULL 傳回錯誤值「#VALUE!」。如果設定小於 0 的值，函數 WEIBULL 傳回錯誤值「#NUM!」。尺度參數是分佈規模的要素。

cumulative

如果設定為 TRUE 或 1，函數 WEIBULL 傳回累積分佈函數；如果為 FALSE 或 0，則傳回機率密度函數。設定邏輯值以外的文字，函數 WEIBULL 傳回錯誤值「#NUM!」。

Weibull 分佈是表示壽命分佈的代表性分佈，是可靠性分析及壽命檢驗的理論基礎。使用 WEIBULL 函數，可傳回 Weibull 分佈的機率密度函數和累積分佈函數值。WEIBULL 函數用下列公式表示。當 alpha=1 時，WEIBULL 函數使用 $\lambda=\frac{1}{\beta}$ 公式傳回指數分佈。

▼ 機率密度函數

$$WEIBULL(x,\alpha,\beta,0)=\frac{\alpha}{\beta^{\alpha}}x^{\alpha-1}e^{-\left(\frac{x}{\beta}\right)^{\alpha}}$$

▼ 累積分佈函數

$$WEIBULL(x,\alpha,\beta,1)=1\text{-}e^{-\left(\frac{x}{\beta}\right)^{\alpha}}$$

EXAMPLE 1 利用 Weibull 分佈求產品壽命

求 β=1，α 值變化時的 Weibull 分佈機率密度函數。求零件壽命時，根據 α 值，區分零件故障型。0<α<1 為初期故障型，α=1 為偶發故障型，α>1 為損耗故障型。

②在【插入函數】對話盒中選擇 WEIBULL 函數，跳出【函數引數】對話盒

①按一下要插入函數的儲存格

③設定參數，然後按一下〔確定〕按鈕

用公式 =WEIBULL($A6,B$3,B$4,0)，求初期故障型零件 1 經過 0.01 年時的故障機率

零件 1、2、3 的故障機率分佈圖

NOTE ● WEIBULL 函數結果

從 WEIBULL 函數的結果中可以得知：初期故障型零件 1 使用年限短，故障機率高；偶發故障型零件 2 除偶發故障外為正常型；損耗故障型零件 3 隨年數的增加，容易產生由損耗引起的故障。

GAMMADIST 6-4-16

傳回伽瑪分佈函數值

格式 ➜ GAMMADIST(x, alpha, beta, cumulative)

參數 ➜ x

用數值或者輸入數值的儲存格設定計算伽瑪分佈的數值。如果設定數值為非數值型，函數 GAMMADIST 傳回錯誤值「#VALUE!」。如果設定為負數，則傳回錯誤值「#NUM!」。

alpha

用數值或者數值所在的儲存格設定形狀參數的數值。如果設定數值為非數值型，函數 GAMMADIST 傳回錯誤值「#VALUE!」。如果設定小於 0 的數值，則傳回錯誤值「#NUM!」。形狀參數是決定分佈形狀的要素。設定為正整數時，伽瑪分佈用於表示電話通話時間或速度時間的分佈。

beta

用數值或者數值所在的儲存格設定尺度參數數值。如果設定數值為非數值型，函數 GAMMADIST 傳回錯誤值「#VALUE!」。如果設定為小於 0 的數值，則傳回錯誤值「#NUM!」。尺度參數是決定分佈規模的要素。

cumulative

如果設定為 TRUE 或 1，函數 GAMMADIST 傳回累積分佈函數；如果為 FALSE 或 0，則傳回機率密度函數。如果參數為邏輯值以外的文字，則傳回錯誤值「#VALUE!」。

使用 GAMMADIST 函數，求伽瑪分佈的機率密度函數或累積分佈函數值。伽瑪分佈適用於求零件壽命或通話時間分佈。GAMMADIST 函數用下列公式表示。

$$GAMMADIST(x, \alpha, \beta, 0) = \frac{1}{\beta^{\alpha}\Gamma(\alpha)} x^{\alpha-1} e^{-\left(\frac{x}{\beta}\right)}$$

其中，伽瑪函數 $\Gamma(x) = \int_0^{\infty} e^{-u} u^{x-1} du$ 。

☝ NOTE ● **伽瑪分佈**

伽瑪分佈（Gamma distribution）是統計學的一種連續機率函數。伽瑪分佈中的參數 α 稱為形狀參數（shape parameter），β 稱為尺度參數（scale parameter）。

EXAMPLE 1 　求伽瑪分佈的函數值

求 α=1，β=1 的伽瑪分佈機率密度函數值。此值和 α=1，β=1 的 Weibull 分佈和指數分佈函數的參數 λ 為 1 的值相同。

② 在【插入函數】對話盒中選擇 GAMMADIST 函數，跳出【函數引數】對話盒

①按一下要插入函數的儲存格

③設定參數，然後按一下〔確定〕按鈕

設定 Alpha 與 Beta 參數後，按一次 F4 鍵變為絕對引用

用公式 =GAMMADIST(A4,$B$1,$B$2,0)，求出 α=1、β=1 的伽瑪分佈函數值

④用公式 =EXPONDIST(A9,1,0) 求 λ=1 的指數分佈函數值

值相同

6-4-17 GAMMAINV
傳回伽瑪累積分佈函數的反函數

格式 ➔ GAMMAINV(probability, alpha, beta)

參數 ➔ probability

用數值或數值所在的儲存格設定機率。如果參數為非數值型，函數 GAMMAINV 傳回錯誤值「#VALUE!」。如果設定數值為負數或大於 1，函數 GAMMAINV 傳回錯誤值「#NUM!」。

alpha

用數值或者數值所在的儲存格設定形狀參數的數值。如果設定數值為非數值型，函數 GAMMAINV 傳回錯誤值「#VALUE!」。如果設定為小於 0 的數值，則傳回錯誤值「#NUM!」。形狀參數是決定分佈形狀的要素。設定為正整數時，伽瑪分佈用於表示電話通話時間或速度時間的分佈。

beta

用數值或者數值所在的儲存格設定尺度參數數值。如果設定數值為非數值型，函數 GAMMAINV 傳回錯誤值「#VALUE!」。如果設定為小於 0 的數值，則傳回錯誤值「#NUM!」。尺度參數是決定分佈規模的要素。

使用 GAMMAINV 函數可求伽瑪累積分佈函數的反函數。

EXAMPLE 1　求伽瑪分佈函數的反函數

求 α =1，β =1 的伽瑪分佈的機率對應的百分比。

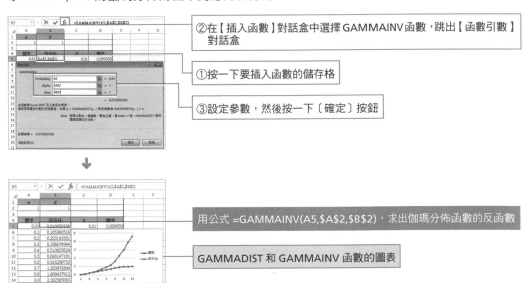

②在【插入函數】對話盒中選擇GAMMAINV函數，跳出【函數引數】對話盒

①按一下要插入函數的儲存格

③設定參數，然後按一下〔確定〕按鈕

用公式 =GAMMAINV(A5,$A$2,$B$2)，求出伽瑪分佈函數的反函數

GAMMADIST 和 GAMMAINV 函數的圖表

6-4-18　GAMMALN
傳回伽瑪函數的自然對數

格式 ➜ GAMMALN(x)

參數 ➜ x

用數值或數值所在的儲存格設定代入函數的變數。如果 x 為非數值型，函數 GAMMALN 傳回錯誤值「#VALUE!」。如果 x<0，函數 GAMMALN 傳回錯誤值「#NUM!」。

使用 GAMMALN 函數，可求伽瑪函數的自然對數。GAMMALN 函數用下列公式表示。另外，在指數函數 EXP 的參數中設定 GAMMALN 函數，可求伽瑪函數的值。伽瑪函數可用於求分佈函數、F 分佈函數、x^2 分佈函數、t 分佈函數的機率密度函數。

$$GAMMALN(x) = ln(\Gamma(x))$$

$$\Gamma(x) = EXP(GAMMALN(x))$$

其中，伽瑪函數 $\Gamma(x) = \int_0^\infty e^{-u} u^{x-1} du$。

EXAMPLE 1　求伽瑪函數值

傳回伽瑪函數的自然對數後，使用 EXP 函數求伽瑪函數值。伽瑪函數根據參數 x 的值，表現它的特別性質。

B3	:	✕ ✓ fx	=GAMMALN(A3)	
▲	A	B	C	D
1	求伽瑪函數的自然對數和伽瑪函數值			
2	x	自然對數	伽瑪函數	
3	0.5	0.572364943	1.772453851	
4	1	0	1	
5	1.5	-0.120782238	0.886226925	
6	2	0	1	
7	3	0.693147181	2	
8	4	1.791759469	6	
9				

①用公式 =GAMMALN(A3) 求出 x=0.5(1/2) 的伽瑪函數的自然對數值

②函數 GAMMALN 所求的值為指數函數的參數值，因此用公式 =EXP(B3) 求出伽瑪函數值

6-4-19 BETADIST
傳回 β 累積分佈函數

格式 ➜ BETADIST(x, alpha, beta, A, B)

參數 ➜ x

用數值或數值所在的儲存格設定代入函數的變數。如果參數為非數值型,函數 BETADIST 傳回錯誤值「#VALUE!」。若 x 不在 [A,B] 範圍內,則傳回錯誤值 「#NUM!」。

alpha

用數值或數值所在的儲存格設定分佈參數。如果參數為非數值型,函數 BETADIST 傳回錯誤值「#VALUE!」。如果設定為小於 0 的數值,則傳回錯誤值 「#NUM!」。

beta

用數值或數值所在的儲存格設定分佈參數。如果參數為非數值型,函數 BETADIST 傳回錯誤值「#VALUE!」。如果設定為小於 0 的數值,則傳回錯誤值 「#NUM!」。

A

用數值或數值所在的儲存格設定區間的下限值。如果省略,則視為 0;如果設定 和 B 相同的值,則傳回錯誤值「#NUM!」。

B

用數值或數值所在的儲存格設定區間的上限值。如果省略,則視為 1;如果設定 和 A 相同的值,則傳回錯誤值「#NUM!」。

使用 BETADIST 函數,可求 β 累積分佈函數值。用下列公式表示 β 分佈函數,BETADIST 函數為區間 [A,B] 的累積分佈函數。

$$B(x) = \frac{1}{\beta(\alpha, \beta)} x^{\alpha-1}(1-x)^{\beta-1}$$

其中,BETA 函數是 $\beta(\alpha, \beta) = \dfrac{\Gamma(\alpha)\,\Gamma(\beta)}{\Gamma(\alpha+\beta)}$;$\Gamma(x)$ 為伽瑪函數。

👆 NOTE ● 一樣分佈

α=1、β=1 的累積分佈函數用與變數成一定比例的直線表示,即 α=1、β=1 的機率 密度函數由於變數值不發生變化,保持一定的機率,稱為一樣分佈。例如,硬幣正面和 反面出現的機率。因此,β 分佈函數稱為連續離散型二項分佈。關於二項分佈,請參照 BINOMDIST 函數。

EXAMPLE 1 求 β 分佈函數值

在 [0,1] 範圍內，求 α=1、β=1 及 α=3、β=3 的 β 累積分佈函數值。省略參數 A 和 B。

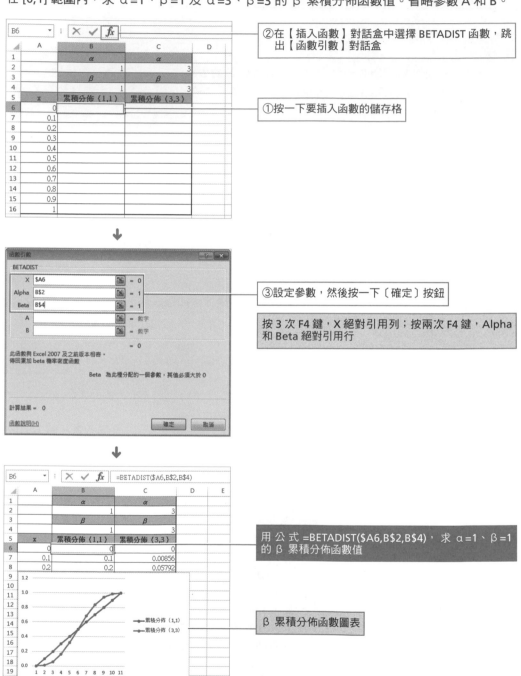

②在【插入函數】對話盒中選擇 BETADIST 函數，跳出【函數引數】對話盒

①按一下要插入函數的儲存格

③設定參數，然後按一下〔確定〕按鈕

按 3 次 F4 鍵，X 絕對引用列；按兩次 F4 鍵，Alpha 和 Beta 絕對引用行

用 公 式 =BETADIST($A6,B$2,B$4)，求 α=1、β=1 的 β 累積分佈函數值

β 累積分佈函數圖表

6-4-20　BETAINV
傳回 β 累積分佈函數的反函數值

格式 ➜ BETAINV(probability, alpha, beta, A, B)

參數 ➜ probability

用數值或數值所在的儲存格設定機率。如果參數為非數值型，函數 BETAINV 傳回錯誤值「#VALUE!」。如果設定為負數或大於 1 的數值，函數 BETAINV 傳回錯誤值「#NUM!」。

alpha

用數值或數值所在的儲存格設定分佈參數。如果參數為非數值型，函數 BETAINV 傳回錯誤值「#VALUE!」。如果設定為小於 0 的數值，則函數傳回錯誤值「#NUM!」。

beta

用數值或數值所在的儲存格設定分佈參數。如果參數為非數值型，函數 BETAINV 傳回錯誤值「#VALUE!」。如果設定為小於 0 的數值，則函數傳回錯誤值「#NUM!」。

A

用數值或數值所在的儲存格設定區間的下限值。如果省略，則視為 0；如果設定和 B 相同的值，則傳回錯誤值「#NUM!」。

B

用數值或數值所在的儲存格設定區間的上限值。如果省略，則視為 1；如果設定和 A 相同的值，則傳回錯誤值「#NUM!」。

BETAINV 函數用於求 β 累積分佈函數的反函數值。

📔 **EXAMPLE 1** 　求 β 累積分佈函數的反函數值

以 α、β 作為參數，求 β 分佈的機率為 1/2 時對應的百分比。

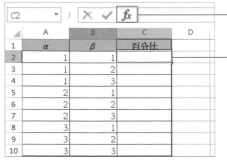

②在【插入函數】對話盒中選擇 BETAINV 函數，跳出【函數引數】對話盒

①按一下要插入函數的儲存格

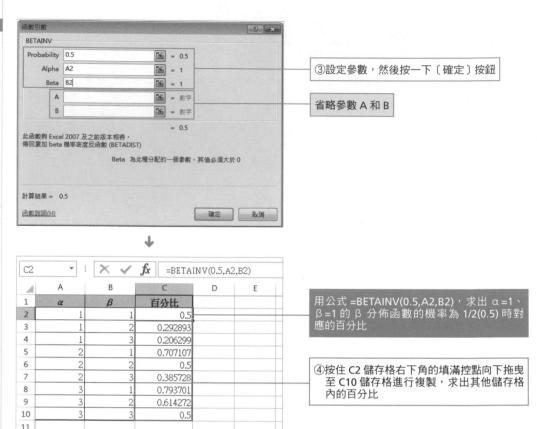

③設定參數，然後按一下〔確定〕按鈕

省略參數 A 和 B

↓

用公式 =BETAINV(0.5,A2,B2)，求出 α=1、β=1 的 β 分佈函數的機率為 1/2(0.5) 時對應的百分比

④按住 C2 儲存格右下角的填滿控點向下拖曳至 C10 儲存格進行複製，求出其他儲存格內的百分比

NOTE ● **當 α = β 時**

當 α = β 時，機率 1/2 的百分比為 0.5。而且，BETAINV 函數使用反覆運算搜尋技術。如果搜尋在 100 次反覆運算之後沒有收斂，則函數傳回錯誤值「#N/A」。

NOTE ● **關於 BETAINV 函數的使用説明**

該函數傳回設定的 beta 累積分佈函數的反函數值。beta 累積分佈函數可用於專案設計，在設定期望的完成時間和變化參數後，模擬可能的完成時間。如果已設定機率值，則 BETAINV 使用 BETADIST(x,alpha,beta,A,B)=probability 求解數值 x。因此，BETAINV 的精確度取決於 BETADIST 的精確度。

6-4-21 CONFIDENCE
傳回母體平均數的信賴區間

格式 ➜ CONFIDENCE(alpha, standard_dev, size)

參數 ➜ alpha

用數值或數值所在的儲存格設定信賴度的顯著水準參數。信賴度等於 100×(1-alpha)%，如果 alpha=0.05，則信賴度等於 95%。如果設定為小於 0 大於 1 的數值，則函數 CONFIDENCE 傳回錯誤值「#NUM!」。

standard_dev

用數值或數值所在的儲存格設定總體標準差的數值。如果 standard_dev ≤ 0，函數 CONFIDENCE 傳回錯誤值「#NUM!」。

size

用數值或數值所在的儲存格設定樣本容量。如果樣本數設定為小於 0 的數值，函數 CONFIDENCE 傳回錯誤值「#NUM!」。

使用 CONFIDENCE 函數，可傳回母體平均數的信賴區間。例如，從母體中抽出樣本的平均壽命 m 歲來推定人的平均壽命 u 歲。預測出人的平均壽命存在於以準確的機率 p 為中心的一定區間內。此時機率 p 的區間稱為「100(1-α)% 信賴區間」，CONFIDENCE 函數求它的信賴區間的 1/2 區間值。母體標準差為已知的信賴區間，用下列公式表示。

$$m - Z\left(\frac{\alpha}{2}\right)\frac{\sigma}{\sqrt{n}} \leqslant \mu \leqslant n + Z\left(\frac{\alpha}{2}\right)\frac{\sigma}{\sqrt{n}}$$

其中，σ 是樣本的母體標準差，n 為資料點；

$Z\left(\frac{\alpha}{2}\right)$ 表示常態分佈的上側機率為 α/2 時的機率變數

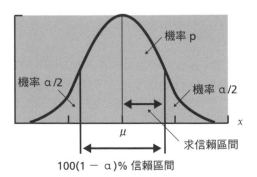

100(1 − α)% 信賴區間

EXAMPLE 1 求平均視力的 96% 信賴區間

從某公司職員的視力檢查樣本資料中，求全體職員的平均視力的 96% 信賴區間。

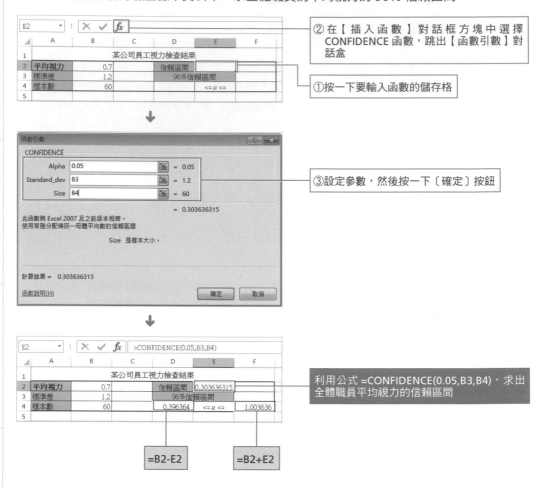

② 在【插入函數】對話框方塊中選擇 CONFIDENCE 函數，跳出【函數引數】對話盒

①按一下要輸入函數的儲存格

③設定參數，然後按一下〔確定〕按鈕

利用公式 =CONFIDENCE(0.05,B3,B4)，求出全體職員平均視力的信賴區間

=B2-E2

=B2+E2

✌ NOTE ● **使用樣本標準差代替標準差**

CONFIDENCE 函數把已知的標準差作為前提。但是通常母體平均數為未知，因此標準差也不作為已知考慮。在統計學中，如果樣本數很大，可以使用樣本標準差代替標準差。

6-5 檢驗

6-5-1 CHIDIST
傳回 X² 分佈的機率

格式 → CHIDIST(x, degrees_freedom)

參數 → x

用數值或數值所在的儲存格設定代入函數的變數。如果參數為非數值型，函數 CHIDIST 傳回錯誤值「#VALUE!」。如果 x 為負數，函數 CHIDIST 傳回錯誤值「#NUM!」。

degrees_freedom

用數值或數值所在的儲存格設定自由度。如果數值不是整數，將被截尾取整。如果參數為非數值型，函數 CHIDIST 傳回錯誤值「#VALUE!」。如果設定為小於 1 或大於 10^{10} 的值，函數 CHIDIST 傳回錯誤值「#NUM!」。

按照常態分佈的母體樣本得到的變異數表示 X² 分佈。使用 CHIDIST 函數，可求 X² 分佈的單尾機率。X² 分佈的形狀如下圖所示，從中心位置來看左邊山形的右側分佈長。按照與樣本數成比例的自由度，山的位置發生變化，隨著自由度的變大，山形向右移動。另外，因為 X² 分佈不是左右對稱分佈，所以下側機率用 1- 上側機率求得。

▼ X² 分佈

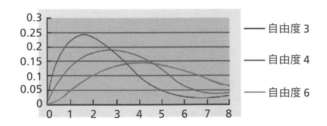

EXAMPLE 1 求 X² 分佈的機率

按照各自由度的 X² 分佈，求機率變數 X 的上側機率。

②在【插入函數】對話盒中選擇 CHIDIST 函數，跳出【函數引數】對話盒

①按一下要輸入函數的儲存格

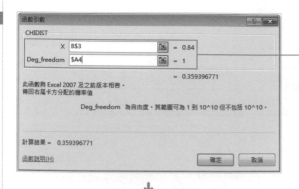

③設定參數，然後按一下〔確定〕按鈕

按兩次 F4 鍵，X 變為絕對引用行；按 3 次
F4 鍵，Deg_freedom 變為絕對引用列

用公式 =CHIDIST(B$3,$A4) 求出上側機率

④按住 B4 儲存格右下角的填滿控點，向右下
方拖曳至 G10 儲存格進行複製

NOTE ● **使用 X² 分佈檢驗適合度**

X² 分佈檢驗從總體中抽出樣本的變異數的分佈，或對適合度的檢驗。使用 CHIDIST 函數檢驗假設值是否被試驗所證實。若要求 X² 分佈機率對應的變數值（百分比），請參照 CHIINV 函數，它與 CHIDIST 函數互為反函數。

6-5-2 CHIINV
傳回 X^2 分佈單尾機率的反函數

格式 → CHIINV(probability, degrees_freedom)

參數 → probability

用數值或數值所在的儲存格設定 X^2 分佈的單尾機率。如果參數並非數值,則函數 CHIINV 將傳回錯誤值「#VALUE!」。如果設定為小於 0 或大於 1 的數值,則會傳回錯誤值「#NUM!」。

degrees_freedom

設定成為自由度的整數數值,或數值所在的儲存格。如果設定數值不是整數,則參數將被截尾取整。如果參數並非數值,則函數 CHIINV 將傳回錯誤值「#VALUE!」。如果設定為小於 1 或大於 10^{10} 的數值,則會傳回錯誤值「#NUM!」。

使用 CHIINV 函數,可求 X^2 分佈的反函數值,即求上側機率對應的上側機率變數(百分比)。由於 X^2 分佈不是左右對稱分佈,所以求下側百分比時,將參數 probability 設定為「1- 上側機率」。參數 probability 作為上側機率計算,如果求以兩側機率為基數的機率變數時,將其設定為兩側機率的 1/2。

EXAMPLE 1 求 X^2 分佈上側機率的反函數

求各自由度的 X^2 分佈的上側機率對應的機率變數(百分比)。自由度在 A 列,上側機率輸入到第 3 行。

B4		:	×	✓	f_x	=CHIINV(B$3,$A4)	

	A	B	C	D	E	F	G
1			各自由度的 X^2 分佈的上側機率P(X)對應的機率變數				
2				P(X)			
3	自由度	0.98	0.94	0.40	0.17	0.07	0.04
4	1	0.00062845	0.00566555	0.70832630	1.88294329	3.28302029	4.21788459
5	5	0.75188893	1.24991516	5.13186707	7.75946008	10.19102791	11.64433185
6	10	3.05905141	4.15672429	10.47323623	14.06605283	17.20257397	19.02074335
7	15	5.98491633	7.56607471	15.73322295	20.05060510	23.72019308	25.81615891
8	30	16.30617472	19.00038264	31.31586324	37.24891201	42.11260517	44.83355895
9	30	16.30617472	19.00038264	31.31586324	37.24891201	42.11260517	44.83355895
10	40	23.83757403	27.12452201	41.62219289	48.40321050	53.89522788	56.94585135
11							

用公式 =CHIINV(B$3,$A4) 求出上側機率為 0.98、自由度為 1 時對應的上側機率變數

NOTE ● 顯著水準

上側機率為 0.05（5%）的機率變數經常用於 X^2 檢驗的信賴區間的顯著水準。在 CHIINV 函數中,為了求機率變數,需反覆進行計算。如果即使計算 100 次,也不會傳回機率變數,則函數傳回錯誤值「#N/A」。

6-5-3 CHITEST
傳回獨立性檢驗值

格式 ➔ CHITEST(actual_range, expected_range)

參數 ➔ actual_range

使用期望值區域和相同資料設定實測值區域。如果 actual_range 和 expected_range 資料點的數目不同，則函數將會傳回錯誤值「#N/A」。

expected_range

用實測值區域和相同資料設定期望值區域。如果和實測值區域資料點的數目不同，則函數將會傳回錯誤值「#N/A」。期望值如果包含 0，則傳回錯誤值「#DIV/0」。

用行和列項目統一各種相當數量的表，稱為「交叉統計表」。例如，男女性別調查統計表等。使用 CHITEST 函數，可檢驗交叉統計表的行和列專案間是否有相關關係。在 X^2 檢驗中，將實測值和期望值（邏輯值）的差的比例點作為百分比，求它的上側機率。實測值和期望值的差別如果變大，百分比也變大，上側機率值變小。期望值與項目間沒有關係，被計算的上側機率如果變小，項目間的相關關係增強。X^2 檢驗中使用的百分比可用下列公式表示，按照 X^2 分佈求傳回值的上側機率。

$$Z(\chi^2) = \sum_{i=1} \frac{(f_i - E_i)^2}{E_i}$$

其中，f_i 為實測值，E_i 為期望值（邏輯值）。

$$CHITEST(f_i, E_i) = P(Z(\chi^2))$$

其中，$P(\chi)$ 為上側機率。

📖 **EXAMPLE 1** 用顯著水準 5% 的兩側檢驗吸煙與肺癌的關係

以吸煙和肺癌的調查結果作為原始資料，用顯著水準 5% 進行兩側檢驗，來檢驗吸煙是否和肺癌有關係。

②按一下〔插入函數〕按鈕，然後選擇 CHITEST 函數，跳出【函數引數】對話盒

①按一下要輸入函數的儲存格

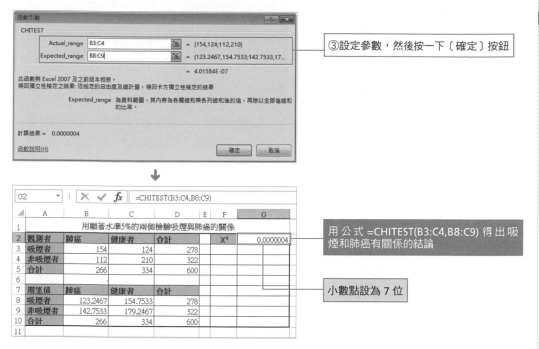

③設定參數，然後按一下〔確定〕按鈕

用 公 式 =CHITEST(B3:C4,B8:C9) 得 出 吸煙和肺癌有關係的結論

小數點設為 7 位

✌ NOTE ● **EXAMPLE 1 的結果**

EXAMPLE 1 中的上側機率為 0.00004%，利用顯著水準 1% 或 0.5% 進行檢驗。期望值是吸煙和肺癌沒有關係，即看作吸煙者和不吸煙者得肺癌的機率是一樣的，全部肺癌患者有 266 人，如果患肺癌的機率相同，把吸煙者人數分成 278 人，不吸煙者人數分成 322 人，則可以用 278×266/(278+322) 公式求由於吸煙患上肺癌的人數，其他儲存格內也採用此方式進行計算。

6-5-4

FDIST
傳回 F 機率分佈

格式 ➜ FDIST(x, degrees_freedom1, degrees_freedom2)

參數 ➜ x

用數值或數值所在的儲存格設定代入函數的變數。如果參數為非數值型,則函數 FDIST 將傳回錯誤值「#VALUE!」。如果 x 為負數,則函數 FDIST 將傳回錯誤值「#NUM!」。

degrees_freedom1

用數值或數值所在的儲存格設定成為自由度(分子)的數值。如果不是整數,則參數將被截尾取整。如果參數為非數值型,則函數 FDIST 將傳回錯誤值「#VALUE!」。如果設定小於 1 或大於 10^{10} 的數值,則函數 FDIST 將傳回錯誤值「#NUM!」。

degrees_freedom2

用數值或數值所在的儲存格設定自由度(分母)數值。如果不是整數,則參數將被截尾取整。如果參數為非數值型,則函數 FDIST 將傳回錯誤值「#VALUE!」。如果設定小於 1 或大於 10^{10} 的數值,則函數 FDIST 將傳回錯誤值「#NUM!」。

使用 FDIST 函數,可求按 F 分佈的機率變數的上側機率。F 分佈是從常態分佈的母體中抽出 2 個樣本所得到的變異數比分佈。F 分佈形狀如下圖所示,根據與樣本數成比例的自由度,山的位置發生變化,隨著自由度的增大,山形向右移動。另外,因為 F 分佈不是左右對稱的分佈,所以下側機率用「1- 上側機率」求解。

▼ F 分佈

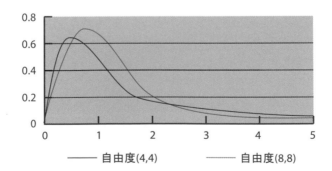

―――― 自由度(4,4)　　　―――― 自由度(8,8)

EXAMPLE 1 求 F 分佈的機率

求按照 F 分佈的變數 x 的上側機率和下側機率。由於 F 分佈不是左右對稱分佈,所以用「1-上側機率」求下側機率。

②按一下〔插入函數〕按鈕,然後選擇 FDIST 函數,跳出【函數引數】對話盒

①按一下要輸入函數的儲存格

③設定參數,然後按一下〔確定〕按鈕

設定 deg_freedom1 和 deg_freedom2 後,按 F4 鍵變為絕對引用

用公式 =FDIST(A6,$A$3,$B$3) 求出變數為 1、自由度為(10,15)的 F 分佈的上側機率

用公式 =1-B6 求出下側機率

6-5-5　FINV
傳回 F 機率分佈的反函數值

格式 → FINV(probability, degress_freedom1, degress_freedom2)

參數 → probability

用數值或數值所在的儲存格設定 F 分佈的上側機率。如果參數為非數值型,則函數 FINV 將傳回錯誤值「#VALUE!」。如果設定數值小於 0 或大於 1,則函數 FINV 將傳回錯誤值「#NUM!」。

degrees_freedom1

用數值或數值所在的儲存格設定成為自由度(分子)的數值。如果參數不是整數,則將被截尾取整。如果參數為非數值型,則函數 FINV 將傳回錯誤值「#VALUE!」。如果設定小於 1 或大於 10^{10} 的數值,則函數 FINV 將傳回錯誤值「#NUM!」。

degrees_freedom2

用數值或數值所在的儲存格設定自由度(分母)數值。如果參數不是整數,將被截尾取整。如果參數為非數值型,則函數 FINV 將傳回錯誤值「#VALUE!」。如果設定小於 1 或大於 10^{10} 的數值,則函數 FINV 將傳回錯誤值「#NUM!」。

使用 FINV 函數可求 F 分佈的反函數值,即上側機率對應的機率變數(百分比)。由於 F 分佈為左右非對稱型分佈,所以求下側機率對應的百分比時,要將參數 probability 設定為「1-上側機率」。另外,當參數 probability 作為上側機率來計算,求以兩側機率為基數的機率變數時,參數 probability 為兩側機率的 1/2。

📖 EXAMPLE 1　求 F 分佈的上側機率變數

求 F 分佈的上側機率對應的上側機率變數(百分比)。自由度 1 輸入到第 2 行,自由度 2 輸入到 A 列。

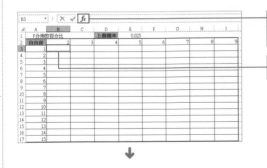

②按一下〔插入函數〕按鈕,選擇 FINV 函數,跳出【函數引數】對話盒

①按一下要輸入函數的儲存格

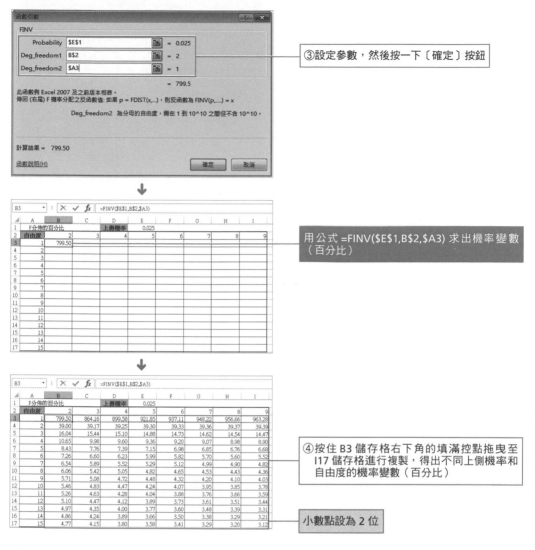

③設定參數，然後按一下〔確定〕按鈕

用公式 =FINV($E$1,B$2,$A3) 求出機率變數（百分比）

④按住 B3 儲存格右下角的填滿控點拖曳至 I17 儲存格進行複製，得出不同上側機率和自由度的機率變數（百分比）

小數點設為 2 位

NOTE ● FINV 函數和 FDIST 函數

FINV 函數和 FDIST 函數互為反函數。使用 FINV 函數，從 F 分佈的上側機率 P 求上側機率變數 x；使用 FDIST 函數，可從上側機率變數 x 求上側機率 P。另外，用 FINV 函數求機率變數時，需要反覆進行計算。如果即使計算 100 次，也不能得到機率變數，則函數將傳回錯誤值「#N/A」。

NOTE ● 反函數的定義

一般來說，如果 x 與 y 關於某種對應關係 f(x) 相對應，y=f(x)，則 y=f(x) 的反函數為 y=f'(x)。存在反函數的條件是原函數必須是一一對應的（不一定是整個數域內的）。

6-5-6 FTEST
傳回 F 檢驗的結果

格式 ➜ FTEST(array1, array2)

參數 ➜ array1

用和 array2 相同的資料點設定第 1 個樣本區域。如果陣列或引用的參數裡包含文字、邏輯值或空白儲存格,這些值將被忽略。如果 array1 和 array2 中的資料點不同,則函數將傳回錯誤值「#N/A」。如果 array1 和 array2 裡資料點的個數小於 2 個,或者 array1 和 array2 的變異數為 0,則函數 FTEST 將傳回錯誤值「#DIV/0I」。

array2

用和 array1 相同的資料點設定第 2 個樣本區域。如果陣列或引用的參數裡包含文字、邏輯值或空白儲存格,則這些值將被忽略。當 array2 和 array1 中的資料點不同時,則函數將傳回錯誤值「#N/A」。

使用 FTEST 函數,可從設定的兩個樣本中檢驗兩個變異數是否有差異。例如,使用 F 檢驗兩家工廠生產的飲料容量的差別程度,在 F 檢驗中求按照 F 分佈的兩側機率。關於歸無假設和對立假設,可參照 TTEST 函數。

EXAMPLE 1 檢驗小學生和中學生的學習時間變異數

以小學生和中學生的學習時間的樣本資料作為原始資料,在顯著水準 5% 的區域內,從兩側檢驗小學生和中學生的學習時間的變異數之間是否有差異。

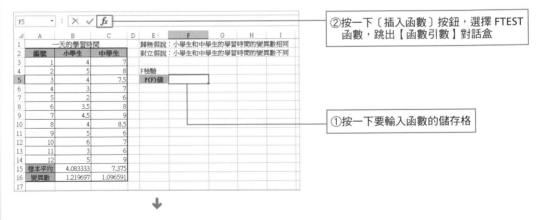

②按一下〔插入函數〕按鈕,選擇 FTEST 函數,跳出【函數引數】對話盒

①按一下要輸入函數的儲存格

③設定參數，然後按一下〔確定〕按鈕

根 據 公 式 =FTEST(C3:C14,B3:B14) 求 出
小學生和中學生學習時間的變異數相同
時，機率大約為 86%

NOTE ● F 檢驗結果

從 F 檢驗結果中得到，小學生和中學生學習時間的變異數相同時的機率為 86%，所以在
顯著水準 5% 的兩側檢驗區域中，歸無假設成立，得到「小學生和中學生學習時間的變
異數相等」的結果。

NOTE ● 關於 F 函數的使用説明

F 檢驗傳回的是當陣列 1 和陣列 2 的變異數無明顯差異時的單尾機率，可以使用次函數來
判斷兩個樣本的變異數是否不同。該函數的參數可以是數字，也可以是包含數字的名稱、
陣列或參照。

6-5-7	**TDIST**
	傳回 t 分佈機率

格式 ➡ TDIST(x, degrees_freedom, tails)

參數 ➡ x

用數值或數值所在的儲存格設定代入函數的變數。如果參數為非數值型,則函數 TDIST 將傳回錯誤值「#VALUE!」。如果設定負數,則函數 TDIST 將傳回錯誤值「#NUM!」。

degrees_freedom

設定自由度的整數數值或數值所在的儲存格。參數若包含小數,則將被截尾取整。若參數為非數值型,則函數 TDIST 將傳回錯誤值「#VALUE!」。如果設定為小於 1 的數值,則函數 TDIST 將傳回錯誤值「#NUM!」。

tails

求上側機率時,tails 為 1;求兩側機率時,tails 為 2。如果設定為 1 或 2 以外的數值,則會傳回錯誤值「#NUM!」。另外,機率變數 x 的兩側機率為概率變數 x 的上側機率的 2 倍。

使用 TDIST 函數,可求已知機率變數和自由度的 t 分佈的上側機率或兩側機率。NORMDIST 函數代表的常態分佈是以已知的樣本母體標準差為前提條件,但在通常的統計資料中,樣本母體的標準差很少為已知。t 分佈是按照未知的常態分佈的樣本母體的標準差而求得的機率分佈。t 分佈的形狀如下圖所示,呈常態分佈和左右相同對稱的吊鐘形。與樣本數成比例的自由度(樣本數-1)低時,與常態分佈相比較,則變得扁平。樣本數變得多時,即自由度變高,則接近常態分佈。總之,t 分佈可以說成是常態分佈和自由度的分佈,在樣本數小時使用。

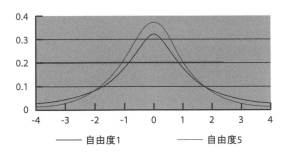

——— 自由度1　　　　——— 自由度5

📖 **EXAMPLE 1**　求 t 分佈的機率

求 t 分佈機率變數中各自由度的上側機率。上側機率的 tails 設定為 1。另外,作為參考,也可以求常態分佈的機率變數 x 的上側機率。

②按一下〔插入函數〕按鈕，選擇 TDIST 函數，
跳出【函數引數】對話盒

①按一下要輸入函數的儲存格

③設定參數，按一下〔確定〕按鈕

設定參數後，按兩次 F4 鍵，X 參數變為絕對引用
行；按 3 次 F4 鍵，Deg_freedom 參數變為絕對
引用列

用公式 =TDIST(B$3,$A4,1) 求出機率變數為
1.3816、自由度為 1 的 t 分佈的上側機率

設定小數點保留 4 位

用公式 =1-NORMSDIST(B16) 求出 P(X) 的值並複
製到其他儲存格

✌ NOTE ● **常態分佈和 t 分佈**

t 分佈的自由度小，即相對樣本母體的樣本數小，如果它和常態分佈的機率差變大，使用
t 分佈的方法比較好。但是，隨著自由度的增加，t 分佈的機率接近常態分佈的機率，所
以如果樣本數十分大，即使樣本母體的標準差未知，也能近似於常態分佈。

6-5-8 TINV
求 t 分佈的反函數

格式 ➜ TINV(probability, degrees_freedom)

參數 ➜ probability

用數值或數值所在的儲存格設定 t 分佈的兩側機率。如果參數為非數值型，則函數 TINV 將傳回錯誤值「#VALUE!」。如果設定數值小於 0 或大於 1，則函數 TINV 將傳回錯誤值「#NUM!」。

degrees_freedom

設定自由度的整數數值或數值所在的儲存格。如果設定數值不是整數，則將被截尾取整。如果參數為非數值型，則函數 TINV 將傳回錯誤值「#VALUE!」。如果設定數值小於 1，則會傳回錯誤值「#NUM!」。

使用 TINV 函數，可求 t 分佈的反函數，即求設定的兩側機率對應的機率變數（百分比）。如果求上側機率的百分比，則要設定 probability 為上側機率的 2 倍。

EXAMPLE 1 求 t 分佈的上側機率變數

求各自由度的 t 分佈的上側機率的機率變數（百分比）。TINV 函數的參數機率是兩側機率，所以是上側機率的 2 倍。另外，作為參考，也可以求常態分佈機率的機率變數。

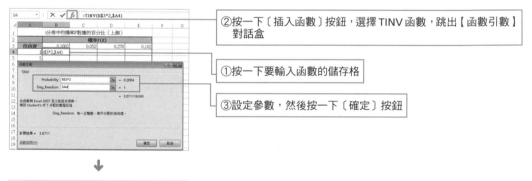

②按一下〔插入函數〕按鈕，選擇 TINV 函數，跳出【函數引數】對話盒

①按一下要輸入函數的儲存格

③設定參數，然後按一下〔確定〕按鈕

用公式 =TINV(B$3*2,$A4) 求出上側機率為 0.1、自由度為 1 的上側機率變數，並透過拖曳填滿控點進行複製，求出其他儲存格內的上側機率變數值

用公式 =1-NORMSDIST(B16) 求出機率變數

6-5-9 TTEST
傳回與 t 檢驗相關的機率

格式 ➜ TTEST(array1, array2, tails, type)
參數 ➜ array1
用和 array2 相同的資料點設定第 1 個變數區域。忽略數值以外的文字。如果
array1 和 array2 的資料點數目不同,則函數 TTEST 將傳回錯誤值「#N/A」。
array2
用和 array1 相同的資料點設定第 2 個變數區域。忽略數值以外的文字。如果
array2 和 array1 的資料點數目不同,則函數 TTEST 將傳回錯誤值「#N/A」。
tails
求上側機率時,tails 為 1;求兩側機率時,tails 為 2。如果設定為 1 或 2 以外的
數值,則函數 TTEST 將傳回錯誤值「#NUM!」。
type
由於兩個變數的值或兩個變數的變異數不同,所以檢驗類型也不同。如果參數為
小數,則將被截尾取整。如果參數不是 1、2、3 時,則函數 TTEST 將傳回錯誤值
「#NUM!」。檢驗類型如下表所示。

▼ 檢驗類型

type	檢驗方法
1	成對檢驗
2	雙樣本等變異數假設
3	雙樣本異變異數假設

使用 TTEST 函數可以判斷兩個樣本是否可能來自兩個具有相同平均值的母體。例如,使用 t
分佈,檢驗「小學生和中學生學習時間的平均值之間是否有差值」。進行檢驗時的共同事項
如下。

1. 建立「歸無假說」和「對立假說」
以小學、中學學生學習時間為例,歸無假說是「小學和中學學習時間的平均值相同」,對立
假說是「小學和中學學習時間的平均值不同」。歸無假說是希望回到無的假說,也就是需捨
去的、為了證明對立假說而建立的一種假說。

2. 判定顯著水準
顯著水準是用於檢驗時的判定基準,決定捨去歸無假說的機率。顯著水準作為偏差 a%。如
果用於檢驗中的機率(認為歸無假設是成立時求的機率)比 a% 小,歸無假說被捨去,而採
用對立假說。相反,如果用於檢驗中的機率比 a% 大,則歸無假說不被捨去。

▼機率分佈

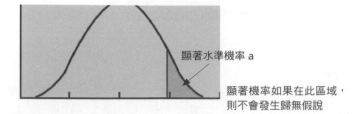

顯著水準機率 a

顯著機率如果在此區域，
則不會發生歸無假說

EXAMPLE 1 檢驗小學生和中學生學習時間的平均值

以小學生和中學生學習時間的樣本資料作為基數，在顯著水準 5% 區域內，從兩側檢驗小學生和中學生學習時間的平均值之間是否有差值。檢驗類型有 3 個。如果檢驗兩個樣本的變異數是否有差異，請使用 FTEST 函數。

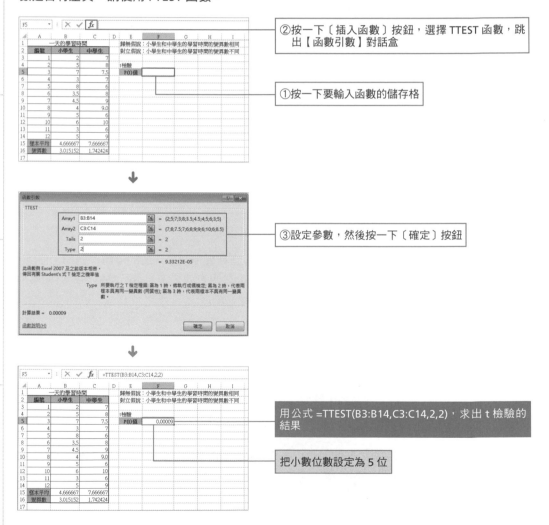

②按一下〔插入函數〕按鈕，選擇 TTEST 函數，跳出【函數引數】對話盒

①按一下要輸入函數的儲存格

③設定參數，然後按一下〔確定〕按鈕

用公式 =TTEST(B3:B14,C3:C14,2,2)，求出 t 檢驗的結果

把小數位數設定為 5 位

6-5-10 ZTEST
傳回 z 檢驗的結果

格式 ➜ ZTEST(array, x, sigma)
參數 ➜ array
　　　　設定樣本區域。如果參數為數值以外的文字，則將被忽略。
　　　　x
　　　　用數值或數值所在的儲存格設定被檢驗的數值。如果設定數值以外的文字，則會
　　　　傳回錯誤值「#VALUE!」。
　　　　sigma
　　　　用數值或數值所在的儲存格設定母體標準差。如果設定數值以外的文字，則會傳
　　　　回錯誤值「#VALUE!」；如果設定為 0，則會傳回錯誤值「#DIV/0!」。如果省略
　　　　參數 sigma，則使用樣本標準差。

使用 ZTEST 函數可檢驗平均值的預測值是否正確。例如，認為現在孩子的平均基本體力比以
前的孩子低，比較以前和現在孩子的平均基本體力，檢驗平均值是否發生變化。在 ZTEST 函
數中，求樣本平均值和母體平均值的差所成比例點的百分比的上側機率，母體平均值和樣本
平均值的差大，則百分比變大，上尾機率值變小。ZTEST 函數中的百分比用下列公式表達，
並用常態分佈求傳回值的上側機率。

$$Z = \frac{m - \mu}{\sigma / \sqrt{n}}$$

其中，m 為樣本平均值，μ 為母體平均值，σ 為母體標準差，n 為樣本數。

$$ZTEST(x_i, \mu, \sigma) = P(Z)$$

ZTEST 函數已被一個或多個新函數取代，如 Z.TEST 函數。這些新函數可以提供更高的準確
度，而且它們的名稱可以更好地反映出其用途。仍然提供此函數是為了保持與 Excel 早期版
本的相容性。

📖 EXAMPLE 1　檢驗女子 50m 跑步的平均紀錄

在顯著水準為 5% 的區域內，兩側檢驗女子 50m 跑步平均紀錄 8.7775 秒發生多大的變化。
把母體的標準差 0.6 作為已知資料。

②按一下〔插入函數〕按鈕，選擇 ZTEST 函數，跳出【函數引數】對話盒

①按一下要輸入函數的儲存格

③設定參數，然後按一下〔確定〕按鈕

用公式 =ZTEST(A3:D12,G1,G2) 求出 z 檢驗的結果

✌ NOTE ● **母體標準差不明確時的注意事項**

如果不知道母體標準差時，可以從參數陣列設定的資料中求得樣本標準差，代替母體標準差來求機率。如果樣本數少，則按 t 分佈求機率會產生誤差。因此，母體標準差不明確的情況下使用 ZTEST 函數時，必須忽略誤差。另外，t 分佈是常態分佈中增加自由度的分佈，自由度越大（樣本數增加），t 分佈就越接近標準常態分佈。關於 t 分佈的相關內容可參照 TDIST 函數。

6-6 共變數、相關係數與迴歸分析

6-6-1	**COVAR**
	求兩變數的共變數

格式 ➡ COVAR(array1, array2)

參數 ➡ array1

第一個所含資料為整數的儲存格區域。如果陣列或傳址參數包含文字、邏輯值或空白儲存格,則這些值將被忽略;如果 array1 和 array2 的資料點個數不等,則函數 COVAR 將傳回錯誤值「#N/A」。

array2

第二個所含資料為整數的儲存格區域。如果陣列或傳址參數包含文字、邏輯值或空白儲存格,則這些值將被忽略;如果 array2 和 array1 的資料點個數不等,則函數 COVAR 將傳回錯誤值「#N/A」。

用數值判斷兩資料的關係稱為共變數。例如,年齡和體力的關係、收入和消費的關係等,用數值符號判斷它們之間的關係。使用 COVAR 函數,可求母體中兩變數間的關係。共變數用下列公式表示。

▼ 母體共變數

$$COVAR(x,y) = s_{xy} = \frac{1}{n} \Sigma (x-\bar{x})(y-\bar{y})$$

其中,$\bar{x}$、$\bar{y}$ 表示兩個變數的樣本平均數。

▼ 樣本共變數

$$S_{xy} = \frac{n}{n-1} \cdot COVAR(x,y)$$

▼ 共變數

共變數	兩變數關係
正數	正向關係(一方增加或減少,另一方也增加或減少)
負數	負向關係(一方增加或減少,另一方則減少或增加)

📖 **EXAMPLE 1** 以年齡和握力的樣本資料為基數,求共變數

把年齡和握力的樣本資料(n=10 個)作為基數,求共變數。樣品作為樣本資料處理,所以按說明的樣本的共變數,在函數 COVAR 中增加「10/(10-1)」加以補充。

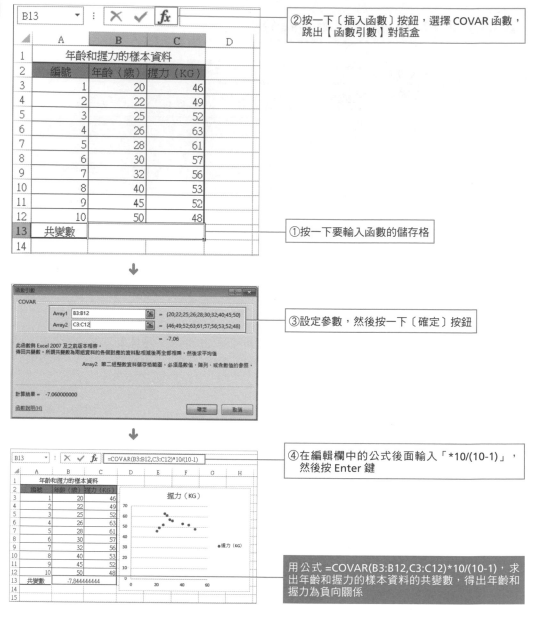

②按一下〔插入函數〕按鈕，選擇 COVAR 函數，跳出【函數引數】對話盒

①按一下要輸入函數的儲存格

③設定參數，然後按一下〔確定〕按鈕

④在編輯欄中的公式後面輸入「*10/(10-1)」，然後按 Enter 鍵

用公式 =COVAR(B3:B12,C3:C12)*10/(10-1)，求出年齡和握力的樣本資料的共變數，得出年齡和握力為負向關係

✌ NOTE ● 兩變數間的相關強度

共變數單位是兩變數的單位乘積，因此年齡和握力變為「歲 ×KG」。但所求結果不能表示兩變數間的相關強度。如要表示兩變數間的相關強度，則要使用無單位的相關係數，可以用 Excel 中的 CORREL 函數求相關係數。

6-6-2　CORREL
傳回兩變數的相關係數

格式 ➜ CORREL(array1, array2)

參數 ➜ array1

第一組數值儲存格區域。如果陣列或傳址參數包含文字、邏輯值或空白儲存格，則這些值將被忽略；如果 array1 和 array2 的資料點個數不同，則函數 CORREL 將傳回錯誤值「#N/A」。如果標準差為 0，則會傳回錯誤值「#DIV/0!」。

array2

第二組數值儲存格區域。如果陣列或傳址參數包含文字、邏輯值或空白儲存格，則這些值將被忽略；如果 array2 和 array1 的資料點個數不同，則函數 CORREL 將傳回錯誤值「#N/A」。如果標準差為 0，則會傳回錯誤值「#DIV/0!」。

用數值判斷兩資料間的關係強度稱為相關係數，用大於等於 -1 和小於等於 1 的數值表示。例如，年齡和體力的關係或收入和消費的關係等。使用 CORREL 函數，可求表示兩變數間關係強度的相關係數。相關係數用下列公式表達，並用共變數和標準差來求。求共變數和標準差，可使用 COVAR 函數和 STDEVP 函數。

$$CORREL(x,y) = r_{xy} = \frac{s_{xy}}{\sigma_x \cdot \sigma_y} = \frac{COVAR(x,y)}{STDEVP(x) \cdot STDEVP(y)}$$

其中，$-1 \leqslant r_{xy} \leqslant 1$。

▼ 相關係數

相關係數	兩變數的相關強度
接近 -1	負向關係強〔如果一方增加（減少），另一方則減少（增加）〕
接近 0	無關係
接近 1	正向關係強〔如果一方增加（減少），另一方也增加（減少）〕

📖 EXAMPLE 1　求年齡和握力的相關係數

下面，我們以年齡和握力的樣本資料為基數，用 CORREL 函數求二者的相關係數。

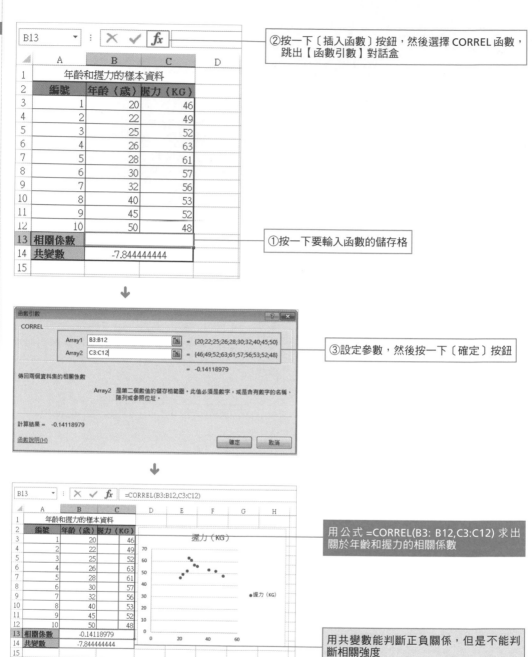

②按一下〔插入函數〕按鈕，然後選擇 CORREL 函數，
跳出【函數引數】對話盒

①按一下要輸入函數的儲存格

③設定參數，然後按一下〔確定〕按鈕

用公式 =CORREL(B3: B12,C3:C12) 求出
關於年齡和握力的相關係數

用共變數能判斷正負關係，但是不能判
斷相關強度

🖐 NOTE ● 相關係數為無單位數值

從 EXAMPLE 1 的結果中可以看出，隨著年齡的增大，握力變弱。另外，用分子和分母抵
消了相關係數相互間的單位，相關係數變成無單位數值。而且，用於計算相關係數的即使
是樣本資料，也會得到和母體樣本資料相同的結果。

6-6-3 PEARSON
傳回皮耳森積差的相關係數

格式 ➜ PEARSON(array1, array2)

參數 ➜ array1
自變數集合。自變數是引起因變數變動的量。如果陣列或傳址參數包含文字、邏輯值或空白儲存格,則這些值將被忽略;如果 array1 和 array2 的資料點個數不同,則函數 PEARSON 將傳回錯誤值「#N/A」。

array2
因變數集合。因變數是隨自變數而變化的量。如果陣列或參照的參數包含文字、邏輯值或空白儲存格,則這些值將被忽略;如果 array2 和 array1 的資料點個數不同,則函數 PEARSON 將傳回錯誤值「#N/A」。

使用 PEARSON 函數,可求皮耳森積差的相關係數。例如,年齡和體力的關係或收入和消費的關係等,用數值來判斷這兩個資料間關係的強度,用大於等於 -1 或小於等於 1 的數值表示,所得結果與 CORREL 函數相同。皮耳森積差相關係數用下列公式表示。

$$PEARSON(x,y) = r = \frac{s_{xy}}{\sigma_x \cdot \sigma_y} = \frac{n(\sum xy) - (\sum x)(\sum y)}{\sqrt{[n \sum x^2 - (\sum x)^2]} \sqrt{[n \sum y^2 - (\sum y)^2]}}$$

其中,$-1 \leqslant r \leqslant 1$。

▼ 皮耳森積差的相關係數

相關係數	兩變數的相關強度
接近 -1	負向關係強〔如果一方增加(減少),另一方則減少(增加)〕
接近 0	無相關關係
接近 1	正向關係強〔如果一方增強(減少),另一方則增強(減少)〕

📖 EXAMPLE 1 求年齡和握力的皮耳森積差相關係數

下面,我們以求年齡和握力的樣本資料作為原始資料,用 PEARSON 函數求皮耳森積差的相關係數。

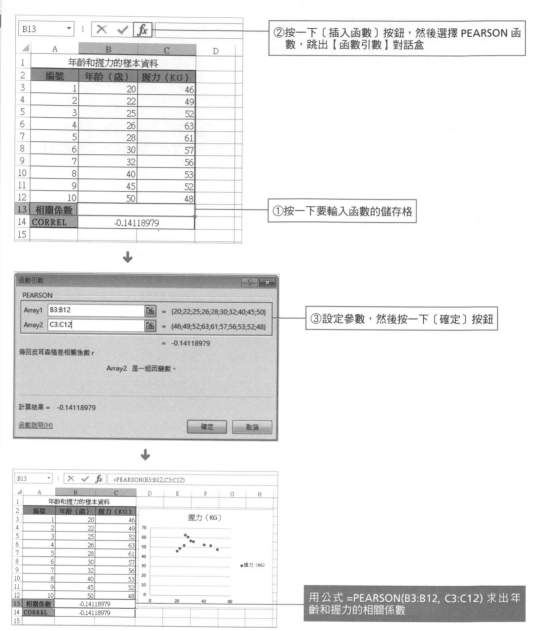

②按一下〔插入函數〕按鈕，然後選擇 PEARSON 函數，跳出【函數引數】對話盒

①按一下要輸入函數的儲存格

③設定參數，然後按一下〔確定〕按鈕

用公式 =PEARSON(B3:B12, C3:C12) 求出年齡和握力的相關係數

✌ NOTE ● **PEARSON 函數和 CORREL 函數**

> PEARSON 函數和求相關係數的 CORREL 函數功能相似。但 PEARSON 函數參數中設定的兩變數（x, y）有線性關係（y=+x），因此常用它來求有線性關係的兩變數的相關程度。

6-6-4 FISHER
傳回點 X 的費雪轉換

格式 ➜ FISHER(x)

參數 ➜ x

　　　為一個數字，在該點進行變換。在 -1 ≤ x ≤ 1 範圍內，如果 x 為非數值型，則函數 FISHER 將傳回錯誤值「#VALUE!」。如果 x ≤ 1 或 x ≥ 1，則函數 FISHER 將傳回錯誤值「#NUM!」。

使用 FISHER 函數，可在相關係數中求費雪轉換。費雪轉換是費雪的 z 轉換，用下列公式表示。此公式和雙曲反正切（ATANH 函數）值相同。使用費雪轉換，該轉換生成一個常態分佈而非偏斜的函數。使用此函數可以完成相關係數的假設檢驗。另外，如果要求相關係數，請使用 PEARSON 函數或 CORREL 函數。

$$FISHER(x) = \frac{1}{2} log_e \left(\frac{1+x}{1-x} \right) = ATANH(x)$$

其中，x 為相關係數。

▼ 檢驗統計量

$$Z = \sqrt{n-3}(FISHER(r) - FISHER(\rho))$$

其中，r 為樣本相關係數，ρ 為母體相關係數。

📖 **EXAMPLE 1** 費雪轉換訓練時間和成績的相關係數

根據公式，從費雪轉換中檢驗總相關係數。以訓練時間和成績樣本資料作為基數，以求得的相關係數作為參數，進行費雪轉換。然後使用費雪轉換，在顯著水準為 5% 的區域內對所求得的統計量進行雙尾檢驗，檢驗總相關係數是否為 0.2。因此，可將歸無假說看作「母體相關係數為 0.2」。

	A	B	C	D	E	F	G
1	運動員訓練時間與成績				假設：總相關係數是0.2		
2	編號	時間	成績				
3	1	10	80		樣本相關係數	0.32986	
4	2	11	90		母體相關係數	0.2	
5	3	8	75		樣本數	12	
6	4	9	82		檢定統計量		
7	5	12	70				
8	6	7	85				
9	7	8	85		用顯著水準a=5%檢定兩側		
10	8	11	90		拒絕區域	1.959963985	
11	9	13	80				
12	10	9	85				
13	11	10	75				
14	12	12	70				
15							

②按一下〔插入函數〕按鈕，選擇 FISHER 函數，跳出【函數引數】對話盒

①按一下要插入函數的儲存格

⬇

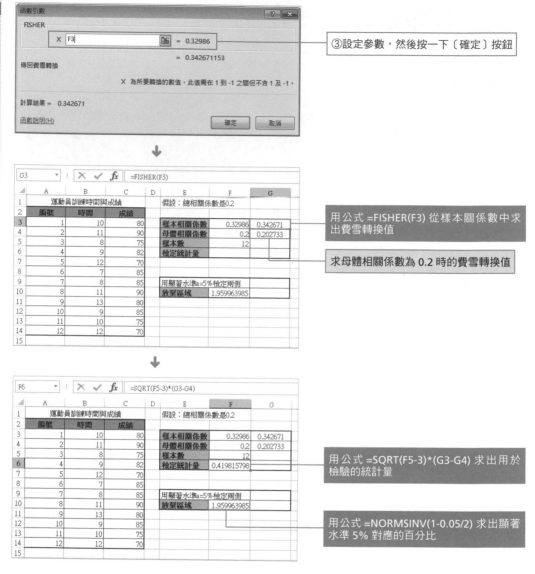

③設定參數，然後按一下〔確定〕按鈕

用公式 =FISHER(F3) 從樣本關係數中求出費雪轉換值

求母體相關係數為 0.2 時的費雪轉換值

用公式 =SQRT(F5-3)*(G3-G4) 求出用於檢驗的統計量

用公式 =NORMSINV(1-0.05/2) 求出顯著水準 5% 對應的百分比

✌ NOTE ● **分析費雪轉換後的結果**

由於檢驗統計量的絕對值比顯著水準 5% 對應的百分比小，因此不包括在假設的放棄區域中。同時也不能得到母體相關係數必須是 0.2 的結論。

6-6-5　FISHERINV
求 FISHERINV 轉換的反函數值

格式 → FISHERINV(y)

參數 → y

為一個數值，在該點進行反轉換。如果 y 為非數值型態，則函數將傳回錯誤值「#VALUE!」。

使用 FISHERINV 函數可求費雪轉換的反函數值，能夠傳回到原來的相關係數。費雪轉換和雙曲反正切值相同。FISHERINV 函數和雙曲正切函數的值相同。

$$FISHER(x) = \frac{1}{2} \log_e \left(\frac{1+x}{1-x} \right) = ATANH(x) \quad 其中，x 為相關係數。$$

$$FISHERINV(y) = \frac{e^{2y}-1}{e^{2y}+1} = TANH(y) \quad 其中，FISHERINV 為轉換值。$$

📖 **EXAMPLE 1** 使用 FISHERINV 轉換的反函數值，求母體係數的信賴區間

使用費雪轉換的反函數值，把費雪轉換的 95% 的信賴區間轉換成相關係數的 95% 信賴區間。因此，以運動員訓練時間和成績相關資料中求得的費雪轉換的 95% 的信賴區間作為參數，所求反函數值相當於母體相關係數的 95% 的信賴區間。

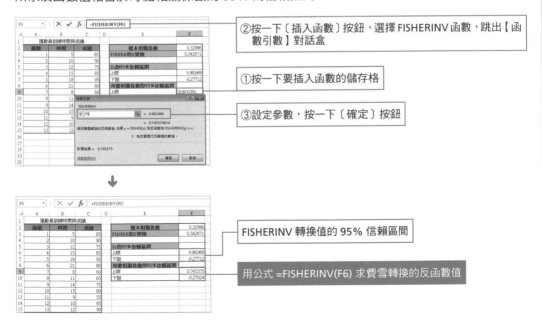

②按一下〔插入函數〕按鈕，選擇 FISHERINV 函數，跳出【函數引數】對話盒

①按一下要插入函數的儲存格

③設定參數，按一下〔確定〕按鈕

FISHERINV 轉換值的 95% 信賴區間

用公式 =FISHERINV(F6) 求費雪轉換的反函數值

6-6-6 SLOPE
傳回線性迴歸直線的斜率

格式 ➜ SLOPE(known_y's, known_x's)

參數 ➜ known_y's

用陣列或儲存格區域設定從屬變數（因變數）的實測值。從屬變數（因變數）是隨自變數變化而變化的量。如果 known_y's 和 known_x's 的資料點個數不同，則函數 SLOPE 將傳回錯誤值「#N/A」。

known_x's

用陣列或儲存格區域設定獨立變數（自變數）的實測值。獨立變數（白變數）是引起從屬變數變化的量。如果 known_x's 和 known_y's 的資料點個數不同，則函數 SLOPE 將傳回錯誤值「#N/A」。

使用 SLOPE 函數，可求母體中兩變數間關係近似於直線時的直線斜率。例如，「收入增加，消費也增加」或「隨著年齡增加，體力變弱」等，這些都是近似直線的關係。近似直線稱為迴歸直線。SLOPE 函數是求迴歸直線的斜率，可用下列公式表示。

▼ 迴歸直線公式

$$\hat{y} = a + bx$$

其中，$\hat{y}$ 為預測值，a 為迴歸直線的截距，b 為斜率，x 為變數。

$$SLOPE(y_n, x_n) = b = \frac{n \sum_{i=1}^{n} x_i y_i - \left(\sum_{i=1}^{n} x_i \right) \left(\sum_{i=1}^{n} y_i \right)}{n \sum_{i=1}^{n} (x_i{}^2) - \left(\sum_{i=1}^{n} x_i \right)^2}$$

其中，y_i、x_i 為實測值。

📖 EXAMPLE 1 用迴歸直線求鹽分攝取量和最高血壓間的關係

以鹽分攝取量和最高血壓的資料作為原始資料，求迴歸直線的斜率。根據鹽分攝取量，求最高血壓的變化程度，其中 known_x's 設定為鹽分攝取量，known_y's 設定為最高血壓。

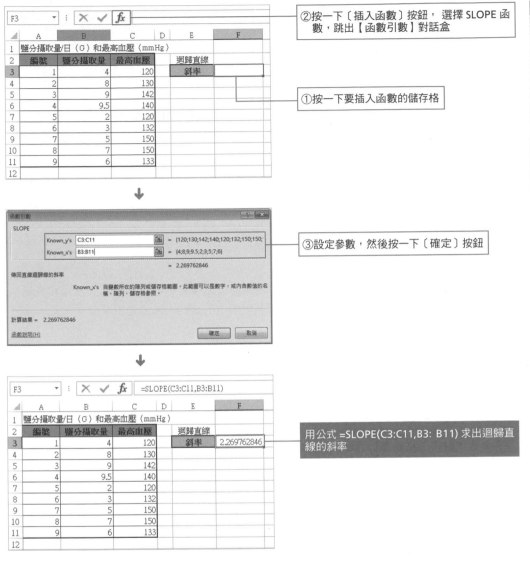

②按一下〔插入函數〕按鈕，選擇 SLOPE 函
數，跳出【函數引數】對話盒

①按一下要插入函數的儲存格

③設定參數，然後按一下〔確定〕按鈕

用公式 =SLOPE(C3:C11,B3: B11) 求出迴歸直
線的斜率

NOTE ● EXAMPLE 1 的結果

從迴歸直線的斜率中得到，鹽分攝取量增加 1g，最高血壓約增加 5.8mmHg。但是，
從沒有實測值的資料中求預測值，迴歸直線必須有截距。求迴歸直線的截距可參照
INTERCEPT 函數，SLOPE 函數和 INTERCEPT 函數對近似直線關係的變數有效。如果兩變
數沒有直線的相關關係，即使使用這些函數，求出的值也沒有意義。

6-6-7 INTERCEPT
求迴歸直線的截距

格式 ➡ INTERCEPT(known_y's, known_x's)

參數 ➡ known_y's

用陣列或儲存格區域設定從屬變數（因變數）的實測值。從屬變數（因變數）是隨自變數變化而變化的量。如果 known_y's 和 known_x's 的資料點個數不同，則函數 INTERCEPT 將傳回錯誤值「#N/A」。

known_x's

用陣列或儲存格區域設定獨立變數（自變數）的實測值。獨立變數（自變數）是引起從屬變數變化的量。如果 known_x's 和 known_y's 的資料點個數不同，則函數 INTERCEPT 將傳回錯誤值「#N/A」。

使用 INTERCEPT 函數，可求母體內兩變數間關係近似直線時的截距。當迴歸直線和各資料的偏差的誤差為最小時，可參照直線來預測沒有實測值的資料，或預測未來值。

$$\hat{y} = a + bx$$

其中，$\hat{y}$ 為預測值，a 為迴歸直線的截距，b 為斜率（參照 SLOPE 函數），x 為變數。

📖 EXAMPLE 1 從鹽分攝取量和最高血壓中求迴歸直線的截距

把鹽分攝取量和最高血壓的資料作為原始資料，求迴歸直線的截距。根據鹽分攝取量，求最高血壓的變化程度，其中 known_x's 設定為鹽分攝取量，known_y's 設定為最高血壓。

F3			fx			
	A	B	C	D	E	F
1	鹽分攝取量/日（G）和最高血壓（mmHg）					
2	編號	鹽分攝取量	最高血壓		迴歸直線	
3	1	4	120		截距	
4	2	8	130			
5	3	9	142			
6	4	9.5	140			
7	5	10	130			
8	6	11	150			
9	7	11.5	150			
10	8	11.9	165			
11	9	12.3	165			
12	10	12.6	163			
13	11	10	150			
14	12	9	145			
15	13	8.5	130			
16	14	12	152			
17	15	9	130			
18						

② 按一下〔插入函數〕按鈕，選擇 INTERCEPT 函數，跳出【函數引數】對話盒

① 按一下要插入函數的儲存格

↓

③設定參數，然後按一下〔確定〕按鈕

↓

用 公 式 =INTERCEPT(C3:C17,B3:B17)，
求出迴歸直線的截距

✌ NOTE ● **用 SLOPE 函數和 INTERCEPT 函數求沒有實測值資料的預測值**

用 SLOPE 函數和 INTERCEPT 函數求迴歸直線的斜率和截距，適用於迴歸直線的公式
（$\hat{y}=a+bx$），可求得沒有實測值資料的預測值。另外，如果只求預測值，可使用
FORECAST 函數和 TREND 函數。

✌ NOTE ● **INTERCEPT 及 SLOPE 函數的主要演算法與 LINEST 函數不同**

如果無法判定資料或共線資料，這些演算法之間的差異可以導致不同的結果。例如，如果
known_y's 引數的資料點為 0（零），則 known_x's 引數的資料點為 1。
INTERCEPT 及 SLOPE 會傳回錯誤值「DIV/0!」。 INTERCEPT 及 SLOPE 演算法的用意在
於尋找一個且僅一個答案，而再次情況下可能有多個答案。
LINEST 會傳回 0。LINEST 算術的用意在於傳回合理的共線資料結果，而在這個情況中，
至少可以找到一個答案。

6-6-8 LINEST
求迴歸直線的係數和常數項

格式 → LINEST(known_y's, known_x's, const, stats)

參數 → known_y's

用陣列或儲存格區域設定從屬變數（因變數）的實測值。從屬變數（或因變數）是隨其他變數變化而變化的量。如果 known_y's 和 known_x's 的行數不同，則會傳回錯誤值「#REF!」。如果區域內包含數值以外的資料，則會傳回錯誤值「#VALUE!」。

known_x's

用陣列或儲存格區域設定獨立變數（自變數）的實測值。獨立變數（或自變數）即引起其他變數產生變化的量。如果省略 known_x's，則假設其大小與 known_y's 相同。陣列 known_x's 可以包含一組或多組變數。如果只用到一個變數，只要 known_y's 和 known_x's 維數相同，它們可以是任何形狀的區域。如果用到多個變數，則 known_y's 必須為向量（一行或一列）。如果區域內包含數值以外的資料時，則會傳回錯誤值「#VALUE!」。

const

如果 const 為 TRUE 或省略，b 將按正常計算。如果 const 為 FALSE，則 b 將被設為 0，並同時調整 m 值使 y=mx。

stats

設定是否傳回附加迴歸統計值。如果 stats 為 TRUE 或 1，則 LINEST 函數傳回附加迴歸統計值。如果 stats 為 FALSE、0 或省略，則 LINEST 函數只傳回係數 m 和常數 b。

▼附加迴歸統計值

統計值	說明
se1,se2,...,sen	係數 m1,m2,...,mn 的標準差
seb	常數 b 的標準差（當 const 為 FALSE 時，seb=#N/A）
r2	決定係數。Y 的估計值與實際值之比，範圍在 0 到 1 之間
sey	Y 估計值的標準差
F	F 統計或 F 觀察值。使用 F 統計可以判斷因變數和自變數之間是否偶爾發生過可觀察到的關係
Df	自由度。用於在統計表上找出 F 臨界值
Ssreg	迴歸平方和
Ssresid	剩餘平方和

使用 LINEST 函數，可用迴歸直線表示統計資料內多個變數的關係，求決定直線偏斜的偏迴歸係數 m 或常數項 a。而且，LINEST 函數還可以傳回附加迴歸統計值，例如，傳回符合迴歸直線的決定係數或資料的標準誤差等。LINEST 函數即使變小，也會傳回迴歸直線的斜率和截距，但必須設定陣列公式。

▼ 迴歸直線公式（2 個變數）

$\hat{y}=a+bx$ 其中，$\hat{y}$ 為預測值，a 為迴歸直線的截距，b 迴歸直線的斜率。

▼ 迴歸直線公式（3 個變數以上）

$\hat{y}=a+m_1x_1+m_2x_2+ \cdots +m_ix_i$ 其中，m_i 為偏迴歸係數，a 為常數項。

EXAMPLE 1 根據鹽分攝取量和最高血壓求迴歸直線

把鹽分攝取量和最高血壓作為基數，求迴歸直線的斜率、截距和附加迴歸統計值。以 known_x's 為鹽分攝取量，known_y's 為最高血壓。為了求附加迴歸統計值項，用 2 列～ 5 列的儲存格區域選擇傳回值的儲存格區域，並輸入陣列公式。

②按一下〔插入函數〕按鈕，然後選擇 LINEST 函數，跳出【函數引數】對話盒

①選取要插入函數的儲存格區域

③設定參數，在按住複合鍵 Ctrl+Shift 的同時按一下〔確定〕按鈕

用公式 {=LINEST(C3:C17,B3:B17,,1)} 求迴歸直線的斜率、截距及附加迴歸統計值

6-6-9 FORECAST
求兩變數間的迴歸直線的預測值

格式 → FORECAST(x, known_y's, known_x's)

參數 → x

用數值或輸入數值的儲存格設定用於預測的獨立變數（自變數）。如果 x 為非數值型，則函數 FORECAST 將傳回錯誤值「#VALUE!」。

known_y's

用陣列或儲存格區域設定從屬變數（因變數）的實測值。從屬變數（因變數）是值變動，為受到影響的變數。如果該參數和 known_x's 的資料點個數不相同，則函數 FORECAST 將傳回錯誤值「#N/A」。

known_x's

用陣列或儲存格區域設定獨立變數（自變數）的實測值。獨立變數（或因變數）是使值產生變動，並影響其他變數的變數。如果和 known_y's 的資料點個數不相同，則函數 FORECAST 將傳回錯誤值「#N/A」。

使用 FORECAST 函數可求樣本母體內的兩個變數間的關係，近似於線性迴歸直線的預測值。迴歸直線公式如下。由給定的 x 值導出 y 值。另外，FORECAST 函數中設定的變數 x 只有一個。如果基於多個變數求多個數的預測值，請使用 TREND 函數。

$$\hat{y} = a + bx$$

其中，$\hat{y}$ 為預測值，a 為迴歸直線的截距，b 為斜率

EXAMPLE 1 預測特定鹽分攝取量時的最高血壓

以鹽分攝取量和最高血壓的資料作為原數，預測鹽分攝取量為 10.5g 時的最高血壓。根據鹽分攝取量，預測最高血壓的變化。將 known_x's 設定為鹽分攝取量，known_y's 設定為最高血壓。

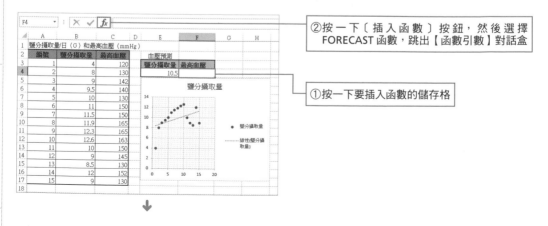

②按一下〔插入函數〕按鈕，然後選擇 FORECAST 函數，跳出【函數引數】對話盒

①按一下要插入函數的儲存格

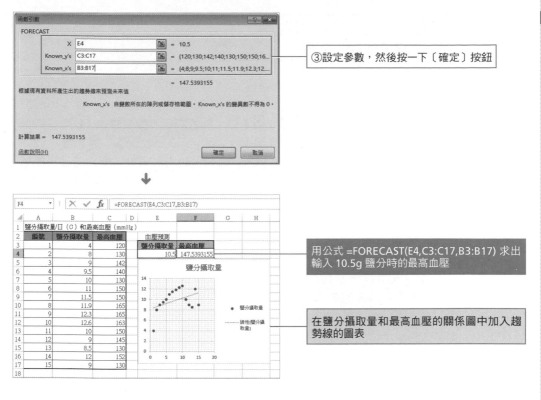

③設定參數，然後按一下〔確定〕按鈕

用公式 =FORECAST(E4,C3:C17,B3:B17) 求出
輸入 10.5g 鹽分時的最高血壓

在鹽分攝取量和最高血壓的關係圖中加入趨
勢線的圖表

✌ NOTE ● **在分佈圖中加入趨勢線**

製作分佈圖，很容易捕捉到兩變數間的相關關係。另外，在分佈圖中加入趨勢線可以更直
觀地看出兩變數的關係。首先選擇圖表，按一下【圖表工具】選項卡中的【設計】，然後
選擇〔版面配置 3〕，就會出現如上圖所示的趨勢線。如果不想加入多餘的格線，則可以
直接選取格線刪除。

✌ NOTE ● **關於 FORECAST 函數的使用説明**

使用該函數可以根據已有的數值計算或預測未來值。此預測值為基於給定的 x 值導出的 y
值。已知的數值為已有的 x 值和 y 值，再利用線性迴歸對新值進行預測。可以使用該函數
對未來銷售額、庫存需求或消費趨勢進行預測。函數 FORECAST(x,known_y's,known_
x's)，其中，參數 x 為需要進行預測的資料點，參數 known_y's 為因變數陣列或資料區域，
參數 known_x's 為引數陣列或資料區域。

6-6-10 TREND

求迴歸直線的預測值

格式 ➔ TREND(known_y's, known_x's, new_x's, const)

參數 ➔ known_y's

用陣列或儲存格區域設定從屬變數（因變數）的實測值。從屬變數（或因變數）是隨其他變數變化而變化的量。如果 known_y's 和 known_x's 的行數不同，則會傳回錯誤值「#REF!」。如果區域內包含數值以外的資料，則會傳回錯誤值「#VALUE!」。

known_x's

用陣列或儲存格區域設定獨立變數（自變數）的實測值。獨立變數（或自變數）即引起其他變數產生變化的量。如果省略 known_x's，則假設該陣列為 {1,2,3,...}，其大小與 known_y's 相同。陣列 known_x's 可以包含一組或多組變數。如果只用到一個變數，只要 known_y's 和 known_x's 的維數相同，那麼它們可以是任何形狀的區域。如果用到多個變數，則 known_y's 必須為向量（即必須為一行或一列）。如果區域內包含數值以外的資料時，則會傳回錯誤值「#VALUE!」。

new_x's

用陣列或儲存格區域設定需要函數 TREND 傳回對應 y 值的新 x 值。如果省略 new_x's，將假設它和 known_x's 一樣。如果設定數值以外的文字，則會傳回錯誤值「#VALUE!」。獨立變數是影響預測值的變數。

const

如果 const 為 TRUE 或省略，則 b 將按正常計算。如果 const 為 FALSE，則 b 將被設為 0，並同時調整 m 值使 y=mx。

使用 TREND 函數可求樣本母體的多個變數間近似於直線關係的迴歸直線的預測值。迴歸直線公式如下，用於預測的變數 x_i（i=1，2，3，…）符合迴歸直線，並預測其在直線上對應的 y 值。當求兩變數的迴歸直線且用於預測的變數有一個時，和使用 FORECAST 函數相同。而且，用於預測的變數如果有兩個以上時，則傳回值和設定的變數個數必須相同，所以必須作為陣列公式輸入。

▼ 迴歸直線公式（2 個變數）

$\hat{y}=a+bx$　其中，$\hat{y}$ 為預測值，a 為迴歸直線的截距，b 為斜率，x 為變數。

▼ 迴歸直線公式（3 個變數以上）

$\hat{y}=a+m_1x_1+m_2x_2+\cdots+m_ix_i$

EXAMPLE 1 求迴歸直線上的預測血壓

以鹽分攝取量和最高血壓作為基數,求已知鹽分攝取量的迴歸直線上的血壓預測值。參數 new_x's 省略,把沒有實測值的鹽分攝取量作為基數,求血壓的預測值。此時,沒有實測值的鹽分攝取量設定為 new_x's 參數。

①輸入公式後,在按住 Ctrl+Shift 複合鍵的同時,按一下〔確定〕按鈕

用公式 {=TREND(C3:C17,B3:B17)} 求出最高血壓的預測值

用公式 =SUMXMY2(C3:C17,D3:D17) 求最高血壓實測值和預測值的差的平方和

②選擇一組儲存格,然後插入 TREND 函數

③指定參數,在按住 Ctrl+Shift 複合鍵的同時,按一下〔確定〕按鈕

用公式 {=TREND(C3:C17,B3:B17,F4:F6)} 求出相對於各鹽分攝取量預測值的最高血壓預測值

6-6-11

STEYX
求迴歸直線的標準差

格式 ➜ STEYX(known_y's, known_x's)

參數 ➜ known_y's
用陣列或儲存格區域設定從屬變數（因變數）的實測值。從屬變數（或因變數）
是隨其他變數變化而變化的量。如果 known_y's 和 known_x's 的資料點個數不
同，則會傳回錯誤值「#N/A」。

known_x's
用陣列或儲存格區域設定獨立變數（自變數）的實測值。獨立變數（或自變數）
是引起其他變數產生變化的量。如果 known_x's 和 known_y's 的資料點個數不
同，則會傳回錯誤值「#N/A」。

使用 STEYX 函數可求迴歸直線上的預測值和實測值的標準差。實測值和預測值的差稱為剩
餘。用剩餘的自由度「n-2」除以剩餘的變動（實測值與預測值的差的平方和）得到的正平
方根用 STEYX 函數表示。n 表示樣本數。如果要求迴歸直線上的預測值，請參照 TREND 函
數。

▼ 迴歸直線的標準差公式

$$STEYX(y_n, x_n) = \sqrt{\frac{\sum\limits_{i=1}^{n}(y_i - \hat{y})^2}{n-2}}$$

其中，$\hat{y}$ 為預測值，y 為實測值，n 為樣本數。

✌ NOTE ● **用其他函數求標準差**

使用 LINEST 函數也可求得迴歸直線的標準差。如果要求預測值和差的平方和，請使用
TREND 函數和 SUMXMY2 函數。

📁 EXAMPLE 1 | 求迴歸直線的標準差

把鹽分攝取量和最高血壓的資料作為基數，求迴歸直線的標準誤差。根據不同的鹽分攝取量，
觀察最高血壓變化範圍，將 known_x's 設定為鹽分攝取量，known_y's 設定為最高血壓。
另外，也可用剩餘偏差平方和除以剩餘的自由度 13（樣本數從 n=15 中減去 2）的正平方根
求得。

②按一下〔插入函數〕按鈕，選擇 STEYX 函數，跳出【函數引數】對話盒

①按一下要插入函數的儲存格

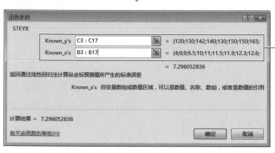

③設定參數，按一下〔確定〕按鈕

用公式 =STEYX(C3:C17,B3:B17)，求出迴歸直線的標準差

用公式 {=TREND(C3:C17,B3:B17)} 基於鹽分攝取量求出迴歸直線上最高血壓的預測值

用公式 =SUMXMY2(C3:C17,D3:D17) 求出最高血壓的實測值和預測值的差的平方和

6-6-12　RSQ
求迴歸直線的決定係數

格式 ➜ RSQ(known_y's, known_x's)

參數 ➜ known_y's

用陣列或儲存格區域設定從屬變數（因變數）的實測值。從屬變數（或因變數）是隨其他變數變化而變化的量。如果 known_y's 和 known_x's 的資料點個數不同，則會傳回錯誤值「#N/A」。

known_x's

用陣列或儲存格區域設定獨立變數（自變數）的實測值。獨立變數（或自變數）即是引起其他變數產生變化的量。如果 known_x's 和 known_y's 的資料點個數不同，則會傳回錯誤值「#N/A」。

表示迴歸直線精度高低的指標稱為決定係數，其在 0 ～ 1 範圍內。使用 RSQ 函數，可求迴歸直線的決定係數。決定係數等於皮耳森積差相關係數的平方值，如果所求結果接近 0，則迴歸直線的精確度低；如果接近 1，則迴歸直線的精確度高。

📖 EXAMPLE 1　求迴歸直線的決定係數

以鹽分攝取量和最高血壓的資料作為基數，求迴歸直線的決定係數。將 known_x's 設定為鹽分攝取量，known_y's 設定為最高血壓。

②按一下〔插入函數〕按鈕，選擇 RSQ 函數，跳出【函數引數】對話盒

①按一下要插入函數的儲存格

③設定參數，按一下〔確定〕按鈕

用公式 =RSQ(C3:C17,B3:B17) 求出迴歸直線的決定係數

6-6-13 GROWTH
根據現有的資料預測指數增長值

格式 ➔ GROWTH(known_y's, known_x's, new_x's, const)

參數 ➔ known_y's

用陣列或儲存格區域設定從屬變數（因變數）的實測值。從屬變數（或因變數）是隨其他變數變化而變化的量。如果 known_y's 和 known_x's 的行數不同，則會傳回錯誤值「#REF!」。如果區域內包含數值以外的資料，則會傳回錯誤值「#VALUE!」。

known_x's

用陣列或儲存格區域設定獨立變數（自變數）的實測值。獨立變數（或自變數）即是引起其他變數產生變化的量。如果省略 known_x's，則假設該陣列為 {1,2,3,...}，其大小與 known_y's 相同。陣列 known_x's 可以包含一組或多組變數。如果只用到一個變數，只要 known_y's 和 known_x's 維數相同，那麼它們可以是任何形狀的區域。如果用到多個變數，則 known_y's 必須為向量（即必須為一行或一列）。區域內包含數值以外的資料時，則會傳回錯誤值「#VALUE!」。

new_x's

用陣列或儲存格區域設定需要函數 GROWTH 傳回對應 y 值的一組新 x 值。如果省略 new_x's，將假設它和 known_x's 一樣。如果設定數值以外的文字，則會傳回錯誤值「#VALUE!」。獨立變數是影響預測值的變數。

const

如果 const 為 TRUE 或省略，則 b 將按正常計算。如果 const 為 FALSE，則 b 將設為 1，m 值將被調整以滿足 y=m^x。

樣本母體內的兩變數間的關係近似於指數函數的曲線，把此曲線稱為指數迴歸曲線。使用 GROWTH 函數，可求指數迴歸曲線的預測值。指數迴歸曲線的公式如下，用於預測的變數 x 符合指數迴歸曲線。如果樣本母體內的兩變數關係近似於直線，請參照 FORECAST 函數或 TREND 函數。

$$\hat{y} = b \times m^x$$

其中，$\hat{y}$ 為預測值，m 為指數迴歸曲線的底，b 為指數迴歸曲線的係數，x 為變數。

EXAMPLE 1 從 1～5 年間的產值利潤預測 6、7 年後的產值利潤

以某公司的第一年到第五年間的產值利潤作為基數，預測 6 年後和 7 年後的產值利潤。由於求 6 年後和 7 年後的產值利潤，所以作為陣列公式輸入。

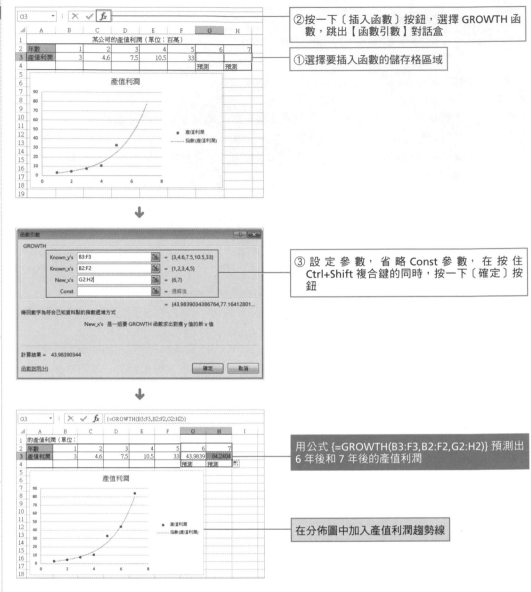

②按一下〔插入函數〕按鈕,選擇 GROWTH 函數,跳出【函數引數】對話盒

①選擇要插入函數的儲存格區域

③ 設定參數,省略 Const 參數,在按住 Ctrl+Shift 複合鍵的同時,按一下〔確定〕按鈕

用公式 {=GROWTH(B3:F3,B2:F2,G2:H2)} 預測出 6 年後和 7 年後的產值利潤

在分佈圖中加入產值利潤趨勢線

✌ NOTE ● **在分佈圖中加入趨勢線**

製作分佈圖,很容易捕捉到兩變數間的相關關係。另外,在分佈圖中加入趨勢線可以更直觀地看出兩變數的關係。首先選擇圖表,按一下【圖表工具】活頁標籤中的【設計】,按一下〔新增圖表項目〕下拉按鈕,選擇【趨勢線】下的【指數】。

6-6-14 LOGEST
求指數迴歸曲線的係數和底數

格式 → LOGEST(known_y's, known_x's, const, stats)

參數 → known_y's

用陣列或儲存格區域設定從屬變數（因變數）的實測值。從屬變數（或因變數）是隨其他變數變化而變化的量。如果 known_y's 和 known_x's 的行數不同，則會傳回錯誤值「#REF!」。如果區域內包含數值以外的資料，則會傳回錯誤值「#VALUE!」。

known_x's

用陣列或儲存格區域設定獨立變數（自變數）的實測值。獨立變數（或自變數）即是引起其他變數產生變化的量。如果省略 known_x's，則假設其大小與 known_y's 相同。陣列 known_x's 可以包含一組或多組變數。如果只用到一個變數，則只要 known_y's 和 known_x's 維數相同，那麼它們可以是任何形狀的區域。如果用到多個變數，則 known_y's 必須為向量（一行或一列）。如果區域內包含數值以外的資料，則函數將會傳回錯誤值「#VALUE!」。

const

如果 const 為 TRUE 或省略，則 b 將按正常計算；如果 const 為 FALSE，則常數 b 將設為 1，而 m 的值將被調整以滿足公式 $y=m^x$。

stats

設定是否傳回附加迴歸統計值。如果 stats 為 TRUE 或 1，則 LOGEST 函數傳回附加迴歸統計值。如果 stats 為 FALSE、0 或省略，則 LOGEST 函數只傳回係數 m 和常數 b。

▼ 附加迴歸統計值

統計值	説明
se1,se2,...,sen	係數 m1,m2,...,mn 的標準差
seb	常量 b 的標準差（當 const 為 FALSE 時，seb=#N/A）
r2	決定係數。Y 的估計值與實際值之比，範圍在 0 ～ 1 之間
sey	Y 估計值的標準差
F	F 統計或 F 觀察值。使用 F 統計可以判斷因變數和自變數之間是否偶爾發生過可觀察到的關係
Df	自由度。用於在統計表上找出 F 臨界值
Ssreg	迴歸平方和
Ssresid	剩餘平方和

使用 LOGEST 函數，可用指數迴歸曲線表示統計資料內多個變數間的關係，求決定直線偏斜的偏迴歸係數 m 或常數項 a（兩個變數情況求斜率 b 和截距 a ）。而且，LOGEST 函數還可以傳回附加迴歸統計值，例如，傳回符合指數迴歸曲線的決定係數或資料的標準差等。

▼ 指數迴歸曲線的公式（2 個變數的情況）

$$\hat{y}=b+\overset{x}{m}$$

其中，$\hat{y}$ 為預測值，m 為迴歸曲線的底數，b 為迴歸曲線的係數，x 為變數。

▼ 指數迴歸曲線的公式（3 個變數的情況）

$$\hat{y}=b+m_1^{x1}\times m_2^{x2}\times\cdots$$

📖 EXAMPLE 1　求某公司第 1 ～ 5 年產值利潤的指數迴歸曲線

以某公司的第 1 ～ 5 年的產值利潤作為基數，求指數迴歸曲線的底數、係數和附加迴歸統計值。隨著年數的增加，觀察差值利潤的變化，將 known_x's 設定為年數，known_y's 設定為差值利潤。求附加迴歸統計值時，在 2 列～ 5 行的儲存格區域傳回值的儲存格區域，並作為陣列公式輸入。

	D11		fx	{=LOGEST(B3:B7,A3:A7,,1)}	
	A	B	C	D	E
1	某公司的產值利潤（單位：百萬）				
2	年數	產值利潤			
3	1	3		LOGEST函數的值的項目表	
4	2	4.6		底	係數
5	3	7.5		底的標準差	係數的標準差
6	4	10.5		決定係數	迴歸式的標準差
7	5	33		F值	剩餘的自由度
8				迴歸式的偏差平方和	剩餘的偏差平方和
9					
10				LOGEST函數的值	
11				1.754371986	1.508563746
12				0.08023599	0.266112673
13				0.942396452	0.253728478
14				49.08012522	3
15				3.1596872	0.193134422
16					

因為是求係數和附加迴歸統計值，所以省略 const 參數

輸入函數參數後，在按住 Ctrl+Shift 複合鍵的同時按一下〔確定〕按鈕，用陣列公式設定

用公式 {=LOGEST(B3:B7,A3:A7,,1)} 求出指數迴歸曲線的底數及附加迴歸統計值

✌ NOTE ● **母體變數近似於直線狀態**

LOGEST 函數以指數曲線來逼近資料，用直線來逼近資料時，請使用 LINEST 函數。使用迴歸直線或迴歸曲線來分析統計資料稱為迴歸分析，把兩個變數作為對象的稱為「單迴歸分析」，把 3 個變數作為對象的稱為「重迴歸分析」。LOGEST 函數可看作是進行重迴歸分析的函數。

X

文字函數

使用文字函數，可以對文字進行擷取、尋找、取代、組合等操作，下
面將以商品表或銷售明細表為例，介紹有關文字函數的各種操作。文
字函數可進行以下操作。

1. 尋找商品表或商品名稱，改變它的一部分名稱。
2. 按品名擷取銷售明細表中的商品代碼。
3. 組合每個分類文字，製作新商品代碼或商品名稱。
4. 同時進行英文大小寫、全形和半形的切換。

→ 函數分類

1. 文字的操作

文字函數可用於尋找、擷取、取代部分文字。文字的尋找是尋找文字位於另一個文字串中的第幾個字元。文字可分為左、中、右,擷取指定的文字部分,即為文字的擷取。文字的取代是取代指定文字。在文字函數中,有 LEFTB 函數、LEFT 函數等帶有 B 的函數和不帶 B 的函數,這兩個函數的功能相同,但計數單位卻不同。帶 B 的函數的文字以位元組計算,半形文字為一個位元組,全形字元為 2 個位元組。不帶 B 的函數的文字以字元數計算,不管全形文字還是半形文字,都作為 1 個字元計算。

▼ 求文字的長度

LEN	傳回文字串中的字元個數
LENB	傳回文字串中用於代表字元的位元組數

▼ 尋找文字串

FIND	傳回一個字串出現在另一個字串的起始位置(區分大小寫)
FINDB	傳回一個字串出現在另一個字串中基於位元組數的起始位置
SEARCH	傳回一個字元或字串在字串中第一次出現的位置(不區分大小寫)
SEARCHB	傳回一個字元或字串在字串中的基於位元組數的起始位置(不區分大小寫)

▼ 擷取部分文字串

LEFT	從一個文字串的第一個字元開始傳回指定個數的字元
LEFTB	從一個文字串的第一個字元開始傳回指定位元組數的字元
MID	從文字串中指定的起始位置開始傳回指定長度的字元
MIDB	從文字串中指定的起始位置開始傳回指定位元組數的字元
RIGHT	從一個文字串的最後一個字元開始傳回指定個數的字元
RIGHTB	從一個文字串的最後一個字元開始傳回指定位元組數的字元

▼ 合併多個文字串

CONCATENATE	將多個文字串合併為一個文字串

▼ 取代文字串

REPLACE	將一個字串中的部分字元用另一個字串取代
REPLACEB	將一個字串中的部分字元根據所指定的位元組數用另一個字串取代
SUBSTITUTE	用新字串取代字串中的特定字串

2. 文字的轉換

即使相同意思的文字，如果混淆英文的大、小寫，以及全形和半形字元，Excel 也全部作為不同資料處理。文字的轉換主要是英文的大、小寫，文字串的全形和半形的轉換，以及轉換數值的表示形式。

▼ 英文大寫、小寫及首字母大寫的轉換

UPPER	將文字串內的小寫全部轉換成大寫形式
LOWER	將文字串內的大寫全部轉換成小寫形式
PROPER	將文字串的首字母轉換成大寫

▼ 文字串全形或半形字元的轉換

ASC	將全形（雙位元組）字元轉換為半形（單位元）字元

▼ 轉換數值的表示形式

TEXT	將數字轉換為按指定數值格式表示的文字
FIXED	將數字四捨五入到指定的小數位數，以文字形式傳回結果
DOLLAR	四捨五入數值，並轉換為套用貨幣符號的文字
BAHTTEXT	將數值轉換為泰銖

▼ 其他轉換

VALUE	將文字轉換為數字
CODE	傳回文字串中第一個字元的字碼
CHAR	傳回對應於字元集的字元
T	傳回給定值所引用的文字

3. 文字的比較、刪除和重複顯示

用於判定兩個文字串是否相等，刪除不需要的文字串，以及重複顯示指定次數的文字串。

EXACT	判定兩個字串是否完全相同
CLEAN	刪除文字串中不能列印的字元
TRIM	刪除文字串中多餘的空格
REPT	按照給定的次數重複顯示文字

→ 請注意

經常用於文字串的關鍵點介紹如下。

	A	B	C	D	E
1	水果代號	產地	名稱	全形轉換成半形	
2	AS01	宜蘭	APPLE	APPLE	
3	AGS2	台南	MANGO	MANGO	
4	BGD1	嘉義	TOMATO	TOMATO	
5	SBT5	燕巢	GUAVA	GUAVA	
6	FGS1	台東	釋迦	釋迦	
7					
8					
9					

半形字元
用一個位元組表示的字元，如英文、數字等字元

全形字元
用兩個位元組表示的字元，如中文、數字等字元

↓

	A	B	C	D	E	F	G
1			圖書價目表				
2	圖書編號	圖書名稱	單位	標價	特別價格	折價	
3	AS-01	英語口語練習	本	250	$213		
4	BS-02	培養智慧的孩子	本	180	$153		
5	CS-01	好老師在這裡	本	150	$128		
6	CS-02	地才是如何練就的	本	210	$179		
7		圖書平均價格		197.5			
8							
9	折數						
10	15%						
11							
12							
13							
14							
15							
16							

數值
用於計算的數據

文字串
用中文、英文、符號、數字表示的計算物件，沒有數據

↓

	A	B	C	D	E	F
1	商品代號	出產地	名稱	名稱字元數	名稱代表的位元組數	
2	BJD	台北	鳳梨酥	3	6	
3	BJD	台北	土鳳梨酥	4	8	
4	SZ3D	桃園	醬油	2	4	
5	SZ3D	桃園	醬油A	3	5	
6	GZ2S	阿里山	高山茶	3	6	
7	GZ2S	日月潭	紅茶	2	4	
8						
9						
10						
11						

位元組數
表示計算字元的單位，全形字元為 2 個位元組，半形全形為 1 個位元組

字元數
表示計算字元的單位，不分全形和半形字元，都作為 1 個字元計算

7-1 文字的操作

7-1-1 LEN
傳回文字串的字元數

格式 → LEN(text)

參數 → text

尋找文字其長度或文字所在的儲存格。若直接輸入文字，需用雙引號引起來。若不加雙引號，則會傳回錯誤值「#NAME?」。而且設定的文字儲存格只有一個，不能設定儲存格區域，否則將傳回錯誤值「#VALUE!」。

使用 LEN 函數，可傳回文字串中的字元數，即字串的長度。字串中不分全形和半形，句號、逗號、空格作為一個字元進行計數。LEN 函數也可以單獨使用，例如，根據字串的長度擷取部分文字串等。計數單位不是字元而是位元組時，請使用 LENB 函數。LEN 函數和 LENB 函數具有相同的功能，但計數單位不同。

📖 **EXAMPLE 1** 傳回商品名稱的字元數

字串中包含半形字元時，當作一個字元計算。

②按一下該按鈕，在打開的【插入函數】對話盒中選擇 LEN 函數

①按一下要輸入函數的儲存格

③在【函數引數】對話盒中設定相對應的參數，然後按一下〔確定〕按鈕

④傳回 C2 儲存格中的字元數。按住 D2 儲存格的右下角的填滿控點向下拖曳至 D7 儲存格，然後放開滑鼠左鍵

7-1-2　LENB
傳回文字串中用於代表字元的位元組數

格式 → LENB(text)

參數 → text

　　尋找文字其長度或文字所在的儲存格。若直接輸入文字，需用雙引號引起來。若不加雙引號，則會傳回錯誤值「#NAME?」。只能設定一個文字儲存格，不能設定儲存格區域，否則會傳回錯誤值「#VALUE!」。

使用 LENB 函數，可傳回字串的位元組數，即字串的長度。字串中的全形字元為兩個字，半形字元為一個字，句號、逗號、空格也可計算。LENB 函數可以單獨使用，例如，根據字串的長度擷取部分文字串等。

EXAMPLE 1　傳回字串的位元組數

字串中包含半形字元時，當作 1 個位元組數計算。

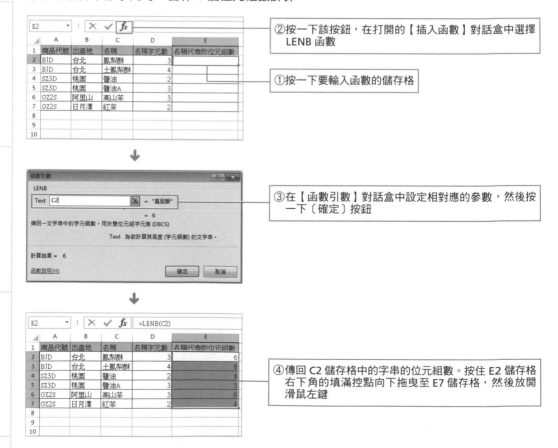

②按一下該按鈕，在打開的【插入函數】對話盒中選擇 LENB 函數

①按一下要輸入函數的儲存格

③在【函數引數】對話盒中設定相對應的參數，然後按一下〔確定〕按鈕

④傳回 C2 儲存格中的字串的位元組數。按住 E2 儲存格右下角的填滿控點向下拖曳至 E7 儲存格，然後放開滑鼠左鍵

7-1-3　FIND
傳回一個字串出現在另一個字串中的起始位置

格式 ➜ FIND(find_text,within_text,start_num)

參數 ➜ find_text

要尋找的文字或文字所在的儲存格。如果直接輸入要尋找的文字，則需要用雙引號引起來。如果不加雙引號，則會傳回錯誤值「#NAME?」。若 find_text 是空白文字（""），函數會比對搜尋編號為 start_num 或 1 的字元。

within_text

是包含要尋找文字的文字或文字所在的儲存格。如果直接輸入文字，需用雙引號引起來。如果不加雙引號，則傳回錯誤值「#NAME?」。如果 within_text 中沒有 find_text，則函數傳回錯誤值「#VALUE!」。

start_num

用數值或數值所在的儲存格設定開始尋找的字元。要尋找文字的起始位置設定為一個字元數。如果忽略 start_num，則假設其為 1，從尋找物件的起始位置開始尋找。另外，如果 start_num 不大於 0，則函數會傳回錯誤值「#VALUE!」。如果 start_num 大於 within_text 的長度，則函數會傳回錯誤值「#VALUE!」。

使用 FIND 函數可從文字串中尋找特定的文字，並傳回尋找文字的起始位置。尋找時，要區分大小寫、全形和半形字元。尋找結果的字元位置不分全形和半形，作為一個字元來計算。可以單獨使用 FIND 函數，例如，按照尋找字元的起始位置分開文字串，或取代部分文字串等，也多用於處理其他資訊。計數單位如果不是字元而是位元組時，請使用 FINDB 函數。FIND 函數和 FINDB 函數具有相同的功能，但它們的計數單位不同。

📋 **EXAMPLE 1**　尋找商品名稱的全形空格

使用【函數引數】對話盒設定各參數，若直接輸入文字串，通常情況下，文字串會自動加上雙引號。也可以指定空格 ""。如果省略 start_num，則默認其為 1。

C2	: ✕ ✓ ƒx		
	A	B	C
1	水果代號	商品名稱	商品名稱的空白位置
2	AS01	愛文　芒果	
3	AGS2	巨峰 葡萄	
4	BGD1	屏東　蓮霧	
5	SBT5	南投 香蕉	
6			
7			

②在【插入函數】對話盒中選擇 FIND 函數

①按一下要輸入函數的儲存格

↓

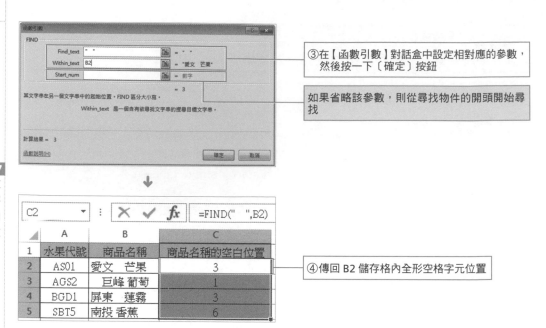

③在【函數引數】對話盒中設定相對應的參數，然後按一下〔確定〕按鈕

如果省略該參數，則從尋找物件的開頭開始尋找

	A	B	C
1	水果代號	商品名稱	商品名稱的空白位置
2	AS01	愛文　芒果	3
3	AGS2	巨峰 葡萄	1
4	BGD1	屏東　蓮霧	3
5	SBT5	南投 香蕉	6

C2　=FIND("　",B2)

④傳回 B2 儲存格內全形空格字元位置

NOTE ● 活用 FIND 函數的全形或半形空格

FIND 函數中的全形空格 "　" 的字元位置，可以分為從開頭到全形空格 "　" 的字串和從最後位置到全形空格 "　" 的字串。半形空格 " " 的操作與此相同。如果要擷取起始位置到指定位置的字串，或擷取從最後位置到指定位置的字串，則請使用 LEFT 函數和 RIGHT 函數。

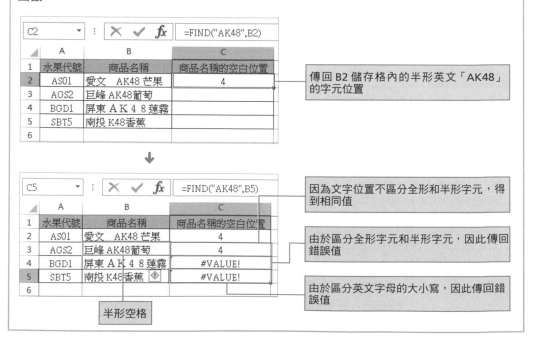

C2　=FIND("AK48",B2)

	A	B	C
1	水果代號	商品名稱	商品名稱的空白位置
2	AS01	愛文　AK48 芒果	4
3	AGS2	巨峰 AK48葡萄	
4	BGD1	屏東 ＡＫ４８ 蓮霧	
5	SBT5	南投 K48香蕉	
6			

傳回 B2 儲存格內的半形英文「AK48」的字元位置

C5　=FIND("AK48",B5)

	A	B	C
1	水果代號	商品名稱	商品名稱的空白位置
2	AS01	愛文　AK48 芒果	4
3	AGS2	巨峰 AK48葡萄	4
4	BGD1	屏東 ＡＫ４８ 蓮霧	#VALUE!
5	SBT5	南投 K48香蕉	#VALUE!
6			

因為文字位置不區分全形和半形字元，得到相同值

由於區分全形字元和半形字元，因此傳回錯誤值

由於區分英文字母的大小寫，因此傳回錯誤值

半形空格

<table>
<tr><td>7-1-4</td><td>**FINDB**
傳回一個字串在另一個字串中基於位元組數的起始位置</td></tr>
</table>

格式 ➡ FINDB(find_text,within_text,start_num)

參數 ➡ find_text

　　尋找的文字或文字所在的儲存格。如果直接輸入要尋找的文字,則需要用雙引號引起來。如果不加雙引號,則會傳回錯誤值「#NAME?」。若 find_text 是空白文字(""),函數會比對搜尋編號為 start_num 或 1 的字元。

　　within_text

　　包含要尋找文字的文字或文字所在的儲存格。如果直接輸入文字,則需要用雙引號引起來。如果不加雙引號,則會傳回錯誤值「#NAME?」。如果 within_text 中沒有 find_text,則函數會傳回錯誤值「#VALUE!」。

　　start_num

　　用數值或數值所在的儲存格設定開始尋找的字元。要尋找文字的起始位置設定為一個位元組數。如果忽略 start_num,則假設其為 1,從尋找物件的起始位置開始尋找。另外,如果 start_num 不大於 0,則函數傳回錯誤值「#VALUE!」。如果 start_num 大於 within_text 的長度,則函數會傳回錯誤值「#VALUE!」。

使用 FINDB 函數可從文字串中尋找特定的文字,並傳回尋找文字在另一個字串中基於位元組數的起始位置。尋找時,區分大小寫、全形和半形字元。尋找的全形字元作為 2 個位元組數,半形字元作為 1 個位元組數。可單獨使用 FINDB 函數,例如,按照尋找位元組的起始位置分開文字串,或取代部分文字串等,也多用於處理其他資訊。

EXAMPLE 1　從水果代碼中求特定文字的字元位置

區分英文的大小寫,正確的設定尋找文字串。如果省略 start_num,則從 within_text 的起始位置開始尋找。

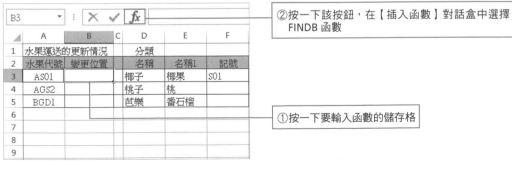

②按一下該按鈕,在【插入函數】對話盒中選擇 FINDB 函數

①按一下要輸入函數的儲存格

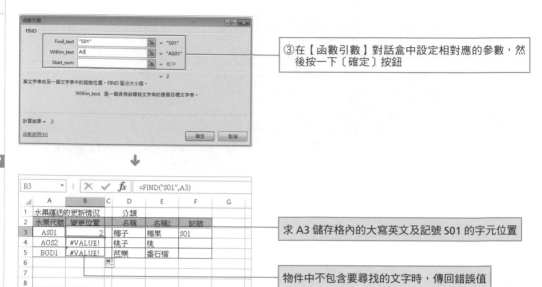

③在【函數引數】對話盒中設定相對應的參數,然後按一下〔確定〕按鈕

求 A3 儲存格內的大寫英文及記號 S01 的字元位置

物件中不包含要尋找的文字時,傳回錯誤值

✌ NOTE ● 將尋找的文字串轉換成其他文字串

用 FINDB 函數求得 S01 字元位置,並將 S01 轉換為其他文字串。以指定的字元位置作為起始位置,將 S01 字元轉換為其他的文字串時,請使用 REPLACEB 函數。當尋找文字串為半形字元時,FINDB 函數將得到和 FIND 函數相同的結果。

😊😊組合技巧 | 避免尋找文字串不存在時的錯誤值「#VALUE!」

FINDB 函數、FIND 函數、SEARCH 函數和 SEARCHB 函數的參數 within_text 中沒有 find_text 時,則函數會傳回錯誤值「#VALUE!」。但如果組合 IF 函數和 ISERROR 函數,則不會傳回錯誤值。ISERROR 函數是檢驗儲存格的值或公式結果是否有錯誤值的函數,如果有錯誤值,則會傳回 TRUE;如果沒有錯誤值,則傳回 FALSE。

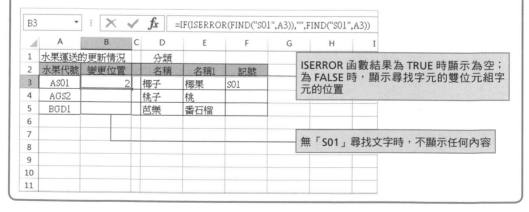

ISERROR 函數結果為 TRUE 時顯示為空;為 FALSE 時,顯示尋找字元的雙位元組字元的位置

無「S01」尋找文字時,不顯示任何內容

7-1-5 SEARCH
傳回一個字元或字串在字串中第一次出現的位置

格式 ➜ SEARCH(find_text,within_text,start_num)

參數 ➜ find_text

要尋找的文字或文字所在的儲存格。如果直接輸入要尋找的文字,則需要用雙引號引起來。如果不加雙引號,則傳回錯誤值「#NAME?」。如果 find_text 是空白文字(""),則 SEARCH 會比對搜尋編號為 start_num 或 1 的字元。可以在 find_text 中使用萬用字元,包括問號(?)和星號(*)。問號可比對任意的單個字元,星號可比對任意一串字元。

within_text

包含要尋找文字的文字或文字所在的儲存格。如果直接輸入文字,則需要用雙引號引起來。如果不加雙引號,則會傳回錯誤值「#NAME?」。如果 within_text 中沒有 find_text,則函數會傳回錯誤值「#VALUE!」。

start_num

用數值或數值所在的儲存格設定開始尋找的字元。要尋找的文字起始位置設定為第一個字元。如果忽略 start_num,則假設其為 1,從尋找物件的起始位置開始尋找。如果 start_num 不大於 0,則函數會傳回錯誤值「#VALUE!」。如果 start_num 大於 within_text 的長度,則函數會傳回錯誤值「#VALUE!」。

使用 SEARCH 函數可從文字串中尋找指定字元,並傳回該字元從 start_num 開始第一次出現的位置。尋找區分文字串的全形和半形字元,但是不區分英文的大小寫。還可以在 find_text 中使用萬用字元進行尋找。尋找結果的字元位置忽略全形或半形字元,顯示為 1 個字元。可單獨使用 SEARCH 函數,例如,按照尋找字元的起始位置分開文字串,或取代部分文字串等。

📖 EXAMPLE 1 尋找文字串(-?? 梨)的字元位置

SEARCH 函數不區分大小寫,但可使用萬用字元進行模糊搜尋。

②按一下該按鈕,在打開的【插入函數】對話盒中選擇 SEARCH 函數

①按一下要輸入函數的儲存格

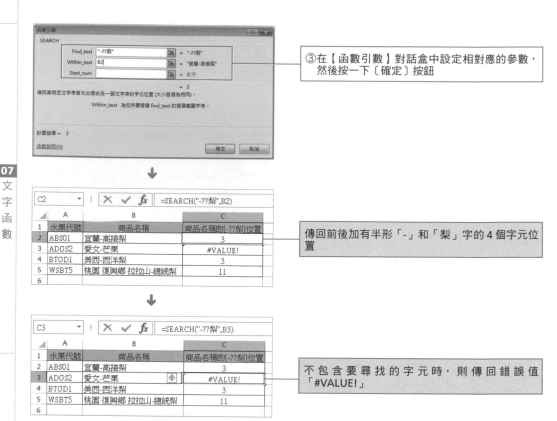

③在【函數引數】對話盒中設定相對應的參數，
然後按一下〔確定〕按鈕

傳回前後加有半形「-」和「梨」字的 4 個字元位
置

↓

不 包 含 要 尋 找 的 字 元 時，則 傳 回 錯 誤 值
「#VALUE!」

✌ NOTE ● **萬用字元中的 * 或 ?**

萬用字元包括可比對任意一串字元的「*」和比對任意單個字元的「?」。如果要尋找真
正的問號或星號，請在該字元前鍵入波浪符號（～）。用 SEARCH 函數求得「-?? 梨」的
字元位置後，能夠將「-?? 梨」轉換為另一個文字串。如果要以指定的字元位置作為起始
位置，將「-?? 梨」轉換為另一個文字串時，請使用 REPLACE 函數。

✌ NOTE ● **使用 FIND 函數進行區分大小寫的尋找**

SEARCH 函數可忽略大小寫字元進行尋找。若要區分大小寫進行尋找，請使用 FIND 函數。
但若要尋找的文字不是英文，則 SEARCH 函數和 FIND 函數將傳回相同的結果。

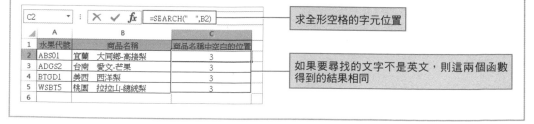

求全形空格的字元位置

如果要尋找的文字不是英文，則這兩個函數
得到的結果相同

7-1-6　SEARCHB

傳回一個字元或字串在字串中基於位元組數的起始位置

格式 ➜ SEARCHB(find_text,within_text,start_num)

參數 ➜ find_text

要尋找的文字或文字所在的儲存格。如果直接輸入要尋找的文字，則需要用雙引號引起來。如果不加雙引號，則傳回錯誤值「#NAME?」。如果 find_text 是空白文字（""），則 SEARCH 會比對搜尋編號為 start_num 或 1 的字元。可以在 find_text 中使用萬用字元，包括問號（?）和星號（*）。問號可比對任意的單個字元，星號可比對任意一串字元。

within_text

包含要尋找文字的文字或文字所在的儲存格。如果直接輸入文字，需用雙引號引起來。如果不加雙引號，則會傳回錯誤值「#NAME?」。如果 within_text 中沒有 find_text，則函數會傳回錯誤值「#VALUE!」。

start_num

用數值或數值所在的儲存格指定開始尋找的字元。要尋找的文字起始位置指定為第一個位元組。如果忽略 start_num，則假設其為 1，從尋找物件的起始位置開始尋找。另外，如果 start_num 不大於 0，則函數會傳回錯誤值「#VALUE!」。如果 start_num 大於 within_text 的長度，則函數會傳回錯誤值「#VALUE!」。

使用 SEARCHB 函數，可從文字串中開始尋找字元，並傳回尋找文字在另一文字串中基於位元組數的起始位置。尋找區分文字串的全形和半形字元，但是不區分英文的大小寫。當尋找文字中有不明確的部分時，還可以使用萬用字元進行尋找。尋找結果的字元位置忽略全形或半形字元，顯示為 1 個字元。可單獨使用 SEARCHB 函數，例如，按照尋找字元的起始位置分開文字串，或取代部分文字串等，也多用於處理其他資訊。

 EXAMPLE 1 用位元組單位求部分不明確字元的位置

SEARCHB 函數不區分大小寫，但可使用萬用字元進行模糊尋找。

B3	: × ✓ fx							
▲	A	B	C	D	E	F	G	H	I
1	水果運送的更新情況			分類			新分類		
2	水果代號	變更位置		記號	名稱		記號	優質度	
3	ADSB1			SB1	梨子		SS1	優質度	
4	AGSG1			SG1	柳橙				
5	BGSD1			SD1	蘋果				
6	H LSF1								
7	MBSN1								
8	ROSPP1								
9									

②按一下該按鈕，在打開的【插入函數】對話盒中選擇 SEARCHB 函數

①按一下要輸入函數的儲存格

↓

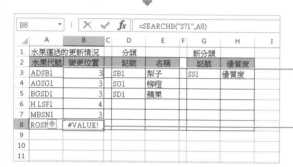

③在【函數引數】對話盒中設定相對應的參
數，然後按一下〔確定〕按鈕

求出前後帶有「S」和「1」的 3 個字元的位
元組位置

由於在 S 和 1 之間有 2 個 P，則變為 4 個位
元組的字元，傳回錯誤值「#VALUE」

▼ 与 SEARCH 函 行比

| | =SEARCHB("SB1",A4) |
	A	B	C	D	E
1					
2		與SEARCH函數的比較			
3	水果代號	SEARCHB函數	SEARCH函數		
4	ADSB1	3	3		
5	ADSb1	3	3		
6					
7					
8					
9					

尋找英文字元 SB1，用位元組單位傳回 SB1
字元的位置

不區分英文的大小寫，用位元組單位傳回
SB1 的位置

👋 NOTE ● **使用 FINDB 函數或 FIND 函數進行區分大小寫的尋找**

尋找文字為半形字元時，SEARCH 函數和 SEARCHB 函數將傳回相同的結果。SEARCHB
函數和 SEARCH 函數可忽略大小寫字元進行尋找。如果要區分大小寫進行尋找，請使用
FINDB 函數或 FIND 函數。

7-1-7 LEFT
從一個字串的第一個字元開始傳回指定個數的字元

格式 ➜ LEFT(text,num_chars)

參數 ➜ text

包含要擷取字元的文字串。如果直接指定文字串,需用雙引號引起來。如果不加雙引號,則會傳回錯誤值「#NAME?」。

num_chars

用大於 0 的數值或數值所在的儲存格指定要擷取的字元數。以 text 的開頭當作第一個字元,並用字元單位設定數值。不同的 num_chars 和對應的函數傳回值情況如下表所示。

num_chars	傳回值
省略	假設為 1,傳回第一個字元
0	傳回空格
大於文字長度	傳回所有文字
負數	傳回錯誤值「#VALUE!」

使用 LEFT 函數可以從一個文字串的第一個字元開始傳回指定個數的字元,它不區分全形和半形字元,句號、逗號和空格當作一個字元。例如,從姓氏的第一個字元開始擷取「名字」,從位址的第一個字元開始擷取「縣市」,都可以使用 LEFT 函數。另外,計數單位如果不是字元而是位元組,則請使用 LEFTB 函數。LEFT 函數和 LEFTB 函數有相同的功能,但它們的計數單位不同。

📖 EXAMPLE 1 從商品名的左邊開始擷取指定個數的字元

文字串的構成和長度沒有關係,從「商品名稱」的起始位置開始擷取 2 個字元。

②按一下該按鈕,在打開的【插入函數】對話盒中選擇 LEFT 函數

①按一下要輸入函數的儲存格

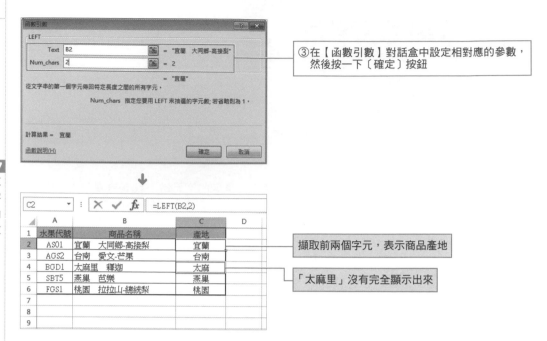

③在【函數引數】對話盒中設定相對應的參數，
然後按一下〔確定〕按鈕

擷取前兩個字元，表示商品產地

「太麻里」沒有完全顯示出來

✌ NOTE ● **不能固定擷取字元數**

例如，EXAMPLE 1中，從排列有序、長度相等的文字串中開始擷取指定字元數的字元時，
使用 LEFT 函數比較簡單。但是，由於不同「商品名稱」字串的長度各不相同，如果固定
擷取的字元數，則不能得到正確的產地。

😊😊 組合技巧 | 擷取不同個數的字元（FIND+LEFT）

擷取長度不同的文字串中的字元數時，可以使用 FIND 函數或 SEARCH 函數，提前指定
LEFT 函數的擷取字元數。由於下例中的字元位置明確，也可求 FIND 函數中的個別字元。
此外，還可以組合使用 LEFT 函數和 FIND 函數求擷取字元數。

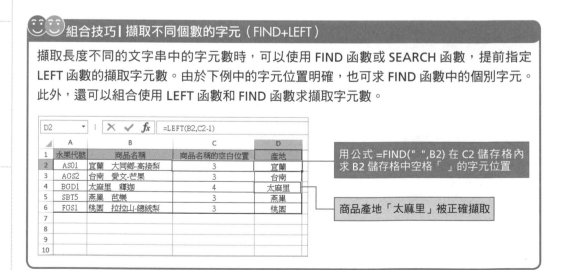

用公式 =FIND(" ",B2) 在 C2 儲存格內
求 B2 儲存格中空格「　」的字元位置

商品產地「太麻里」被正確擷取

7-1-8 LEFTB

從字串的第一個字元開始傳回指定位元組數的字元

格式 → LEFTB(text,num_bytes)

參數 → text

包含要擷取字元的文字串。如果直接指定文字串，需用雙引號引起來。如果不加雙引號，則傳回錯誤值「#NAME?」。

num_bytes

輸入 0 以上的數值，或指定要擷取的位元組數。文字串的開頭也當作一個位元組數，並用位元組單位指定數值，位元組數的傳回值如下表所示。

num_bytes	傳回值
省略	假設為 1，傳回起始字元
0	傳回空格
文字串長度以上的數值	傳回所有文字串
負數	傳回錯誤值「#VALUE!」

使用 LEFTB 函數，可以從一個文字串的第一個字元開始傳回指定個數的位元組數。全形字元為 2 個位元組，半形字元為 1 個位元組，句號、逗號、空格也計算在內。例如，從「商品代碼」的第一個字元開始擷取商品特定的分類，從電話號碼的第一個位元組開始擷取「區域號碼」，都可以使用 LEFTB 函數。

EXAMPLE 1 從商品代號的左邊開始擷取指定位元組數的字元

②按一下〔插入函數〕按鈕，打開【插入函數】對話盒，從中選擇 LEFTB 函數

①按一下要輸入函數的儲存格

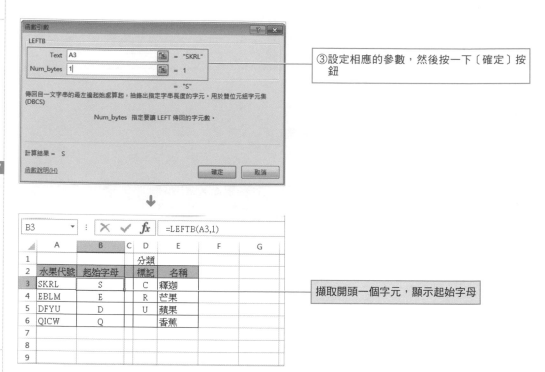

③設定相應的參數，然後按一下〔確定〕按鈕

=LEFTB(A3,1)

擷取開頭一個字元，顯示起始字母

NOTE ● 不能固定擷取字元數

EXAMPLE 1 中的「商品代號」，屬於排列有序、長度相等的文字串，從中擷取指定字元數的字元時，使用 LEFTB 函數比較簡單。如果「商品代號」的字串長度各不相同，則使用該函數時，固定擷取的字元數，可能不能得到正確的字元。

組合技巧│擷取不同個數的字元（LEFTB+FINDB）

擷取不同長度的文字串時，可以組合使用 FINDB 函數或 SEARCHB 函數，提前指定 LEFTB 函數的擷取字元數。由於下面範例中的字元位置明確，可組合使用 LEFTB 函數和 FINDB 函數擷取字元數。

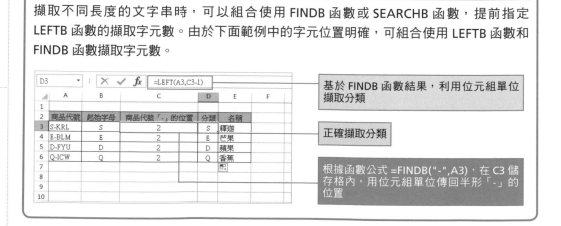

基於 FINDB 函數結果，利用位元組單位擷取分類

正確擷取分類

根據函數公式 =FINDB("-",A3)，在 C3 儲存格內，用位元組單位傳回半形「-」的位置

7-1-9　MID
從字串中指定的位置開始傳回指定長度的字元

格式 ➜ MID(text,start_num,num_chars)

參數 ➜ text

包含要擷取字元的文字串。如果直接指定文字串，需用雙引號引起來。如果不加雙引號，則傳回錯誤值「#NAME?」。

start_num

文字中要擷取的第一個字元的位置。以文字串的開頭作為第一個字元，並用字元單位指定數值。如果 start_num 大於文字長度，則 MID 傳回空白文字（""）。如果 start_num 小於 1，則 MID 傳回錯誤值「#VALUE!」。

num_chars

設定 MID 從文字中傳回字元的個數。數值不分全形和半形字元，全當作一個字元計算。num_chars 的傳回值如下表所示。

num_chars	傳回值
省略	顯示提示資訊「此函數輸入參數不夠」
0	傳回空白文字
大於文字長度	傳回至多直到文字末尾的字元
負數	傳回錯誤值「#VALUE!」

使用 MID 函數，可以從文字串中指定的起始位置起傳回指定長度的字元。不區分全形和半形字元，句號、逗號、空格也當作一個字元。計數單位不是字元而是位元組時，參照 MIDB 函數。MID 函數和 MIDB 函數有相同的功能，但它們的計數單位不同。

EXAMPLE 1 從商品名指定位置起傳回指定長度的字元

②按一下【插入函數】按鈕，打開【插入函數】對話盒，從中選擇 MID 函數

①按一下要輸入函數的儲存格

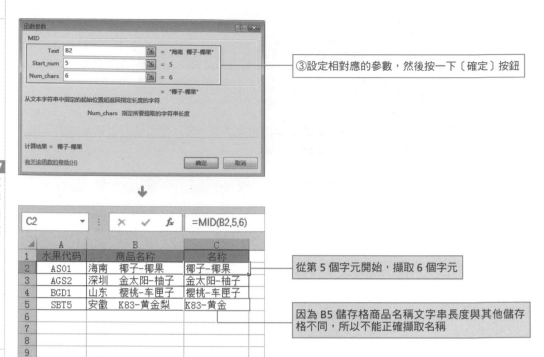

③設定相應的參數，然後按一下〔確定〕按鈕

從第 5 個字元開始，擷取 6 個字元

因為 B5 儲存格商品名稱文字串長度與其他儲存格不同，所以不能正確擷取名稱

NOTE ● **固定傳回的字元數，則無法正確擷取**

如果按照商品的「水果代碼」，MID 函數從指定位置開始擷取排列有序、長度相等的文字串時比較簡單。但是，由於「商品名稱」不同，字串的長度也各不相同，如果固定傳回的字元數，則無法正確擷取。

組合技巧 I 擷取不同字元數的個數（MID+FIND）

從指定位置開始擷取各種不同長度的字串時，使用 FIND 函數和 SEARCH 函數提前指定 MID 函數的傳回字元個數和要擷取的第一個字元的位置。如下面的例子，由於字元位置明確，可以組合使用 MID 函數和 FIND 函數傳回字元。

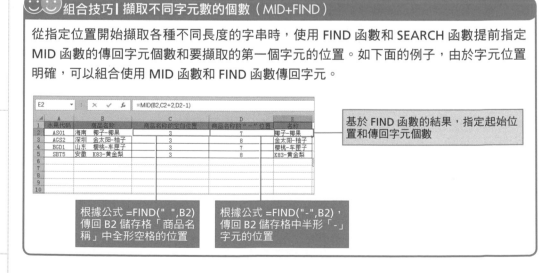

基於 FIND 函數的結果，指定起始位置和傳回字元個數

根據公式 =FIND(" ",B2) 傳回 B2 儲存格「商品名稱」中全形空格的位置

根據公式 =FIND("-",B2)，傳回 B2 儲存格中半形「-」字元的位置

7-1-10 MIDB
從字串中指定的位置開始傳回指定位元組數的字元

格式 → MIDB(text,start_num,num_bytes)

參數 → text

包含要擷取字元的文字串。如果直接指定文字串,需用雙引號引起來。如果不加雙引號,則傳回錯誤值「#NAME?」。

start_num

文字中要擷取的第一個字元的位置。以文字串的開頭作為第一個位元組,並用位元組單位指定數值。如果 start_num 大於文字的位元組數,則 MIDB 傳回空白文字。如果 start_num 小於 1,則 MIDB 傳回錯誤值「#VALUE!」。

num_bytes

設定 MIDB 從文字中傳回字元的個數。全形字元作為 2 個位元組計算,半形字元作為一個位元組計算。num_bytes 的傳回值如下表所示。

num_bytes	傳回值
省略	顯示提示資訊「此函數輸入參數不夠」
0	傳回空白文字
大於文字長度	傳回至多直到文字末尾的字元
負數	傳回錯誤值「#VALUE!」

使用 MIDB 函數,可從文字串中指定的起始位置起傳回指定長度的字元數。全形字元是 2 個位元組數,半形字元是 1 個位元組數,句號、逗號、空格也要計算在內。例如,使用 MIDB 函數,從「商品代號」中擷取特定的「分類」,從電話號碼中擷取區域號碼。

📖 EXAMPLE 1 從商品代號的指定位置中傳回指定字元

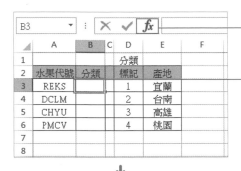

②按一下【插入函數】按鈕,打開【插入函數】對話盒,從中選擇 MIDB 函數

①按一下要輸入函數的儲存格

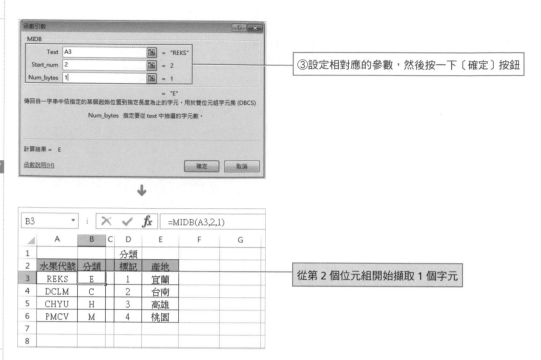

③設定相對應的參數,然後按一下〔確定〕按鈕

從第 2 個位元組開始擷取 1 個字元

NOTE ● **從指定位置擷取相等位元組數的字元比較簡便**

使用 MIDB 函數,按照商品的「商品代號」,從指定的位置擷取排列有序、長度相等的字串比較簡便。

組合技巧∣擷取不同長度的字串(MIDB+SEARCHB+FINDB)

從指定位置開始擷取各種不同長度的文字串時,可以組合使用 FINDB 函數和 SEARCHB 函數。如下面的例子,由於字元位置明確,可單獨使用 SEARCHB 函數和 FINDB 函數。再利用 MIDB 函數與 FINDB 函數或 SEARCHB 函數組合,傳回字元。

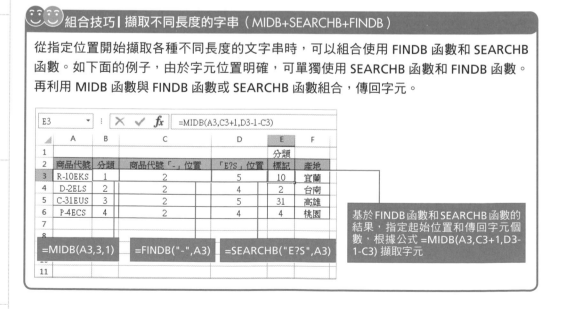

基於FINDB函數和SEARCHB 函數的結果,指定起始位置和傳回字元個數,根據公式 =MIDB(A3,C3+1,D3-1-C3) 擷取字元

7-1-11　RIGHT
從字串的最後一個字元開始傳回指定字元數的字元

格式 ➜ RIGHT(text,num_chars)

參數 ➜ text

包含要擷取字元的文字串。如果直接指定文字串，需用雙引號引起來。如果不加雙引號，則傳回錯誤值「#NAME?」。

num_chars

設定 RIGHT 擷取的字元數。把文字串的結尾作為一個字元，並用字元單位設定數值。num_chars 的傳回值如下表所示。

num_chars	傳回值
省略	假設為 1，或傳回結尾字元
0	傳回空白文字
大於文字長度	傳回所有文字串
負數	傳回錯誤值「#VALUE!」

使用 RIGHT 函數，可以從一個文字串的最後一個字元開始傳回指定個數的字元。不分全形和半形字元，句號、逗號、空格作為一個字元計算。例如，從姓名的最後一個字元開始擷取「名字」，從地址的最後字元開始擷取「地址號碼」，都可以使用 RIGHT 函數。如果計數單位不是字元而是位元組時，請參照 RIGHTB 函數。RIGHT 函數和 RIGHTB 函數具有相同的功能，但它們的計數單位不同。函數 RIGHT 面向使用單一位元組字元集（SBCS）的語言，而函數 RIGHTB 面向使用雙位元組字元集（DBCS）的語言。使用者電腦上的預設語言設定對傳回值的影響方式如下。

（1）無論預設語言設定如何，函數 RIGHT 始終將每個字元按 1 計數。

（2）當啟用支援 DBCS 的語言的編輯並將其設定為預設語言時，函數 RIGHTB 會將每個雙位元組字元按 2 計數，否則會將每個字元按 1 計數。

📋 **EXAMPLE 1** 從商品名稱的最後字元開始擷取指定個數的字元

在如下資料表中，從「商品名稱」的最後一個字元開始擷取 2 個字元。需要說明的是，文字串的構成與長度沒有關係。

②按一下【插入函數】按鈕，在打開的對話盒中選擇 RIGHT 函數

①按一下要輸入函數的儲存格

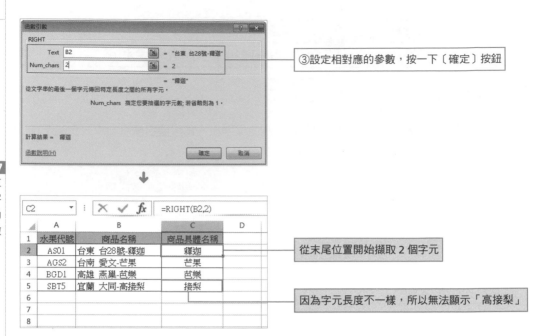

③設定相對應的參數，按一下〔確定〕按鈕

從末尾位置開始擷取 2 個字元

因為字元長度不一樣，所以無法顯示「高接梨」

✌ NOTE ● **若固定字串長度，則有可能擷取錯誤**

使用 RIGHT 函數按照商品中的「水果代號」，從指定位置開始擷取排列有序、長度相等的字串方法簡便。但是，由於「商品名稱」不同，字串的長度也各不相同，如果固定字元數，則有可能出現不能正確擷取的情況。

😊😊 **組合技巧｜擷取不同字元數的字元（RIGHT+LEN+FIND）**

從最後一個字元開始擷取不同長度的字串，可以先使用 LEN 函數傳回整個字串的字元個數，再使用 FIND 函數或 SEARCH 函數擷取字元數。如下面的例子，由於字元位置明確，可單獨使用 LEN 函數和 FIND 函數，然後在 RIGHT 函數中直接設定 FIND 函數，來作為 RIGHT 函數擷取字元的個數。

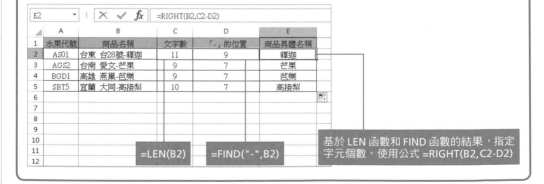

基於 LEN 函數和 FIND 函數的結果，指定字元個數，使用公式 =RIGHT(B2,C2-D2)

7-1-12　RIGHTB
從字串的最後一個字元開始傳回指定位元組數的字元

格式 → RIGHTB(text,num_bytes)

參數 → text

包含要擷取字元的文字串。如果直接指定文字串,需用雙引號引起來。如果不加雙引號,則傳回錯誤值「#NAME?」。

num_chars

設定 RIGHTB 根據位元組所擷取的字元數。把文字串的結尾作為一個字元,並用位元組單位設定數值。num_ bytes 的傳回值如下表所示。

num_bytes	傳回值
省略	假設為 1,或傳回結尾字元
0	傳回空白文字
文字長度以上的數值	傳回所有文字串
負數	傳回錯誤值「#VALUE!」

使用 RIGHTB 函數,能從文字串的最後一個字元開始傳回指定位元組數的字元。全形字元是 2 個位元組,半形字元是 1 個位元組,句號、逗號、空格也要計算在內。例如從「商品代號」的最後字元開始擷取特定商品的「分類」,從電話號碼的最後字元開始擷取「市內電話號碼」,都需使用 RIGHTB 函數。

📖 **EXAMPLE 1** 從商品名稱的最後一個字元開始擷取指定個數的字元

打開【插入函數】對話盒,在其中選擇 RIGHTB 函數後設定相應的參數

得到從末尾位置處擷取的 3 個字元

7-1-13 CONCATENATE
將多個文字串合併成一個文字串

格式 → CONCATENATE(text1,text2,…)

參數 → text1,text2,...

需要合併的文字或文字所在的儲存格。如果直接輸入文字,則需要用雙引號引起來。如果不加雙引號,則會傳回錯誤值「#NAME?」。如果設定超過 30 個參數,則會出現「此函數輸入參數過多」的提示資訊。

使用 CONCATENATE 函數,可將多個文字串合併成一個。例如,把姓和名分開輸入的姓名合併成一個,或將分開輸入的位址合併成一個。因為參數的文字串最多可以設定至 30 個,所以用 CONCATENATE 函數合併多個文字串比較方便。

EXAMPLE 1 合併商品的產地、名稱和學名

從文字串 1 開始,在按順序指定的文字中設定參數。

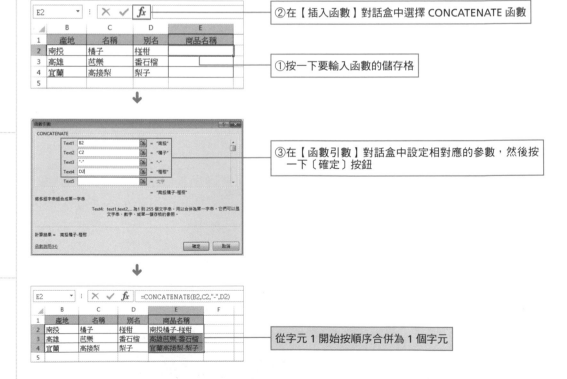

②在【插入函數】對話盒中選擇 CONCATENATE 函數

①按一下要輸入函數的儲存格

③在【函數引數】對話盒中設定相對應的參數,然後按一下〔確定〕按鈕

從字元 1 開始按順序合併為 1 個字元

另外,也可使用文字運運算元 & 合併文字串。但由於 & 不是函數,所以需要在儲存格或編輯欄中直接輸入。合併多個文字串時,使用 CONCATENATE 函數比較簡單。

7-1-14　REPLACE
將一個字串中的部分字元用另一個字串取代

格式 ➡ REPLACE(old_text,start_num,num_chars,new_text)

參數 ➡ old_text

　　指定成為取代物件的文字或文字所在的儲存格。如果直接指定文字串，需用雙引號引起來。如果不加雙引號，則傳回錯誤值「#NAME?」。

　　start_num

　　用數值或數值所在的儲存格設定開始取代的字元位置。字串開頭為第一個字元，並用字元單位設定數值。如果設定數值超過文字串的字元數，則在字串的結尾追加取代字串。如果 start_num<0，則傳回錯誤值「#VALUE!」。

　　num_chars

　　希望 REPLACE 函數使用 new_text 取代 old_text 中字元的個數。

　　new_text

　　指定取代舊字串的文字，或新的文字串所在的儲存格。如果直接指定文字串，需用雙引號引起來。如果不加雙引號，則傳回錯誤值「#NAME?」。

使用 REPLACE 函數，可按照設定的字元位置和位元組數，將指定的字串取代為另一個文字串。start_num 不區分全形和半形字元，開頭作為第一個字元，並用字元單位計算。REPLACE 函數與字串的構成無關，把開始取代字元的位置和字元數作為條件來取代文字串，取代前的文字串並不指定。如果要指定取代前的字串，請參照 SUBSTITUTE 函數。當計數單位不是字元而是位元組時，請參照 REPLACEB 函數。REPLACE 函數和 REPLACEB 函數具有相同的功能，但它們的計數單位不同。

EXAMPLE 1　在指定的字元位置處插入文字串「-」

在指定的字元位置插入字串時，將參數 num_chars 設定為 0。

	B3		fx	=REPLACE(A3,3,0,"-")	
	A	B	C	D
1		水果代號的變更		
2	水果代號	新水果代號	商品名稱	
3	AS01	AS-01	台東 台28號-釋迦	
4	AGS2	AG-S2	台南 愛文-芒果	
5	BGD1	BG-D1	高雄 燕巢-芭樂	
6	SBT5	SB-T5	宜蘭 大同-高接梨	
7				
8				
9				
10				

根據公式 =REPLACE(A3,3,0,"-")，在第 3 個字元位置插入字串「-」

<table>
<tr><td>7-1-15</td><td>**REPLACEB**</td></tr>
<tr><td></td><td>將部分字元根據所指定的位元組數用另一個字串取代</td></tr>
</table>

格式 ➡ REPLACEB(old_text,start_num,num_bytes,new_text)

參數 ➡ old_text

指定成為取代物件的文字或文字所在的儲存格。如果直接指定文字串,需用雙引號引起來。如果不加雙引號,則傳回錯誤值「#NAME?」。

start_num

用數值或數值所在的儲存格指定開始取代的字元位置。字串開頭為第一個位元組,並用位元組單位設定數值。如果設定數值超過文字串的位元組數,則在字串的結尾追加取代字串。如果 start_num<0,則傳回錯誤值「#VALUE!」。

num_bytes

希望 REPLACEB 函數使用 new_text 取代 old_text 中位元組的個數。

new_text

指定取代舊字串的文字,或文字串所在的儲存格。如果直接指定文字串,需用雙引號引起來。如果不加雙引號,則傳回錯誤值「#NAME?」。

使用 REPLACEB 函數,可按照設定的字元位置和位元組數,從指定的字元位置開始將指定位元組數的字元取代為另一個文字串。全形字元為 2 個位元組,半形字元為 1 個位元組,字串的開頭作為第一個位元組,並用位元組單位元數目。REPLACEB 函數與字串的構成無關,把取代的字元位置和取代的位元組個數作為條件來取代文字串。

📖 EXAMPLE 1 從指定的字元位置開始取代文字串

②按一下【插入函數】按鈕,在打開的【插入函數】對話盒中選擇 REPLACEB 函數

	A	B	C	D	E	F	G	H
1	水果運送的更新情況				分類		新分類	
2	水果代號	新水果代號		記號	商品名稱		記號	優質度
3	ADSB1			SB1	香蕉		DD1	優質
4	AGSG1			SG1	芒果			
5	BGSD1			SD1	芭樂			
6	HLSF1							
7	MBSN1							
8	ROSP1							
9								
10								
11								
12								
13								

①按一下選取準備輸入函數的儲存格

↓

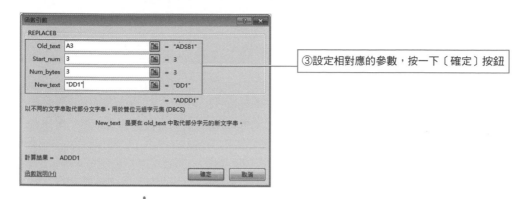

③設定相對應的參數，按一下〔確定〕按鈕

↓

B3		:	×	✓	fx	=REPLACEB(A3,3,3,"DD1")	
▲	A	B	C	D	E	F	G	H
1	水果運送的更新情況			分類		新分類		
2	水果代號	新水果代號		記號	商品名稱		記號	優質度
3	ADSB1	ADDD1		SB1	香蕉		DD1	優質
4	AGSG1	AGDD1		SG1	芒果			
5	BGSD1	BGDD1		SD1	芭樂			
6	HLSF1	HLDD1						
7	MBSN1	MBDD1						
8	ROSP1	RODD1						
9								
10								

從 A3 儲存格內第 3 個位元組開始，將其後的 3 個字元變為 DD1

✍ NOTE ● **在與內容無關的位置處取代比較簡便**

在與字串內容無關的位置處，使用 REPLACEB 函數來取代字串比較簡便。

😊😊 **組合技巧❙ 指定取代字元位置後再取代（REPLACEB+FINDB）**

當字串的長度不同，取代位置也各不相同時，可以先使用 FINDB 函數或 SEARCHB 函數，尋找特定取代物件的字元位置，然後再指定 REPLACEB 函數的起始位置。如下例，由於「S」字元位置明確，可單獨使用 FINDB 函數，然後在 REPLACEB 函數參數中組合 FINDB 函數來指定開始取代字元的位置。

C3		:	×	✓	fx	=REPLACEB(A3,B3,3,"DD1")	
▲	A	B	C	D	E	F	G	H
1	水果運送的更新情況			分類		新分類		
2	水果代號	變更位置	新水果代號	記號	商品名稱		記號	優質度
3	ADSB1	3	ADDD1	SB1	香蕉		DD1	優質
4	AGSG1	3	AGDD1	SG1	芒果			
5	BGSD1	3	BGDD1	SD1	芭樂			
6	HLSF1	3	HLDD1					
7	MBSN1	3	MBDD1					
8	ROSP1	3	RODD1					
9								

在公式 =REPLACEB(A3,B3,3,"DD1") 中，用 FINDB 函數的結果指定開始取代字元的位置

根據公式 =FINDB("S",A3)，用位元組單位尋找英文大寫字元 S 的位置

7-1-16 SUBSTITUTE
用新字元取代字串中的部分字元

格式 → SUBSTITUTE(text,old_text,new_text,instance_num)

參數 → text

為需要取代其中字元的文字,或含有文字的儲存格。若直接指定文字串,需用雙引號引起來。若不加雙引號,則傳回錯誤值「#NAME?」。

old_text

為需要取代的舊文字或文字所在的儲存格。若直接指定尋找文字串,需用雙引號引起來。若不加雙引號,則傳回錯誤值「#NAME?」。

new_text

用於取代 old_text 的文字或文字所在的儲存格。若直接指定尋找文字串,需用雙引號引起來。若不加雙引號,則傳回錯誤值「#NAME?」。省略取代文字串時,則刪除尋找字串。但省略時要在尋找字串後加逗號。如果不加逗號,則出現提示資訊「此函數輸入參數不夠」。

instance_num

用數值或數值所在的儲存格指定以 new_text 取代第一次出現的 old_text。如果省略,則用 new_text 取代字串中出現的所有 old_text。如果 instance_num<0,則傳回錯誤值「#VALUE!」。

使用 SUBSTITUTE 函數尋找字串,可將尋找到的字串取代為另一個字串。如果有多個尋找字串,則設定取代第幾次出現的字串。SUBSTITUTE 函數用於在某一文字串中取代指定的文字。如果需要在某一個文字串中取代指定位置處的任意文字,請參照 REPLACE 函數或 REPLACEB 函數。

📋 EXAMPLE 1 變更部分商品名稱

②按一下【插入函數】按鈕,在打開的對話盒中選擇 SUBSTITUTE 函數

①按一下要輸入函數的儲存格

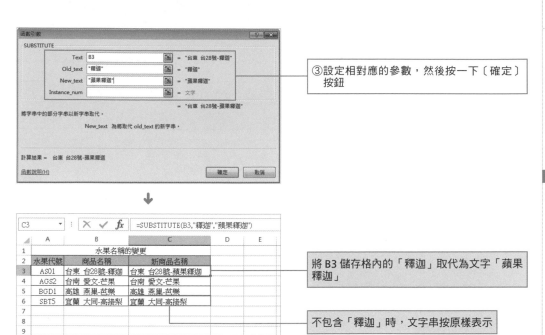

③設定相對應的參數，然後按一下〔確定〕按鈕

將 B3 儲存格內的「釋迦」取代為文字「蘋果釋迦」

不包含「釋迦」時，文字串按原樣表示

👆 NOTE ● **設定參數 instance_num**

字串中沒有重複的 old_text 時，可省略參數 instance_num，但若發現多個 old_text 時，則需正確設定參數 instance_num。

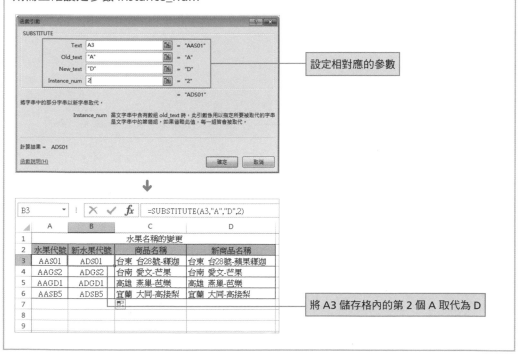

設定相對應的參數

將 A3 儲存格內的第 2 個 A 取代為 D

文字的轉換

7-2-1	**UPPER** 將文字轉換成大寫形式

格式 ➜ UPPER(text)

參數 ➜ text

為需要轉換成大寫形式的文字。如果直接指定文字串，需用雙引號引起來。如果不加雙引號，則傳回錯誤值「#NAME?」。設定的文字儲存格只有一個，而且不能指定儲存格區域。如果指定儲存格區域，則傳回錯誤值「#VALUE!」。

UPPER 函數是和 LOWER 函數功能相反的函數，它可將指定的文字串轉換成大寫形式。如果參數為中文、數值等英文以外的文字串時，按原樣傳回。需將大寫英文轉換為小寫英文時，請參照 LOWER 函數；如果要將英文首字母變為大寫，請參照 PROPER 函數。

EXAMPLE 1 將小寫的英文字母轉換為大寫字母

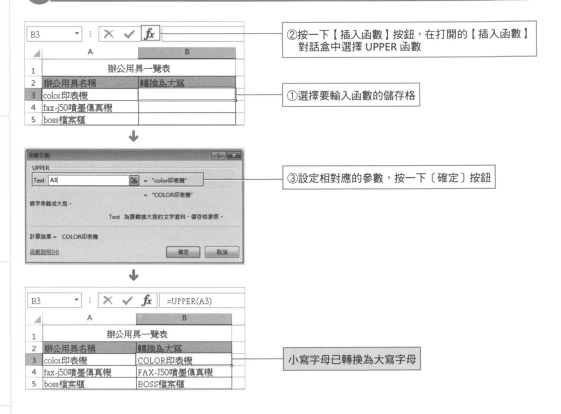

②按一下【插入函數】按鈕，在打開的【插入函數】對話盒中選擇 UPPER 函數

①選擇要輸入函數的儲存格

③設定相對應的參數，按一下〔確定〕按鈕

小寫字母已轉換為大寫字母

7-2-2　LOWER
將文字中的大寫字母轉換成小寫字母

格式 ➜ LOWER(text)
參數 ➜ text
　　　 為需要轉換成小寫形式的文字。如果直接指定文字串,需用雙引號引起來。如果
　　　 不加雙引號,則傳回錯誤值「#NAME?」。指定的文字儲存格只有一個,而且不
　　　 能指定儲存格區域。如果指定儲存格區域,則傳回錯誤值「#VALUE!」。

LOWER 函數是和 UPPER 函數功能相反的函數,它可將指定的文字串轉換成小寫形式。參數
中的英文字母不區分全形和半形,當參數為中文、數值等英文以外的文字串時,函數按原樣
傳回。如果需請將小寫英文字母轉換為大寫英文字母,請參照 UPPER 函數;如果要將英文
第一個字母大寫時,請參照 PROPER 函數。

📖 EXAMPLE 1　將文字中的大寫字母轉換成小寫字母

②按一下【插入函數】按鈕,在打開的【插入函數】對話盒中選擇 LOWER 函數

①選擇要輸入函數的儲存格

③設定相對應的參數,按一下〔確定〕按鈕

查看轉換結果

7-2-3　PROPER
將文字串的首字母轉換成大寫

格式 ➜ PROPER(text)

參數 ➜ text

可以是一組雙引號中的文字串，或傳回文字值的公式或是對包含文字的儲存格的引用。若直接指定文字串，需用雙引號引起來。若不加雙引號，則傳回錯誤值「#NAME?」。指定的文字儲存格只有一個，且不能指定儲存格區域。若指定儲存格區域，則傳回錯誤值「#VALUE!」。

EXAMPLE 1　將文字串的首字母轉換成大寫

②按一下【插入函數】按鈕，打開的【插入函數】對話盒，從中選擇 PROPER 函數

①選擇要輸入函數的儲存格

③設定相對應的參數，按一下〔確定〕按鈕

將首字母轉換成大寫字母

7-2-4　ASC
將全形（雙位元組）字元更改為半形（單位元）字元

格式 → ASC(text)

參數 → text
為文字或對包含文字的儲存格的引用。如果直接指定文字串，需用雙引號引起來。如果不加雙引號，則傳回錯誤值「#NAME?」。參數只能設定為一個儲存格，不能設定儲存格區域。如果設定儲存格區域，則傳回錯誤值「#VALUE!」。

ASC 函數能將指定文字串的全形英文字元轉換成半形字元。如果文字中不包含任何全形字母，則按原樣傳回。因此，英文的全形字元和半形字元不能混合在一起表示。

📖 EXAMPLE 1　將全形字元轉換為半形字元

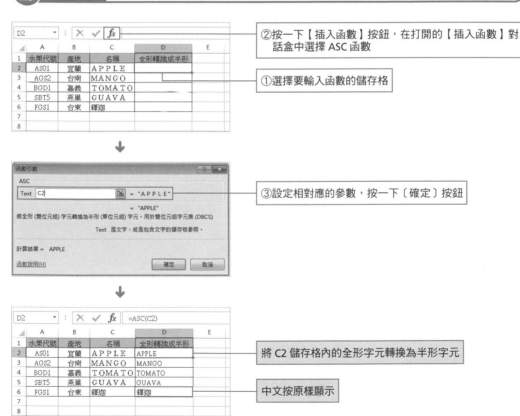

②按一下【插入函數】按鈕，在打開的【插入函數】對話盒中選擇 ASC 函數

①選擇要輸入函數的儲存格

③設定相對應的參數，按一下〔確定〕按鈕

將 C2 儲存格內的全形字元轉換為半形字元

中文按原樣顯示

7-2-5

TEXT
將數值轉換為按指定數值格式表示的文字

格式 ➔ TEXT(value,format_text)

參數 ➔ value

為數值、計算結果為數字值的公式，或對包含數字值的儲存格的引用。

format_text

設定文字形式的數值格式。在 TEXT 函數中指定 format_text 的方法是，按一下滑鼠右鍵，選擇【儲存格格式】，在跳出的【儲存格格式】對話盒中選擇〔數值〕選項卡下的「類別」清單方塊中指定。但 format_text 中不能包含 * 號，否則會傳回錯誤值「#VALUE!」。設定的格式符號如下表所示。

▼ 數值

格式符號	格式符號的含義
#	表示數字。如果沒有達到用 # 設定數值的位數，則不能補 0（例如：將 12.3 設定為 ##.##，則顯示為 12.3）
0	表示數字。沒有達到用 0 設定數值的位數時，則補 0（例如：將 12.3 設定為 ##.#0，則顯示為 12.30）
?	表示數字
.	表示小數點（例如：將 123 設定為 ###.0，則顯示為 123.0）
,	表示千分位。但在數值的末尾帶有逗號時，則在百位進行四捨五入，並用千位表示（例如：將 1234567 設定為 #,###，則顯示為 1,235）
%	表示百分比。數值表示百分比時，用 % 表示（例如：將 0.123 設定為 ##.#%，則顯示為 12.3%）
/	表示分數（例如：將 1.23 設定為 #??/???，則顯示為 123/100）
$	用帶有貨幣符號 $ 表示的數值（例如：將 1234 設定為 $#,##0，則表示為 $1,234）
+ - = > < & ( )	符號或運算子，括弧的表示（例如：將 1234 設定為 (#,##0)，則顯示 (1,234)）

▼ 日期和時間

格式符號	格式符號的含義
yyyy	用 4 位數表示年份（例如：將 2004/1/1 設定為 yyyy，則表示為 2004）
yy	用 2 位數表示年份（例如：將 2004/1/1 設定為 yy，則表示為 04）
m	用 1 ～ 12 的數字表示日期的月份（例如：將 2004/1/1 設定為 m，則顯示 1）
mm	用 01 ～ 12 兩位數表示日期的月份（例如：將 2004/1/1 設定為 mm，則顯示 01）
mmm	用英文（Jan ～ Dec）表示日期的月份（例如：將 2004/1/1 設定為 mmm，則顯示為 Jan）
mmmm	用英文（January ～ December）表示日期的月份（例如：將 2004/1/1 設定為 mmmm，則顯示為 January）
d	用數字（1 ～月底）表示日期中的日（例如：將 2004/1/1 設定為 d，則顯示為 1）

dd	用兩位數字（01～月底）表示日期中的日（例如：將 2004/1/1 設定為 dd，則顯示為 01）
ddd	用英文（Sun～Sat）表示日期的星期（例如：將 2004/1/1 設定為 ddd，則顯示為 Thu）
dddd	用英文（Sunday～Saturday）表示日期的星期（例如：將 2004/1/1 設定為 dddd，則顯示為 Thursday）
aaa	用中文（日～六）表示日期的星期（例如：將 2004/1/1 設定為 aaa，則顯示為四）
aaaa	用中文（星期日～星期六）表示日期的星期（例如：將 2004/1/1 設定為 aaaa，則顯示為星期四）
h	用 0～23 的數字表示時間的小時（例如：將 9:09:05 設定為 h，則顯示為 9）
hh	用 00～23 的數字表示時間的小時數（例如：將 9:09:05 設定為 hh，則顯示為 09）
m	用 0～59 的數字表示時間的分鐘（例如：將 9:09:05 設定為 h:m，則顯示為 9:9）。如果單獨指定 m，則是指定日期的月份，所以它必須和表示時間中的「小時」的 h 或 hh，或「秒」的 s 或 ss 一起設定
mm	用 00～59 的數字表示兩位數時間的分鐘（例如：將 9:09:05 設定為 hh:mm，則顯示為 09:09）。它和 m 相同，單獨指定時，必須和表示時間中的「小時」的 h 或 hh，或「秒」的 s 或 ss 一起設定
s	用 0～59 的數字表示時間的秒數（例如：將 9:09:05 設定為 s，則顯示為 5）
ss	用 00～59 的數字表示時間的秒數（例如：將 9:09:05 設定為 ss，則顯示為 05）
AM/PM	用上午、下午的 12 點表示時間的秒數（例如：將 9:09:05 設定為 h:m 和 AM/PM，則顯示為 9:9 AM）
[]	表是經過的時間〔例如：將 9:09:05 設定為 [mm]，則顯示為 549（9 個小時又 9 分 =549 分）〕

▼ 特殊 / 自訂

格式符號	格式符號的含義
G/ 通用格式	標準格式顯示（例如：將 1,234 設定為 G/ 通用格式，則顯示為 1234）
[DBNum1]	顯示中文。用十、百、千、萬……顯示，如將 1234 設定為 [DBNum1]，則顯示為一千二百三十四
[DBNum1]###0	用數字表示數值（例如：將 1234 設定為 [DBNum1]###0，則顯示為一二三四）
[DBNum2]	表示大寫的數字（例如：將 1234 設定為 [DBNum2]，則顯示為壹仟貳百參拾肆）
[DBNum2]###0	表示大寫的數字（例如：將 1234 設定為 [DBNum2]###0，則顯示為壹貳參肆）
[DBNum3]	顯示數位和中文（例如：將 1234 設定為 [DBNum3]，則顯示為 1 千 2 百 3+4
[DBNum3]###0	顯示全形數位（例如：將 1234 設定為 [DBNum3]###0，則顯示為 1 2 3 4）
;	用於不同情況下，例如，冒號左邊表示正數格式，右邊表示負數格式。如將 -1234 設定為 #,##0;(#,##0)，則顯示為 (1,234)
_	用於字元中有間隔的情況下。_ 的後面顯示指定的字元有相同間隔（例：將 1234 設定為 $_-#,##0，則顯示為 $1,234）

使用 TEXT 函數，可將數值轉換為和儲存格格式相同的文字格式。對於輸入數值的儲存格也能設定格式，但格式的設定只能改變儲存格格式，而不會影響其中的數值。

📖 **EXAMPLE 1** 將數值轉換為已設定好格式的文字

由於 TEXT 函數是將數值轉換為文字，所以儲存格內容顯示在左邊。即使轉換為文字串，傳回值為數位時，在公式中也能作為數值計算使用，但是不能作為函數參數使用。

②按一下【插入函數】按鈕，在打開的【插入函數】對話盒中選擇 TEXT 函數

①選擇要輸入函數的儲存格

③設定相對應的參數，按一下〔確定〕按鈕

對折扣率進行絕對引用

在儲存格中靠左邊顯示

根據公式 =D3-E3，求標準價格與特別價格的差額

使用公式 =AVERAGE(E3,E6) 後，傳回錯誤值，原因是 TEXT 函數的傳回值不能作為函數的參數使用

7-2-6　FIXED
將數字四捨五入到指定的小數位數，並以文字形式傳回

格式 → FIXED(number,decimals,no_commas)

參數 → number

要進行四捨五入並轉換成文字串的數位。

decimals

設定小數點右邊的小數位數。例如，設定位數為 2 時，四捨五入到小數點後第 3 位的數值。如果省略 decimals 參數，則假設其值為 2。位數和四捨五入的位置的關係如下表所示。

位數	四捨五入的位置
正數	四捨五入到小數點後 n+1 位的數值
0	四捨五入到小數點後第 1 位的數值
負數	四捨五入到整數的第 n 位元
省略	假設其值為 2，四捨五入到小數點後第 3 位的數值

no_commas

為一邏輯值。

使用 FIXED 函數，可以將數位按設定的小數位數四捨五入，利用句號和逗號，以小數格式對該數進行格式設定，並以文字形式傳回。用位數設定四捨五入的位置。它和在輸入數值的儲存格中設定「數值」的格式相同，但格式的設定只能改變工作表中儲存格的格式，而不能將其結果轉換為文字。

EXAMPLE 1　將數字以文字形式傳回

FIXED 函數是將數值轉換為文字，所以儲存格內容顯示在左邊。即使轉換為文字串後的傳回值為數字時，在公式中也能作為數值計算使用，但不能作為函數參數使用。

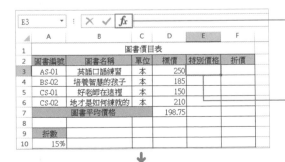

②按一下【插入函數】按鈕，打開的【插入函數】對話盒，從中選擇 FIXED 函數

①選擇要輸入函數的儲存格

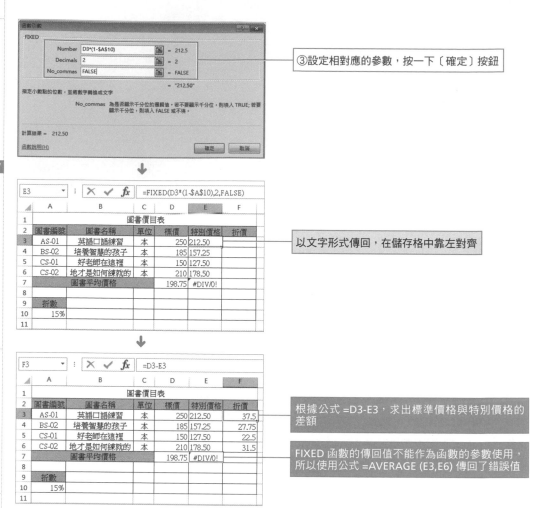

③設定相對應的參數,按一下〔確定〕按鈕

以文字形式傳回,在儲存格中靠左對齊

根據公式 =D3-E3,求出標準價格與特別價格的差額

FIXED 函數的傳回值不能作為函數的參數使用,所以使用公式 =AVERAGE (E3,E6) 傳回了錯誤值

✌ NOTE ● **即使改變格式,儲存格內容仍表示數值**

在【儲存格格式】對話盒中,即使把儲存格設定為「數值」格式,也只改變了工作表的格式,其中的數值不發生改變,也不會轉換成文字。因此,這時儲存格中的數值為靠右對齊。

設定為「數值」格式

在儲存格中靠右對齊

7-2-7	**DOLLAR**
	四捨五入數值,並轉換為套用貨幣符號的文字

格式 → DOLLAR(number,decimals)

參數 → number

數字或對包含數字的儲存格引用,或是計算結果為數字的公式。如果設定的數值中含有文字,則傳回錯誤值「#VALUE!」。

decimals

設定小數點後的位數。例如,表示到小數點後第三位的數值時,位數設定為 2。此時,四捨五入小數點後第三位元的數字。如果省略位數,則假設其值為 2。位數和四捨五入的位置的關係如下表所示。

位數	四捨五入的位置
正數	四捨五入到小數點後 n+1 位的數值
0	四捨五入到小數點後第 1 位的數值
負數	四捨五入到整數的第 n 位元
省略	假設其值為 2,四捨五入到小數點後第 3 位的數值

DOLLAR 函數的功能為四捨五入數值,並轉換為套用「$」符號的文字。用 decimals 參數設定四捨五入的位置。它和把儲存格設定為「貨幣」格式相同,但格式的設定只改變工作表的格式,不會將數值轉換為文字。

EXAMPLE 1　轉換為套用 $ 符號的文字

根據公式 =DOLLAR(D3*(1-$A$10)),轉換為套用 $ 符號的文字

省略 decimals 參數,表示設定小數點後兩位數字

✌ NOTE ● **DOLLAR 函數結果不能作為函數參數**

由於 DOLLAR 函數的結果是轉換後的文字,因此儲存格內容顯示為靠左對齊。此時的函數結果可以作為公式中的數值計算使用,但不能作為函數參數。

7-2-8 BAHTTEXT
將數值轉換為泰銖

格式 → **BAHTTEXT(number)**
參數 → number
　　　為要轉換成文字的數字,或對包含數字的儲存格的引用或結果為數字的公式。如果參數指定為文字,則傳回錯誤值「#VALUE!」。

使用 BAHTTEXT 函數,可以將數字轉換為泰文並添加首碼「泰銖」。

📖 **EXAMPLE 1** 將數字轉換為泰文

②按一下【插入函數】按鈕,在打開的對話盒中選擇 BAHTTEXT 函數

①按一下要輸入函數的儲存格

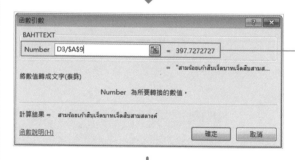

③設定相對應的參數,然後按一下〔確定〕按鈕

利用公式 =BAHTTEXT(D3/$A$9),用泰文表示內容

7-2-9 VALUE
將文字轉換為數字

格式 ➜ VALUE(text)

參數 ➜ text

　　指定能轉換為數值並加雙引號的文字，或文字所在的儲存格。如果文字不加雙引號，則傳回錯誤值「#NAME?」。如果指定成不能轉換為數值的文字或儲存格區域，則傳回錯誤值「#VALUE!」。

使用 VALUE 函數可將指定文字轉換為數值。但是 text 參數可以是 Excel 中可識別的任意常數、日期或時間格式。在 Excel 的編輯欄中使用數字時，數字被自動看作數值，所以使用 VALUE 函數時沒必要將數字轉換為數值。Excel 可以自動在需要時將文字轉換為數字。提供此函數是為了與其他試算表程式相容。

EXAMPLE 1 將文字轉換為數值

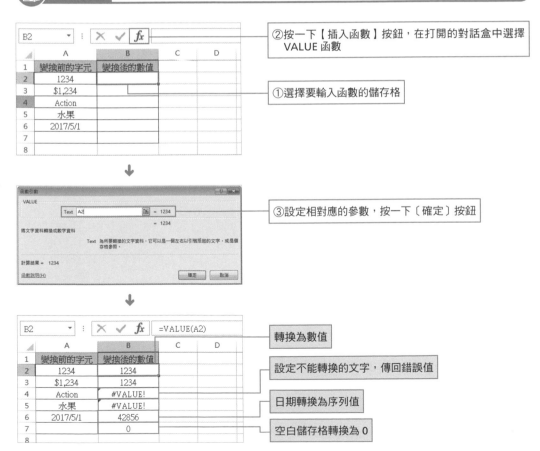

②按一下【插入函數】按鈕，在打開的對話盒中選擇 VALUE 函數

①選擇要輸入函數的儲存格

③設定相對應的參數，按一下〔確定〕按鈕

轉換為數值

設定不能轉換的文字，傳回錯誤值

日期轉換為序列值

空白儲存格轉換為 0

7-2-10　CODE
傳回文字串對應的字碼

格式 ➜ CODE(text)
參數 ➜ text
　　　指定加雙引號的文字，或文字所在的儲存格。如果不加雙引號，則傳回錯誤值
　　　「#NAME?」。指定多個字元時，傳回第一個字元的代碼。

CODE 函數是和 CHAR 函數功能相反的函數，它可用十進位數字表示指定文字串相對應的
字碼。字碼會對應至您電腦所使用的 ANSI 字元集。需要求指定數值對應的字元時，請參照
CHAR 函數。

📖 EXAMPLE 1 | 將文字轉換為字碼

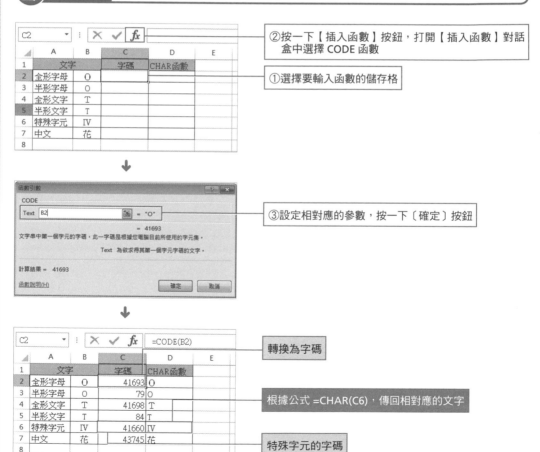

②按一下【插入函數】按鈕，打開【插入函數】對話
　盒中選擇 CODE 函數

①選擇要輸入函數的儲存格

③設定相對應的參數，按一下〔確定〕按鈕

轉換為字碼

根據公式 =CHAR(C6)，傳回相對應的文字

特殊字元的字碼

7-2-11　CHAR
傳回對應於字元集的字元

格式 ➜ CHAR(number)
參數 ➜ number
　　　用於轉換的字碼，介於 1 ～ 255 之間。如果參數為不能當作字元的數值或數值以
　　　外的文字，則傳回錯誤值「#VALUE!」。

CHAR 函數是和 CODE 函數功能相反的函數，它用於將指定的數值轉換為字元代碼，表示字元代碼對應的文字。字碼會對應至您電腦所使用的 ANSI 字元集。若需求指定文字對應的字碼，請參照 CODE 函數。

EXAMPLE 1　將數字代碼轉換為文字

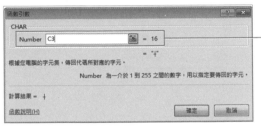

選擇函數後設定相對應的參數

數字	文字	數字	文字	數字	文字	數字	文字	數字	文字	數字	文字
1		16		31		46	.	61	=	76	L
2		17		32		47	/	62	>	77	M
3		18		33	!	48	0	63	?	78	N
4		19		34	"	49	1	64	@	79	O
5		20		35	#	50	2	65	A	80	P
6		21		36	$	51	3	66	B	81	Q
7		22		37	%	52	4	67	C	82	R
8		23		38	&	53	5	68	D	83	S
9		24		39	'	54	6	69	E	84	T
10		25		40	(	55	7	70	F	85	U
11		26		41	)	56	8	71	G	86	V
12		27		42	*	57	9	72	H	87	W
13		28		43	+	58	:	73	I	88	X
14		29		44	,	59	;	74	J	89	Y
15		30		45	-	60	<	75	K	90	Z

文字代碼（D3 儲存格 =CHAR(C3)）

得到與 C3 儲存格內數值對應的文字串

 **NOTE ● 控制字元**

數值在 1 ～ 31 間對應的字元稱為控制字元，在 Excel 中不能被列印出來。控制字元在工作表中顯示為「·」或不顯示。

7-2-12　T
傳回 value 引用的文字

格式 → T(value)

參數 → value

指定轉換為文字的數值。指定加雙引號的文字數值,或指定輸入文字的儲存格。
文字如果不加雙引號,則傳回錯誤值「#NAME?」。

使用 T 函數,如果指定的是文字則傳回文字,如果指定的不是文字,則傳回空白文字。也可
用於從設定好的文字中擷取無格式的文字。

EXAMPLE 1　傳回引用的文字

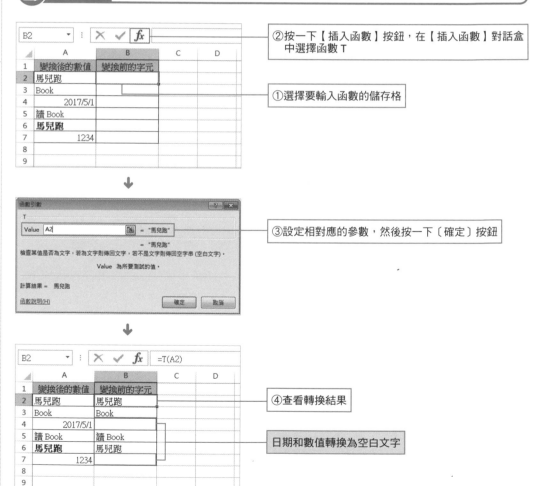

②按一下【插入函數】按鈕,在【插入函數】對話盒
中選擇函數 T

①選擇要輸入函數的儲存格

③設定相對應的參數,然後按一下〔確定〕按鈕

④查看轉換結果

日期和數值轉換為空白文字

7-3 文字的比較

7-3-1	**EXACT**
	比較兩個文字串是否完全相同

格式 ➜ **EXACT**(text1,text2)

參數 ➜ text1

待比較的第一個字串。如果指定字串，字串用雙引號引起來。

text2

待比較的第二個字串。和 text1 相同，直接輸入時，字串用雙引號引起來。若不加雙引號，則傳回錯誤值「#NAME!」。並且只能指定一個儲存格，如果將 text1、text2 指定為儲存格區域，則傳回錯誤值「#VALUE!」。

使用 EXACT 函數，只能指定 text1 和 text2，並比較兩個字串的大小。如果它們完全相同，則傳回 TRUE，否則傳回 FALSE。函數 EXACT 能區分全形和半形、大小寫以及字元間的不同空格。所以使用 EXACT 函數比較字串比較簡便。若使用 IF 函數，必須分開設定各種判斷條件和判定結果，而且不區分大小寫。所以比較字串大小時，利用 EXACT 函數的方法比較簡單。若要比較兩個數值的大小，請參照 DELTA 函數。

EXAMPLE 1 比較兩字串的大小

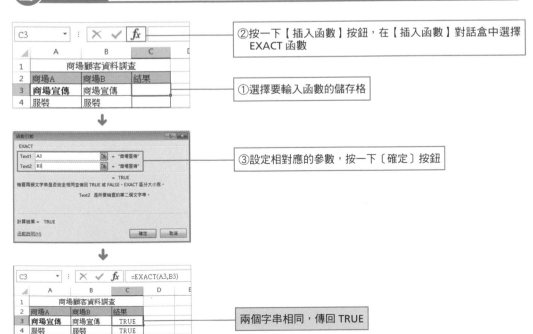

②按一下【插入函數】按鈕，在【插入函數】對話盒中選擇 EXACT 函數

①選擇要輸入函數的儲存格

③設定相對應的參數，按一下〔確定〕按鈕

兩個字串相同，傳回 TRUE

 文字的刪除

| 7-4-1 | **CLEAN**
刪除文字串中不能列印的字元 |

格式 → CLEAN(text)

參數 → text

為要從中刪除不能列印字元的任何工作資訊。如果直接指定文字，需加雙引號。
如果不加雙引號，則傳回錯誤值「#VALUE!」。

使用 CLEAN 函數能刪除文字中不能列印的字元。Excel 中不能列印的字元主要是控制字元或特殊字元，在讀取控制字元、特殊字元、其他 OS 或應用程式產生的文字時，將刪除包含目前作業系統無法列印的字元。CLEAN 函數刪除一個控制字元時，會出現換行現象。

EXAMPLE 1 刪除不能列印的字元

②按一下【插入函數】按鈕，在【插入函數】對話盒中選擇 CLEAN 函數

①選擇要輸入函數的儲存格

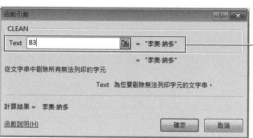

③設定相對應的參數，按一下〔確定〕按鈕

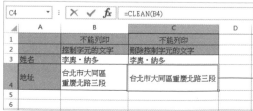

刪除不能列印的控制符，此處為換行符號

7-4-2 TRIM
刪除文字中的多餘空格

格式 ➜ TRIM(text)

參數 ➜ text

需要清除其中空格的文字。直接指定為文字時，需加雙引號。如果不加雙引號，則傳回錯誤值「#VALUE!」。

使用 TRIM 函數可以刪除文字中的多餘空格。插入在字串開頭和結尾中的空格會被全部刪除，而插入在字元間的多個空格，則只保留一個空格，其他的多餘空格全部被刪除。此外，在從其他應用程式中接收到可能含有不規則空格的文字時也可以使用此函數。TRIM 函數用於移除文字中的 7 位元的 ASCII 空白字元（值為 32）。

EXAMPLE 1 刪除文字中多餘的空格

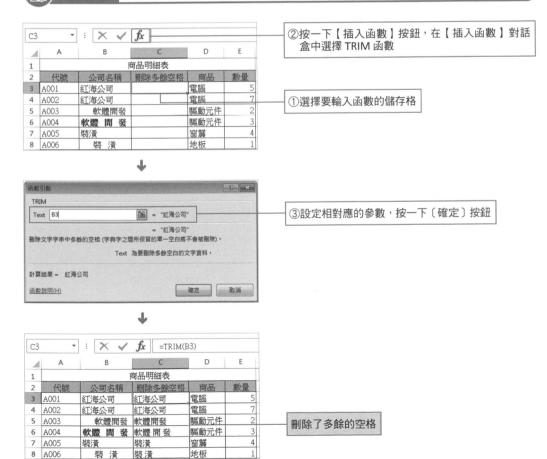

②按一下【插入函數】按鈕，在【插入函數】對話盒中選擇 TRIM 函數

①選擇要輸入函數的儲存格

③設定相對應的參數，按一下〔確定〕按鈕

刪除了多餘的空格

7-5 文字的重複

7-5-1	**REPT**
	按照給定的次數重複顯示文字

格式 ➜ REPT(text,number_times)

參數 ➜ text

需要重複顯示的文字。直接指定文字時,需加雙引號。如果不加雙引號,則傳回錯誤值「#VALUE!」。

number_times

用 0 ～ 32,767 的數值指定重複顯示文字的次數。如果指定次數不是整數,則將被截尾取整。如果指定次數為 0,則 REPT 傳回空白文字。重複次數不能大於 32,767 個字元或為負數,否則,REPT 將傳回錯誤值「#VALUE!」。

用 REPT 函數可以按照給定的次數重複顯示文字。我們可以透過函數 REPT 來不斷地重複顯示某一文字串,對儲存格進行填滿。

📖 EXAMPLE 1 按照給定的次數重複顯示文字

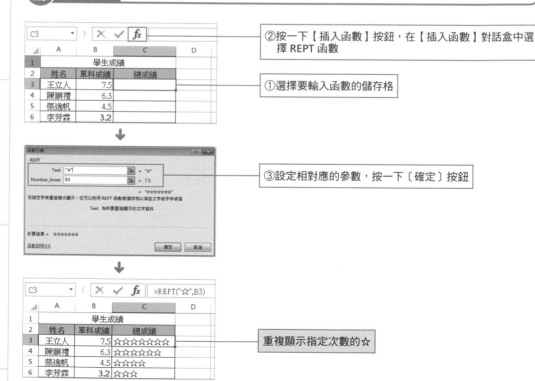

②按一下【插入函數】按鈕,在【插入函數】對話盒中選擇 REPT 函數

①選擇要輸入函數的儲存格

③設定相對應的參數,按一下〔確定〕按鈕

重複顯示指定次數的☆

X

邏輯函數

邏輯函數是根據不同條件，進行不同處理的函數。條件式中使用比較運算符號設定邏輯式，並用邏輯值表示它的結果。邏輯值是用 TRUE、FALSE 之類的特殊文字表示設定條件是否成立。條件成立時為邏輯值 TRUE，條件不成立時為邏輯值 FALSE。邏輯值或邏輯式被經常利用，它把 IF 函數作為前提，其他的函數作為參數。在此將先對邏輯函數的分類、用途以及關鍵點進行介紹。

→ 函數分類

1. 邏輯值的表示

儲存格內顯示邏輯值 TRUE 或 FALSE 的函數。如果不指定參數，則輸入「=TRUE()」或「=FALSE()」。與條件式結果無關，它通常用於儲存格內需要表示 TRUE 或 FALSE 的情況。

TRUE	儲存格內顯示 TRUE
FALSE	儲存格內顯示 FALSE

2. 判斷條件

判斷條件式是否成立的函數。組合多個條件式，除 AND 函數和 OR 函數外，還有檢驗不滿足條件的 NOT 函數。這三個函數中的任何一個都可以單獨利用，一般情況下，它們和 IF 函數組合使用。

AND	設定的多個條件式全部成立，則傳回 TRUE
OR	設定的多個條件式中一個或一個以上的條件成立，則傳回 TRUE
NOT	設定條件式不成立，則傳回 TRUE

3. 分支條件

它是處理設定條件是否成立的函數。在 IF 函數的條件式中如果設定 AND 函數和 OR 函數，可以判斷多個條件是否成立。

IF	執行真假值判斷，根據邏輯測試值傳回不同的結果
IFERROR	若計算結果錯誤，則傳回設定的值；否則傳回公式的結果

→ 請注意

邏輯函數的關鍵點是邏輯式和邏輯值。所謂邏輯式是作為判斷條件而設定的公式，和比較運運算元組合，用文字、數值、儲存格引用來表示。在儲存格內輸入邏輯式，結果用邏輯值表示。

邏輯值有 TRUE 和 FALSE 兩種類型。表示設定的條件式成立時，顯示 TRUE；表示條件式不成立時，顯示 FALSE。條件式成立稱為「真」，而條件式不成立時，則為「假」。

8-1 邏輯值的表示

8-1-1	**TRUE**
	傳回邏輯值 TRUE

格式 ➜ TRUE()

參數 ➜ 無參數。如果在 ( ) 內設定參數，則傳回錯誤值。

與條件式的判斷結果無關，儲存格內傳回邏輯值 TRUE。該函數無參數，直接在儲存格內輸入「=TRUE()」即可。通常情況下，真條件的邏輯值 TRUE 被顯示在儲存格內。另外，也可以直接輸入文字 TRUE，而不使用該函數。提供 TRUE 函數的目的主要是為了與其他程式相容。

 EXAMPLE 1 在儲存格內顯示 TRUE

使用 TRUE 函數，在「測試列」顯示 TRUE。可以打開「函數引數」對話盒並確定來插入函數，也可以把「=TRUE()」直接輸入儲存格。

選取儲存格並輸入公式 =TRUE()，邏輯值 TRUE 自動顯示在儲存格中

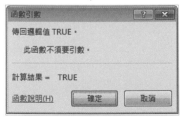

該函數不需要參數

✌ **NOTE ●** **在儲存格內輸入 TRUE 文字**

不使用 TRUE 函數，直接在儲存格內輸入 TRUE 文字，然後按 Enter 鍵，則輸入文字會被自動看作邏輯值 TRUE，並顯示在儲存格中。使用 TRUE 函數和輸入 TRUE 文字，兩者在儲存格中的資料雖不同，但傳回的值都是相同的。

FALSE
傳回邏輯值 FALSE

格式 → FALSE()
參數 → 無參數。如果在 ( ) 內設定參數，則傳回錯誤值。

與條件式的判斷結果無關，儲存格內傳回邏輯值 FALSE。該函數無參數，直接在儲存格內輸入「=FALSE()」即可，通常情況下假條件的邏輯值 FALSE 被顯示在儲存格內。也可以直接輸入文字 FALSE，而無須使用該函數。另外，如果要表示真條件，則使用 TRUE 函數。

📋 EXAMPLE 1　在儲存格內顯示 FALSE

使用 FALSE 函數，在「測試列」顯示 FALSE。可以使用「函數參數」對話盒插入函數，這裡透過直接把「=FALSE()」輸入儲存格來完成函數輸入。

選擇儲存格並輸入公式 =FALSE()，邏輯值 FALSE 自動顯示在儲存格中

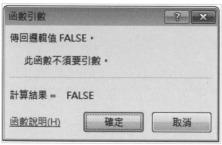

該函數不需要參數

✌ NOTE ● **在儲存格內輸入 FALSE 文字**

不使用 FALSE 函數，直接在儲存格內輸入 FALSE 文字，然後按 Enter 鍵，則輸入文字被自動看作邏輯值，並顯示在儲存格中。使用 FALSE 函數和輸入 FALSE 文字，兩者在儲存格中的資料雖不同，但都會傳回相同的值。

8-2 判斷條件

AND
判斷設定的多個條件是否全部成立

格式 → AND(logical1, logical2, ...)

參數 → logical1

要檢驗的第一個條件，其計算結果可以為 TRUE 或 FALSE。

logical2, ...

要檢驗的其他條件，該條件為可選項，其計算結果可為 TRUE 或 FALSE。

當所有參數的計算結果為 TRUE 時，傳回 TRUE；只要有一個參數的計算結果為 FALSE，即傳回 FALSE。此外，需要強調的是，參數的計算結果必須是邏輯值（如 TRUE 或 FALSE），或者參數必須是包含邏輯值的陣列或參照。如果陣列或參照位址中包含文字或空白儲存格，那麼這些值將被忽略。如果設定的儲存格區域未包含邏輯值，那麼 AND 函數將傳回錯誤值「#VALUE!」。

AND 函數的參數設定多個條件，如果所有條件成立，則傳回 TRUE。例如設定條件是「A 是 80」、「B 小於 100」的邏輯式，如果一個條件都不成立，則傳回 FALSE。而 OR 函數檢驗是否滿足哪一個或一個以上的條件。

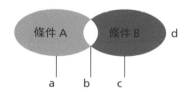

內容	傳回結果
a: 僅條件 A 成立	FALSE
b: A 和 B 兩條件都成立	TRUE
c: 僅條件 B 成立	FALSE
d: 條件 A 和條件 B 都不成立	FALSE

EXAMPLE 1 斷設定的多個條件是否全部成立

在 E4 到 E15 儲存格中使用 AND 函數進行判斷，從 B 列到 D 列的「合約管理」、「進度控制」和「案例分析」的成績如果全在 80 分以上，則傳回邏輯值 TRUE；如果低於 80 分，則傳回 FALSE。

②按一下【插入函數】按鈕，打開【插入函數】對話盒中選擇 AND 函數

①按一下要輸入函數的儲存格

	A	B	C	D	E
1					
2		整理工程師考試			
3	姓名	合約管理	進度控制	案例分析	成績均在80分以上
4	王立人	64	75	77	
5	陳順禮	78	80	84	
6	張逸帆	86	92	81	
7	李玉佳	85	90	90	
8	趙芳霖	72	88	72	
9	洪嘉雯	89	93	81	
10	周大慶	93	97	82	
11	林志堅	67	75	71	
12	鄭娟娟	54	81	68	
13	黃耿祥	88	80	80	
14	施文惠	94	94	79	
15	劉華偉	77	80	67	

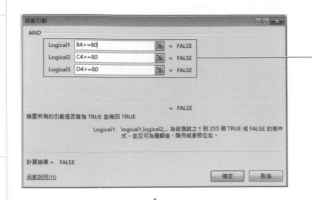

③在【函數引數】對話盒中設定參數，然後按一下〔確定〕按鈕

④因為 B4、C4、D4 儲存格內的所有值均在 80 分以下，所以顯示 FALSE

因為 B13、C13、D13 儲存格內的所有值均在 80 分以上，所以顯示 TRUE

😊😊 組合技巧｜在儲存格內顯示邏輯值以外的文字（AND+IF）

如果要求傳回的結果不是 TRUE、FALSE 邏輯值，而是表示成文字內容時，那麼就需和 IF 函數組合使用。如果 IF 函數的邏輯式中套用 AND 函數，即「合約管理」、「進度控制」、「案例分析」的分數全部在 80 分以上時，儲存格內傳回「通過」；如果不全在 80 分以上，則傳回「未通過」。

其中，公式結構為 =IF(AND(B4>=80,C4>=80,D4>=80)," 通過 "," 未通過 ")。

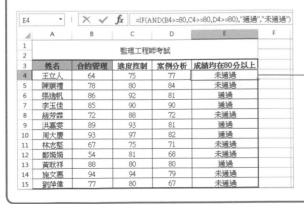

因 AND 函數的結果傳回 FALSE，所以顯示「未通過」

OR

判斷設定的多個條件式中是否有一個以上成立

格式 ➜ OR(logical1,logical2, ...)
參數 ➜ logical1
要檢驗的第一個條件，其計算結果可以是 TRUE 或 FALSE，該參數是必需的參數。
logical2, ...
要檢驗的其他可選條件，其中最多可包含 255 個條件，檢驗結果均可以是 TRUE
或 FALSE。
在使用過程中，任何一個參數邏輯值為 TRUE，即傳回 TRUE。若陣列或引用的參
數包含文字或空白儲存格，則這些值將被忽略。邏輯式可設定到 30 個。如果設
定的儲存格區域內不包括邏輯值，則函數將傳回錯誤值「#VALUE!」。

OR 函數的參數設定多個條件，當任何邏輯式傳回 TRUE 時，則所有傳回值為 TRUE。

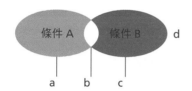

內容	傳回結果
a: 僅條件 A 成立	TRUE
b: A 和 B 兩條件都成立	TRUE
c: 僅條件 B 成立	TRUE
d: 條件 A 和條件 B 都不成立	FALSE

EXAMPLE 1 判斷一個以上的條件是否成立

在 E3 到 E14 儲存格中使用 OR 函數進行判斷，如果從 B 列到 D 列的「筆試」、「聽力」和「口語」的其中之一的成績在 70 分以上，則傳回邏輯值 TRUE；如果全不是 70 分以上，則傳回 FALSE。

②按一下【插入函數】按鈕，打開相對應的對話盒，從中選擇 OR 函數

①按一下要輸入函數的儲存格

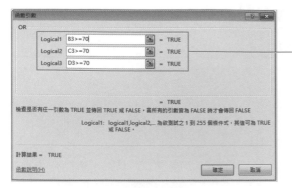

③在【函數引數】對話盒中設定參數，然後按一下〔確定〕按鈕

E3		× ✓ fx	=OR(B3>=70,C3>=70,D3>=70)		

	A	B	C	D	E	F
1			某班英語測試能力成績表			
2	姓名	筆試	聽力	口語	全部都在70分以上	
3	劉苹偉	80	75	78	TRUE	
4	施文惠	96	88	82	TRUE	
5	黃耿祥	87	92	91	TRUE	
6	鄭娟娟	98	75	75	TRUE	
7	林志堅	87	80	81	TRUE	
8	周大慶	76	65	78	TRUE	
9	洪嘉雯	80	86	75	TRUE	
10	趙芳霖	86	65	81	TRUE	
11	李玉佳	70	71	66	TRUE	
12	張逸帆	62	66	68	FALSE	
13	陳順禮	89	60	69	TRUE	
14	王立人	69	54	45	FALSE	
15						
16						

因為 B3、C3、D3 儲存格內的值均在 70 分以上，所以顯示 TRUE

因為 B14、C14、D14 儲存格內的值均低於 70 分，所以顯示 FALSE

組合技巧∣ 在儲存格內顯示邏輯值以外的文字（OR+IF）

要想使函數傳回值不是 TRUE、FALSE 邏輯值，而是表示成文字時，需和 IF 函數組合使用。如果 IF 函數的邏輯式中套用 OR 函數，則「筆試」、「聽力」、「口語」的其中之一分數在 70 分以上時，儲存格內傳回「通過」；如果全不是 70 分以上，則傳回「未通過」。其中，公式結構為 =IF(OR(B3>=70,C3>=70,D3>=70),"通過","未通過")。

E3		× ✓ fx	=IF(OR(B3>=70,C3>=70,D3>=70),"通過","未通過")		

	A	B	C	D	E	F
1			某班英語測試能力成績表			
2	姓名	筆試	聽力	口語	全部都在70分以上	
3	劉苹偉	80	75	78	通過	
4	施文惠	96	88	82	通過	
5	黃耿祥	87	92	91	通過	
6	鄭娟娟	98	75	75	通過	
7	林志堅	87	80	81	通過	
8	周大慶	76	65	78	通過	
9	洪嘉雯	80	86	75	通過	
10	趙芳霖	86	65	81	通過	
11	李玉佳	70	71	66	通過	
12	張逸帆	62	66	68	未通過	
13	陳順禮	89	60	69	通過	
14	王立人	69	54	45	未通過	
15						
16						

因 OR 函數的結果傳回 TRUE，所以顯示通過

按住 E3 儲存格右下角的填滿控點並向下拖曳至 E14 儲存格，執行複製公式操作

8-2-3 NOT
判斷設定的條件不成立

格式 ➜ NOT(logical)

參數 ➜ logical

  該參數為必需條件,其計算結果為 TRUE 或 FALSE 的任何值或運算式。

NOT 函數對參數值進行求反。當要確保一個值不等於某一特定值時,可以使用 NOT 函數。如果邏輯值為 FALSE,那麼函數 NOT 傳回 TRUE;如果邏輯值為 TRUE,那麼函數 NOT 傳回 FALSE。

EXAMPLE 1 把第一次考試不到 220 分的人作為第二次考試對象

把第 1 次考試不到 220 分的人作為第 2 次考試的對象。在 F3 到 F14 儲存格範圍內,當結果成績不到 220 分時,F 列顯示邏輯值 FALSE,反之,則顯示 TRUE。

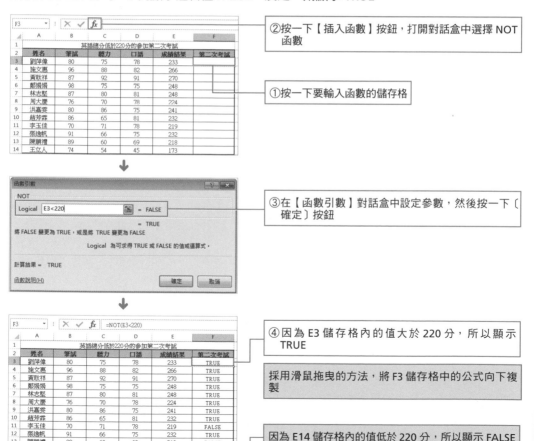

②按一下【插入函數】按鈕,打開對話盒中選擇 NOT 函數

①按一下要輸入函數的儲存格

③在【函數引數】對話盒中設定參數,然後按一下〔確定〕按鈕

④因為 E3 儲存格內的值大於 220 分,所以顯示 TRUE

採用滑鼠拖曳的方法,將 F3 儲存格中的公式向下複製

因為 E14 儲存格內的值低於 220 分,所以顯示 FALSE

NOT 函數是判斷某條件不成立。使用比較運算元，它和輸入在儲存格內的相反條件式相同。因為 NOT 函數判斷輸入在 F3 儲存格內的 E3 < 220 不成立，所以可以在儲存格 F3 內直接輸入「=E3 ≥ 220」（E3 的值為 220 分以上），兩者傳回相同的結果。

組合技巧 | 兩個條件都不成立（NOT+AND）

NOT 函數中套用 AND 函數和 OR 函數，考慮多個條件，並判斷某條件不成立。

例如，檢驗通過考試是判斷「筆試成績在 80 分以上」、「口語成績在 75 分以上」的兩個條件都成立。反之，則為未通過，變為不符合條件。

表示考試通過的公式：=AND(B3>=80,C3>=75)

表示考試未通過的公式：=NOT(AND(B3>=80,C3>=75))

選擇該儲存格，並輸入計算公式 =NOT(AND(B3>=80,C3>=75))

將游標放在 D3 儲存格右下角，變為黑色十字形狀時，按住滑鼠左鍵不放向下拖曳至 D14 儲存格，然後放開滑鼠鍵。在不滿足兩個條件的儲存格中顯示 TRUE，滿足條件的儲存格中顯示 FALSE。

NOTE ● **邏輯函數 XOR 的應用**

XOR 函數用於傳回所有參數的邏輯 Exclusive Or。

其語法格式為：XOR(logical1, [logical2],...)

其中，logical1 是必需的，後續邏輯值是可選的。可檢驗 1 ～ 254 個條件，可為 TRUE 或 FALSE，且可為邏輯值、陣列或參照。

在使用過程中需要注意以下 5 點。

第一，參數必須計算為邏輯值，如 TRUE 或 FALSE，或者為包含邏輯值的陣列或參照。

第二，若設定的區域中不包含邏輯值，則 XOR 函數傳回錯誤值「#VALUE!」。

第三，若陣列或參照位址中包含文字或空白儲存格，則這些值將被忽略。

第四，當 TRUE 輸入的數字為奇數時，XOR 函數的結果為 TRUE；當 TRUE 輸入的數字為偶數時，XOR 函數的結果為 FALSE。

第五，可以使用 XOR 陣列公式檢查陣列中是否出現了某個值。若要輸入陣列公式，應按 Ctrl+Shift+E 組合鍵。

08
邏輯函數

8-3 分支條件

8-3-1 | IF
執行真假值判斷，根據邏輯測試值傳回不同的結果

格式 → IF(logical_test, value_if_true, value_if_false)
參數 → logical_test
用帶有比較運算元的邏輯值設定條件判斷公式。該參數為必需選項，其計算結果可能為 TRUE 或 FALSE 中的任意值或運算式。
value_if_true
設定邏輯式成立時傳回的值。除公式或函數外，也可設定需顯示的數值或文字。被顯示的文字需加雙引號。若不進行任何處理，則省略參數。
value_if_false
設定邏輯式不成立時傳回的值。除公式或函數外，也可設定需顯示的數值或文字。被顯示的文字需加雙引號。不進行任何處理，則省略參數。

根據邏輯式判斷設定條件：如果條件式成立，則傳回真條件下的設定內容；如果條件式不成立，則傳回假條件下的設定內容。如果在真條件、假條件中設定了公式，則根據邏輯式的判斷結果進行各種計算。如果真條件或假條件中設定加雙引號的文字，則傳回文字值。如果只處理真或假中的任一條件，可以省略不處理該條件的參數。此時，儲存格內傳回 0。

EXAMPLE 1 | 根據條件判斷，顯示不同的結果

在 D4 到 D10 儲存格內，若總計值≥ 140 分，則 E 列儲存格中顯示為「通過」；若小於 140 分，則顯示為「未通過」。E4 儲存格內公式結構為 =IF(D4>=140," 通過 "," 未通過 ")。

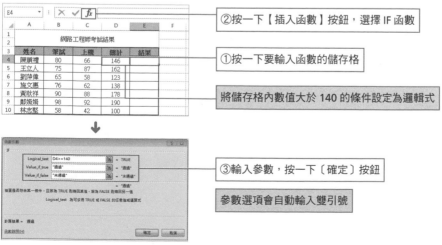

②按一下【插入函數】按鈕，選擇 IF 函數

①按一下要輸入函數的儲存格

將儲存格內數值大於 140 的條件設定為邏輯式

③輸入參數，按一下〔確定〕按鈕

參數選項會自動輸入雙引號

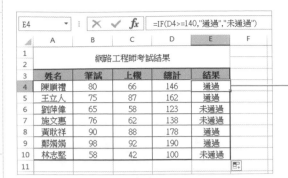

④因為儲存格內的數值大於 140 分，所以條件為真，顯示通過

🖐 NOTE ● 省略真或假條件參數的情況

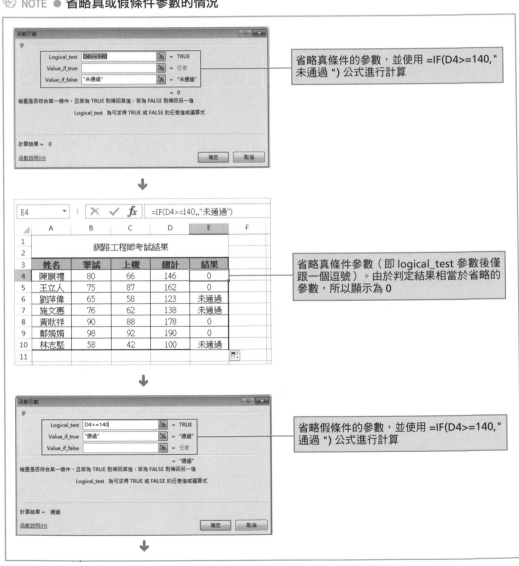

省略真條件的參數，並使用 =IF(D4>=140," 未通過 ") 公式進行計算

省略真條件參數（即 logical_test 參數後僅跟一個逗號）。由於判定結果相當於省略的參數，所以顯示為 0

省略假條件的參數，並使用 =IF(D4>=140," 通過 ") 公式進行計算

| E6 | : | × | ✓ | fx | =IF(D6>=140,"通過") |

網路工程師考試結果

姓名	筆試	上機	總計	結果
陳順禮	80	66	146	通過
王立人	75	87	162	通過
劉萍偉	65	58	123	FALSE
施文惠	76	62	138	FALSE
黃耿祥	90	88	178	通過
鄭娟娟	98	92	190	通過
林志堅	58	42	100	FALSE

> 省略假條件時（即 value_if_true 參數後沒有逗號），由於判定結果為假，所以傳回 FALSE

📖 NOTE ● 「假」條件不顯示任何值

如果執行真條件或假條件中的任一值，都不顯示任何值。如下面的例子，總計值大於 140 分，則表示通過；如果總計值小於 140 分，則傳回空白儲存格。此時的假條件參數用兩個雙引號來設定。

| E6 | : | × | ✓ | fx | =IF(D6>=140,"通過"," ") |

網路工程師考試結果

姓名	筆試	上機	總計	結果
陳順禮	80	66	146	通過
王立人	75	87	162	通過
劉萍偉	65	58	123	
施文惠	76	62	138	
黃耿祥	90	88	178	通過
鄭娟娟	98	92	190	通過
林志堅	58	42	100	

> 輸入公式 =IF(D6>=140," 通過 "," ")。因為 D6 儲存格中的值小於 140，所以傳回邏輯式不成立的值，顯示空白儲存格

📖 NOTE ● 條件格式

根據條件是否成立，來改變儲存格格式，並設定條件格式，只對符合條件的儲存格有用。例如下面對 80 分以上的儲存格設定了背景色。

① 選擇需設定條件格式的儲存格區域

② 按一下【常用】選項卡中的〔設定格式化的條件〕按鈕，在下拉清單中選擇【醒目提示儲存格規則】>【大於】選項

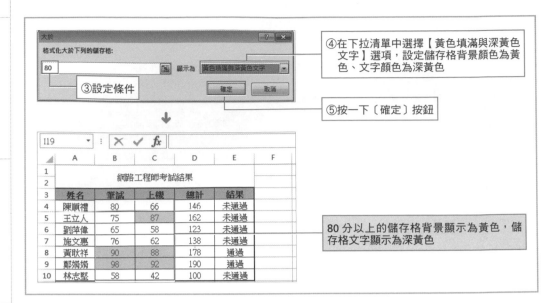

④在下拉清單中選擇【黃色填滿與深黃色文字】選項，設定儲存格背景顏色為黃色、文字顏色為深黃色

⑤按一下〔確定〕按鈕

80 分以上的儲存格背景顯示為黃色，儲存格文字顯示為深黃色

EXAMPLE 2　套用多個 IF 函數

使用兩個 IF 函數，設定 3 個分支條件。例如在「網路工程師考試結果」表中，設定「筆試」和「上機」成績均在 80 分以上，則考試通過，否則視為未通過。此時，需套用兩個 IF 函數，把「筆試在 80 分以上」和「上機在 80 分以上」作為條件，分別判定每一個條件。E4 儲存格內的公式結構為 =IF(B4>=80,IF(C4>=80," 通過 "," 未通過 ")," 未通過 ")。

利用 =IF(B4>=80,IF(C4>=80," 通過 "," 未通過 ")," 未通過 ") 公式進行計算

組合技巧┃更簡單的分支條件（IF+AND）

使用一個 AND 函數、兩個 IF 函數，能更簡單地設定「筆試」和「上機」兩個分數在 80 分以上的條件。AND 函數設定的參數如果全部成立，則傳回邏輯值 TRUE，它經常被用來和 IF 函數組合使用。公式結構為 =IF(AND(B4>=80,C4>=80)," 通過 "," 未通過 ")。在邏輯式中嵌套 AND 函數，設定「筆試」和「上機」成績均在 80 分以上，比使用多個 IF 函數更加容易理解。

08
邏輯函數

8-4 捕獲和處理公式中的錯誤

8-4-1 IFERROR
若計算結果錯誤，則傳回設定值；否則傳回公式的結果

格式 → IFERROR(value, value_if_error)

參數 → value

該參數為必需選項，用於檢查是否存在錯誤的參數。

value_if_error

該參數也為必需選項。用於設定當公式的計算結果發生錯誤時傳回的值。評估以下錯誤類型：#N/A、#VALUE!、#REF!、#DIV/0!、#NUM!、#NAME? 或 #NULL!。

若 value 或 value_if_error 是空儲存格，則 IFERROR 將其視為空字串值（" "）。若 value 是陣列公式，則 IFERROR 為 value 中指定區域的每個儲存格以陣列形式傳回結果。

EXAMPLE 1 計算商品的平均銷售價格

在下表中給出了某種產品不同型號的銷售數量與銷售金額，現計算其平均銷售價格。這裡採用 IFERROR 函數來檢驗公式中是否存在錯誤。

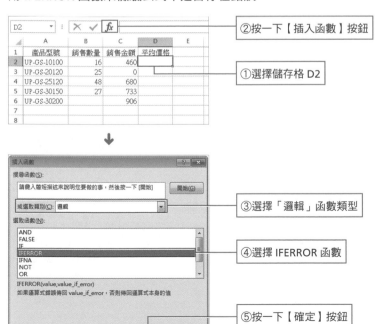

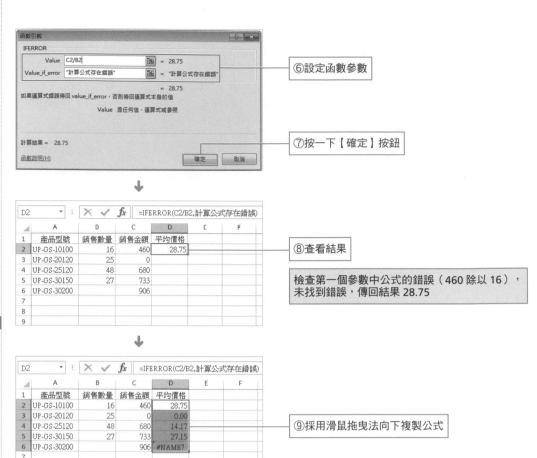

⑥設定函數參數

⑦按一下【確定】按鈕

⑧查看結果

檢查第一個參數中公式的錯誤（460 除以 16），
未找到錯誤，傳回結果 28.75

⑨採用滑鼠拖曳法向下複製公式

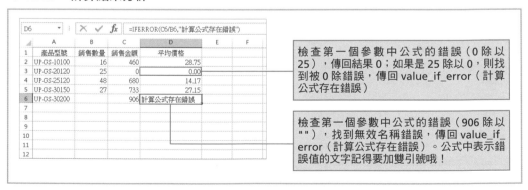

✌ NOTE ● **計算結果分析**

檢查第一個參數中公式的錯誤（0 除以
25），傳回結果 0；如果是 25 除以 0，則找
到被 0 除錯誤，傳回 value_if_error（計算
公式存在錯誤）

檢查第一個參數中公式的錯誤（906 除以
""），找到無效名稱錯誤，傳回 value_if_
error（計算公式存在錯誤）。公式中表示錯
誤值的文字記得要加雙引號哦！

資訊函數

使用資訊函數，可以確認儲存格的格式、位置或內容等資訊，也可以檢驗數值的類型並傳回不同的邏輯值，以及進行資料的轉換。下面將對資訊函數的分類、用途，以及關鍵字進行介紹。

→ 函數分類

1. 資訊的取得
表示 Excel 的操作環境、儲存格的資訊及產生錯誤時的錯誤種類。

CELL	傳回某一參考區域左上角儲存格的格式、位置或內容等資訊
ERROR.TYPE	傳回與錯誤值對應的數字
INFO	傳回目前操作環境的資訊
TYPE	傳回輸入在儲存格內的數值類型

2. IS 函數
它是資訊函數中使用頻率最高的函數，用於檢測數值或參考類型。

ISBLANK	判斷測試對象是否為空白儲存格
ISLOGICAL	判斷測試對象是否為邏輯值
ISNONTEXT	判斷測試對象是否不是文字
ISNUMBER	判斷測試對象是否為數字
ISEVEN	判斷測試對象是否為偶數
ISODD	判斷測試對象是否為奇數
ISREF	判斷測試對象是否為參照
ISFORMULA	判斷測試對象是否存在包含公式的儲存格參照
ISTEXT	判斷測試對象是否為文字
ISNA	判斷測試對象是否為 #N/A 錯誤值
ISERR	判斷測試對象是否為 #N/A 以外的錯誤值
ISERROR	檢測指定儲存格是否為錯誤值

3. 資料的轉換、錯誤的產生
將資料轉換為數字，或傳回錯誤值「#N/A」。

N	將參數中指定的值轉換為數字
NA	傳回錯誤值「#N/A」

→ 請注意

資訊函數中使用最多的是 IS 函數。IS 函數的傳回值是邏輯值 TRUE 或 FALSE。

9-1 資訊的取得

9-1-1	**CELL**
	傳回儲存格的資訊

格式 → CELL(info_type,reference)

參數 → info_type

用加雙引號的半形文字指定需檢查的資訊,為一文字值。如果文字的拼寫不正確,或用全形輸入,則傳回錯誤值「#VALUE!」。如果沒有輸入雙引號,則傳回錯誤值「#NAME?」。

Info_type	傳回資訊
"address"	用「$A$1」的絕對參照形式,參照區域左上角的的一個儲存格作為傳回值參照
"col"	參照中儲存格的欄號
"color"	如果儲存格設定為會因負值而改變色彩的格式,則傳回 1;否則傳回 0
"contents"	將參照區域左上角的的儲存格的值作為傳回值參照
"filename"	包含參照的檔案名 (包含完整路徑)。 如果包含有參照的工作表尚未存檔,則傳回空白文字 ("")
"format"	指定的儲存格格式相對應的文字常數 ▼文字常數

表示形式	傳回值
通用格式	"G"
0	"F0"
#,##0	",0"
0.00	"F2"
#,##0.00	",2"
$#,##0_);($#,##0)	"C0"
$#,##0_);[Red]($#,##0)	"C0-"
$#,##0.00_);($#,##0.00)	"C2"
$#,##0.00_);[Red]($#,##0.00)	"C2-"
0%	"P0"
0.00%	"P2"
0.00E+00	"S2"
# ?/? 或 # ??/??	"G"
yy-m-d	"D4"
yy-m-d h:mm 或 dd-mm-yy	"D4"
d-mmm-yy	"D1"
dd-mmm-yy	"D1"
mmm-yy	"D3"
d-mmm 或 dd-mm	"D2"
dd-mm	"D5"
h:mm AM/PM	"D7"
h:mm:ss AM/PM	"D6"
h:mm	"D9"
h:mm:ss	"D8"

Info_type	傳回資訊
"parentheses"	如果儲存格格式設定為將正值或全部的值放在一組括弧中，則傳回值 1；否則傳回 0
"prefix"	與儲存格中不同的「標誌首碼」相對應的文字值。如果儲存格文字靠左對齊，則傳回單引號 (')；如果儲存格文字靠右對齊，則傳回雙引號 (")；如果儲存格文字置中，則傳回脫字符號 (^)；如果儲存格文字左右對齊，則傳回反斜線 (\)；如果是其他情況，則傳回空白文字 ("")
"protect"	如果儲存格沒有鎖定，則為 0；如果儲存格被鎖定，則為 1
"row"	參照中儲存格的列號
"type"	與儲存格中的資料類型相對應的文字值。如果儲存格為空，則傳回「b」（代表 blank）。如果儲存格包含文字常數，則傳回「l」（代表 label）；如果儲存格包含其他內容，則傳回「v」（代表 value）
"width"	儲存格欄寬四捨五入成整數。每個欄寬單位都等於預設字型大小的一個字元寬度

reference

指定需檢查資訊的儲存格。也可指定儲存格區域，此時最左上角的儲存格區域被選取。如果省略，則傳回最後一個變更的儲存格。

EXAMPLE 1　檢查儲存格資訊

使用 CELL 函數，可檢查指定儲存格的資訊，如指定儲存格的位置資訊或資料類型等。

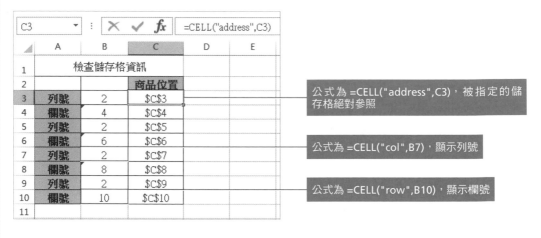

公式為 =CELL("address",C3)，被指定的儲存格絕對參照

公式為 =CELL("col",B7)，顯示列號

公式為 =CELL("row",B10)，顯示欄號

NOTE ● 關於 CELL 函數的補充說明

如果 CELL 函數中的 info_type 參數為「format」，並且向被參照的儲存格應用了其他格式，則必須重新計算工作表以更新 CELL 函數的結果。

9-1-2 ERROR.TYPE
傳回與錯誤值對應的數字

格式 ➡ ERROR.TYPE(error_val)

參數 ➡ error_val

為需要得到其識別數字的一個錯誤值。

ERROR.TYPE 函數用於檢查錯誤的種類並傳回相應的錯誤值（1～7）。錯誤種類和 ERROR.TYPE 函數的傳回值參照下表。如果沒有錯誤，則傳回錯誤值「#N/A」。

error_val	傳回值
#NULL!	1
#DIV/0!	2
#VALUE!	3
#REF!	4
#NAME?	5
#NUM!	6
#N/A	7
其他錯誤值	#N/A

📖 **EXAMPLE 1** 檢測產生錯誤的儲存格的錯誤值

①選擇 B2 儲存格，之後直接輸入公式並確認

⬇

②向下複製公式，以傳回錯誤值對應的數值

INFO
傳回目前操作環境的資訊

格式 ➜ INFO(type_text)

參數 ➜ type_text

用加雙引號的半形文字指定要傳回的資訊類型。資訊類型請參照下表。

如果文字拼寫不同或輸入全形文字，則傳回錯誤值「#VALUE!」。如果沒有加雙引號，則傳回錯誤值「#NAME?」。

type_text	傳回值	
"directory"	目前目錄或資料夾的路徑	
"memavail"	可用的儲存空間，以位元組為單位	
"memused"	資料佔用的儲存空間	
"numfile"	開啟中活頁簿的使用中工作表數	
"origin"	用 A1 樣式的絕對參照，傳回視窗中最上方和最左方顯示儲存格	
"osversion"	目前作業系統的版本，顯示為文字	
	作業系統	**版本編號**
	Windows 98 Second Edition	Windows(32-bit) 4.10
	Windows Me	Windows(32-bit) 4.90
	Windows 2000 Professional	Windows(32-bit)NT 5.00
	Windows XP Home Edition	Windows(32-bit)NT 5.01
	Windows 7 Ultimate（32 位）	Windows(32-bit)NT 6.01
	Windows 8 Professional（32 位）	Windows(32-bit)NT 6.02
"recalc"	用「自動」或「手動」文字表示目前重新計算方式	
"release"	顯示 Microsoft Excel 版本	
	Excel 95	7.0
	Excel 97	8.0
	Excel 2000	9.0
	Excel XP	10.0
	Excel 2003	11.0
	Excel 2007	12.0
	Excel 2010	14.0
	Excel 2013	15.0
	Excel 2016	16.0
"system"	作業環境名稱：Macintosh = "mac"　Windows = "pcdos"	
"totmem"	全部儲存空間，包括已經佔用的儲存空間，以位元組為單位	

重要事項：在舊版 Microsoft Excel 中，"memavail"、"memused" 及 "totmem" type_text 等值會傳回記憶體資訊。現在已不再支援這些 type_text 值，而且會傳回錯誤值「#N/A」。

INFO 函數可傳回 Excel 的版本或作業系統的種類等資訊。CELL 函數是傳回單個儲存格的資訊，INFO 函數是取得使用的作業系統的版本等大範圍的資訊。

EXAMPLE 1 表示使用的作業系統

①在 C2 儲存格中輸入公式 =INFO(B2)，之後按 Enter 鍵確認，以得到結果

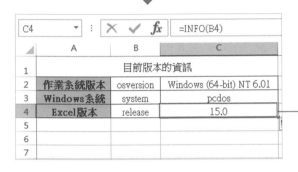

②向下複製公式，以查看其他資訊。在此可以看到 Excel 的版本號為 15.0，即 Excel 2013

TYPE
傳回儲存格內的數值類型

格式 ➜ TYPE(value)
參數 ➜ value
　　　　可以為任意 Microsoft Excel 數值，如數字、文字以及邏輯值等。

TYPE 函數是將輸入在儲存格內的資料轉換為相應的數值。TYPE 函數的傳回數值請參照下表。

資料類型	傳回值
數字	1
文字	2
邏輯值	4
錯誤值	16
陣列	64

EXAMPLE 1　檢查儲存格的內容是否為數字

②按一下【插入函數】按鈕，打開【插入函數】對話盒，從中選擇 TYPE 函數

①按一下要輸入函數的儲存格

③設定相對應的參數後，按一下〔確定〕按鈕

因為輸入在 A2 儲存格內的資料為文字，所以顯示對應的傳回值為 2

9-2 IS 函數

9-2-1 ISBLANK
判斷測試對象是否為空白儲存格

格式 → ISBLANK(value)
參數 → value
　　　　為需要進行檢測的數值。

使用 ISBLANK 函數，能判斷測試對象是否為空儲存格。測試對象為空儲存格時，傳回邏輯值 TRUE，否則傳回 FALSE。

📘 EXAMPLE 1 檢測是否為空儲存格

②按一下【插入函數】按鈕，打開【插入函數】對話盒，從中選擇函數 ISBLANK

①按一下要輸入函數的儲存格

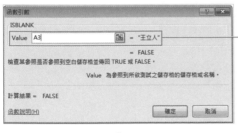

③設定相對應的參數後，按一下〔確定〕按鈕

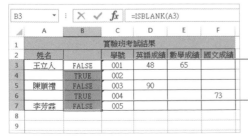

④查看結果。因為指定的儲存格內輸入的是字串，所以傳回邏輯值 FALSE

向下複製以進行快速計算

9-2-2 ISLOGICAL
檢測一個值是否是邏輯值

> 格式 → ISLOGICAL(value)
> 參數 → value
>   為需要進行檢測的數值。

使用 ISLOGICAL 函數,可以檢測一個值是否是邏輯值。如果檢測對象是邏輯值,則傳回邏輯值 TRUE;如果不是邏輯值,則傳回 FALSE。

EXAMPLE 1 檢測儲存格的內容是否是邏輯值

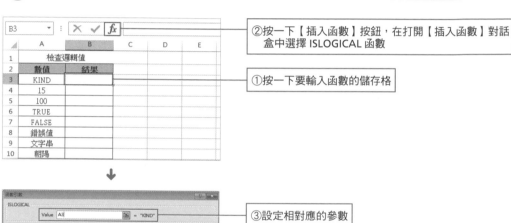

②按一下【插入函數】按鈕,在打開【插入函數】對話盒中選擇 ISLOGICAL 函數

①按一下要輸入函數的儲存格

③設定相對應的參數

④按一下〔確定〕按鈕

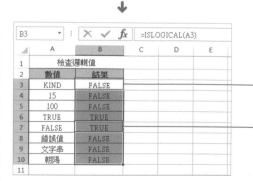

⑤查看結果。由於被指定的儲存格內容不是邏輯值,所以傳回 FALSE

由於被指定的儲存格內容是邏輯值,因此傳回 TRUE

9-2-3 ISNONTEXT
檢測一個值是否不是文字

格式 → ISNONTEXT(value)
參數 → value
　　　為需要進行檢測的數值。

使用 ISNONTEXT 函數，可以檢測指定的檢測對象是否不是文字。如果檢測對象不是文字，則傳回邏輯值 TRUE；如果是文字，則傳回 FALSE。

EXAMPLE 1 檢測儲存格內容是否不是文字

②按一下【插入函數】按鈕，在打開的對話盒中選擇函數 ISNONTEXT

①按一下要輸入函數的儲存格

③設定相對應的參數後，按一下〔確定〕按鈕

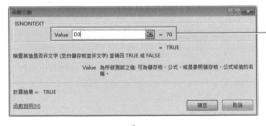

④查看結果。由於指定的儲存格內輸入的是數值，所以顯示邏輯值 TRUE

複製公式得到結果 FALSE，這說明 D9 儲存格中輸入的是文字

ISNUMBER
檢測一個值是否為數字

格式 ➜ ISNUMBER(value)

參數 ➜ value

　　　為需要進行檢測的數值。

使用 ISNUMBER 函數,可以檢測參數中指定的對象是否為數值。檢測對像是數值時,傳回 TRUE;不是數值時,傳回 FALSE。

📖 EXAMPLE 1　檢測儲存格的內容是否為數值

	A	B	C	D	E	F
F3			fx	=ISNUMBER(D3)		
1			實驗小學英語成績測試表			
2	姓名	年級	學號	英語成績	排名	檢測
3	王立人	三年級	301	70		TRUE
4	陳順禮	三年級	302	85分		FALSE
5	張逸帆	四年級	401	65		TRUE
6	施文惠	四年級	402	AA		FALSE
7	林志堅	五年級	501	54f		FALSE
8	鄭娟娟	五年級	502	75		TRUE
9	黃耿祥	五年級	503	六十分		FALSE
10						

由於 D3 儲存格內容為數值,所以傳回邏輯值 TRUE

由於 D7 儲存格內容不是數值,所以傳回邏輯值 FALSE

😊😊😊 組合技巧❙ 輸入文字時顯示的資訊(ISNUMBER+IF)

ISNUMBER 函數的傳回值是邏輯值,它通常和 IF 函數組合使用。例如在下例中利用該函數組合檢測「英語分數」列中是否輸入了正確的數值。

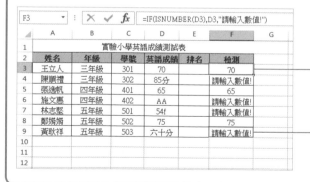

	A	B	C	D	E	F	G
F3			fx	=IF(ISNUMBER(D3),D3,"請輸入數值!")			
1			實驗小學英語成績測試表				
2	姓名	年級	學號	英語成績	排名	檢測	
3	王立人	三年級	301	70		70	
4	陳順禮	三年級	302	85分		請輸入數值!	
5	張逸帆	四年級	401	65		65	
6	施文惠	四年級	402	AA		請輸入數值!	
7	林志堅	五年級	501	54f		請輸入數值!	
8	鄭娟娟	五年級	502	75		75	
9	黃耿祥	五年級	503	六十分		請輸入數值!	
10							
11							
12							

輸入 =IF(ISNUMBER(D3),D3," 請輸入數值!") 公式。判斷為數值時,則傳回該數值;反之,傳回「請輸入數值!」

複製公式計算結果,由於 D9 儲存格中的內容不是數值,所以傳回「請輸入數值!」

ISEVEN
檢測一個值是否為偶數

格式 ➜ ISEVEN(number)

參數 ➜ number

　　指定用於檢測是否為偶數的資料。忽略小數點後的數字。如果指定空白儲存格，則作為 0 檢測，結果傳回 TRUE。如果輸入文字等數值以外的數值，則傳回錯誤值「#VALUE!」。

使用 ISEVEN 函數，可以檢測指定參數是否為偶數。如果檢測對象是偶數，則傳回 TRUE；如果是奇數，則傳回 FALSE。

📖 EXAMPLE 1　檢測儲存格內容是否是偶數

C3	▾	× ✓ fx	=ISEVEN(B3)			
▲	A	B	C	D	E	F
1		紅茶店出勤表				
2		次數	判定	條件		
3	一月	8	TRUE			
4	二月	9	FALSE			
5	三月	4	TRUE			
6	四月	5	FALSE			
7	五月	7	FALSE			
8	六月	10	TRUE			
9	七月	6	TRUE			
10	八月	2	TRUE			
11	九月	3	FALSE			
12	十月	1	FALSE			
13	十一月	12	TRUE			
14	十二月	0	TRUE			

①在 C3 儲存格中輸入公式 =ISEVEN(B3)，然後按 Enter 鍵確認

指定儲存格內容為偶數，則傳回邏輯值 TRUE

②向下複製公式，以計算出其他儲存格的值

✌ NOTE ● 以文字形式顯示偶數判斷結果

為了更好地區分與辨識所得到的結果，使用者可以嘗試使用 IF 函數進行結果的輸出。

D3	▾	× ✓ fx		=IF(C3," 為偶數 ","")		
▲	A	B	C	D	E	F
1		紅茶店出勤表				
2		次數	判定	條件		
3	一月	8	TRUE	為偶數		
4	二月	9	FALSE			
5	三月	4	TRUE			
6	四月	5	FALSE			
7	五月	7	FALSE			
8	六月	10	TRUE			
9	七月	6	TRUE			
10	八月	2	TRUE			
11	九月	3	FALSE			
12	十月	1	FALSE			
13	十一月	12	TRUE			
14	十二月	0	TRUE			

在 D3 儲存格內輸入 =IF(C3," 為偶數 ","") 公式進行條件判斷

根據 IF 函數的使用原則，由於 C3 儲存格內容為 TRUE，所以 D3 儲存格內將傳回「為偶數」

09
資
訊
函
數

9-2-6 ISODD
檢測一個值是否為奇數

格式 → **ISODD(number)**

參數 → number

指定用於檢測是否為奇數的資料。忽略小數點後的數字。如果指定空白儲存格，則作為 0 檢測，結果傳回 FALSE。如果輸入文字等數值以外的數值，則傳回錯誤值「#VALUE!」。

使用 ISODD 函數，可以檢測指定參數是否為奇數。如果檢測對象是奇數，則傳回 TRUE；如果是偶數，則傳回 FALSE。

 EXAMPLE 1 檢測儲存格的內容是否是奇數

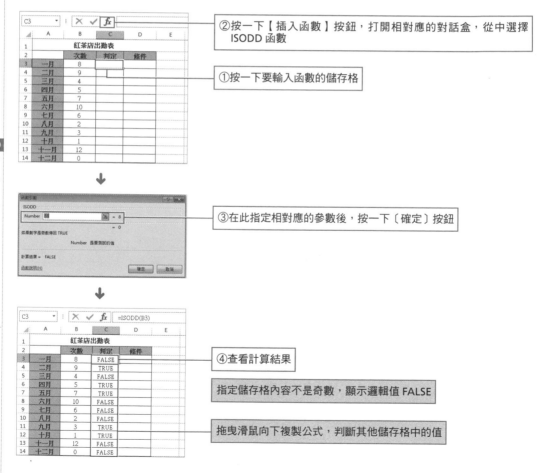

②按一下【插入函數】按鈕，打開相對應的對話盒，從中選擇 ISODD 函數

①按一下要輸入函數的儲存格

③在此指定相對應的參數後，按一下〔確定〕按鈕

④查看計算結果

指定儲存格內容不是奇數，顯示邏輯值 FALSE

拖曳滑鼠向下複製公式，判斷其他儲存格中的值

ISREF
檢測一個值是否為參照

格式 → ISREF(value)
參數 → value
　　　指定用於檢測是否為參照的資料。

使用 ISREF 函數，可以檢測參數是否為儲存格參照。如果檢測對象是儲存格參照，則傳回邏輯值 TRUE；如果不是儲存格參照，則傳回 FALSE。用 ISREF 函數判斷儲存格參照，即判斷參數中指定的檢測對象是否參照其他的儲存格，或者參數中指定的檢測對象是否是以儲存格或儲存格區域的名稱來定義的。

 EXAMPLE 1 　檢測儲存格的內容是否是儲存格參照

①將此儲存格區域命名為「月」

②利用公式 =ISREF(月) 進行檢測。因為提前設定「月」作為名稱被指定，所以傳回邏輯值 TRUE

輸入公式 =ISREF(CELL("ADDRESS", 月))，由於 CELL 函數中指定「月」的名稱，並用文字字串傳回結果，所以傳回邏輯值 FALSE

✌ NOTE ● 指定參數值為未定義的名稱，傳回 FALSE

如果參數中輸入沒有定義的名稱，則傳回 FALSE。

9-2-8 ISFORMULA
檢測是否存在包含公式的儲存格參照

格式 ➡ ISFORMULA(reference)

參數 ➡ reference

參照是指對要測試儲存格的參照，該參數為必需選項。參照可以是儲存格參照、公式或參照儲存格的名稱。

使用 ISFORMULA 函數可以檢測是否存在包含公式的儲存格參照。如果是，則傳回 TRUE；否則傳回 FALSE。如果參照不是有效的資料類型，如並非參照的定義名稱，則 ISFORMULA 函數將傳回錯誤值「#VALUE!」。

EXAMPLE 1 檢測儲存格的內容是否是包含公式的儲存格參照

由於 B2 儲存格為 =TODAY()+ 7，所以此處傳回 TRUE

由於 B3 儲存格為文字，所以此處傳回 FALSE

由於 D6:D9 儲存格區域為公式計算，所以此處傳回 TRUE

此處為乘積計算，即 =B6*3*0.8，並向下參照公式。D9 發生參照錯誤，但還是包含公式的計算

9-2-9

ISTEXT
檢測一個值是否為文字

格式 ➜ ISTEXT(value)

參數 ➜ value

指定用於檢測是否為文字的資料。

使用 ISTEXT 函數，可以檢測參數中指定的對象是否為文字。檢測對象如果是文字，則傳回邏輯值 TRUE；如果不是文字，則傳回邏輯值 FALSE。

📖 EXAMPLE 1　檢測儲存格內容是否為文字

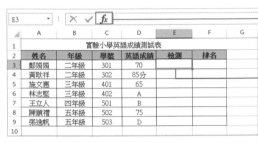

②按一下【插入函數】按鈕，打開【插入函數】對話盒，從中選擇 ISTEXT 函數

①按一下要輸入函數的儲存格

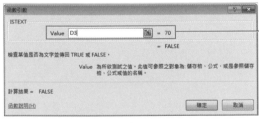

③設定相對應的參數後，按一下〔確定〕按鈕

④查看計算結果。由於被指定儲存格內不是字串，所以傳回邏輯值 FALSE

⑤向下複製公式，以檢測其他儲存格的值

ISNA
檢測一個值是否為 #N/A 錯誤值

格式 → ISNA(value)

參數 → value

用於指定檢測是否為 #N/A 錯誤值的數值。

使用 ISNA 函數,可以檢測參數中指定的對象是否為 #N/A 錯誤值。檢測對象如果是 #N/A 錯誤時,則傳回邏輯值 TRUE;如果不是 #N/A 錯誤值,則傳回邏輯值 FALSE。

📖 EXAMPLE 1　檢測儲存格的值是否為 #N/A 錯誤值

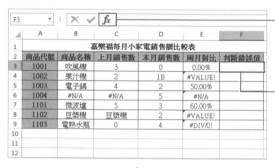

②按一下【插入函數】按鈕,打開相對應的對話盒,從中選擇 ISNA 函數

①按一下要輸入函數的儲存格

↓

③設定相對應的參數後,按一下〔確定〕按鈕

↓

④查看結果。由於被指定的儲存格中沒有錯誤值「#N/A」,所以傳回邏輯值 FALSE

由於被指定的儲存格中存在錯誤值「#N/A」,所以傳回邏輯值 TRUE

<table>
<tr><td>9-2-11</td><td>**ISERR**
檢測一個值是否為 #N/A 以外的錯誤值</td></tr>
</table>

格式 ➜ ISERR(value)

參數 ➜ value

　　　　為需要進行檢測的數值。

使用 ISERR 函數，可以檢測參數中指定的對象是否是 #N/A 以外的錯誤值。檢測對象如果是 #N/A 以外的錯誤值，則傳回邏輯值 TRUE；如果不是 #N/A 以外的錯誤值，則傳回邏輯值 FALS E。#N/A 以外的錯誤值有：#VALUE!、#NAME?、#NUM!、#REF!、#DIV/0 和 #NULL!。

EXAMPLE 1 檢測指定的儲存格是否有 #N/A 以外的錯誤值

②按一下【插入函數】按鈕，在打開的對話盒中選擇 ISERR 函數

①按一下要輸入函數的儲存格

③設定相對應的參數後，按一下〔確定〕按鈕

④查看結果。由於被指定的儲存格內無錯誤值，所以傳回邏輯值 FALSE

⑤向下複製公式，對其他儲存格的值進行判斷

9-2-12 ISERROR
檢測一個值是否為錯誤值

格式 ➔ ISERROR(value)
參數 ➔ value
指定用於檢測是否為錯誤值的資料。

使用 ISERROR 函數,可以檢測參數是否為錯誤值。檢測對象如果為錯誤值,則傳回邏輯值 TRUE,如果不是錯誤值,則傳回邏輯值 FALSE。錯誤值共有 7 種,分別是:#N/A、#VALUE!、#NAME?、#NUM!、#REF!、#DIV/0 和 #NULL!。

📖 EXAMPLE 1 檢測指定的儲存格是否有錯誤值

②按一下【插入函數】按鈕,在打開的對話盒中選擇 ISERROR 函數

①按一下要輸入函數的儲存格

③設定相對應的參數後,按一下〔確定〕按鈕

④查看結果。由於被指定的儲存格內無錯誤值,所以傳回邏輯值 FALSE

由於被指定的儲存格內包含錯誤值,所以傳回邏輯值 TRUE

09
資
訊
函
數

9-3 資料的轉換

9-3-1	**N**
	將參數中指定的不是數值形式的值轉換為數字

格式 ➜ N(value)

參數 ➜ value

指定要轉換為數字的值。

▼ N 函數的傳回值

資料類型	傳回值
數字	數字
日期	該日期的序號
邏輯值 TRUE	1
邏輯值 FALSE	0
錯誤值	錯誤值
文字	0

EXAMPLE 1 將指定的儲存格內容轉換為數值

F3	: × ✓ fx	=N(E3)					
▲	A	B	C	D	E	F	G
1			珍珠奶茶銷售表				
2	本店	日期	商品名稱	單價	數量	修正數量	金額
3	大同店	2016/5/5	芋香奶茶	10	15	15	150
4	大同店	2016/5/7	可可奶茶	9	20包	0	180
5	大同店	2016/5/10	翡翠珍奶	8	18	18	144
6	大同店	2016/7/8	奶昔	8	10杯	0	80
7	大同店	2016/9/20	芋香奶茶	10	7	7	70
8	大同店	2016/12/3	黑磚奶茶	8	25	25	200
9	大同店	2017/2/15	咖啡奶茶	5	15袋	0	75
10	大同店	2017/4/30	豆漿奶茶	7	30	30	210
11	大同店	2017/7/13	椰果奶茶	7	17	17	119
12							
13							
14							
15							

使用 =N(E3) 公式計算，傳回轉換後的數值

由於 E9 儲存格中的資料為文字格式，所以傳回值為 0

 NOTE ● **N 函數可以與其他試算表程式相容**

在其他試算表程式中輸入的資料不能正確轉換為數值時，如果還按原樣製作公式，則會傳回錯誤值「#VALUE!」。此時，可以使用 N 函數將它轉換為數值，以避免錯誤值的產生。N 函數是為了確保和其他試算表程式相容而準備的函數。

09
資
訊
函
數

9-4 錯誤的產生

| 9-4-1 | **NA** |
| | 傳回錯誤值 |

格式 → NA()
參數 → 此函數沒有參數，但必須有 ()。括弧中如果輸入參數，則傳回錯誤資訊。

NA 函數傳回錯誤值「#N/A」。它是 ISNA 函數的檢測結果或作為其他函數的參數使用。在沒有內容的儲存格中輸入 #N/A，可以避免因不小心將空白儲存格計算在內而產生的問題。Excel 中的 NA 函數是為了確保和其他試算表程式相容而準備的函數。

EXAMPLE 1 強制產生「#N/A」錯誤值

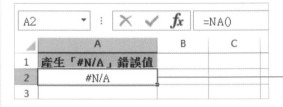

利用公式 =NA()，強制顯示錯誤值「#N/A」

✌ NOTE ● **在儲存格內直接輸入 #N/A，可得到相同的結果**

如果在儲存格內直接輸入 #N/A，也會得到和 NA 函數相同的結果。

😊😊😊**組合技巧┃作為其他函數的參數（NA+COUNTIF+SUMIF）**

NA 函數可以作為其他函數的參數使用。例如下面的例子中，NA 函數就作為 COUNTIF 函數和 SUMIF 函數的參數使用。

	A	B	C	D	E	F
1	日期	尺寸代號	尺寸名稱	數量		
2	8月12日	1	L	30		
3	8月13日	3	M	24		
4	8月14日	4	#N/A	40		
5	8月15日	2	XL	34		
6	8月16日	4	S	18		
7	8月17日	1	#N/A	32		
8	8月18日	5	K	43		
9	8月19日	3	M	26		
10	8月20日	3	#N/A	31		
11	8月21日	5	#N/A	28		
12						
13	產生#N/A錯誤值的次數		4			
14	產生#N/A錯誤值的次數		131			

C13 =COUNTIF(C2:C11,NA())

用公式 =COUNTIF(C2:C11,NA())，顯示發生 #N/A 錯誤值的次數

用公式 =SUMIF(C2:C11,NA(),D2:D11)，顯示發生 #N/A 錯誤值的總數量

工程函數

工程函數是用於電腦、工程、物理等專業領域的函數。比如用於處理 Bessel 函數、錯誤函數以及進行複數等各種計算。一般情況下，進行換算單位的函數、比較數值的函數也被劃分到工程函數中。下面將對工程函數的分類、用途，以及關鍵點進行介紹。

➔ 函數分類

1. 單位的換算

使用 CONVERT 函數，可以進行數值單位的換算。例如將單位「克」換算為「英磅」，將「公尺」換算為「英吋」等。另外，還有不同進制之間的換算函數，如下表所示。

CONVERT	換算數值的單位
DEC2BIN	將十進位數字換算為二進位
DEC2OCT	將十進位數字換算為八進位
DEC2HEX	將十進位數字換算為十六進位
BIN2OCT	將二進位數字換算為八進位
BIN2DEC	將二進位數字換算為十進位
BIN2HEX	將二進位數字換算為十六進位
HEX2BIN	將十六進位數字換算為二進位
HEX2OCT	將十六進位數字換算為八進位
HEX2DEC	將十六進位數字換算為十進位
OCT2BIN	將八進位數字換算為二進位
OCT2DEC	將八進位數字換算為十進位
OCT2HEX	將八進位數字換算為十六進位

2. 資料的計算

在數學與三角函數中可以進行加減乘除或三角函數的計算，其實工程函數中也包含能夠計算複數的加減乘除或三角函數的函數。而且，在物理學或統計學等領域中，還設置有求 Bessel 函數或錯誤函數之類的特殊函數。下表所示函數是用於複數的情況。

COMPLEX	將實係數 x 和虛係數 y 組合成複數 x+yi
IMREAL	傳回複數中的實數係數 x
IMAGINARY	傳回複數中的虛數係數 y
IMCONJUGATE	求複數的共軛複數
IMABS	求複數的絕對值
IMARGUMENT	求複數的以弧度表示的角
IMSUM	求複數的和
IMSUB	求複數的差
IMPRODUCT	求複數的積
IMDIV	求複數的商
IMSQRT	求複數的平方根
IMEXP	求複數的指數
IMPOWER	求複數的乘冪
IMSIN	求複數的正弦值
IMCOS	求複數的餘弦值
IMLN	求複數的自然對數值

IMLOG10	求複數的常用對數值
IMLOG2	求以 2 為底的複數的對數值

下表所示函數用於物理現象的分析。

BESSELJ	求 Bessel 函數值
BESSELY	求 n 階第 2 種 Bessel 函數值
BESSELI	求 n 階第 1 種修正 Bessel 函數值
BESSELK	求 n 階第 2 種修正 Bessel 函數值

下表所示函數用於統計學領域。

ERF	求錯誤函數在上下限之間的積分
ERFC	求互補錯誤函數

下表所示函數用於求雙階乘。

FACTDOUBLE	求數值的雙階乘

下表所示函數用於執行資料的邏輯分析。

BITAND	傳回兩個數字的位元「And」
BITOR	傳回兩個數字的位元「Or」
BITXOR	傳回兩個數的位元「XOR」

3. 資料的比較

要檢測兩個數值是否相等，可使用 DELTA 函數。要檢測數值與閾值的大小，可使用 GESTEP 函數。利用 IF 函數也會得到與這些函數相同的結果。但是 DELTA 函數、GESTEP 函數不用設定比較運運算元，而是直接設定數值即可，所以用起來比較簡單。

DELTA	檢定兩個數值是否相等
GESTEP	測試某數值是否比閾值大

→ 請注意

工程函數在使用中的關鍵點有基數、基數轉換、複數、實係數和虛係數。

	A	B	C	D
1	基數	基數	數值	基數表現
2	二進位	2	10011010	$1 \times 2^7 + 1 \times 2^4 + 1 \times 2^3 + 1 \times 2^2$
3	八進位	8	232	$2 \times 8^2 + 3 \times 8^2 + 2 \times 8^0$
4	十進位	10	154	$1 \times 10^2 + 5 \times 10^2 + 4 \times 10^0$
5	十六進位	16	9A	$9 \times 16^1 + 16 \times 16^0$
6				
7	複數	1+2i		1-2i
8	實係數	1		1
9	虛係數	2		-2

各進制間的基數轉換

複數是由實係數與虛係數構成的

10-1 單位的換算

10-1-1 CONVERT
換算數值的單位

格式 ➡ CONVERT(number, from_unit, to_unit)

參數 ➡ number

以 from_unit 為單位,需要進行轉換的數值或數值所在的儲存格。

from_unit

數值 number 的單位,設定顯示在表中的單位符號,並區分大小寫。例如,公分是開頭字母 c 和距離的 m 組合而成的 cm,而千瓦按此方式設定為 KW。

to_unit

為結果的單位。換算後的單位設定方法和換算前的單位設定方法相同,且單位種類必須相同。例如,如果換算前單位是距離,則換算後的單位也應該是距離的。不能設定不同種類的單位,如換算前的單位是距離,而換算後的單位是能量等。

使用 CONVERT 函數,能夠將數值的單位轉換為同類的其他單位。能夠相互換算的單位如下表所示,共有 9 個種類 49 個單位,甚至還設定了作為首碼的 16 種類型的輔助單位。使用此函數的重點是區分大小寫,並正確設定換算前和換算後的單位。

▼單位名稱和單位記號

種類	單位名稱	單位記號
重量	公克	g
	Slug	sg
	英鎊	lbm
	U(原子質量單位)	u
	盎斯	ozm
距離	公尺	m
	英里	mi
	海哩	Nmi
	英吋	in
	英呎	ft
	碼	yd
	埃	ang
	Pica (1/72 英吋)	Picapt 或 Pica
時間	年	yr
	日	day
	時	hr
	分	mn
	秒	sec

種類	單位名稱	單位記號
壓力	巴斯卡	Pa
	大氣壓力	atm
	毫米汞柱	mmHg
物理力	牛頓	N
	達因	dyn
	磅力	lbf
	焦耳	J
	爾格	e
	熱力學卡路里	c
	國際卡路里	cal
	電子伏特	eV
	馬力時	HPh
	瓦特時	Wh
	英呎磅	flb
	BTU	BTU
輸出力	馬力	HP
	瓦特	W
磁力	特斯拉	T
	高斯	ga
溫度	攝氏	C
	華氏	F
	絕對溫度	K
容量	茶匙	tsp
	大匙	tbs
	液盎斯	oz
	杯	cup
	美制 品脫	pt
	英制 品脫	uk_pt
	夸脫	qt
	加侖	gal
	公升	l 或 L

▼首碼和單位記號

首碼	名稱	乘數	單位記號
exa	艾可	10^{18}	E
peta	拍它	10^{15}	P
tera	兆兆	10^{12}	T
giga	十	10^{9}	G
mega	百萬	10^{6}	M
kilo	千	10^{3}	k
hecto	百	10^{2}	h

首碼	名稱	乘數	單位記號
deka	十	10^1	e
deci	十分之一	10^{-1}	d
centi	百分之一	10^{-2}	c
milli	毫	10^{-3}	m
micro	微	10^{-6}	u
nano	奈（毫微）	10^{-9}	n
piko	微微	10^{-12}	p
femto	毫微微	10^{-15}	f
atto	微微微	10^{-18}	a

 **EXAMPLE 1** 換算數值的單位

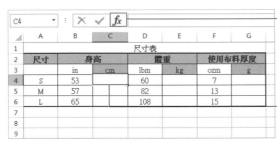

②按一下【插入函數】按鈕，打開相應對話盒，從中選擇 CONVERT 函數

①按一下要輸入函數的儲存格

③設定相對應的參數

④按一下〔確定〕按鈕

根據公式 =CONVERT(B4,"in","cm")，將英吋轉換為公分

10-1-2　DEC2BIN
將十進位數字轉換為二進位

格式 ➜ DEC2BIN(number, places)

參數 ➜ number

待轉換的十進位數字。如果參數 number 是負值，則省略 places。函數 DEC2BIN 傳回 10 位二進位數字，最高位元為正負號位元，其餘 9 位元是數字位元。負數用二進位數字的補數表示。number 的取值範圍是 -512 ～ 511。如果參數 number 為非數值型，函數 DEC2BIN 傳回錯誤值「#VALUE!」。

places

設定 1 ～ 10 之間的換算後的位數。如果省略 places，函數 DEC2BIN 用能表示此數的最少字元來表示。如果設定的位數比換算後的位數多，則在傳回的數值前置零。如果 places 不是整數，則只會取整數。

通常情況下使用 0 ～ 9 的數字表示數值。例如，分解 12^8 的每個位數，則變成 $128=10^2 \times 1+10^1 \times 2 + 10^0 \times 8$，重複 10^{n-1}（n=1，2，3……）補足公式完成。重複的基礎數字為 10，稱為基數。把 10 作為基數的數值稱為十進位數字。同樣地，其他進制也是如此，二進位數字的基數是 2，八進位數的基數是 8，十六進位的基數是 16。二進位數字是使用 0 和 1 表示數值，八進位數使用 0 ～ 7 的數字表示數值。在 0 ～ 9 以外，根據十六進位還能用一位元元羅馬字母 A ～ F 表示 10 ～ 15。因為能用二進位數字的三位表示 0 ～ 7，所以八進位數的一位和每三位匯總成的二進位數字相等。同樣地，用二進位數字的 4 位表示 0 ～ 15，所以十六進位數的一位和每 4 位匯總成的二進位數字相等。

▼將十進位數字轉換成二進位數字

基數	2^9	2^8	2^7	2^6	2^5	2^4	2^3	2^2	2^1	2^0
	512	256	128	64	32	16	8	4	2	1
二進位	0	0	1	0	0	0	0	0	0	0

▼將十進位數字轉換成八進位數

基數	8^3		8^2			8^1			8^0	
二進位	0	0	1	0	0	0	0	0	0	0
八進位	0		2			0			0	

▼將十進位數字轉換成十六進位數

基數	16^2		16^1				16^0			
二進位	0	0	1	0	0	0	0	0	0	0
十六進位	0		8				0			

EXAMPLE 1　將十進位數字轉換為二進位

使用 DEC2BIN 函數,將輸入到儲存格內的十進位數字換算為二進位。換算後的二進位作為文字處理,不能作為二進位數字進行計算。

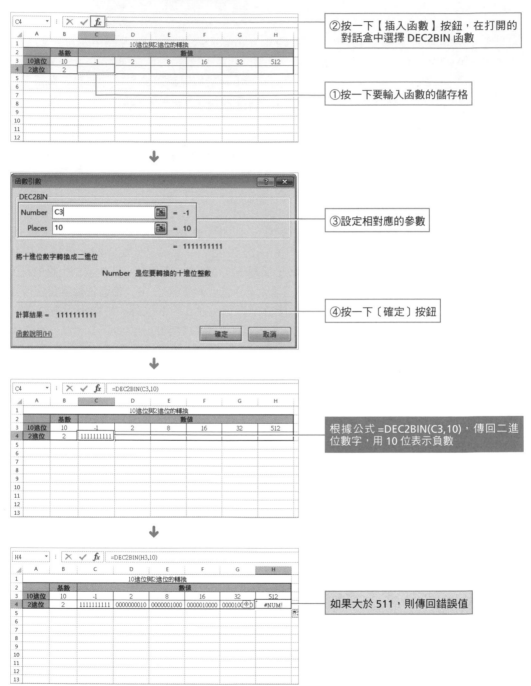

②按一下【插入函數】按鈕,在打開的對話盒中選擇 DEC2BIN 函數

①按一下要輸入函數的儲存格

③設定相對應的參數

④按一下〔確定〕按鈕

根據公式 =DEC2BIN(C3,10),傳回二進位數字,用 10 位表示負數

如果大於 511,則傳回錯誤值

10
工
程
函
數

10-1-3 DEC2OCT
將十進位數字換算為八進位

格式 → DEC2OCT(number, places)

參數 → number

待轉換的十進位數字。若參數 number 是負值,則省略參數 places。函數 DEC2OCT 傳回 10 位八進位數字(30 位二進位數字),最高位元為正負號位元,其餘 29 位元是數字位元。負數用二進位數字的補數表示。若參數 number<-536,870,912 或者 number>535,870,911,函數 DEC2OCT 將傳回錯誤值「#NUM!」。如果參數 number 為非數值型,函數傳回錯誤值「#VALUE!」。

places

設定 1 ~ 10 之間的換算後的位數。如果省略 places,函數 DEC2OCT 用能表示此數的最少字元來表示。如果設定的位數比換算後的位數多,則在傳回的數值前置零。如果 places 不是整數,則只會取整數。

📖 EXAMPLE 1 │ 將十進位數字換算為八進位

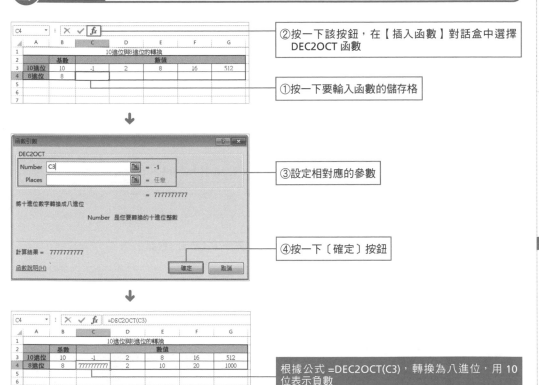

②按一下該按鈕,在【插入函數】對話盒中選擇 DEC2OCT 函數

①按一下要輸入函數的儲存格

③設定相對應的參數

④按一下〔確定〕按鈕

根據公式 =DEC2OCT(C3),轉換為八進位,用 10 位表示負數

10-1-4 DEC2HEX
將十進位數字換算為十六進位

格式 → DEC2HEX(number, places)

參數 → number

待轉換的十進位數字。如果參數 number 是負值,則省略 places。函數 DEC2HEX 傳回 10 位十六進位數字(40 位二進位數字),最高位元為正負號位元,其餘 39 位元是數字位元。負數用二進位數字的補數表示。如果 number<-549、755、813、888 或者 number>549、755、813、887,則函數 DEC2HEX 傳回錯誤值「#NUM!」。

places

設定 1 ~ 10 之間的換算後的位數。如果省略 places,函數 DEC2HEX 用能表示此數的最少字元來表示。如果設定的位數比換算後的位數多,則在傳回的數值前置零。如果 places 不是整數,則只會取整數。

📖 EXAMPLE 1　將十進位數字換算為十六進位

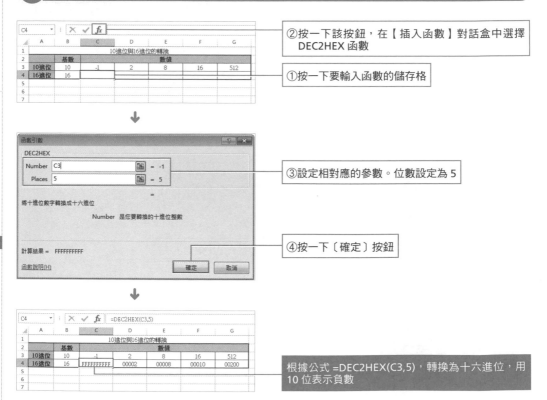

②按一下該按鈕,在【插入函數】對話盒中選擇 DEC2HEX 函數

①按一下要輸入函數的儲存格

③設定相對應的參數。位數設定為 5

④按一下〔確定〕按鈕

根據公式 =DEC2HEX(C3,5),轉換為十六進位,用 10 位表示負數

10-1-5 BIN2OCT
將二進位數字換算為八進位

格式 ➜ BIN2OCT(number, places)
參數 ➜ number

待轉換的二進位數字。number 的位元數不能多於 10 位元（二進位），最高位元為正負號位元，後 9 位元為數字位元。負數用二進位數字的補數表示。number 的取值範圍是 -512 ～ 511。如果參數 number 為非數值型，函數傳回錯誤值「#VALUE!」。

places

設定 1 ～ 10 之間的換算後的位數。如果省略 places，函數 BIN2OCT 用能表示此數的最少字元來表示。如果設定的位數比換算後的位數多，則在傳回的數值前置零。如果 places 不是整數，則只會取整數。

EXAMPLE 1 將二進位數字換算為八進位

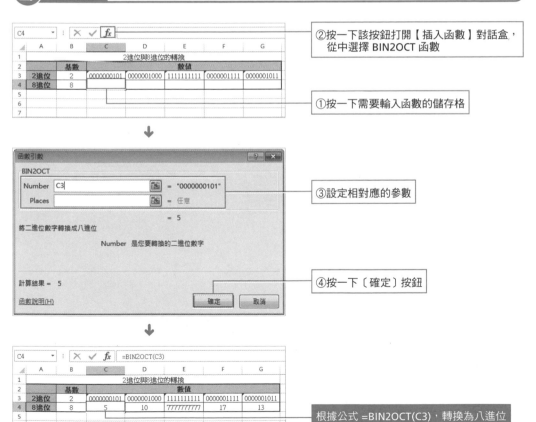

②按一下該按鈕打開【插入函數】對話盒，從中選擇 BIN2OCT 函數

①按一下需要輸入函數的儲存格

③設定相對應的參數

④按一下〔確定〕按鈕

根據公式 =BIN2OCT(C3)，轉換為八進位

10-1-6 BIN2DEC
將二進位數字換算為十進位

格式 → BIN2DEC(number)

參數 → number

待轉換的二進位數字。number 的位元數不能多於 10 位元（二進位），最高位元為正負號位元，後 9 位元為數字位元。負數用二進位數字補數表示。如果數字為非二進位或位數多於 10 位元（二進位位元），BIN2DEC 傳回錯誤值「#NUM!」。

EXAMPLE 1 將二進位數字換算為十進位

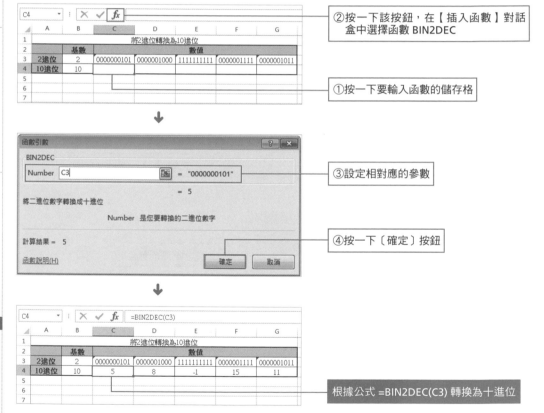

②按一下該按鈕，在【插入函數】對話盒中選擇函數 BIN2DEC

①按一下要輸入函數的儲存格

③設定相對應的參數

④按一下〔確定〕按鈕

根據公式 =BIN2DEC(C3) 轉換為十進位

📝 NOTE ● **換算結果按原樣用於計算**

換算後的十進位數字按原樣作為數值計算。

10-1-7 BIN2HEX
將二進位數字轉換為十六進位

格式 → BIN2HEX(number, places)

參數 → number

待轉換的二進位數字。number 的位元數不能多於 10 位元（二進位），最高位元為正負號位元，後 9 位元為數字位元。負數用二進位數字的補數表示。

places

設定 1 ～ 10 之間的換算後的位數。如果省略 places，函數用能表示此數的最少字元來表示。如果設定的位數比換算後的位數多，則在傳回的數值前置零。如果 places 不是整數，則只會取整數。

BIN2HEX 是將二進位數字設定的整數轉換為十六進位。設定正數時，每四位分隔二進位值，可用 0 ～ 9 及 A ～ F 表示十六進位數中的 1 位。

📖 EXAMPLE 1 將二進位數字換算為十六進位

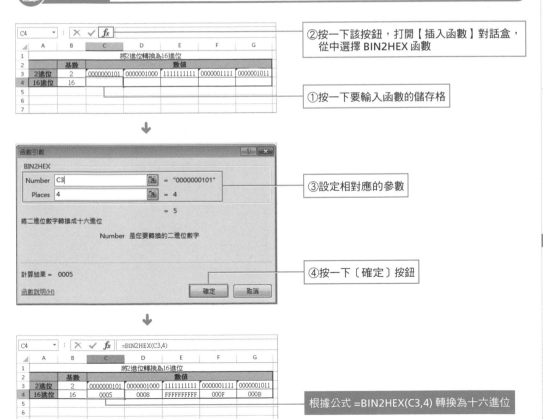

②按一下該按鈕，打開【插入函數】對話盒，從中選擇 BIN2HEX 函數

①按一下要輸入函數的儲存格

③設定相對應的參數

④按一下〔確定〕按鈕

根據公式 =BIN2HEX(C3,4) 轉換為十六進位

10
工
程
函
數

10-1-8 HEX2BIN
將十六進位數轉換為二進位

格式 → HEX2BIN(number, places)
參數 → number
待轉換的十六進位數字。參數的位數不能多於 10 位元，最高位元為正負號位元（從右算起第 40 個二進位位元），其餘 39 位元是數字位元。負數用二進位數字的補數表示。如果參數 number 為負值，則不能小於 FFFFFFFE00；如果參數 number 為正值，則不能大於 1FF。

places
設定 1 ～ 10 之間的換算後的位數。如果省略 places，函數 HEX2BIN 用能表示此數的最少字元來表示。如果設定的位數比換算後的位數多，則在傳回的數值前置零。如果 places 不是整數，則只會取整數。

EXAMPLE 1 將十六進位數換算為二進位

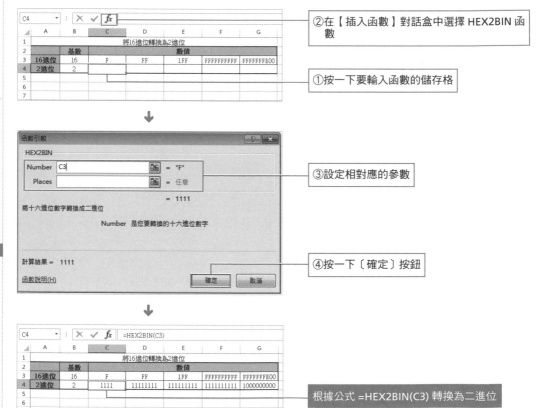

② 在【插入函數】對話盒中選擇 HEX2BIN 函數

① 按一下要輸入函數的儲存格

③ 設定相對應的參數

④ 按一下〔確定〕按鈕

根據公式 =HEX2BIN(C3) 轉換為二進位

工程函數 10

10-1-9 HEX2OCT
將十六進位數轉換為八進位

格式 → HEX2OCT(number, places)

參數 → number

待轉換的十六進位數字。參數 number 的位數不能多於 10 位，最高位（二進位）為正負號位元，其餘 39 位元（二進位）是數字位元。負數用二進位數字的補數表示。如果參數 number 為負值，則不能小於 FFE0000000；如果參數 number 為正值，則不能大於 1FFFFFFF。

places

設定 1 ～ 10 之間的換算後的位數。如果省略 places，函數 HEX2OCT 用能表示此數的最少字元來表示。如果設定的位數比換算後的位數多，則在傳回的數值前置零。如果 places 不是整數，則只會取整數。

EXAMPLE 1 將十六進位數換算為八進位

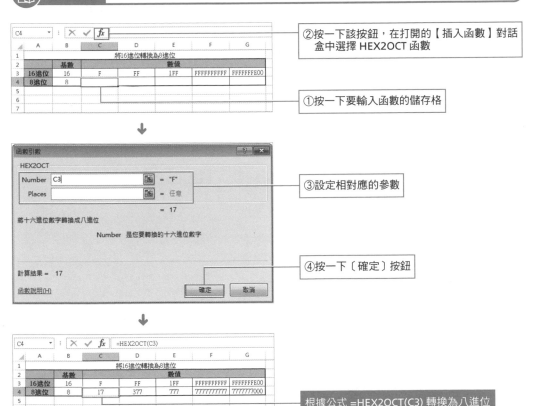

②按一下該按鈕，在打開的【插入函數】對話盒中選擇 HEX2OCT 函數

①按一下要輸入函數的儲存格

③設定相對應的參數

④按一下〔確定〕按鈕

根據公式 =HEX2OCT(C3) 轉換為八進位

10-1-10 HEX2DEC
將十六進位數轉換為十進位

格式 → HEX2DEC(number)
參數 → number

待轉換的十六進位數字。參數 number 的位數不能多於 10 位元（40 位元二進位），最高位元為正負號位元，其餘 39 位元是數字位元。負數用二進位數字的補數表示。

EXAMPLE 1 將十六進位數換算為十進位

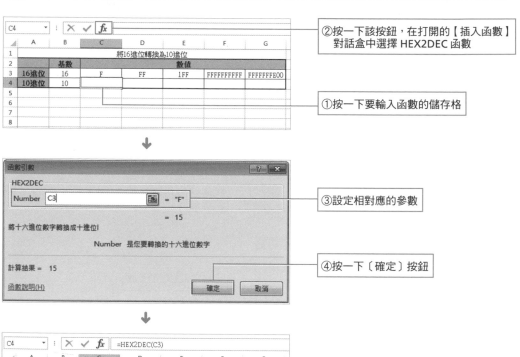

②按一下該按鈕，在打開的【插入函數】對話盒中選擇 HEX2DEC 函數

①按一下要輸入函數的儲存格

③設定相對應的參數

④按一下〔確定〕按鈕

根據公式 =HEX2DEC(C3) 轉換為十進位

 NOTE ● **轉換後也能用於計算**

轉換後的十進位數字能按原樣作為數值用於計算。

工程函數 10

10-1-11 OCT2BIN
將八進位數轉換為二進位

格式 → OCT2BIN(number, places)

參數 → number
待轉換的八進位數字。參數 number 不能多於 10 位。數字的最高位元（二進位）是正負號位元，其他 29 位元是數字位元。負數用二進位數字的補數表示。

places
設定 1 ～ 10 之間的換算後的位數。如果省略 places，函數 OCT2BIN 用能表示此數的最少字元來表示。如果設定的位數比換算後的位數多，則在傳回的數值前置零。如果 places 不是整數，則只會取整數。

EXAMPLE 1 將八進位數換算為二進位

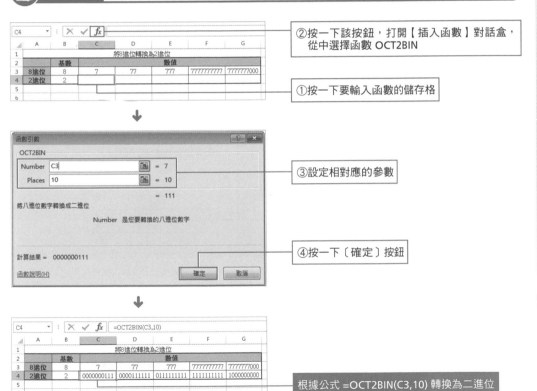

②按一下該按鈕，打開【插入函數】對話盒，從中選擇函數 OCT2BIN

①按一下要輸入函數的儲存格

③設定相對應的參數

④按一下〔確定〕按鈕

根據公式 =OCT2BIN(C3,10) 轉換為二進位

✌ NOTE ● **轉換後的取值範圍要符合各進制的取值範圍**

各進制轉換前和轉換後的進制範圍要一致。

10
工
程
函
數

10-1-12 OCT2DEC
將八進位數轉換為十進位

格式 → OCT2DEC(number)
參數 → number

待轉換的八進位數字。參數 number 的位數不能多於 10 位（30 個二進位）。數字的最高位元（二進位位元）是正負號位元，其他 29 位元是數字位元，負數用二進位數字的補數表示。

📖 EXAMPLE 1 | 將八進位數換算為十進位

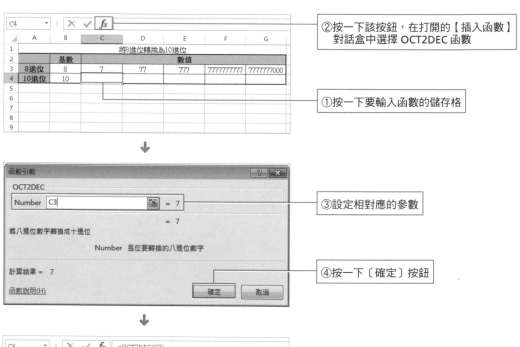

②按一下該按鈕，在打開的【插入函數】對話盒中選擇 OCT2DEC 函數

①按一下要輸入函數的儲存格

③設定相對應的參數

④按一下〔確定〕按鈕

根據公式 =OCT2DEC(C3) 轉換為十進位

NOTE ● **轉換後也可用於計算**

轉換後的十進位數字同樣能按原樣作為數值用於計算。

OCT2HEX
將八進位數轉換為十六進位

格式 ➜ OCT2HEX(number, places)

參數 ➜ number

待轉換的八進位數字。參數 number 的位數不能多於 10 位（30 個二進位）。數字的最高位元（二進位）是正負號位元，其他 29 位元是數字位元，負數用二進位數字的補數表示。

places

設定 1 ～ 10 之間的換算後的位數。如果省略 places，函數 OCT2HEX 用能表示此數的最少字元來表示。如果設定的位數比換算後的位數多，則在傳回的數值前置零。如果 places 不是整數，則只會取整數。

📖 EXAMPLE 1　將八進位數換算為十六進位

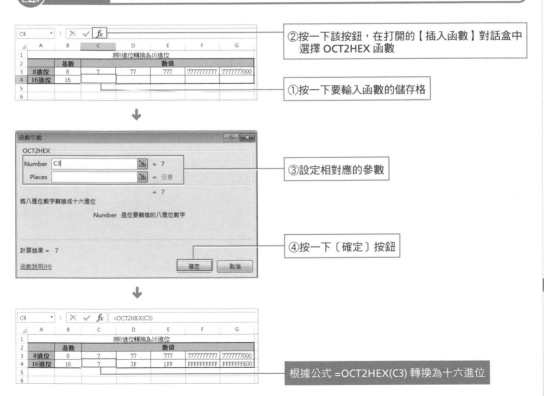

②按一下該按鈕，在打開的【插入函數】對話盒中選擇 OCT2HEX 函數

①按一下要輸入函數的儲存格

③設定相對應的參數

④按一下〔確定〕按鈕

根據公式 =OCT2HEX(C3) 轉換為十六進位

✌ NOTE ● **轉換後的取值範圍要符合各進制的取值範圍**

各進制轉換前和轉換後的進制範圍要一致。

10-2 資料的計算

10-2-1 COMPLEX

將實係數和虛係數合成為一個複數

格式 ➔ COMPLEX(real_num, i_num, suffix)

參數 ➔ real_num

用數值或數值所在的儲存格設定複數的實係數。

i_num

用數值或數值所在的儲存格設定複數的虛係數。但是，此處所說的虛係數是指虛係數單位為「i」或「j」的係數。但參數的實係數沒有如虛係數單位的「i」或「j」一樣的實係數單位。因此，為了和參數實係數的表述相統一，把虛數係數作為虛係數表示。

suffix

複數中虛係數的字尾，如果省略，則認為它為 i。文字字串加雙引號。

按照實係數 x 和虛係數 y 合成 x+yi 的複數。i 稱為虛係數單位，除 i 外，虛係數單位也可使用 j。j 也作為虛係數單位是為了避免混淆物理或工程領域內的電流 i。使用此函數的重點是得到的複數必須是文字串。而且，不能將得到的結果作為公式使用。計算複數時，必須使用以 IM 開頭的複數函數。另外，虛係數單位必須用小寫字母設定。

EXAMPLE 1 使用兩個值合成一個複數

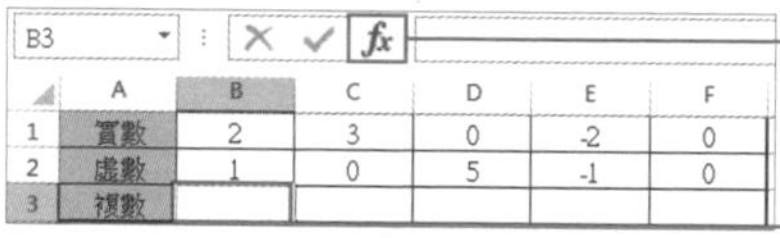

②按一下該按鈕，在打開的【插入函數】對話盒中選擇 COMPLEX 函數

①按一下要輸入函數的儲存格

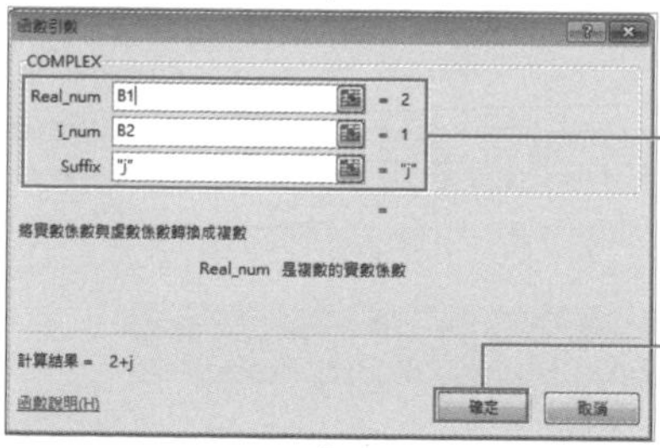

③設定相對應的參數

④按一下〔確定〕按鈕

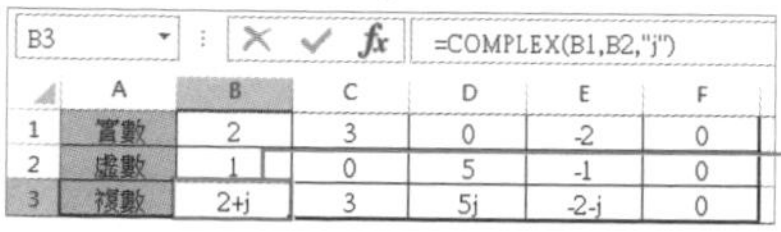

根據公式 =COMPLEX(B1,B2,"j")，在 B3 儲存格傳回複數表示

10 工程函數

10-2-2 IMREAL
傳回複數的實係數

格式 → IMREAL(inumber)
參數 → inumber
　　　設定用 x+yi 形式表述的文字串或文字串所在的儲存格。虛係數單位除使用 i 外，還可使用 j。所謂文字串是將 x 和 y 作為數字，並按「實係數＋虛係數」的順序設定。如果交換順序輸入 i+1 時，則傳回錯誤值「#NUM!」。另外，實係數不能輸入非文字數值。虛係數可以輸入 3i 或 3j，但沒必要輸入 0+3i 或 0+3j。

使用 IMREAL 函數可以從 x+yi 文字串構成的複數中傳回實係數。所得結果為不是文字串的數值。

EXAMPLE 1　從複數中傳回實係數

▲	A	B	C	D	E	F	G
1	複數	3+2i	3i+2	3	3j	3I	x+yi
2	實係數						
3	虛係數	2	#NUM!	0	3	#NUM!	#NUM!

②在【插入函數】對話盒中選擇 IMREAL 函數

①按一下要輸入函數的儲存格

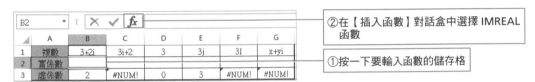

③設定相對應的參數

④按一下〔確定〕按鈕

B2		× ✓ fx	=IMREAL(B1)				
▲	A	B	C	D	E	F	G
1	複數	3+2i	3i+2	3	3j	3I	x+yi
2	實係數	3	#NUM!	3	0	#NUM!	#NUM!
3	虛係數	2	#NUM!	0	3	#NUM!	#NUM!
4							
5							

若用虛係數＋實係數表示或輸入 i、j 以外的字元或輸入的全是文字串，則傳回錯誤值

根據公式 =IMREAL(B1)，在 B2 儲存格內顯示實係數

10-2-3　IMAGINARY
傳回複數的虛係數

格式 ➜ IMAGINARY(inumber)
參數 ➜ inumber
　　　 設定用 x+yi 形式表述的文字串或文字串所在的儲存格。虛係數單位除使用 i 外，還可使用 j。所謂文字串是將 x 和 y 作為數字，並按「實係數 + 虛係數」的順序設定。如果交換順序輸入 i+1 時，則傳回錯誤值「#NUM!」。另外，實係數不能輸入非文字數值。虛係數可以輸入 3i 或 3j，但沒必要輸入 0+3i 或 0+3j。

使用 IMAGINARY 函數可以從 x+yi 文字串構成的複數中傳回虛係數。所得結果為不是文字串的數值。

EXAMPLE 1　從複數中傳回虛係數

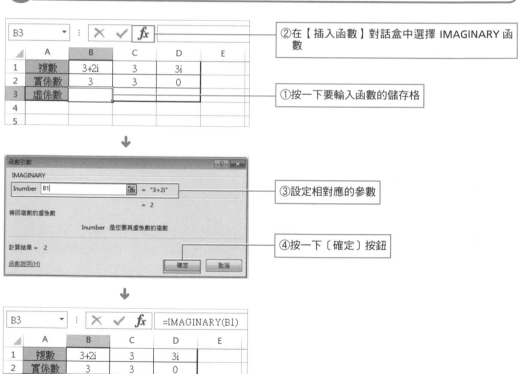

②在【插入函數】對話盒中選擇 IMAGINARY 函數

①按一下要輸入函數的儲存格

③設定相對應的參數

④按一下〔確定〕按鈕

根據公式 =IMAGINARY(B1) 在 B3 儲存格內顯示虛係數

10
工
程
函
數

10-2-4 IMCONJUGATE
傳回複數的共軛複數

格式 ➜ IMCONJUGATE(inumber)

參數 ➜ inumber

設定用 x+yi 形式表述的文字串或文字串所在的儲存格。虛係數單位除使用 i 外，還可使用 j。所謂文字串是將 x 和 y 作為數字，並按「實係數＋虛係數」的順序設定。如果交換順序輸入 i+1 時，則傳回錯誤值「#NUM!」。另外，實係數不能輸入非文字數值。虛係數可以輸入 3i 或 3j，但沒必要輸入 0+3i 或 0+3j。

使用 IMCONJUGATE 函數可以從 x+yi 格式的文字串構成的複數中傳回共軛複數 x-yi。所得結果為文字串。x+yi 和 x-yi 互為共軛關係，在實軸和虛軸的複數平面圖中，變為以實軸為對稱軸的鏡像關係。

 EXAMPLE 1　求複數的共軛複數

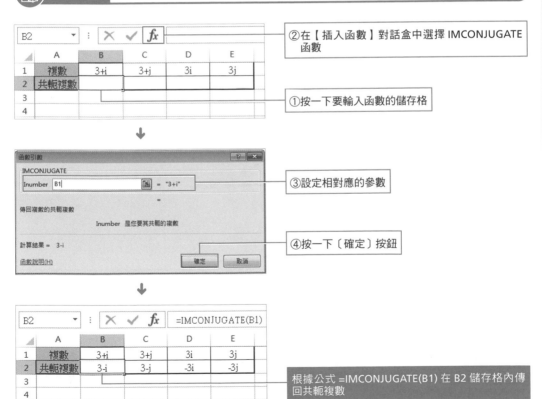

②在【插入函數】對話盒中選擇 IMCONJUGATE 函數

①按一下要輸入函數的儲存格

③設定相對應的參數

④按一下〔確定〕按鈕

根據公式 =IMCONJUGATE(B1) 在 B2 儲存格內傳回共軛複數

10
工程函數

10-2-5 IMABS
傳回複數的絕對值

格式 ➜ IMABS(inumber)
參數 ➜ inumber
設定用 x+yi 形式表述的文字串或文字串所在的儲存格。虛係數單位除使用 i 外，還可使用 j。所謂文字串是將 x 和 y 作為數字，並按「實係數 + 虛係數」的順序設定。如果交換順序輸入 i+1 時，則傳回錯誤值「#NUM!」。另外，實係數不能輸入非文字數值。虛係數可以輸入 3i 或 3j，但沒必要輸入 0+3i 或 0+3j。

複數 x+yi 是作為實軸和虛軸的複數平面上的座標 z(x,y) 考慮的。從原點到座標 z(x,y) 的距離為複數的絕對值。IMABS 函數是求距離 r。

$$IMABS(z) = r = \sqrt{x^2 + y^2}$$

距離 r 和實軸之間的角度稱為偏角。用下面的公式求距離 r 和偏角上的點的座標 z(x,y)，此公式為複數的極座標。

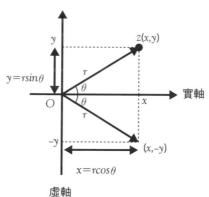

$$x \pm yi = r(\cos\theta \pm i\sin\theta)$$

EXAMPLE 1 求複數的絕對值

B3   =IMABS(B2)

	A	B	C	D	E
1		共軛複數		實係數	虛係數
2	複數	1+i	1-j	3	4i
3	絕對值	1.414213562	1.414213562	3	4
4	偏角弧度	0.785398163	-0.785398163	0	1.570796327
5	偏角角度	45	-45	0	90
6					
7					

根據公式 =IMABS(B2) 在 B3 儲存格內傳回複數的絕對值

IMARGUMENT
傳回以弧度表示的角

格式 ➜ IMARGUMENT(inumber)

參數 ➜ inumber

設定用 x+yi 形式表述的文字串或文字串所在的儲存格。虛係數單位除使用 i 外，還可使用 j。所謂文字串是將 x 和 y 作為數字，並按「實係數 + 虛係數」的順序設定。如果交換順序輸入 i+1 時，則傳回錯誤值「#NUM!」。另外，實係數不能輸入非文字數值。虛係數可以輸入 3i 或 3j，但沒必要輸入 0+3i 或 0+3j。

使用 IMARGUMENT 函數，可以求用極座標格式 r(cos+sin) 表示的複數 x+yi 的偏角。結果用弧度單位表示。偏角和實係數 x、虛係數 y 的關係如下。

$$IMARGUMENT(z) = \theta = tan^{-1}\frac{y}{x}$$

 EXAMPLE 1 求複數的偏角

②在【插入函數】對話盒中選擇 IMARGUMENT 函數

①按一下要輸入函數的儲存格

③設定相對應的參數

④按一下〔確定〕按鈕

根據公式 =IMARGUMENT(B2)，在 B4 儲存格內傳回弧度表示的偏角

10
工
程
函
數

IMSUM
求複數的和

格式 ➡ IMSUM(inumber1, inumber2, ...)

參數 ➡ inumber1, inumber2, ...

設定用 x+yi 形式表述的文字串或文字串所在的儲存格。虛係數單位除使用 i 外，還可使用 j。所謂文字串是將 x 和 y 作為數字，並按「實係數 + 虛係數」的順序設定。如果交換順序輸入 i+1 時，則傳回錯誤值「#NUM!」。另外，實係數不能輸入非文字數值。虛係數可以輸入 3i 或 3j，但沒必要輸入 0+3i 或 0+3j。

使用 IMSUM 函數，可以求用 x+yi 表示的多個複數的和。複數參數最多能設定 29 個，計算結果為實係數總和 + 虛係數總和，公式如下。如果用極座標格式計算複數之和，則得到各座標向量之和。

$$IMSUM(z_1,z_2)=(x_1+x_2)+(y_1+y_2)i$$

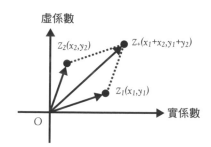

EXAMPLE 1　求複數之和

B3		fx	=IMSUM(B1,B2)	
▲	A	B	C	D	E
1	複數1	2+4i	2+4i	2+4i	2+4i
2	複數2	2-4i	-2+4i	-2-4i	2+4i
3	複數之和	4	8i	0	4+8i
4					
5					
6					
7					
8					
9					
10					

根據公式 =IMSUM(B1,B2)，在 B3 儲存格內傳回複數之和

10-2-8 IMSUB
傳回兩複數之差

格式 ➡ IMSUB(inumber1, inumber2, ...)
參數 ➡ inumber1, inumber2, ...

設定用 x+yi 形式表述的文字串或文字串所在的儲存格。虛係數單位除使用 i 外，還可使用 j。所謂文字串是將 x 和 y 作為數字，並按「實係數＋虛係數」的順序設定。如果交換順序輸入 i+1 時，則傳回錯誤值「#NUM!」。另外，實係數不能輸入非文字數值。虛係數可以輸入 3i 或 3j，但沒必要輸入 0+3i 或 0+3j。

使用 IMSUB 函數，可以求用 x+yi 表示的兩個複數的差。參數最多可以設定 29 個，計算結果為實係數總差＋虛係數總差，公式如下。如果用極座標表示複數的差，則差的向量方向反向，數值為向量和。

$$IMSUB(z_1, z_2) = (x_1 - x_2) + (y_1 - y_2)i$$

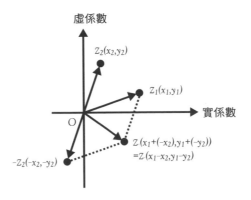

EXAMPLE 1　求複數之差

	A	B	C	D	E
				=IMSUB(B1,B2)	
1	複數1	2+4i	2+4i	2+4i	2+4i
2	複數2	2-4i	-2+4i	-2-4i	2+4i
3	複數之差	8i	4	4+8i	0
4					
5					
6					
7					
8					
9					
10					

B3 儲存格 =IMSUB(B1,B2)

根據公式 =IMSUB(B1,B2) 在 B3 儲存格內傳回複數之差

10
工
程
函
數

10-2-9 IMPRODUCT
傳回複數之積

格式 → IMPRODUCT(inumber1, inumber2, ...)
參數 → inumber1, inumber2, ...

設定用 x+yi 形式表述的文字串或文字串所在的儲存格。虛係數單位除使用 i 外，還可使用 j。所謂文字串是將 x 和 y 作為數字，並按「實係數 + 虛係數」的順序設定。如果交換順序輸入 i+1 時，則傳回錯誤值「#NUM!」。另外，實係數不能輸入非文字數值。虛係數可以輸入 3i 或 3j，但沒必要輸入 0+3i 或 0+3j。

使用 IMPRODUCT 函數，可求用 x+yi 表示的多個複數的積。複數參數最多能設定 29 個。如果用極座標形式表示複數之積，它的大小變為各座標向量的長度積,並用各種代數和求偏角。總之，積擴大，偏角則變為逆時針旋轉的向量。複數之積的公式如下。

$$IMPRODUCT(z_1, z_2) = (x_1 x_2 - y_1 y_2) + (y_1 x_2 - x_1 y_2)i$$

其中， $z_1 = x_1 + y_1 i$ ， $z_2 = x_2 + y_2 i$ 。

📋 EXAMPLE 1 求複數之積

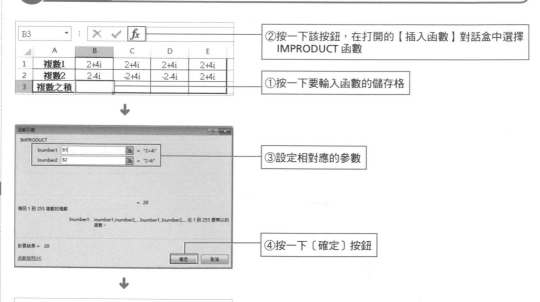

②按一下該按鈕，在打開的【插入函數】對話盒中選擇 IMPRODUCT 函數

①按一下要輸入函數的儲存格

③設定相對應的參數

④按一下〔確定〕按鈕

根據公式 =IMPRODUCT(B1,B2)，在 B3 儲存格內傳回複數之積

IMDIV
傳回兩個複數的商

格式 → IMDIV(inumber1, inumber2, ...)

參數 → inumber1

為複數分子（被除數）。設定用 x+yi 形式表述的文字串或文字串所在的儲存格。虛係數單位除使用 i 外，還可使用 j。所謂文字串是將 x 和 y 作為數字，並按「實係數 + 虛係數」的順序設定。如果交換順序輸入 i+1 時，則傳回錯誤值「#NUM!」。另外，實係數不能輸入非文字數值。虛係數可以輸入 3i 或 3j，但沒必要輸入 0+3i 或 0+3j。如果設定小於 2 的複數，則傳回錯誤值「#NUM!」。

inumber2

為複數分母（除數）。

複數之商的公式如下。

$$IMDIV(z_1, z_2) = \frac{x_1+y_1 i}{x_2+y_2 i} = \frac{x_1+y_1 i}{x_2+y_2 i} \cdot \frac{x_1-y_1 i}{x_2-y_2 i} = \frac{(x_1 x_2 + y_1 y_2) + (y_1 x_2 + x_1 y_2)i}{x_2^2 + y_2^2 i}$$

其中，$z_1 = x_1 + y_1 i$ ， $z_2 = x_2 + y_2 i$ 。

 EXAMPLE 1　求複數之商

②按一下該按鈕，打開【插入函數】對話盒，從中選擇 IMDIV 函數

①按一下要輸入函數的儲存格

③設定相對應的參數

④按一下〔確定〕按鈕

根據公式 =IMDIV(B1,B2)，在 B3 儲存格內傳回複數之商

10-2-11 IMSQRT 求複數平方根

格式 ➜ IMSQRT(inumber)

參數 ➜ inumber

設定用 x+yi 形式表述的文字串或文字串所在的儲存格。虛係數單位除使用 i 外，還可使用 j。所謂文字串是將 x 和 y 作為數字，並按「實係數 + 虛係數」的順序設定。如果交換順序輸入 i+1 時，則傳回錯誤值「#NUM!」。另外，實係數不能輸入非文字數值。虛係數可以輸入 3i 或 3j，但沒必要輸入 0+3i 或 0+3j。

複數平方根的公式如下。

$$IMSQRT(x+yi) = \sqrt{x+yi} = \sqrt{r(\cos\theta + i\sin\theta)} = \sqrt{r}\left(\cos\frac{\theta}{2} + i\sin\frac{\theta}{2}\right)$$

其中，$r = \sqrt{x^2+y^2}$，$\theta = \tan^{-1}\frac{y}{x}$，$x = r\cos\theta$，$y = r\sin\theta$。

EXAMPLE 1 求複數的平方根

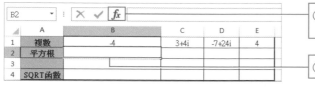

②在【插入函數】對話盒中選擇 IMSQRT 函數

①按一下選取要輸入函數的儲存格

③設定相對應的參數

④按一下〔確定〕按鈕

根據公式 =IMSQRT(B1) 在 B2 儲存格內傳回複數的平方根

參數為負，傳回錯誤值

10-2-12 IMEXP
求複數的指數

格式 → **IMEXP**(inumber)
參數 → inumber
設定用 x+yi 形式表述的文字串或文字串所在的儲存格。虛係數單位除使用 i 外，還可使用 j。所謂文字串是將 x 和 y 作為數字，並按「實係數 + 虛係數」的順序設定。如果交換順序輸入 i+1 時，則傳回錯誤值「#NUM!」。另外，實係數不能輸入非文字數值。虛係數可以輸入 3i 或 3j，但沒必要輸入 0+3i 或 0+3j。

使用 IMEXP 函數，可以求以自然對數 e 為底，以 x+yi 文字格式表示的複數的指數。用下列公式表示複數的指數。
利用歐拉公式：

$$e^{yi} = cosy + isiny$$

$$IMEXP(x+yi) = e^{x+yi} = e^x e^{yi} = e^x (cosy + isiny)$$

 EXAMPLE 1　求複數的指數

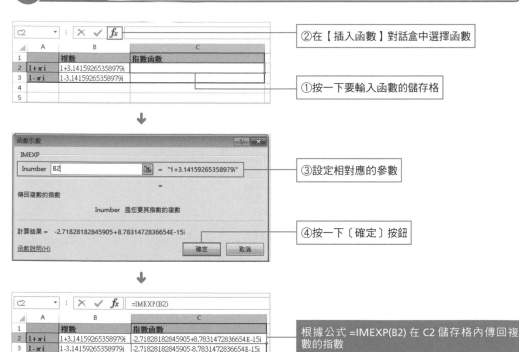

②在【插入函數】對話盒中選擇函數

①按一下要輸入函數的儲存格

③設定相對應的參數

④按一下〔確定〕按鈕

根據公式 =IMEXP(B2) 在 C2 儲存格內傳回複數的指數

10-2-13　IMPOWER
傳回複數的乘冪

格式 ➜ IMPOWER(inumber, number)
參數 ➜ inumber
　　　為需要計算其冪值的複數。設定用 x+yi 形式表述的文字串或文字串所在的儲存格。虛係數單位除使用 i 外，還可使用 j。設定虛係數時，可以輸入 3i 或 3j，但沒必要輸入 0+3i 或 0+3j。
　　　number
　　　用數值或數值所在的儲存格設定需要計算的冪次。例如，輸入 0.5，所得結果為平方根，它和 IMSQRT 函數相同。

使用 IMPOWER 函數，可以求以複數 x+yi 的極座標形式的距離 r 為底的複數的乘冪。複數的乘冪利用棣莫弗定理來求，公式如下。

棣莫弗定理：

$$\{r(\cos\theta+i\sin\theta)\}^n = r^n(\cos n\theta+i\sin n\theta)$$

$$IMPOWER(x+yi,n)=(x+yi)^n=\{r(\cos\theta+i\sin\theta^n)\}=r^n(\cos n\theta+i\sin n\theta)$$

其中，$r=\sqrt{x^2+y^2}$, $\theta=\tan^{-1}\dfrac{y}{x}$ ，$x=r\cos\theta$ ，$y=r\sin\theta$ 。

EXAMPLE 1　求複數的乘冪

B3		fx	=IMPOWER($B$1,A3)			
	A		B	C	D	E
1	複數		1+0.3i			
2	指數		各種乘冪	實係數	虛係數	
3	2		0.91+0.6i	0.91	0.6	
4	3		0.73+0.873i	0.73	0.873	
5	4		0.4681+1.092i	0.4681	1.092	
6	5		0.1405+1.23243i	0.1405	1.23243	
7	6		-0.229229+1.27458i	-0.229229	1.27458	
8	7		-0.611603+1.2058113i	-0.611603	1.2058113	
9	8		-0.97334639+1.0223304i	-0.97334639	1.0223304	
10	9		-1.28004551+0.730326483i	-1.28004551	0.730326483	
11	10		-1.4991434549+0.34631283i	-1.499143455	0.34631283	
12	11		-1.6030373039-0.10343020647i	-1.603037304	-0.103430206	
13	12		-1.572008241959-0.584341139764i	-1.572008242	-0.584341398	
14	13		-1.396705822667-1.0559438702277i	-1.396705823	-1.05594387	
15	14		-1.07992266159869-1.4749556170278i	-1.079922662	-1.474955617	

根據公式 =IMPOWER($B$1,A3)，在 B3 儲存格內傳回複數的乘冪

IMSIN
求複數的正弦值

格式 → IMSIN(inumber)
參數 → inumber

為需要計算其正弦值的複數。設定用 x+yi 形式表述的文字串或文字串所在的儲存格。虛係數單位除使用 i 外，還可使用 j。設定虛係數時，可以輸入 3i 或 3j，但沒必要輸入 0+3i 或 0+3j。

使用 IMSIN 函數，可以求 x+yi 形式的複數相對應的正弦值。複數的三角函數用下列公式定義。參數設定為實數時，它和數學與三角函數中的 SIN 函數相同。

$$IMSIN(x+yi) = \frac{e^{i(x+yi)} - e^{-i(x+yi)}}{2i} = \frac{e^{-y}(cosx+isinx) - e^{y}(cosx-isinx)}{2i} \cdot \frac{i}{i}$$

$$= \frac{e^{y}+e^{-y}}{2} \cdot sinx+i \cdot \frac{e^{y}-e^{-y}}{2} \cdot cosx = coshy \cdot sinx+i \cdot sinhy \cdot cosx$$

EXAMPLE 1 求複數的正弦值

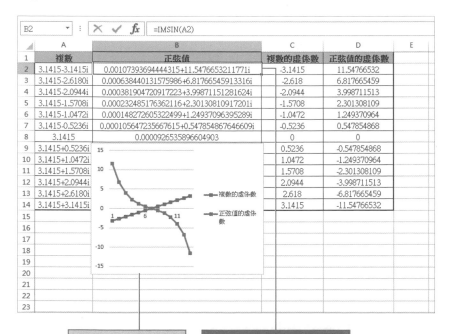

複數的虛係數和正弦值的虛係數產生的圖表

根據公式 =IMSIN(A2)，在 B2 儲存格內傳回複數的正弦值

10-2-15 IMCOS
求複數的餘弦值

格式 → IMCOS(inumber)

參數 → inumber

為需要計算其餘弦值的複數。設定用 x+yi 形式表述的文字串或文字串所在的儲存格。虛係數單位除使用 i 外，還可使用 j。設定虛係數時，可以輸入 3i 或 3j，但沒必要輸入 0+3i 或 0+3j。

使用 IMCOS 函數，可以求 x+yi 複數相對應的餘弦值。複數的三角函數用下列公式定義。參數設定為實數時，它和數學與三角函數中的 COS 函數相同。

$$IMCOS(x+yi) = \frac{e^{i(x+yi)} + e^{i(x+yi)}}{2} = \frac{e^{-y}(cosx + isinx) + e^{y}(cosx - isinx)}{2}$$

$$= \frac{e^{y} + e^{-y}}{2} \cdot cosx - i \cdot \frac{e^{y} - e^{-y}}{2} \cdot \frac{i}{i} \cdot sinx = coshy \cdot cosx + i \cdot sinhy \cdot sinx$$

EXAMPLE 1 求複數的餘弦值

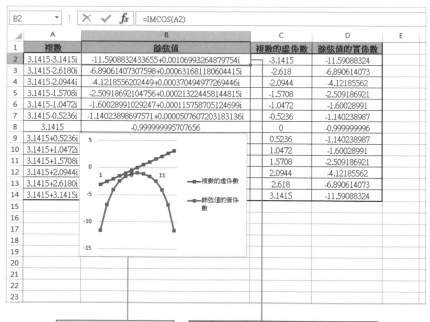

	B2	:	× ✓ fx	=IMCOS(A2)		
▲	A	B		C	D	E
1	**複數**	**餘弦值**		**複數的虛係數**	**餘弦值的實係數**	
2	3.1415-3.1415i	-11.5908832433655+0.001069932648797541i		-3.1415	-11.59088324	
3	3.1415-2.6180i	-6.890614073075981+0.000631681180604415i		-2.618	-6.890614073	
4	3.1415-2.0944i	-4.1218556202449+0.0003704949772694461i		-2.0944	-4.12185562	
5	3.1415-1.5708i	-2.50918692104756+0.000213224458144815i		-1.5708	-2.509186921	
6	3.1415-1.0472i	-1.600289910292471+0.000115758705124699i		-1.0472	-1.60028991	
7	3.1415-0.5236i	-1.140238987697571+0.0000507607203183136i		-0.5236	-1.140238987	
8	3.1415	-0.999999995707656		0	-0.999999996	
9	3.1415+0.5236i			0.5236	-1.140238987	
10	3.1415+1.0472i			1.0472	-1.60028991	
11	3.1415+1.5708i			1.5708	-2.509186921	
12	3.1415+2.0944i			2.0944	-4.12185562	
13	3.1415+2.6180i			2.618	-6.890614073	
14	3.1415+3.1415i			3.1415	-11.59088324	

複數的虛係數和餘弦值的實係數產生的圖表

根據公式 =IMCOS(A2)，在 B2 儲存格內傳回複數的餘弦值

10-2-16 IMLN
求複數的自然對數

格式 ➔ IMLN(inumber)

參數 ➔ inumber

為需要計算其自然對數的複數。設定用 x+yi 形式表述的文字串或文字串所在的儲存格。虛係數單位除使用 i 外，還可使用 j。設定虛係數時，可以輸入 3i 或 3j，但沒必要輸入 0+3i 或 0+3j；如果輸入 0，則傳回錯誤值「#NUM!」。

使用 IMLN 函數，可以求 x+yi 形式複數對應的自然對數的值。對數函數是指數函數的反函數。用下列公式求複數的自然對數。

$$e^{i\theta} = cos\,\theta + isin\,\theta$$

$$IMLN(x+yi) = log_e(x+yi) = log_e r(cos\,\theta + isin\,\theta) = log_e re^{i\theta} = log_e r + i\theta$$

其中，$r = \sqrt{x^2+y^2}$, $\theta = tan^{-1}\dfrac{y}{x}$, $x = rcos\,\theta$, $y = rsin\,\theta$。

EXAMPLE 1 求複數的自然對數

根據公式 =IMLN(B2)，在 C2 儲存格內顯示複數的自然對數

NOTE ● $log_e r$ 的結果

$log_e r$（距離 r 的自然對數）和偏角 θ 在一條直線上，意思即為各複數的座標是在以原點為中心，半徑為 r 的同心圓上。

10
工
程
函
數

10-2-17 IMLOG10
求複數的常用對數

格式 ➜ IMLOG10(inumber)
參數 ➜ inumber

為需要計算其常用對數的複數。設定用 x+yi 形式表述的文字串或文字串所在的儲存格。虛係數單位除使用 i 外，還可使用 j。設定虛係數時，可以輸入 3i 或 3j，但沒必要輸入 0+3i 或 0+3j；如果輸入 0，則傳回錯誤值「#NUM!」。

使用 IMLOG10 函數，可以求 x+yi 形式複數相對應的常用對數值。自然對數的底是 e，即 2.7182818，但常用對數的底是 10。用下列公式可從自然對數轉換到常用對數。

$$IMLOG10(x+yi) = \frac{IMLN(x+yi)}{log_e10} = \frac{log_e r + i\,\theta}{log_e10} \approx 0.434 \cdot IMLN(x+yi)$$

其中，$r = \sqrt{x^2+y^2}$, $\theta = tan^{-1}\dfrac{y}{x}$ 。

📖 **EXAMPLE 1** 求複數的常用對數

| C2 | : | ✕ ✓ *fx* | =IMLOG10(B2) |

▲	A	B	C	D
1		複數	常用對數	
2	√2+√2i	1.41421356+1.41421356i	0.301029994935221+0.34109408846046i	
3	√2-√2i	1.41421356-1.41421356i	0.301029994935221-0.34109408846046i	
4	1+√3i	1+1.73205080i	0.301029994240616+0.4547921171255i	
5	1-√3i	1-1.73205080i	0.301029994240616-0.4547921171255i	
6				
7				
8			根據公式 =IMLOG10(B2)，在 C2 儲存格	
9			內傳回複數的常用對數	
10				
11				

✌ NOTE ● **log₁₀r 的結果**

$log_{10}r$（距離 r 的常用對數）和偏角 θ 在一條直線上，意思即為各複數的座標是在以原點為中心，半徑為 r 的同心圓上。

10
工
程
函
數

10-2-18 IMLOG2
傳回複數以 2 為底的對數

格式 ➡ IMLOG2(inumber)

參數 ➡ inumber

為需要計算其以 2 為底的對數的複數。設定用 x+yi 形式表述的文字串或文字串所在的儲存格。虛係數單位除使用 i 外，還可使用 j。設定虛係數時，可以輸入數值。而且，虛係數也可輸入 3i 或 3j，但沒必要輸入 0+3i 或 0+3j。而且，如果輸入 0，則傳回錯誤值「#NUM!」。

使用 IMLOG2 函數，可以求複數 x+yi 相對應的以 2 為底的對數。用下列公式可以從自然對數轉換到以 2 為底的對數。

$$IMLOG2(x+yi) = \frac{IMLN(x+yi)}{log_e 2} = \frac{log_e r + i\,\theta}{log_e 2} \approx 1.443 \cdot IMLN(x+yi)$$

其中，$r = \sqrt{x^2 + y^2}$, $\theta = tan^{-1}\frac{y}{x}$。

📑 EXAMPLE 1　求複數以 2 為底的對數

	A	B	C	D
		複數	以2為底的對數	
2	√2+√2i	1.41421356+1.41421356i	0.999999997579112+1.1330900354568i	
3	√2-√2i	1.41421356-1.41421356i	0.999999997579112-1.1330900354568i	
4	1+√3i	1+1.73205080i	0.999999995271682+1.51078867112125i	
5	1-√3i	1-1.73205080i	0.999999995271682-1.51078867112125i	

C2　=IMLOG2(B2)

根據公式 =IMLOG2(B2)，在 C2 儲存格內傳回複數的以 2 為底的對數值

✌ NOTE ● log₂r 的結果

$log_2 r$（距離 r 的以 2 為底的對數）和偏角 θ 在一條直線上，意思即為各複數的座標是在以原點為中心，半徑為 r 的同心圓上。

10-2-19 BESSELJ

傳回 n 階第一類 Bessel 函數值

格式 → BESSELJ(x,n)

參數 → x

設定代入到 Bessel 函數的變數值或輸入變數值所在的儲存格。

n

用整數或整數所在的儲存格設定 Bessel 函數的階數。如果設定為負值,則傳回錯誤值「#NUM!」。

所謂 Bessel 函數,即用 Bessel 的微積分方程式定義的函數。可使用 BESSELJ 函數,求 x 值對應的 n 階第一類 Bessel 函數值。此函數用於分析圓筒形的振動。例如,敲鼓時的振動等。下列公式是 Bessel 的微積分方程式。

貝索微分方程式:$x^2 \dfrac{d^2 y}{dx^2} + x \dfrac{dy}{dx} + (x^2 - n^2) = 0, n \geqslant 0$

$$BESSELJ(x,n) = J_n(x) = \sum_{k=0}^{\infty} \frac{(-1)^k}{\Gamma(n+k+1)\,\Gamma(k+1)} \left(\frac{x}{2}\right)^{n+2k}$$

其中,Γ 為伽瑪函數。

$$\Gamma(n+k+1) = \int_0^{\infty} x^{n+k} e^{-x} dx$$

特別是:$\Gamma(k+1) = k!$

📖 **EXAMPLE 1** 求 n 階第一類 Bessel 函數值

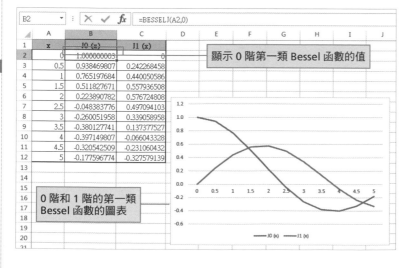

顯示 0 階第一類 Bessel 函數的值

0 階和 1 階的第一類 Bessel 函數的圖表

10 工程函數

BESSELY

求 n 階第二類 Bessel 函數值

格式 ➜ BESSELY(x,n)

參數 ➜ x

設定代入到 Bessel 函數的變數值或輸入變數值所在的儲存格。不能設定小於 0 的數值。如果設定為負值,則函數傳回錯誤值「#NUM!」。

n

用整數或整數所在的儲存格設定 Bessel 函數的階數。如果設定為負值,則傳回錯誤值「#VALUE!」。

使用 BESSELY 函數,可以求 x 值的 n 階第二類 Bessel 函數值,公式如下。

$$BESSELY(x,n)=Y_n(x)=\lim_{\nu \to n} \frac{J_\nu(x)cos(\nu\pi)-J_{-\nu}(x)}{sin(\nu\pi)}$$

EXAMPLE 1 求 n 階第二類 Bessel 函數值

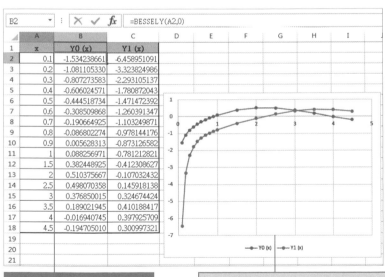

用公式 =BESSELY(A2,0) 顯示 0 階第二類 Bessel 函數的值

0 階和 1 階的第二類 Bessel 函數的圖表

 NOTE ● **Bessel 函數可以改變振幅和週期**

在 Excel 中,表示振幅的函數還有 SIN 函數和 COS 函數,但是 Bessel 函數和保持一定的振幅和週期的 SIN 函數和 COS 函數不同,Bessel 函數可以改變振幅和週期。

10-2-21 BESSELI
求 n 階第一類修正 Bessel 函數值

格式 ➜ BESSELI(x,n)
參數 ➜ x

設定代入到 Bessel 函數的變數值，或輸入變數值所在的儲存格。

n

用整數或輸入整數的儲存格設定 Bessel 函數的階數。如果設定為負值，則傳回錯誤值「#NUM!」。

使用 BESSELI 函數，可以求 n 階第一類修正 Bessel 函數值，其公式如下。

貝索微分方程式： $x^2 \dfrac{d^2 y}{dx^2} + x \dfrac{dy}{dx} - (x^2 + n^2) = 0, n \geq 0$

$$BESSELI(x,n) = I_n(x) = \sum_{k=0}^{\infty} \frac{1}{\Gamma(n+k+1)k!} \left(\frac{x}{2}\right)^{n+2k}$$

EXAMPLE 1　求 n 階第一類修正 Bessel 函數值

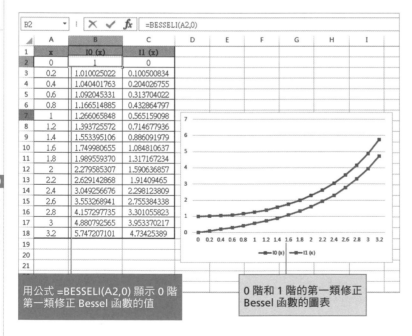

用公式 =BESSELI(A2,0) 顯示 0 階第一類修正 Bessel 函數的值

0 階和 1 階的第一類修正 Bessel 函數的圖表

10-2-22 BESSELK
求 n 階第二類修正 Bessel 函數值

格式 ➡ BESSELK(x,n)

參數 ➡ x

設定代入到 Bessel 函數的變數值，或輸入變數值所在的儲存格。不能設定小於 0 的數值。如果設定為負值，則函數傳回錯誤值「#NUM!」。

n

用整數或整數所在的儲存格設定 Bessel 函數的階數。如果設定為負值，則傳回錯誤值「#NUM!」。

使用 BESSELK 函數，可以求 n 階第二類修正 Bessel 函數值，其公式如下。

$$BESSELK(x,n) = K_n(x) = \lim_{v \to n} \frac{\pi}{2} \cdot \frac{I_{-v}(x) - I_v(x)}{sin(v\pi)}$$

📑 EXAMPLE 1 | 求 n 階第二類修正 Bessel 函數值

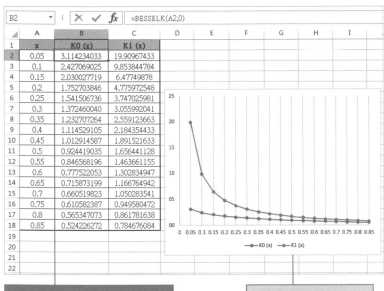

用公式 =BESSELK(A2,0) 顯示 0 階第二類修正 Bessel 函數的值

0 階和 1 階的第二類修正 Bessel 函數的圖表

10-2-23 ERF
傳回錯誤函數在上下限之間的積分

格式 → ERF(lower_limit,upper_limit)

參數 → lower_limit

用大於 0 的數值或輸入數值的儲存格設定積分的開始值。若設定為負值,函數傳回錯誤值「#NUM!」。

upper_limit

用大於 0 的數值或輸入數值的儲存格設定積分的結束值。若省略上限,則求從 0 到下限的積分範圍。若設定為負值,函數傳回錯誤值「#NUM!」。

用下列公式表示錯誤函數。省略積分的上限時,是求從 0 到下限的積分。錯誤函數與以平均值為 0、標準差為 1 的標準常態分佈積分的累積分佈格式相同。

$$ERF(x_1,x_2)= \frac{2}{\sqrt{\pi}} \int_{x_1}^{x_2} e^{-t^2} dt \quad ERF(x)=\frac{2}{\sqrt{\pi}} \int_{0}^{x} e^{-t^2} dt$$

此處,n為正整數,但是n為 0 時,定義為 0!!=1。

$$\int_{-x}^{x} N(x)dx=ERF \left(\frac{x}{\sqrt{2}} \right)$$

📖 **EXAMPLE 1** 求錯誤函數在上下限之間的積分

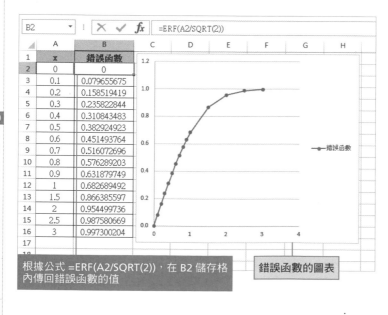

根據公式 =ERF(A2/SQRT(2)),在 B2 儲存格內傳回錯誤函數的值

錯誤函數的圖表

10-2-24 ERFC
傳回互補錯誤函數

格式 → ERFC(x)

參數 → x

設定互補錯誤函數積分的大於 0 的下限值,或下限值所在的儲存格。它和錯誤函數積分的下限相同。

互補錯誤函數是求 1 與錯誤函數的差值。

 EXAMPLE 1 求互補錯誤函數值

打開【插入函數】對話盒,從中設定參數

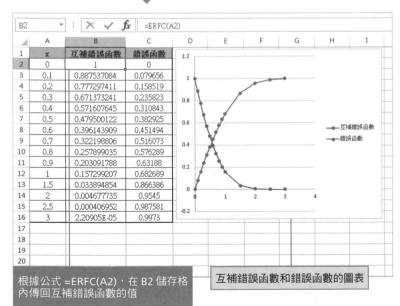

根據公式 =ERFC(A2),在 B2 儲存格內傳回互補錯誤函數的值

互補錯誤函數和錯誤函數的圖表

10
工
程
函
數

10-2-25 FACTDOUBLE
傳回數字的雙階乘

格式 ➔ FACTDOUBLE(number)
參數 ➔ number
　　設定求雙階乘的大於 0 的數值或數值所在的儲存格。如果參數為非整數,則只會取整數。而且,如果參數為負值,則函數 FACTDOUBLE 傳回錯誤值「#NUM!」。

所謂雙階乘,即間隔一個整數一直乘到 1 或 2,如 5!!,用下列公式求所給出的整數 n 的雙階乘。

$$FACTDOUBLE(n)=n!!=n\times(n-2)\times(n-4)\times \cdots \times4\times2 \quad \text{n 為偶數}$$
$$FACTDOUBLE(n)=n!!=n\times(n-2)\times(n-4)\times \cdots \times3\times1 \quad \text{n 為奇數}$$

此處,n 為正整數,但是 n 為 0 時,定義為 0!!=1。

 **EXAMPLE 1** 求數字的雙階乘

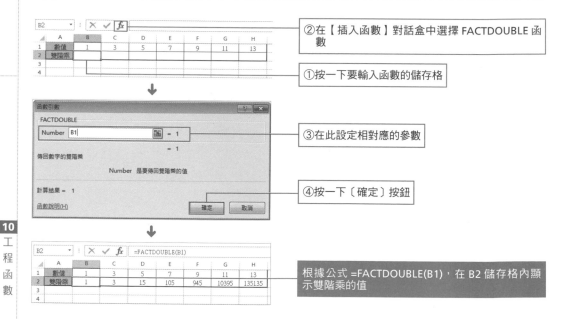

②在【插入函數】對話盒中選擇 FACTDOUBLE 函數

①按一下要輸入函數的儲存格

③在此設定相對應的參數

④按一下〔確定〕按鈕

根據公式 =FACTDOUBLE(B1),在 B2 儲存格內顯示雙階乘的值

✌ NOTE ● **數值設定為大於 0 的整數**

即使輸入包含小數點的數值,也不會傳回錯誤值。根據公式的性質,數值可以設定為大於 0 的整數。

10-3 資料的分析

10-3-1 BITAND
傳回兩個數字的位元「And」

格式 ➜ BITAND(number1, number2)
參數 ➜ number1
　　　必須為十進位格式並大於或等於 0。
　　　number2
　　　必須為十進位格式並大於或等於 0。

函數 BITAND 將傳回一個十進位數字。在使用該函數時，只有在該位置的兩個參數的位元是 1 時，該位元的值才會被計算。按位元傳回的值從右向左按 2 的幂次依次累進。最右邊的字元傳回 1（即 2^0），其左側位元傳回 2（即 2^1），依此類推。

 EXAMPLE 1 計算各值位元「And」的結果

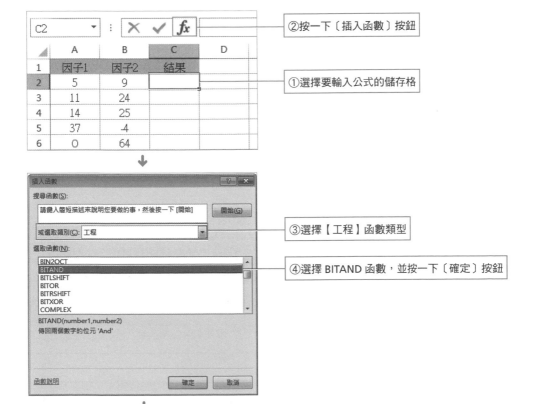

②按一下〔插入函數〕按鈕

①選擇要輸入公式的儲存格

③選擇【工程】函數類型

④選擇 BITAND 函數，並按一下〔確定〕按鈕

10
工
程
函
數

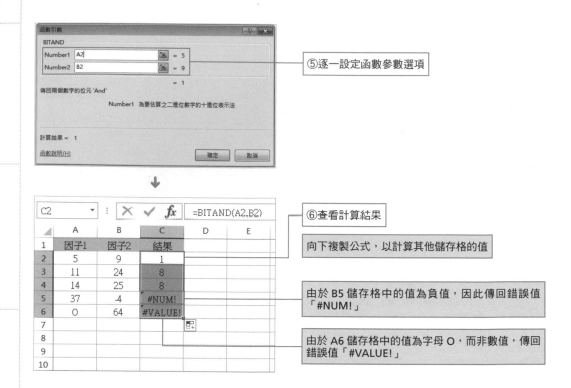

⑤逐一設定函數參數選項

⑥查看計算結果

向下複製公式，以計算其他儲存格的值

由於 B5 儲存格中的值為負值，因此傳回錯誤值「#NUM!」

由於 A6 儲存格中的值為字母 O，而非數值，傳回錯誤值「#VALUE!」

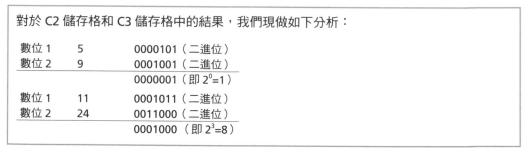

NOTE ● 運算分析

對於 C2 儲存格和 C3 儲存格中的結果，我們現做如下分析：

數位 1	5	0000101（二進位）
數位 2	9	0001001（二進位）
		0000001（即 $2^0=1$）
數位 1	11	0001011（二進位）
數位 2	24	0011000（二進位）
		0001000 （即 $2^3=8$）

NOTE ● 位元「And」時，對數值的要求

在 BITAND 函數中，若任一參數是非整數或大於 $2^{48}-1$，則 BITAND 傳回錯誤值「#NUM!」。若任一參數小於 0，則 BITAND 傳回錯誤值「#NUM!」。若任一參數是非數值，則 BITAND 傳回錯誤值「#VALUE!」。

10
工程函數

<table>
<tr><td>10-3-2</td><td>**BITOR**
傳回兩個數字的位元「Or」</td></tr>
</table>

格式 ➜ BITOR(number1, number2)
參數 ➜ number1
    必須為十進位格式並大於或等於 0。
    number2
    必須為十進位格式並大於或等於 0。

函數 BITOR 是將其參數位元「Or」，如果在位置上的任何一個參數的位元是 1，每個位元位置會是 1。其他使用說明可參照 BITAND 函數。

 EXAMPLE 1 計算各值位元「Or」的結果

C2		▼	:	✕ ✓ fx	=BITOR(A2,B2)	
▲	A	B	C	D	E	
1	因子1	因子2	結果			
2	5	9	13			
3	11	23				
4	14	25				
5	37	-4				
6	56	O				
7						

①利用公式 =BITOR(A2,B2) 計算結果值

↓

C2		▼	:	✕ ✓ fx	=BITOR(A2,B2)	
▲	A	B	C	D	E	
1	因子1	因子2	結果			
2	5	9	13			
3	11	23	31			
4	14	25	31			
5	37	-4	#NUM!			
6	56	O	#VALUE!			
7						

②向下複製公式，計算出其他儲存格的值

由於 B5 儲存格中的值為負值，因此傳回錯誤值「#NUM!」

由於 B6 儲存格中的值為字母 O，而非數值，傳回錯誤值「#VALUE!」

✌ NOTE ● **運算分析**

對於 C2 儲存格中的結果，我們現做如下分析：

數位 1	5	0000101（二進位）
數位 2	9	0001001（二進位）
		0001101（即 $2^0+2^2+2^3$=1+4+8=13）

10
工程函數

10-3-3 BITXOR
傳回兩個數字的位元「XOR」

格式 ➜ BIXTOR(number1, number2)
參數 ➜ number1
　　　　必須為十進位格式並大於或等於 0。
　　　　number2
　　　　必須為十進位格式並大於或等於 0。

函數 BITXOR 將傳回一個十進位數字，是其參數位元「XOR」總和的結果。在使用該函數時，如果在該位元位置上的參數值不相等（即一個為 0，而另一個為 1），則該位元的結果值為 1。其他使用說明可參照 BITAND 函數。

📋 EXAMPLE 1　計算各值位元「XOR」的結果

	A	B	C	D	E
	因子1	因子2	結果		
1	因子1	因子2	結果		
2	5	9	12		
3	6	3	5		
4	14	25	23		
5	37	-4	#NUM!		
6	O	64	#VALUE!		
7					
8					
9					
10					

C2　fx =BITXOR(A2,B2)

①利用公式 =BITXOR(A2,B2) 計算結果值

由於 B5 儲存格中的值為負值，因此傳回錯誤值「#NUM!」

A6 儲存格中的值為字母 O，而非數值，因此傳回錯誤值「#VALUE!」

✌ NOTE ● 運算分析

對於 C4 儲存格中的結果，我們現做如下分析：

數位 1	14	0001110（二進位）
數位 2	25	0011001（二進位）
「XOR」結果		0010111（即 $2^0+2^1+2^2+2^4=1+2+4+16=23$）
「Or」結果		0011111（即 $2^0+2^1+2^2+2^3+2^4=1+2+4+8+16=31$）

從上述分析中，我們可以非常清晰地獲知 And、Or、XOR 的運算分析方法。

10-4 資料的比較

10-4-1 DELTA
比較兩個數值是否相等

格式 → DELTA(number1, number2)

參數 → number1

設定數值或數值所在的儲存格。

number2

設定和 number1 比較的數值,或數值所在的儲存格。number1 不能省略,如果省略,則假設為 0,並檢定 number1=0 是否成立。當 number1、number2 為非數值時,函數 DELTA 將傳回錯誤值「#VALUE!」。顯示錯誤值時,可以重新輸入資料。

使用 DELTA 函數,只能對設定的兩個參數進行檢定,判斷它們是否相等。如果判斷結果相等,則傳回 1;如果不相等,則傳回 0。不用 DELTA 函數,而使用 IF 函數,也能得到相同的結果。但是,IF 函數必須設定各種判斷條件和判斷結果。因此,當檢定兩個數值是否相等時,使用 DELTA 函數比較簡單。如果是比較數值和閾值的大小,請參照 GESTEP 函數。如果是比較兩個文字串,請參照 EXACT 函數。

 EXAMPLE 1 比較兩個數值

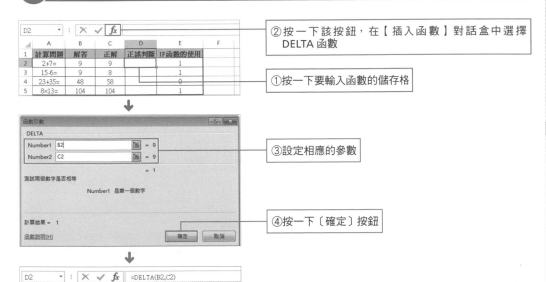

②按一下該按鈕,在【插入函數】對話盒中選擇 DELTA 函數

①按一下要輸入函數的儲存格

③設定相應的參數

④按一下〔確定〕按鈕

利用公式 =DELTA(B2,C2) 得到結果為 1,說明解答與正解一致,判斷為正解

工
程
函
數

10

10-4-2 GESTEP
判斷某數值是否比閾值大

格式 → GESTEP(number, step)

參數 → number

設定和 step 比較的數值或數值所在的儲存格。

step

為閾值，即將結果一分為二的界定值。因此，分開設定判斷結果為 1 和結果為 0 的基準數值，或輸入數值的儲存格。如果省略 step，則假設其為 0，並判斷 number ≥ 0 是否成立。如果參數為非數值，則函數 GESTEP 傳回錯誤值「#VALUE!」。顯示錯誤值時，需重新輸入資料。

使用 GESTEP 函數，只能設定數值和作為基準值的閾值來判斷數值是否比閾值大。如果 number>step，則傳回 1；若小於閾值，則傳回 0。不用 GESTEP 函數而使用 IF 函數，也能得到相同的結果。但是，IF 函數必須設定各種判斷條件和判斷結果。

EXAMPLE 1 比較數值和基準值

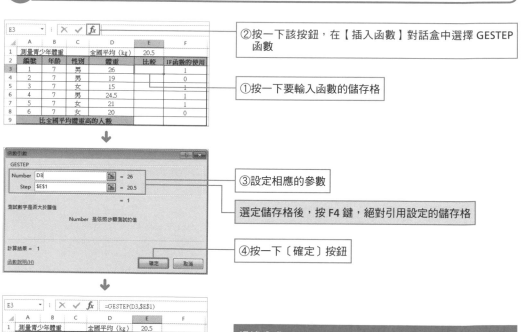

②按一下該按鈕，在【插入函數】對話盒中選擇 GESTEP 函數

①按一下要輸入函數的儲存格

③設定相應的參數

選定儲存格後，按 F4 鍵，絕對引用設定的儲存格

④按一下〔確定〕按鈕

根據公式 =GESTEP(D3,$E$1)，顯示和全國平均值相比較的結果

10
工
程
函
數

查閱與參照函數

使用查閱與參照函數,可以用各種關鍵字尋找資料表中的值,也可以識別儲存格位置或表的大小等,能夠自由操作表中資料。查閱與參照函數分為以下幾類,它可以與多個函數組合使用,進行明確尋找。下面將對查閱與參照函數的分類、用途以及關鍵點進行介紹。

→ 函數分類

1. 資料的尋找

以尋找值為基準,從工作表中尋找與該值符合的值使用。其中,VLOOKUP 函數是使用頻率最高的函數。

VLOOKUP	在首列尋找數值,並傳回目前列中指定欄處的數值
HLOOKUP	在首行尋找數值,並傳回目前欄中指定列處的數值
LOOKUP(向量形式)	從向量中尋找一個值
LOOKUP(陣列形式)	從陣列中尋找一個值
INDEX(參照形式)	傳回指定列或欄交叉處的儲存格參照
INDEX(陣列形式)	傳回指定列或欄交叉處的儲存格的值

2. 擷取資料

從支援 COM 自動化的程式中或樞紐分析表中傳回資料。

RTD	從支援 COM 自動化的程式中傳回即時資料
GETPIVOTDATA	傳回存儲在樞紐分析表中的資料

3. 從目錄尋找

使用 CHOOSE 函數,根據給定的索引值,從指定的目錄中尋找相對應的值。一般情況下,CHOOSE 函數和其他函數組合使用。

CHOOSE	根據給定的索引值,在數值參數清單中尋找相對應的值

4. 位置的尋找

根據指定的值,在搜尋範圍中顯示相對應資料的位置時使用。

MATCH	傳回與指定數值符合的陣列中元素的相對應位置

5. 參照儲存格

以指定的參照為參照系,透過給定偏移量得到新的參照,也可用於指定列號或欄號、儲存格等。以此函數傳回的結果為基數,經常和其他函數組合尋找相對應的值。

ADDRESS	按照給定的列號和欄號,建立文字類型的儲存格位址
OFFSET	以設定的參照為參照系,透過給定偏移量得到新的參照
FORMULATEXT	將給定參照的公式傳回為文字
INDIRECT	傳回由文字串指定的參照
AREAS	傳回參照中包含的區域個數

▼求參照儲存格的列號或欄號時使用

ROW	傳回參照的列號
COLUMN	傳回參照的欄號

▼求參照或陣列的列數或欄數時使用

ROWS	傳回參照或陣列的列數
COLUMNS	傳回參照或陣列的欄數

6. 行列轉置
轉置儲存格區域時使用。

TRANSPOSE	轉置儲存格區域

7. 連結
在指定的資料夾想跳轉時使用。

HYPERLINK	建立一個捷徑（跳轉），用以打開儲存在網路伺服器中的文件

→ 請注意
在查閱與參照函數中經常使用的關鍵點如下所示。

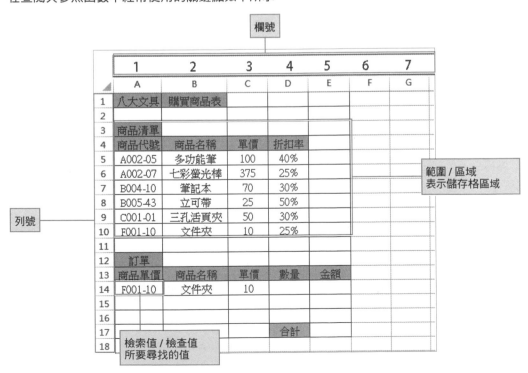

資料的尋找

11-1-1	**VLOOKUP**
	尋找指定的數值,並傳回目前列中指定欄處的數值

格式 ➜ VLOOKUP(lookup_value,table_array,col_index_num,range_lookup)

參數 ➜ lookup_value

用數值或數值所在的儲存格指定在陣列第一欄中尋找的數值。例如,輸入位址或號碼。

table_array

指定尋找範圍。例如,指定商品的資料區域等。

col_index_num

為 table_array 中待傳回相對應值的欄序號。

range_lookup

用 TRUE 或 FALSE 指定尋找方法。如果為 TRUE 或省略,則傳回大約符合的值,也就是說,如果找不到完全符合的值,則傳回小於邏輯值的最大數值;如果為 FALSE,函數 VLOOKUP 將傳回完全符合的值。如果找不到,則傳回錯誤值「#N/A」。

使用 VLOOKUP 函數,可以按照指定的尋找值從工作表中尋找相應的資料。使用此函數的重點是參數 range_lookup 的設定。VLOOKUP 函數是按照指定尋找的資料傳回目前列中指定欄處的數值。如果要按照指定尋找的資料傳回目前欄中指定列處的數值,請參照 HLOOKUP 函數。

EXAMPLE 1 求外送服務的費用

設定參數 range_lookup 為 TRUE 或省略,結果傳回大約符合的值。

	A	B	C	D	E	F	G
1			翻樂送服務費				
2	目的地	距離		費用			
3	住家A	8.5	KM		元		
4	辦公室B	19.9	KM		元		
5							
6			距離		費用		
7	0	KM以上	5	KM未滿	70		
8	5	KM以上	7	KM未滿	75		
9	7	KM以上	9	KM未滿	80		
10	9	KM以上	11	KM未滿	85		
11	11	KM以上	13	KM未滿	90		
12	13	KM以上	15	KM未滿	95		
13	15	KM以上	17	KM未滿	100		
14	17	KM以上	19	KM未滿	105		
15	19	KM以上	21	KM未滿	110		
16	21	KM以上	23	KM未滿	115		
17	23	KM以上	25	KM未滿	120		
18							

①按昇冪排列 table_array 第一欄中的數值,參數 range_lookup 為 TRUE 時,如果 table_array 第一欄中的數值不按昇冪排列,則不能顯示正確結果

③按一下該按鈕，在打開的【插入函數】對話方塊中選擇函數

②按一下要輸入函數的儲存格

④逐一設定參數值，然後按一下〔確定〕按鈕

按 F4 鍵絕對引用參數 Table_array

根據 B3 儲存格的值，傳回與該值符合的目前列指定欄處的數值

按住 D3 儲存格右下角的填滿控點向下拖曳至 D4 儲存格，然後放開滑鼠左鍵，以複製公式

組合技巧 | 不傳回錯誤值（VLOOKUP+IF+ISBLANK）

在 VLOOKUP 函數中，當檢索值的儲存格為空格時，則傳回錯誤值。但組合使用 IF 函數和 ISBLANK 函數，然後輸入 VLOOKUP 函數，則不會傳回錯誤值「#N/A」。

11-1-2 HLOOKUP
在首列尋找指定的數值並傳回目前欄中指定列處的數值

格式 → HLOOKUP(lookup_value,table_array,row_index_num,range_lookup)

參數 → lookup_value
為需要在資料表第一列中進行尋找的數值。可以為數值、參照或文字串。例如，
輸入位址或號碼。

table_array
為需要在其中尋找資料的資料表。例如，指定商品的資料區域等。

row_index_num
為 table_array 中待傳回匹配值的列序號。

range_lookup
用 TRUE 或 FALSE 指定尋找方法。如果為 TRUE 或省略，則傳回大約符合的值，
也就是說，如果找不到完全符合的值，則傳回小於尋找值的最大數值；如果為
FALSE，函數 HLOOKUP 將傳回完全符合的值。如果找不到，則傳回錯誤值「#N/
A」。

使用 HLOOKUP 函數，可以按照指定的尋找值查閱資料表中相對應的資料。使用此函數的
重點是比對尋找。在此介紹比對尋找的相關實例。HLOOKUP 函數是按照設定尋找的資料傳
回目前列指定列處的數值。如果要按照指定尋找的資料傳回目前列指定欄處的數值，請參照
VLOOKUP 函數。

EXAMPLE 1 求外送服務的費用

設定參數 range_lookup 為 TRUE 或省略，結果傳回大約符合的值。

	A	B	C	D	E	F	G	H
1	翻樂送服務費							
2								
3								
4	目的地	住家A	辦公室B					
5	距離	7.5	11.5					
6	費用							
7								
8	距離	以上	0	2	7	9	11	13
9		未滿	2	7	9	11	13	15
10	費用		70	75	80	85	90	95
11								
12								

③按一下該按鈕，在打開的對話方塊中選擇 HLOOKUP 函數

②按一下要輸入函數的儲存格

①按昇冪排列 table_array 第一列中的數值，參數 range_lookup 為 TRUE 時，如果沒有排列好，則不能顯示正確結果

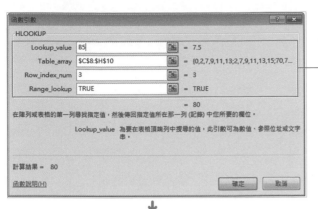

④將 Lookup_value 指定為 B5，Table_array 指定為 \$C\$8:\$H\$10，Row_index_num 設定為 3，Range_lookup 設定為 TRUE，然後按一下〔確定〕按鈕

根據 B5 儲存格的值，傳回與該值符合的目前欄指定列處的數值

按住 B6 儲存格右下角的填滿控點向右拖曳至 C6 儲存格，然後放開滑鼠左鍵，完成公式的複製

😊😊組合技巧▎檢索值的儲存格為空格（HLOOKUP+IF+ISBLANK）

在 HLOOKUP 函數中，當檢索值的儲存格為空格時，會傳回錯誤值。但組合使用 IF 函數和 ISBLANK 函數，然後輸入 HLOOKUP 函數，則不會傳回錯誤值「#N/A」。

提前設定 B1 儲存格為空白時的處理，因為 B1 儲存格不為空白，所以傳回部門名稱

提前設定 C1 儲存格為空白時的處理，因為 C1 儲存格為空白，所以顯示 *

11-1-3 LOOKUP（向量形式）
從向量中尋找一個值

格式 → **LOOKUP**(lookup_value,lookup_vector,result_vector)

參數 → lookup_value

用數值或儲存格號指定所要搜尋的值。如果 lookup_value 小於 lookup_vector 中的最小值，則傳回錯誤值「#N/A」。

lookup_vector

在一列或一欄的區域內指定檢查範圍。例如，指定商品的資料區域。

result_vector

指定函數傳回值的儲存格區域。其大小必須與 lookup_vector 相同。

LOOKUP 函數有兩種語法形式：向量和陣列。此處是關於向量形式的介紹。使用向量形式的 LOOKUP 函數，可以按照輸入在單列區域或單欄區域中的尋找值，傳回第二個單列區域或單欄區域中相同位置的數值。

📋 EXAMPLE 1 從商品編號中尋找運費

下面我們將用 LOOKUP 函數從商品編號中尋找商品的運費。

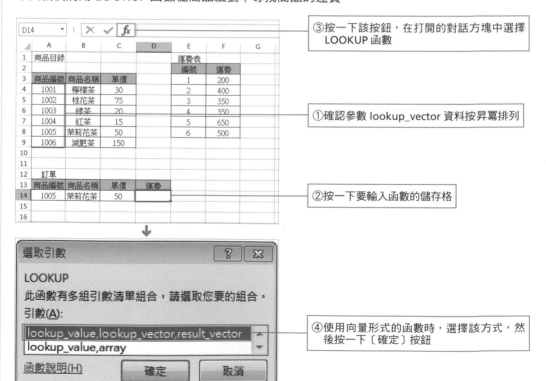

③按一下該按鈕，在打開的對話方塊中選擇 LOOKUP 函數

①確認參數 lookup_vector 資料按昇冪排列

②按一下要輸入函數的儲存格

④使用向量形式的函數時，選擇該方式，然後按一下〔確定〕按鈕

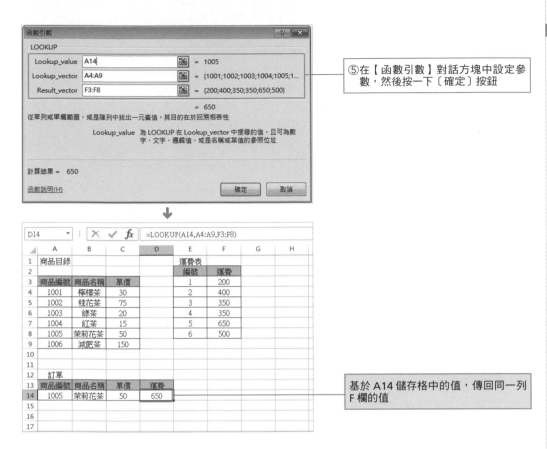

⑤在【函數引數】對話方塊中設定參數，然後按一下〔確定〕按鈕

基於 A14 儲存格中的值，傳回同一列 F 欄的值

☝ NOTE ● **可尋找相同檢查範圍和對應範圍中的列或欄**

如果參數 lookup_vector 和 result_vector 的大小相同，則可檢索列方向或欄方向的儲存格區域的內容。

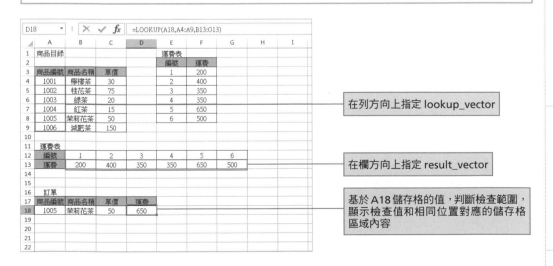

在列方向上指定 lookup_vector

在欄方向上指定 result_vector

基於 A18 儲存格的值，判斷檢查範圍，顯示檢查值和相同位置對應的儲存格區域內容

<table>
<tr><td>11-1-4</td><td colspan="2">LOOKUP（陣列形式）
從陣列中尋找一個值</td></tr>
</table>

格式 ➜ LOOKUP(lookup_value,array)

參數 ➜ lookup_value

用數值或儲存格號指定所要尋找的值。如果 lookup_value 小於第一列或第一欄的最小值，則傳回錯誤值「#N/A」。

array

在儲存格區域內指定檢索範圍。隨著陣列列數和欄數的變化，傳回值也產生變化。

使用陣列形式的 LOOKUP 函數，是在陣列的第一列或第一欄中尋找指定數值，然後傳回最後一列或最後一欄中相同位置處的數值，尋找和傳回的關係如下表所示。

條件	檢查值檢索的物件	檢索方向	傳回值
陣列列數和欄數相同或列數大於欄數	第一欄	橫向	同行最後一欄
陣列的列數少於欄數時	第一列	縱向	同列最後一列

EXAMPLE 1 從檢索代號中尋找營業所的銷售額

下面我們將用 LOOKUP 函數從檢索代號中尋找營業所的銷售額。

②按一下該按鈕，在【插入函數】對話方塊中選擇 LOOKUP 函數

確認陣列內的資料按昇冪排列

①按一下要輸入函數的儲存格

③使用陣列形式時，選擇該方式，然後按一下〔確定〕按鈕

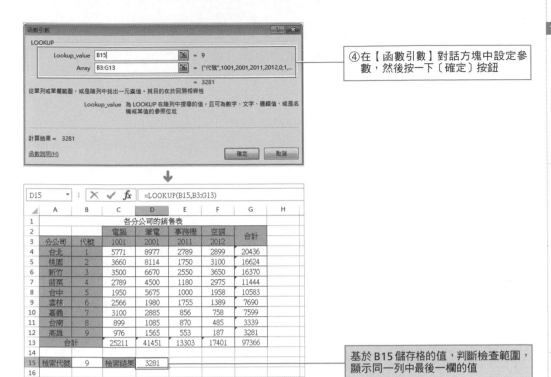

④在【函數引數】對話方塊中設定參數，然後按一下〔確定〕按鈕

基於 B15 儲存格的值，判斷檢查範圍，顯示同一列中最後一欄的值

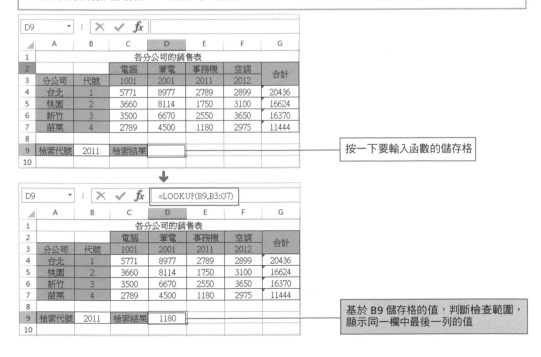

👌 NOTE ● **陣列欄數比列數大**

如果陣列欄數比列數大，在列方向檢索陣列時，傳回同一欄中最後一列的值。

按一下要輸入函數的儲存格

基於 B9 儲存格的值，判斷檢查範圍，顯示同一欄中最後一列的值

11-1-5 INDEX（參照形式）傳回指定列或欄交叉處參照的儲存格

格式 ➜ INDEX(reference,row_num,column_num,area_num)

參數 ➜ reference

指定檢索範圍。例如，指定商品的資料區域。也可指定多個儲存格區域，用 ( ) 把全體儲存格區域括起來。用逗號區分各儲存格區域。

row_num

指定函數的傳回值內容。從首列陣列開始尋找，指定傳回第幾列的列號。如果超出指定範圍數值，則傳回錯誤值「#REF!」。如果陣列只有一列，則省略此參數。

column_num

指定函數的傳回值內容。從首欄陣列開始尋找，指定傳回第幾欄的欄號。如果超出指定範圍數值，則傳回錯誤值「#REF!」。如果陣列只有一欄，則省略此參數。

area_num

選擇參照中的一個區域，並傳回該區域中 row_num 和 column_num 的交叉區域。可以省略此參數。如果省略，函數使用區域 1。如果設定小於 1 的數值，則傳回錯誤值「#VALUE!」。

INDEX 函數有參照和陣列兩種形式。下面是關於參照形式的介紹。使用儲存格參照形式的 INDEX 函數，可以按照在儲存格內輸入的列號、欄號，傳回列欄交叉處的特定儲存格參照。

EXAMPLE 1 計算高鐵的票價

下面我們用 INDEX 函數來計算高鐵的票價。

H17 fx

	A	B	C	D	E	F	G	H	I	J	K	L	M	N
1	台灣高鐵票價表													
2			1	2	3	4	5	6	7	8	9	10	11	12
3			南港	台北	板橋	桃園	新竹	苗栗	台中	彰化	雲林	嘉義	台南	左營
4	1	南港	-	205	245	400	560	735	1,060	1,205	1,325	1,500	1,830	2,000
5	2	台北	40	-	205	350	510	680	1,000	1,140	1,280	1,455	1,780	1,950
6	3	板橋	70	40	-	320	470	640	965	1,110	1,240	1,420	1,740	1,910
7	4	桃園	200	160	130	-	320	495	805	965	1,095	1,260	1,590	1,760
8	5	新竹	330	290	260	130	-	325	655	805	925	1,110	1,430	1,600
9	6	苗栗	480	430	400	280	140	-	485	630	760	925	1,260	1,430
10	7	台中	750	700	670	540	410	270	-	320	440	615	940	1,110
11	8	彰化	870	820	790	670	540	390	130	-	295	460	800	965
12	9	雲林	970	930	900	780	640	500	230	110	-	340	660	830
13	10	嘉義	1,120	1,080	1,050	920	790	640	380	250	150	-	495	655
14	11	台南	1,390	1,350	1,320	1,190	1,060	920	650	530	420	280	-	325
15	12	左營	1,530	1,490	1,460	1,330	1,200	1,060	790	670	560	410	140	-
16														
17		上車地代號		2	台北		票價							
18		目的地代號		7	台中									

②按一下該按鈕，在打開的對話方塊中選擇 INDEX 函數

①按一下要輸入函數的儲存格

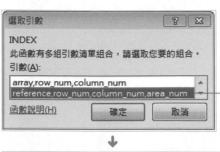

③選擇該方式後,然後按一下〔確定〕
按鈕

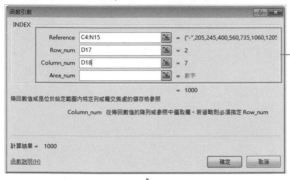

④在【函數引數】對話方塊中設定相
對應的參數,然後按一下〔確定〕
按鈕

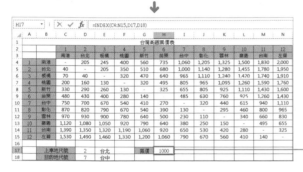

以 D17 作為列序號,D18 作為欄序號,
顯示儲存格交叉位置的值

EXAMPLE 2　計算多次搭乘的票價

下面我們運用 INDEX 函數來計算多次搭乘的票價。

以 C3 作為列號,4 作為欄號,從
A6:F10 和 A13:F17 兩個儲存格區域
中,顯示 A3 儲存格指定的第 2 個區
域內交叉儲存格的值

| E3 | | : | × | ✓ | fx | =INDEX((A6:F10,A13:F17),C3,4,A3) |

	A	B	C	D	E	F	G	H
1		台灣高鐵票價表						
2	上車地代號		目的地代號		票價			
3	2		4		900			
4								
5								
6	代號	南港	台北	板橋	桃園	新竹		
7	1	-	205	245	400	560		
8	2	40	-	205	350	510		
9	3	70	40	-	320	470		
10	4	200	160	130	-	320		
11								
12								
13	代號	台中	彰化	雲林	嘉義	台南		
14	1	750	700	670	540	410		
15	2	870	820	790	670	540		
16	3	970	930	900	780	640		
17	4	1,120	1,080	1,050	920	790		

11-1-6 INDEX（陣列形式）
傳回指定列或欄交叉處儲存格的值

格式 ➜ INDEX(array,row_num,column_num)

參數 ➜ array

　　指定陣列。陣列是表示假想表中的複數值。陣列的指定方法是用大括弧 {} 括起的表示工作表的部分，用逗號表示的欄的小段落，用分號表示的列的小段落。陣列為參照的最初參數，被指定的儲存格範圍判斷為參照形式。

　　row_num

　　陣列中某行的列序號。從首列陣列開始尋找，指定傳回第幾列的列號。陣列為 1時，可省略列號，但必須有欄號。row_num 必須指向 array 中的某一儲存格，否則傳回錯誤值「#REF!」。

　　column_num

　　陣列中某列的欄序號。從首欄陣列開始尋找，指定傳回第幾欄的欄號。陣列為 1時，可省略欄號，但必須有列號。column_num 必須指向 array 中的某一儲存格，否則傳回錯誤值「#REF!」。

INDEX 函數有參照和陣列兩種形式。此處是關於陣列形式的介紹。使用陣列形式的 INDEX函數，可按照在儲存格內輸入的列號、欄號，傳回指定列欄交叉處儲存格的值。

EXAMPLE 1 求指定列欄交叉處的值

參數中直接指定尋找資料的陣列。

②按一下該按鈕，在打開的【插入函數】對話方塊中選擇 INDEX函數

①按一下要輸入函數的儲存格

	A	B	C	D
	B5			
1		檢索購買的商品		
2				
3	列編號	1		
4	欄編號	1		
5	檢索結果			
6				
7				
8		欄號1〈商品名稱〉	欄號2〈商品價格〉	欄號3〈折扣〉
9	列號1	清淨機	3000	10%
10	列號2	筆記型電腦	4999	5%
11	列號3	電視	5000	20%
12	列號4	微波爐	1200	3%
13				
14				

↓

③選擇該方式後，然後按一下〔確定〕
按鈕

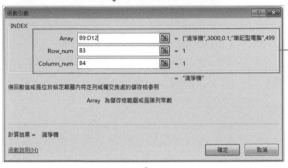

④在【函數引數】對話方塊中設定相
對應的參數，然後按一下〔確定〕
按鈕

以 B3 作為列號，B4 作為欄號，顯示
儲存格交叉位置的值

👆 NOTE ● 關於 EXAMPLE 1 中的陣列

EXAMPLE 1 中使用的陣列如下：

	欄號 1（商品名稱）	欄號 2（商品價格）	欄號 3（折扣）
列號 1	清淨機	3000	10%
列號 2	筆記型電腦	4999	5%
列號 3	電視	5000	20%
列號 4	微波爐	1200	3%

列號和欄號都為 1 時的交叉儲存格的值是「清淨機」。

(11-2) 擷取資料

11-2-1 RTD
從支援 COM 自動化的程式中傳回即時資料

格式 ➜ RTD(progID,server, string1, string2,…)

參數 ➜ progID

設定經過註冊的 COM 自動化增益集的程式 ID 名稱，該名稱用引號引起來，或設定儲存格參照。如果不存在於程式 ID 上，則傳回錯誤值「#N/A」。

server

設定用引號（ `""` ）將伺服器的名稱引起來的文字或儲存格參照。如果沒有伺服器，程式是在本地電腦上運行，那麼該參數為空白。

string1,string2…

登錄到 COM 地址的值，為 1 ～ 38 個參數。值的種類或個數請參照登錄到 COM 位址的程式。

使用 RTD 函數，可以從 RTD 伺服器中傳回即時資料。RTD 伺服器即增加使用者設定的命令或專用功能，擴大 Excel 或其他 Office 應用功能的輔助程式，以便 COM 位址的運用。COM 地址的文件副檔名是 .dll 或 .exe，是用 Microsoft 公司的 Visual Basic 完成的。

📖 **EXAMPLE 1** 用 COM 位址快速表示時間

下面我們用 RTD 函數使用 COM 位址快速表示時間。

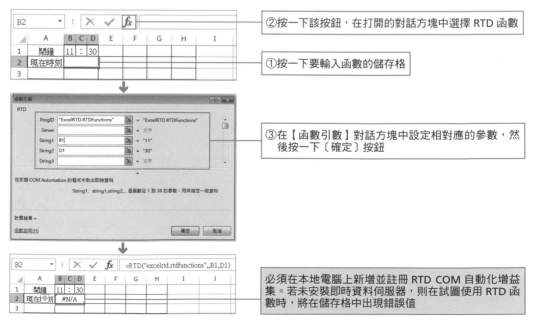

②按一下該按鈕，在打開的對話方塊中選擇 RTD 函數

①按一下要輸入函數的儲存格

③在【函數引數】對話方塊中設定相對應的參數，然後按一下〔確定〕按鈕

必須在本地電腦上新增並註冊 RTD COM 自動化增益集。若未安裝即時資料伺服器，則在試圖使用 RTD 函數時，將在儲存格中出現錯誤值

11-2-2 GETPIVOTDATA
傳回存儲在樞紐分析表中的資料

格式 ➔ GETPIVOTDATA(data_field,pivot_table,field1,item1,field2, item2,...)

參數 ➔ data_field

為包含需檢索資料的資料欄位的名稱，要用引號引起來。

pivot_table

在樞紐分析表中對任何儲存格、儲存格區域或定義的儲存格區域的參照。該資訊用於決定哪個樞紐分析表包含要檢索的資料。若 pivot_table 並不代表要找到的樞紐分析表的區域，則函數將傳回錯誤值「#REF!」。

field1,item1,field2,item2...

為 1 ～ 14 對用於描述檢索資料的欄位名稱和項目名稱，可以任何次序排列。

使用 GETPIVOTDATA 函數，能夠傳回儲存在樞紐分析表中的資料。

📖 EXAMPLE 1 檢索不同名稱的奶茶及其對應的銷售資料

下面我們用 GETPIVOTDATA 函數來檢索不同的名稱以及它們的銷售資料。

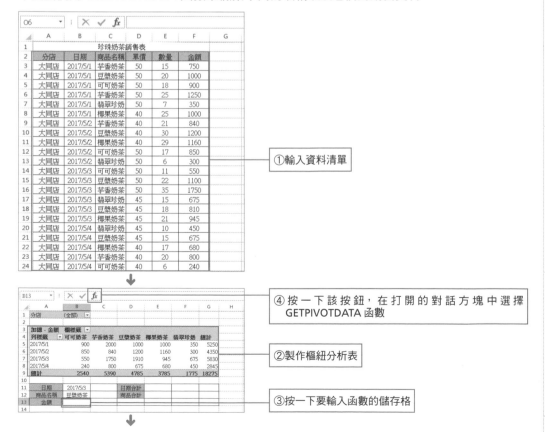

①輸入資料清單

④按一下該按鈕，在打開的對話方塊中選擇 GETPIVOTDATA 函數

②製作樞紐分析表

③按一下要輸入函數的儲存格

⑤在【函數引數】對話方塊中設定相
對應的參數，然後按一下〔確定〕
按鈕

按 F4 鍵絕對引用參數

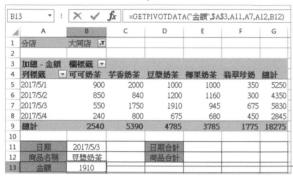

顯示日期為「2017/5/3」所在列和商品
名為「豆漿奶茶」所在欄相交叉儲存
格的資料

在 E11 儲存格輸入公式 =GETPIVOTDATA(" 金額 ",A3,A11,B11)，求日期合計。

	A	B	C	D	E	F	G
	E11			fx	=GETPIVOTDATA("金額",A3,A11,B11)		
1	分店	大同店					
2							
3	加總 - 金額	欄標籤					
4	列標籤	可可奶茶	芋香奶茶	豆漿奶茶	椰果奶茶	翡翠珍奶	總計
5	2017/5/1	900	2000	1000	1000	350	5250
6	2017/5/2	850	840	1200	1160	300	4350
7	2017/5/3	550	1750	1910	945	675	5830
8	2017/5/4	240	800	675	680	450	2845
9	總計	2540	5390	4785	3785	1775	18275
10							
11	日期	2017/5/3		日期合計	5830		
12	商品名稱	豆漿奶茶		商品合計			
13	金額	1910					

只指定日期，顯示日期為「2017/5/3」
的總計

在 E12 儲存格輸入公式 =GETPIVOTDATA(" 金額 ",A3,A12,B12)，求商品合計。

	A	B	C	D	E	F	G
	E12			fx	=GETPIVOTDATA("金額",A3,A12,B12)		
1	分店	大同店					
2							
3	加總 - 金額	欄標籤					
4	列標籤	可可奶茶	芋香奶茶	豆漿奶茶	椰果奶茶	翡翠珍奶	總計
5	2017/5/1	900	2000	1000	1000	350	5250
6	2017/5/2	850	840	1200	1160	300	4350
7	2017/5/3	550	1750	1910	945	675	5830
8	2017/5/4	240	800	675	680	450	2845
9	總計	2540	5390	4785	3785	1775	18275
10							
11	日期	2017/5/3		日期合計	5830		
12	商品名稱	豆漿奶茶		商品合計	4785		
13	金額	1910					

只指定商品名，顯示商品名為「豆漿
奶茶」的總計

11-3 從目錄尋找

11-3-1	**CHOOSE** 根據給定的索引值，傳回數值參數清單中的數值

格式 ➜ CHOOSE(index_num,value1,value2,…)

參數 ➜ index_num

用來指明待選參數序號的參數值。可以是 1 ～ 29 的整數，忽略小數部分。通常情況下，它是和其他的函數或公式及儲存格參照組合使用的參數值。如果 index_num 小於 1 或大於列表中最後一個值的序號，則函數 CHOOSE 傳回錯誤值「#VALUE!」。

value1,value2,…

用數值、文字、儲存格參照、已定義的名稱、公式和函數形式指定數值參數。如果指定多個數值，應用逗號分隔開。

使用 CHOOSE 函數，可以傳回在參數值指定位置的資料值。如果沒有用於檢索的其他表，則會把檢索處理儲存下來。

EXAMPLE 1 檢索輸入的卡片所對應的職務

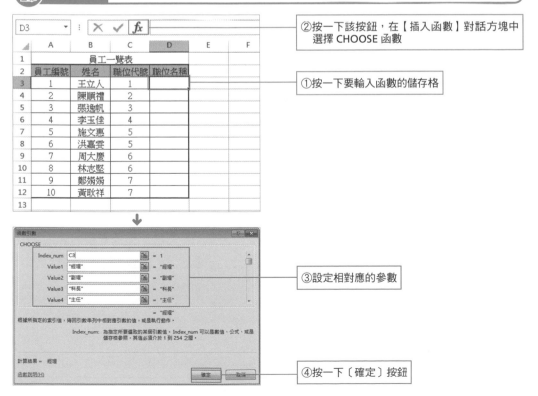

②按一下該按鈕，在【插入函數】對話方塊中選擇 CHOOSE 函數

①按一下要輸入函數的儲存格

③設定相對應的參數

④按一下〔確定〕按鈕

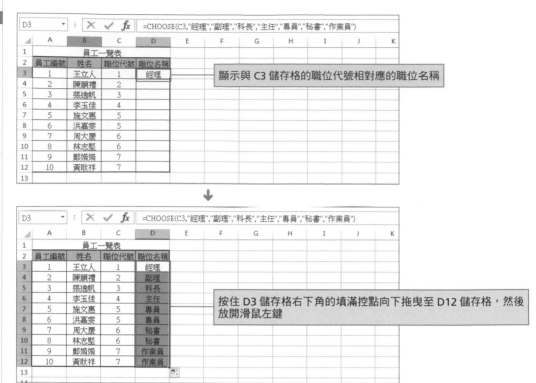

顯示與 C3 儲存格的職位代號相對應的職位名稱

按住 D3 儲存格右下角的填滿控點向下拖曳至 D12 儲存格,然後放開滑鼠左鍵

✌ NOTE ● **29 個檢索值**

使用 CHOOSE 函數能夠檢索的值為 29 個。如果超過 29 個,則不能使用 CHOOSE 函數,這時就需要使用 VLOOKUP 函數或 HLOOKUP 函數。

😊😊**組合技巧 | 使用文字串作為參數值(CHOOSE+CODE)**

CHOOSE 函數的參數值可以使用 1 ～ 29 的數值。但是當參數值不是數值而是文字串時,可以使用 CODE 函數先將文字轉換為數值。

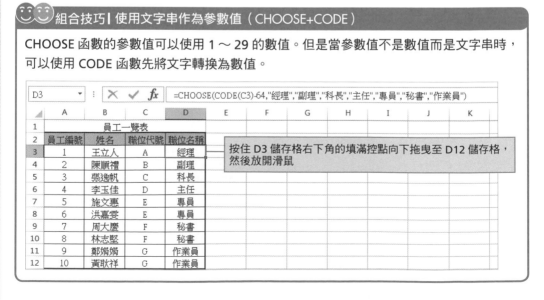

按住 D3 儲存格右下角的填滿控點向下拖曳至 D12 儲存格,然後放開滑鼠

位置的尋找

<table>
<tr><td>**11-4-1**</td><td>**MATCH**
傳回指定方式下與指定數值符合的元素的相應位置</td></tr>
</table>

格式 ➡ MATCH(lookup_value,lookup_array,match_type)

參數 ➡ lookup_value

在尋找範圍內,按照尋找類型指定的尋找值。可以為數值(數字、文字或邏輯值)或對數字、文字或邏輯值的儲存格參照。

lookup_array

在 1 列或 1 欄指定尋找值的連續儲存格區域。lookup_array 可以為陣列或陣列參照。

match_type

指定檢索尋找值的方法。

match_type 值	檢索方法
1 或省略	函數 MATCH 尋找小於或等於 lookup_value 的最大數值,此時,lookup_array 必須按昇冪排列,否則不能得到正確的結果
0	函數 MATCH 尋找等於 lookup_value 的第一個數值。如果不是第一個數值,則傳回錯誤值「#N/A」
-1	函數 MATCH 尋找大於或等於 lookup_value 的最小數值。此時,lookup_array 必須按降冪排列,否則不能得到正確的結果

使用 MATCH 函數,可以按照指定的尋找類型,傳回與指定數值符合的元素的位置。如果尋找到符合條件的值,則函數的傳回值為該值在陣列中的位置。

📄 **EXAMPLE 1** 檢索交換禮物的順序

②按一下該按鈕,在【插入函數】對話方塊中選擇 MATCH 函數

①按一下要輸入函數的儲存格

③在【函數引數】對話方塊中設定相對應的參數後，按一下〔確定〕按鈕

根據設定的參數顯示交換順序

組合技巧｜按照檢索順序進一步檢索商品

由於 MATCH 函數是傳回儲存格區域內的檢索值的相對位置，所以它和 INDEX 函數組合使用，可以進行進一步檢索。

顯示交換順序對應的商品名稱

11-5 參照儲存格

11-5-1 ADDRESS
按給定的列號和欄號，建立文字類型的儲存格位址

格式 ➡ ADDRESS(row_num,column_num,abs_num,a1,sheet_text)

參數 ➡ row_num
在儲存格參照中使用的列號。

column_num
在儲存格參照中使用的欄號。

abs_num
用 1～4 或 5～8 的整數設定傳回的儲存格參照類型。數值和參照類型的關係請
參照下表。可以省略此參數，如果省略，則為 1。

abs_num 值	傳回的參照類型	舉例
1，5，省略	絕對參照	$1A$1
2，6	絕對列號，相對欄號	A$1
3，7	絕對欄號，相對列號	$A1
4，8	相對參照	A1

如果輸入上述以外的數值，則傳回錯誤值「#VALUE!」。

a1
用以指定 A1 或 R1C1 參照格式的邏輯值。如果 A1 為 TRUE 或省略，函數
ADDRESS 傳回 A1 格式的參照；如果 A1 為 FALSE，函數 ADDRESS 傳回 R1C1
格式的參照。

sheet_text
為一文字，用以設定作為外部參照的工作表的名稱。可省略，如果省略，則不使
用任何工作表名稱。

使用 ADDRESS 函數，可將指定的列號和欄號轉換到儲存格參照。而且，儲存格參照類型有
絕對參照、混合參照、相對參照三種，參照格式可以為 A1 格式、R1C1 格式。

📖 EXAMPLE 1 按照給定的列號和欄號，建立文字類型的儲存格位址

下面我們將利用 ADDRESS 函數按給定的列號和欄號，建立文字類型的儲存格位址。

②按一下該按鈕，在打開的對話方塊中選擇 ADDRESS 函數

①按一下要輸入函數的儲存格

▲	A	B	C	D	E
1					
2	列號	9			
3	欄號	5			
4	參照方式				
5	參照格式	TRUE	相對參照		
6	工作表名稱	sheet2	A1格式		
7					
8	儲存格位置				
9					

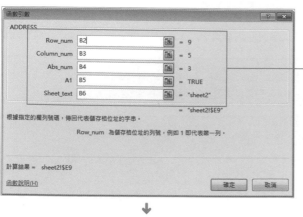

③在【函數引數】對話方塊中設定相對應
的參數，然後按一下〔確定〕按鈕

↓

顯示設定參數對應的儲存格

😊😊 組合技巧 ▌按照預約表輸入人數（ADDRESS+MATCH）

因為 ADDRESS 函數傳回儲存格的位址，如果將它和 MATCH 函數組合使用，則可表示全
部輸入的儲存格。

輸入時間和預約號，顯示桌號人數的所
有儲存格

11-5-2 OFFSET
以設定參照為參照系，透過給定偏移量得到新參照

格式 ➜ OFFSET(reference,rows,cols,height,width)

參數 ➜ reference

設定作為參照的儲存格或儲存格區域。如果 reference 不是對儲存格或相連儲存格區域的參照，則函數 OFFSET 傳回錯誤值「#VALUE!」。

rows

從作為參照的儲存格中，設定儲存格上下偏移的列數。列數為正數，則向下移動；如果設定為負，則向上移動；設定為 0，則不能移動。如果在儲存格區域以外設定，則函數 OFFSET 傳回錯誤值「#VALUE!」。如果偏移量超出工作表邊緣（65536），則傳回錯誤值「#REF!」。

cols

從作為參照的儲存格中，設定儲存格左右偏移的欄數。欄數設定為正數，則向右移動；如果設定為負，則向左移動；設定為 0，則不能移動。如果在儲存格區域以外設定，則函數 OFFSET 傳回錯誤值「#VALUE!」。如果偏移量超出工作表邊緣（256），則傳回錯誤值「#REF!」。

height

用正整數設定偏移參照的列數。可以省略此參數。如果省略，則假設其與 reference 相同。如果 height 超出工作表的行範圍（65536），則傳回錯誤值「#REF!」。

width

用正整數設定偏移參照的欄數。可以省略此參數。如果省略，則假設其與 reference 相同。如果 width 超出工作表的列範圍（256），則傳回錯誤值「#REF!」。

📑 **EXAMPLE 1** 尋找與支付次數對應的支付日期

下面我們將運用 OFFSET 函數尋找與支付次數對應的支付日期。

②按一下該按鈕，在打開的對話方塊中選擇 OFFSET 函數

①按一下要輸入函數的儲存格

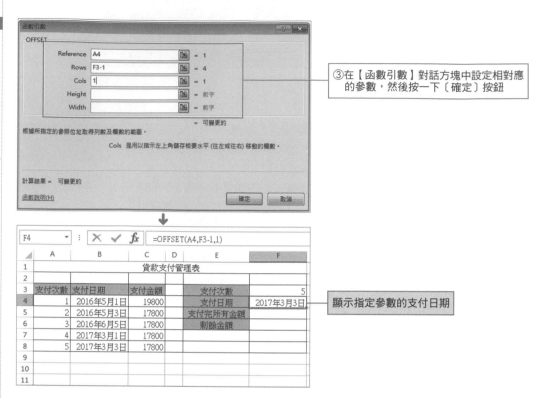

③在【函數引數】對話方塊中設定相對應的參數，然後按一下〔確定〕按鈕

顯示指定參數的支付日期

組合技巧┃求支付金額和剩餘金額（OFFSET+SUM）

因為 OFFSET 函數能傳回儲存格參照，所以將它和 SUM 函數組合使用，可得到指定儲存格區域中數值的總和。

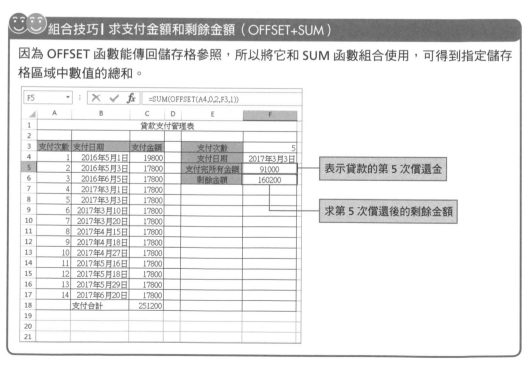

表示貸款的第 5 次償還金

求第 5 次償還後的剩餘金額

11-5-3 FORMULATEXT
以字串的形式傳回公式

格式 ➡ FORMULATEXT(reference)
參數 ➡ reference
　　　該參數為必需項，用於對儲存格或儲存格區域的參照。

在使用 FORMULATEXT 函數時，如果選擇參照儲存格，則傳回編輯欄中顯示的內容。如果 reference 參數表示另一個未打開的活頁簿，則傳回錯誤值「#N/A」。如果 reference 參數表示整列或整欄，或表示包含多個儲存格的區域或定義名稱，則傳回列、欄或區域中最左上角儲存格中的值。

EXAMPLE 1 輕鬆查看公式結構

首先使用公式計算出 A2、A3、A4 儲存格的值

↓

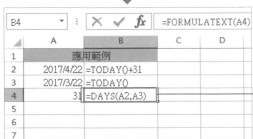

使用 =FORMULATEXT(A4) 公式，以文字串的形式還原 A4 儲存格中的計算公式。同理還原 A2、A3 儲存格中的公式

✌ NOTE ● **錯誤值的產生情形**

（1）在下列情況下，FORMULATEXT 函數傳回錯誤值「#N/A」。
第一，用作 Reference 參數的儲存格不包含公式。
第二，儲存格中的公式超過 8192 個字元。
第三，無法在工作表中顯示公式。例如，由於工作表保護。
第四，包含此公式的外部活頁簿未在 Excel 中打開。
（2）輸入的資料類型無效，將產生錯誤值「#VALUE!」。

11-5-4 INDIRECT
傳回由文字串指定的參照

格式 → INDIRECT(ref_text,a1)

參數 → ref_text

為對儲存格的參照,此儲存格可以包含 A1- 樣式的參照、R1C1- 樣式的參照、定義為參照的名稱或對文字串儲存格的參照。如果 ref_text 不是合法的儲存格的參照,函數 INDIRECT 傳回錯誤值「#REF!」。

a1

為一邏輯值,用於指明包含在儲存格 ref_text 中的參照的類型。如果 a1 為 TRUE 或省略,則 ref_text 為 A1- 樣式的參照。如果 a1 為 FALSE,則 ref_text 為 R1C1- 樣式的參照。

使用 INDIRECT 函數,可以直接傳回指定儲存格參照區域的值。INDIRECT 函數適用於需要更改公式中儲存格的參照,而不更改公式本身的情況。使用 ADDRESS 函數求的是參照的儲存格位置,而 INDIRECT 函數求的是參照的值。

EXAMPLE 1 傳回由文字串指定的參照

下面我們將運用 INDIRECT 函數傳回由文字串指定的參照。

B4	▼ :	× ✓ fx	=INDIRECT(B1,B2)

	A	B	C	D	E	F
2	參照方式	TRUE		1	台北	
3				2	桃園	
4	儲存格內容	台北		3	新竹	
5				4	台中	
6				5	雲林	
7				6	嘉義	
8				7	台南	
9				8	高雄	
10						
11	Sheet2	的銷售	10000			
12	Sheet3	的銷售	20000			
13						
14						
15						

用公式 =INDIRECT(B1,B2) 顯示 E2 儲存格內的值

顯示輸入在 Sheet2 的 A1 儲存格中的數值

顯示輸入在 Sheet3 的 A1 儲存格中的數值

11-5-5　AREAS
傳回參照中包含的區域個數

格式 ➜ AREAS(reference)
參數 ➜ reference

　　對某個儲存格或儲存格區域的參照，也可以參照多個區域，但必須用逗號分隔各參照區域，並用 ( ) 括起來。如果不用 ( ) 將多個參照區域括起來，輸入過程中會出現錯誤資訊。而且，如果指定儲存格或儲存格區域以外的參數，也會傳回錯誤值「#NAME?」。

Excel 中是將一個儲存格或相連儲存格區域稱為區域。使用 AREAS 函數，可以用整數傳回參照中包含的區域個數。在計算區域的個數時，也可使用 INDEX 函數求得的儲存格參照形式。

EXAMPLE 1　傳回參照中包含的區域個數

下面，我們將運用 AREAS 函數傳回參照中包含的區域個數。

| D1 | | fx | =AREAS((A4:B17,E4:F7,E10:F15)) |

	A	B	C	D	E	F	G
1	大同奶茶銷售表		區域數	3			
2							
3	商品				購買地		
4	商品代號	商品名稱	單價		購買地代號	購買地名	
5	101	芋香奶茶	55		1	台北	
6	102	可可奶茶	50		2	奶茶市場	
7	103	翡翠珍奶	60		3	嘉義	
8	104	香蕉奶茶	60				
9	105	蘋果奶茶	50		單位		
10	110	黑磚奶茶	45		單位代號	單位	
11	112	咖啡奶茶	55		1	100g	
12	113	豆漿奶茶	40		2	袋	
13	115	西瓜奶茶	45		3	斤	
14	117	椰果奶茶	50		4	箱	
15	212	木瓜奶茶	55		5	個	
16	213	芒果奶茶	60				
17	215	名人奶茶	60				
18							
19							

用公式求出參照區域的個數
第二個參照區域
第三個參照區域
第一個參照區域

11-5-6　ROW
傳回參照的列號

格式 → ROW(reference)
參數 → reference
　　　　設定需要得到其列號的儲存格或儲存格區域。選擇儲存格區域時,傳回位於區域
　　　　首列的儲存格列號。如果省略 reference,則傳回 ROW 函數所在的儲存格列號。

📖 EXAMPLE 1　傳回儲存格列號

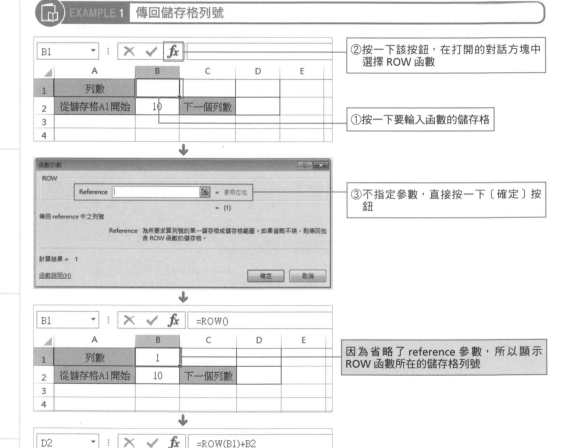

②按一下該按鈕,在打開的對話方塊中
　選擇 ROW 函數

①按一下要輸入函數的儲存格

③不指定參數,直接按一下〔確定〕按
　鈕

因為省略了 reference 參數,所以顯示
ROW 函數所在的儲存格列號

用公式 =ROW(B1)+B2 求出儲存格 B1 的
列號加上 B2 的值

11-5-7

COLUMN
傳回參照的欄號

格式 → COLUMN(reference)
參數 → reference
　　　設定需要得到其欄號的儲存格或儲存格區域。選擇儲存格區域時，傳回位於區域
　　　首列的儲存格欄號。可省略 reference，如果省略 reference，則傳回 COLUMN
　　　函數所在的儲存格欄號。

EXAMPLE 1　傳回儲存格欄號

COLUMN 函數可以傳回參照的欄號。傳回參照儲存格的內容的欄號時，按照如下所述，可
與 INDIRECT 函數組合使用。

②按一下該按鈕，在打開的【插入函數】
對話方塊中選擇 COLUMN 函數

①選擇要輸入函數的儲存格

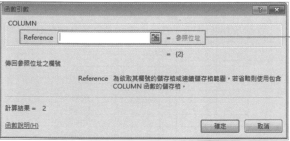

③不指定參數，直接按一下〔確定〕按鈕

④查看結果。因為省略了參數，所以顯示
函數所在的儲存格欄號

根據公式 =COLUMN(INDIRECT(A2))，求
出在 A2 儲存格中的 G1 儲存格的欄號為 7

根據公式 =COLUMN(A2) 求出儲存格 A2
的欄號為 1

11-5-8 ROWS
傳回參照或陣列的列數

格式 ➜ ROWS(array)

參數 ➜ array

設定為需要得到其列數的陣列、陣列公式或對儲存格區域的參照。它和 ROW 函數不同，不能省略參數。如果在儲存格、儲存格區域、陣列、陣列公式以外設定參數，則傳回錯誤值「#VALUE!」。

使用 ROWS 函數，可以傳回參照區域或陣列的列數。傳回值為 1 ～ 65536 間的整數。

EXAMPLE 1 傳回參照區域的列數

②按一下該按鈕，在打開的對話方塊中選擇 ROWS 函數

①選擇要輸入函數的儲存格

↓

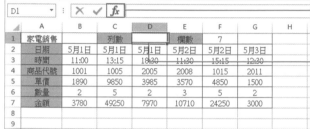

③在【函數引數】對話方塊中設定相對應的參數，然後按一下〔確定〕按鈕

↓

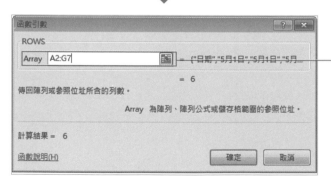

顯示 A2:G7 儲存格區域的列數

11-5-9 COLUMNS
傳回陣列或參照的欄數

格式 → COLUMNS(array)

參數 → array

設定為需要得到其欄數的陣列、陣列公式或對儲存格區域的參照。它和 COLUMN 函數不同，不能省略參數。如果在儲存格、儲存格區域、陣列、陣列公式以外設定參數，則傳回錯誤值「#VALUE!」。

使用 COLUMNS 函數，可以傳回參照區域或陣列的欄數。傳回值為 1～256 間的整數。

 EXAMPLE 1 傳回參照區域的欄數

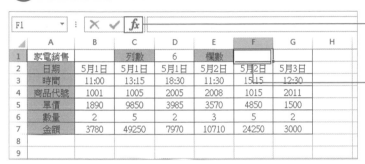

②按一下該按鈕，在打開的對話方塊中選擇 COLUMNS 函數

①選擇要輸入函數的儲存格

③在【函數引數】對話方塊中設定相對應的參數，然後按一下〔確定〕按鈕

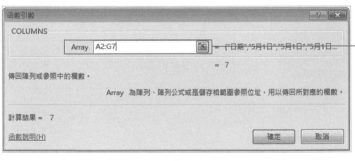

④查看結果，顯示 A2:G7 儲存格區域的欄數

(11-6) 行列轉置

11-6-1 TRANSPOSE
轉置儲存格區域

格式 ➜ TRANSPOSE(array)

參數 ➜ array

設定需要轉置的儲存格區域或陣列。

使用 TRANSPOSE 函數，可以將陣列的橫向轉置為縱向，縱向轉置為橫向，即列欄間的轉置。在 TRANSPOSE 函數中，必須提前選擇轉置儲存格區域的大小。而且原始表格的列數為新表格的欄數。因為此函數為陣列函數，參數必須設定為陣列公式。

EXAMPLE 1 轉置儲存格區域

②按一下該按鈕，在打開的【插入函數】對話方塊中選擇 TRANSPOSE 函數

①選擇表示函數結果的區域，當原始表有 6 列 7 欄時，必須選擇 7 列 6 欄

③在【函數引數】對話方塊中設定相對應的參數。在按住 Ctrl+Shift 鍵的同時，按一下〔確定〕按鈕

④按照原始表編輯轉置表

因為日期和時間顯示為序列值，所以需要修改儲存格格式

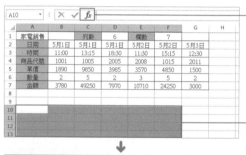

(11-7) 連結

11-7-1　HYPERLINK
建立一個捷徑以打開存在網路伺服器中的文件

格式 ➡ HYPERLINK(link_location,friendly_name)

參數 ➡ link_location

用加雙引號的文字指定檔案的路徑或檔案名稱，或包含文字串連結的儲存格。指定文字的字串被表示為檢索，若利用「位址」欄比較方便。

friendly_name

為儲存格中顯示的跳轉文字或數值。可以省略此參數，如果省略此參數，文字串按原樣表示。

使用 HYPERLINK 函數，將打開存儲在 link_location 中的文件。打開被連結的文件時，按一下 HYPERLINK 函數設定好的儲存格。

EXAMPLE 1　打開儲存在網路伺服器中的文件

下面我們用 HYPERLINK 函數打開儲存在網路伺服器中的文件。

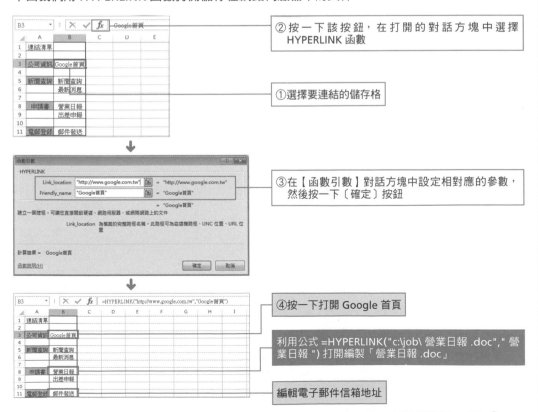

②按一下該按鈕，在打開的對話方塊中選擇 HYPERLINK 函數

①選擇要連結的儲存格

③在【函數引數】對話方塊中設定相對應的參數，然後按一下〔確定〕按鈕

④按一下打開 Google 首頁

利用公式 =HYPERLINK("c:\job\營業日報.doc"," 營業日報 ") 打開編製「營業日報 .doc」

編輯電子郵件信箱地址

MEMO